高职高专系列教材

生物药物
制剂技术

第二版

孔庆新　李思阳　主编

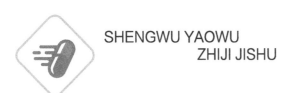

SHENGWU YAOWU
ZHIJI JISHU

U0368154

化学工业出版社

·北京·

内 容 简 介

《生物药物制剂技术》获中国石油和化学工业优秀出版物奖·教材奖，本书第二版以 2020 年版《中华人民共和国药典》、2010 年版《药品生产质量管理规范》为依据，内容立足于制剂技术，偏重生物药物方向，以围绕高职高专类院校的特点和需要，并结合生物药物的发展趋势编写完成。本书依据制药工业生产特点，分为六大模块。模块一为生物药物制剂技术概论，主要介绍生物药物制剂基础知识、制备工艺流程和车间布局；模块二至模块五分别介绍注射给药系统、口服给药系统、黏膜给药系统及经皮给药系统；模块六为生物药物制剂新技术。教材注重课程思政与职业素质教育，此外，为方便教师的教学和学生的自主学习，本书引入了二维码链接技术，主要包含微课视频等数字化教学资源，电子课件可从 www.cipedu. com.cn 下载参考。

本书可供高职高专类院校药品生物技术、药品生产技术等专业师生使用，也可作为制药企业职工以及其他相关专业人员的培训参考用书。

图书在版编目（CIP）数据

生物药物制剂技术/孔庆新，李思阳主编. —2 版. —北京：
化学工业出版社，2021.5（2023.1重印）
高职高专系列教材
ISBN 978-7-122-38654-0

Ⅰ.①生… Ⅱ.①孔…②李… Ⅲ.①生物制品-药物-制剂-高等职业教育-教材 Ⅳ.①TQ464

中国版本图书馆 CIP 数据核字（2021）第 039037 号

责任编辑：迟 蕾 李植峰 章梦婕 装帧设计：王晓宇
责任校对：李 爽

出版发行：化学工业出版社（北京市东城区青年湖南街 13 号 邮政编码 100011）
印 装：北京科印技术咨询服务有限公司数码印刷分部
787mm×1092mm 1/16 印张 20½ 字数 543 千字 2023 年 1 月北京第 2 版第 2 次印刷

购书咨询：010-64518888 售后服务：010-64518899
网 址：http://www.cip.com.cn
凡购买本书，如有缺损质量问题，本社销售中心负责调换。

定 价：56.00 元

《生物药物制剂技术》(第二版)
编写人员

主　编　孔庆新　李思阳

副主编　王敬伟　原　嫄　刘　洋　刘黎红

编　者　（按照姓名笔画顺序排列）

王建祥（泰州职业技术学院）

王敬伟（黑龙江生物科技职业学院）

孔庆新（重庆化工职业学院）

东　方（江苏食品药品职业技术学院）

刘　洋（长春职业技术学院）

刘秀娟（咸宁职业技术学院）

刘黎红（长春职业技术学院）

孙　颖（江苏食品药品职业技术学院）

李思阳（江苏食品药品职业技术学院）

沈妍彦（浙江经贸职业技术学院）

张二飞（江苏食品药品职业技术学院）

原　嫄（天津生物工程职业技术学院）

钱　俊（江苏食品药品职业技术学院）

徐汉元（江苏食品药品职业技术学院）

徐伟平（西南政法大学医院）

审　核　沈新程［博瑞生物医药(苏州)股份有限公司］

成良钰（内蒙古奥特奇蒙药股份有限公司）

　　生物药物制剂技术是综合生物化学、免疫学、药剂学等多门科学的原理和方法,将生物体、生物组织、细胞、体液等经过生物技术和制剂技术制成生物药物,并研究其制剂的处方设计、基本理论、制备工艺、质量控制及合理应用的综合性和应用性科学。随着 2020 年版《中华人民共和国药典》和 2010 年版《药品生产质量管理规范》(GMP)的实施,以及生物药物制剂现代化水平的进一步提高,制药行业对生物药物制剂技术人才的技术和技能提出了更高的要求。

　　本教材以 2020 年版《中华人民共和国药典》、2010 年版《药品生产质量管理规范》为依据,内容立足于制剂技术,侧重生物药物方向,并以市场需求为导向,以技能培养为核心,以职业教育必需知识体系为要素,并适当配备现代科学技术在生物药物生产中的应用、创新及环境保护等内容,围绕高职高专院校的特点和需要及生物药物发展趋势进行编写。

　　为方便授课教师教学和学生的自主学习,以"互联网+"为驱动,引入了二维码链接技术,主要配有微课视频等数字化教学资源,为院校师生提供鲜活、丰富的学习资料和立体化的教学环境。 电子课件可从 www.cipedu.com.cn 下载参考。

　　本教材的编写得到了扬子江药业集团、江苏天士力帝益药业有限公司等单位的大力支持,也得到了西南政法大学医院徐伟平的指导,在此表示衷心的感谢!

　　由于编者水平有限,书中难免存在疏漏与不足之处,敬请广大读者提出宝贵意见,以使我们进一步提高,让我们用智慧和努力登上课程建设的新台阶。

编者

2021 年 3 月

目录

CONTENTS

模块三
口服给药系统 / 095

模块四
黏膜给药系统　/ 216

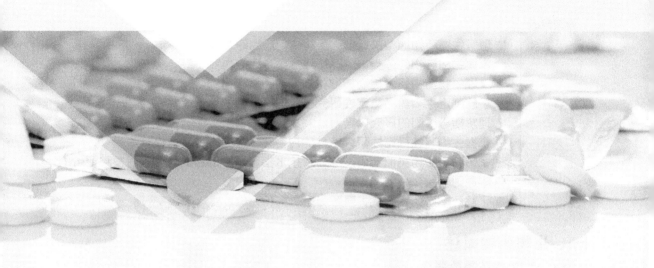

模块一

生物药物制剂技术概论

项目一　生物药物制剂基础知识

学习目标

◎ 理解生物药物的相关概念，了解生物药物的发展史。
◎ 掌握生物药物的分类，了解每种分类方法的内容。
◎ 掌握生物药物质量控制标准和规范的种类和目的。
◎ 了解制定生物药品稳定性研究技术指导原则的目的。
◎ 理解指导原则的研究内容。
◎ 掌握生物药物稳定性研究条件的内容，掌握生物制品的检验项目。
◎ 了解制定生物类似药研发与评价技术指导原则的目的，理解研发和评价的基本原则。
◎ 了解药学研究和评价，理解临床研究和评价。

一、生物药物概述

（一）生物药物的概念

1. 药物与药品

在日常生活中，人们对"药物"和"药品"并未做太大区分，常常将这两个词等同起来。但在医药学领域中，这是两个不同的概念。药物是指能影响人体的生理、生化和病理过程，并起到预防、诊断、治疗疾病的物质。关于药品，我国现行的《药品管理法》明确规定"是指用于预防、治疗、诊断人的疾病，有目的地调节人的生理机能并规定有适应证或者功能主治、用法和用量的物质，包括中药材、中药饮片、中成药、化学原料药及其制剂、抗生素、生化药品、放射性药品、血清、疫苗、血液制品和诊断药品等"。

凡是被称为"药品"的物质，都需要经过国家食品药品监督管理部门批准并获得批准文号后方可上市销售和使用。我们在医院和药店购买到的都是有国家批准文号的药品。而药物却并不一定获得国家食品药品监督管理部门的批准。例如，有些具有治疗某种疾病的活性物质不一定最终能够获得上市批准，此种活性物质可以称为药物，但不是药品。还有，人们在食用过多肉类感到胃胀时常吃一些山楂以助消化，此时山楂是作为助消化的药物来使用，但并不能称其为药品。可见，药物的内涵要比药品大很多，并非所有具有防治疾病作用的物质都称为药品。

2. 剂型与制剂

药物剂型是指为适应预防、治疗和诊断的需要，根据药物的性质、用药目的及给药途径，将原料药加工成符合用药目的的给药形式，简称剂型。任何一种药物都不能直接应用于临床，必须制成相应的剂型后方可使用。剂型是给予用药者前的最后形式，如片剂、颗粒剂、胶囊剂、注射剂。药物制剂是根据国家药典或药政管理部门批准的标准，为适应预防、治疗和诊断的需要而制备的不同给药形式的具体品种，简称制剂，如四环素片、布洛芬颗粒、氨咖黄敏胶囊、地塞米松注射液、脊髓灰质炎减毒活疫苗糖丸等。

为了达到最佳的用药效果，不同的药物可以制成不同的剂型。一般来说，起全身作用的药物可以制成口服剂型或注射剂，直接作用于病变部位可以制成局部给药剂型，如栓剂、洗剂、软膏剂、贴剂等。当然，同一种生物药物根据需要也可以加工成不同的剂型供临床使用，如广谱抗菌药阿莫西林可以制成阿莫西林胶囊或者阿莫西林注射液供临床使用。总之，无论何种剂型和制剂，其最终目的都是为了达到改变药物作用性质、降低或消除药物的毒副作用、改变药物作用时间、提高药物稳定性、发挥药物的最大功效、方便临床使用等目的。

3. 生物技术与生物药物

生物技术又称生物工程，是医药行业重要的高技术领域。它是利用生物体（包括微生物、动物及植物细胞等）及其组分的特性与功能，采用先进的科学技术手段生产出具有价值的产物或有益进程的综合性技术体系。

生物药物是指运用微生物学、生物学、医学、生物化学等科学的研究成果，综合物理学、化学、医学、生物化学、生物技术和药学等学科的原理和方法，利用生物体及其组分制造的一类用于预防、治疗和诊断的药物。广义来说，生物药物既包括以动物、植物、微生物等为原料制取的天然活性物质及人工合成或部分合成的天然物质类似物，也包括应用生物技术（如发酵工程、细胞工程、酶工程、基因工程、抗体工程、蛋白质工程等）制造出来的生物技术药物、生化药物和生物制品。

4. 生物药物制剂技术

药物在临床使用时一般不能直接使用原料药，需要制备成一定的形状和具备一定的特性，符合预防、治疗和诊断的要求，便于使用和保存、利于充分发挥药效、减少毒副作用。因此，需要通过特定的技术将药物制成符合上述要求的剂型。

生物药物制剂技术是综合生物化学、免疫学、工程学、药剂学、药物制剂学等科学的原理和方法，将生物体、生物组织、细胞、体液等经过生物技术和制剂技术制成生物药物，并研究其制剂的处方设计、基本理论、制备工艺、质量控制及合理应用的综合性和应用性科学。

5. 中药产业

中药作为我国独特的卫生资源、潜力巨大的经济资源、具有原创优势的科技资源、优秀的文化资源和重要的生态资源，在经济社会发展中发挥着重要作用。随着我国新型工业化、信息化、城镇化、农业现代化深入发展，人口老龄化进程加快，健康服务业蓬勃发展，人民群众对中药服务的需求越来越旺盛，迫切需要继承、发展、利用好中医药，充分发挥中药在深化医药卫生体制改革中的作用，造福人类健康。

国务院在《中医药发展战略规划纲要（2016—2030年)》中提出，全面提升中药产业发展水平。

① 加强中药资源保护利用。实施野生中药材资源保护工程，完善中药材资源分级保护、野生中药材物种分级保护制度，建立濒危野生药用动植物保护区、野生中药材资源培育基地和濒危稀缺中药材种植养殖基地，加强珍稀濒危野生药用动植物保护、繁育研究。

② 推进中药材规范化种植养殖。制定中药材主产区种植区域规划。制定国家道地药材目录，加强道地药材良种繁育基地和规范化种植养殖基地建设。促进中药材种植养殖业绿色发展，制定中药材种植养殖、采集、储藏技术标准，加强对中药材种植养殖的科学引导，大力发展中药材种植养殖专业合作社和合作联社，提高规模化、规范化水平。

③ 促进中药工业转型升级。推进中药工业数字化、网络化、智能化建设，加强技术集成和工艺创新，提升中药装备制造水平，加速中药生产工艺、流程的标准化、现代化，提升中药工业知识产权运用能力，逐步形成大型中药企业集团和产业集群。

④ 构建现代中药材流通体系。制定中药材流通体系建设规划，建设一批道地药材标准化、集约化、规模化和可追溯的初加工与仓储物流中心，与生产企业供应商管理和质量追溯体系紧密相连。发展中药材电子商务。利用大数据加强中药材生产信息搜集、价格动态监测分析和预测预警。实施中药材质量保障工程，建立中药材生产流通全过程质量管理和质量追溯体系，加强第三方检测平台建设。

"中药美丽的秘密-中药炮制"微课❶

（二）生物药物的发展历程

按照生物技术的特征，生物药物的发展可分为三个时期：传统生物药物时期、近代生物药物时期、现代生物药物时期。

1. 传统生物药物时期

传统生物药物主要由生物体的某些天然活性物质加工而成。这一时期由远古持续到 20 世纪中叶。在我国，传统中医常用生物材料作为治疗药物。例如，公元 4 世纪葛洪《肘后备急方》记载用海藻治疗瘿病；"药王"孙思邈首先使用含有丰富维生素 A 的羊肝治疗夜盲症；清代吴瑭所著的《温病条辨》中记载利用安宫牛黄丸治疗高热惊厥、神昏谵语，方中牛黄是脊索动物门哺乳纲牛科动物牛的胆结石，有息风止痉、清热解毒、化痰开窍之功效。在国外，微生物学的开拓者荷兰微生物学家安东·列文虎克于 1681 年使用显微镜发现了微生物，19 世纪末到 20 世纪 30 年代利用微生物发酵技术生产了乳酸、乙醇、丙酮、枸橼酸、淀粉酶等多种生物药物。

2. 近代生物药物时期

这一时期可以分为脏器制药与微生物制药时期和生化制药工业时期。在脏器制药与微生物制药时期，人们发现了至今仍在临床上大量使用的经典药物。1921 年，弗雷德里克·班廷与约翰·麦克劳德合作成功制备了动物胰岛素。1928 年，英国人亚历山大·弗莱明首次发现了具有强大杀菌作用的青霉素。1941 年前后英国牛津大学病理学家霍华德·弗洛里与生物化学家钱恩对青霉素进行了分离与纯化。至二战末期，可供临床使用的青霉素问世，拯救了无数同盟国士兵的生命，加速了二战结束的进程。战后，青霉素更是得到了广泛应用，挽救了成千上万细菌感染的患者。1945 年，弗莱明、弗洛里及钱恩因"发现青霉素及其临床效用"荣获了诺贝尔生理学或医学奖。之后，红霉素、链霉素、金霉素等相继问世并大规模生产，人类从此迈入了抗生素工业时代。利用抗生素生产的经验和技术，氨基酸工业在 20 世纪 50 年代快速发展，酶制剂工业也在 60 年代突飞猛进。20 世纪 60 年代后，生物药物进入生化制药工业时期，生物分离工程技术与设备得到广泛应用。氨基酸类药物、蛋白质类药物、酶类制剂等药物层出不穷。

3. 现代生物药物时期

1953 年詹姆斯·沃森和弗朗西斯·克里克共同提出了 DNA 的双螺旋空间结构，使生物科学从细胞水平跨入分子水平，并诞生了分子生物学这门新兴科学，此后分子生物学发展迅猛。1972 年，Boyer 将 SV40 的 DNA 与 λ 噬菌体分别切割后将二者链接，成功构建了重组人工 DNA 分子。1990 年，美国、英国、法国、德国、日本和中国共同参与了预算达 30 亿美元的人类基因组计划，到 2005 年，人类基因组计划的测序工作全部完成。人类基因组计划与曼哈顿原子弹计划和阿波罗计划并称为三大科学计划。1996 年，英国科学家伊恩·维尔穆特用一只成年羊的体细胞成功地克隆出了一只名叫"多莉"的绵羊。

利用新型发酵工程、细胞工程、酶工程、基因工程、抗体工程等现代生物技术，生物药物步入了飞速发展的快车道。近年来，美国 FDA 批准的新药中约有四分之一的药物为生物

---

❶ 该视频中所列"紫河车"已于 2015 年版药典中删除。

药物。欧洲批准的生物药物数目也基本与美国相同。我国在生物药物领域也取得了长足的进展，如基因重组人表皮生长因子、重组链激酶、重组血管内皮抑制素、重组胰岛素等药物均已大规模生产。此外，我国已成为全球最大的疫苗生产国，目前共有 40 余家疫苗生产企业，可以生产 64 种疫苗，可预防 34 种传染病，每年的产能超过 10 亿剂，每年接种量达到 7 亿剂，国产疫苗约占全国实际接种量的 95％。

（三）生物药物的分类

目前常见生物药物主要有四种分类方法。

1. 按照药物的来源分类

药物的来源可以分为天然来源、化学合成和半合成来源。

（1）天然来源 天然来源主要有人体组织来源、动物组织来源、植物组织来源、微生物来源、海洋生物来源等。

① 人体组织来源。人体组织是优良的药物来源。许多传统中药是来源于人体组织的药物，如人发炮制成药称血余炭，有止血消瘀、利尿生肌之功效。人体组织来源同样也是现代生物药物的重要来源，如血液制品，包括全血制品、血液成分制品、血浆成分制品、体液细胞成分制品等均来自人体血液。人体组织来源的药物由于与人体具有同源性，因此排斥反应小、安全系数高。而且疗效可靠、效价高、稳定性好，纯化的血浆因子制品比原血浆高出 10～1000 倍，提纯后的产品可制成冻干粉针，便于运输、贮存及使用。

但人体组织来源药物也存在着供体来源有限、维护成本大、对采集对象身体条件要求高等缺点。以血液采集为例，我国无偿献血率为 1％左右，低于世界卫生组织指出的若要基本满足本国临床用血需求，献血率需达到 10‰～30‰的要求。血液采集后需经过一系列检测以确保血液安全，不同血液制品有各自的贮存要求。此外，为保证血液质量和保护献血者身体健康，对献血者身体条件，如年龄、体重、血压等指标均有严格限制。

② 动物组织来源。生物药物的动物组织来源，可以是动物的全体、器官或组织等。虽然近年来植物类和微生物类的生物药物数量逐年增加，但由于动物数量丰富、种类多样、价格低廉，因此动物类生物药物仍占有相当大的比重。目前我国有 200 多种生物药物来源于动物。

我国最早的药学专著《神农本草经》记载的 365 种药材中有 67 种为动物药。最早的国家药典，唐代《新修本草》收载的 850 种药物中动物药有 128 种。《本草纲目》收载的 1892 种中药材中动物药有 461 种。可见动物类药物从古至今一直发挥着重要的作用。如驴皮经煎煮浓缩后得到的名贵滋补品阿胶，具有补血止血、滋阴润燥之功效，用于血虚萎黄、眩晕心悸、心烦不眠、肺燥咳嗽的治疗；蝉蜕能疏散风热、利咽开音、透疹、明目退翳、息风止痉，可治疗感冒、皮肤瘙痒等疾病。

现代生物药物中，动物组织来源的药物主要有：动物多肽类、动物核酸类、动物酶类、动物细胞因子等。如蚓激酶可以改善血液循环、降低血液黏度、降低血小板聚集率、增加血管弹性、改善血管供氧功能等，可用于治疗缺血性脑血管病中纤维蛋白原增高及血小板聚集率增高；从猪血中提炼的氯化血红素作为铁质强化剂，具有生物利用度高、无体内铁蓄积中毒以及胃肠刺激等不良反应等优点，是医药界公认的防治缺铁性贫血的优质生物铁源。当然，动物来源的生物药物也具有一定的局限性，特别是组织相容性问题，如动物来源的蛋白质注射剂可能会产生变态反应。

③ 植物组织来源。植物是我国中药材和天然药物的主要来源，其种类繁多、结构多样，既有小分子成分，也有大分子物质。根据药物的治疗作用可以细分为抗肿瘤药、强心药、镇痛药、抗凝血药、抗菌药等；根据药物化学结构可以细分为黄酮类、萜类、甾体类、糖苷

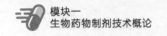

类、蛋白质类、核酸类、苯丙素类等物质。

尽管植物组织来源广泛、数量众多，但随着人类对药用植物需求量的不断增加，大多数野生药用植物被过度开发，甚至有些已濒临灭绝。目前，通过人工栽培可以为生物药物提供充足的原料，极大缓解了对野生药用植物的破坏。但人工栽培并非能够解决所有药用植物的来源，有些药用植物生长周期长、对自然条件要求苛刻，因此，可以通过植物细胞培养、植物组织培养等方式解决中药材资源紧缺的难题。以人参为例，人参有效成分主要为人参皂苷，普通参需栽培 3～6 年，边条参需栽培 8 年，移山参需种植 10 年以上，且其栽培条件严格、易受虫害等因素极大限制了人参皂苷的获取。通过人参组织培养可以快速生产人参皂苷，此技术已经实现了工业化生产。另外，抗肿瘤药紫杉醇通过红豆杉组织培养实现获取后，使得红豆杉这一珍稀树种得以生存。

④ 微生物来源。微生物来源的药物主要来自微生物（细菌、真菌、放线菌等）发酵产生的、具有药理活性的物质，如抗生素、氨基酸、维生素、酶类、类固醇激素等。四环素类药物四环素是由放线菌属产生的或半合成的广谱抗生素；类固醇激素可的松对治疗风湿性关节炎效果极为显著；黄色短杆菌 HL-41 发酵产生的 L-异亮氨酸存在于所有蛋白质中，是人体必需氨基酸之一；大肠埃希菌 AS-375 发酵可产生 L-门冬酰胺酶，用于治疗急性粒细胞白血病和急性淋巴细胞白血病。

⑤ 海洋生物来源。海洋生物资源是巨大的生物资源库。我国有着利用海洋生物治疗疾病的悠久历史，直至今天，国家药典中仍然收载了海藻、瓦楞子、石决明、牡蛎、昆布、海龙、海马、海螵蛸等诸多海洋药物。以往由于海洋环境的特殊性和科学手段的制约，人类对海洋的开发和利用受到很大限制。但随着现代生物技术的进步，特别是海洋生物技术的发展，海洋生物药物进入了迅猛发展时期，已有超过 5000 种新的海洋药物被发现。鲎试剂是由海洋生物鲎的血液变形细胞溶解物制成的无菌冷冻干燥品，能够准确、快速地定性或定量检测样品中是否含有细菌内毒素，欧美药典及我国药典均将鲎试剂定为法定内毒素检查方法，用于药品生产企业、医疗机构及科研院所的药品检测。

但海洋生物药物面临着生物资源减少、活性成分含量低、生产成本高等问题。近年来人们利用海洋微生物（微藻、细菌、真菌等）的培养和发酵技术以期提高产量。海藻细胞通过筛选和改良，选取价值高的细胞株，利用生物反应器进行大规模生产。还可以利用基因工程技术，克隆海洋生物药物。研究人员利用基因工程技术将别藻蓝蛋白基因转化到大肠埃希菌后获得了高表达基因重组别藻蓝蛋白（又名镭普克），静脉注射发现其对小鼠 S_{180} 实体瘤及小鼠 H_{22} 人肝癌瘤模型均有显著抑制作用，并有免疫促进作用。还有克隆后的芋螺毒素的 cDNA 可以作为神经科学研究的新型工具药和新药进行开发。

(2) 化学合成及半合成来源 目前利用化学合成及半合成的方法可以生产氨基酸、多肽、核酸降解物及其衍生物等小分子生物药物，并通过结构改造和修饰提高药物疗效，增加药物稳定性，降低毒性。如氨基酸常用 A. Strecker 法、α-卤代酸氨解法、丙二酸酯合成法、相转移催化法和不对称合成法进行合成，极大提高了生产效率，缩短了生产周期。

2. 按照药物的化学本质分类

生物药物的有效成分一般都是已经明确的，因此，按照药物的化学本质来分类有利于比较药物结构与功能关系，便于阐明分离制备的方法特点及检验方法等。按照此种分类法，生物药物可以分为：氨基酸及其衍生物类、多肽和蛋白质类、酶与辅酶类、核酸及其降解物和衍生物类、糖类、脂类等。

(1) 氨基酸及其衍生物类 氨基酸是构成蛋白质的基本单位，它不仅是人体必需的营养成分，而且与生理功能有着紧密联系。像赖氨酸、色氨酸、苯丙氨酸、甲硫氨酸、苏氨酸、异亮氨酸、亮氨酸、缬氨酸这 8 种氨基酸，成人只能通过从外界摄入的方式进行补充，人体不能自主合成；若缺乏其中任何一种必需氨基酸，可导致生理功能异常，如引起胰岛素分泌减少、血糖升高等症状。除此之外，氨基酸还可用于治疗多种疾病，如盐酸组氨酸可用于消化溃疡的辅助治疗；门冬氨酸可以治疗肝硬化、脂肪肝、急慢性肝炎等肝病；左旋多巴（化学名为 3-羟基-L-酪氨酸），用于治疗帕金森病及帕金森综合征；L-苯丙氨酸可作为抗癌药物的载体将药物分子直接导入肿瘤病灶。

(2) 多肽和蛋白质类　多肽类药物主要是以多肽激素和多肽类细胞生长因子为主的内源性活性物质，还包括含有多肽成分的其他生化药物。多肽激素主要有垂体多肽激素（如缩宫素、促肾上腺皮质激素等）、甲状腺激素（如降钙素、甲状旁腺激素等）、胰岛激素（如胰高血糖素、胰解痉多肽等）、下丘脑激素（如促甲状腺激素释放激素、生长素抑制激素等）、胃肠道激素（如胃泌素、缓激肽等）和胸腺激素（如胸腺素、胸腺血清因子等）。多肽类细胞生长因子主要有表皮生长因子、转移因子、心房钠尿肽等。血活素、氨肽素、蛇毒、蜂毒、心脏激素等其他生化药物也均含有多肽成分。

蛋白质类药物可以分为蛋白质类细胞生长因子（如干扰素、白细胞介素、神经生长因子、肿瘤坏死因子）、促性腺激素（如人绒毛膜促性腺激素、血清性促性腺激素等）、蛋白质激素（如生长素、催乳激素等）、血浆蛋白质（如白蛋白、纤维蛋白原等）、黏蛋白、胶原蛋白、碱性蛋白、蛋白酶抑制剂、凝集素等。

(3) 酶与辅酶类　酶是具有生物催化功能的生物大分子。绝大多数酶的本质是蛋白质，但少数酶属核酸类。根据功能，酶类药物可以分为助消化类（如胃蛋白酶、胰酶等）、消炎酶类（如溶菌酶、糜蛋白酶等）、心血管疾病治疗酶类（如尿激酶、链激酶、激肽释放酶、凝血酶等）和抗肿瘤酶类（如 L-门冬酰胺酶）等。

辅酶是一类与酶结合松散的有机小分子，可以将化学基团从一个酶转移到另一个酶上。现在已经广泛用于预防和治疗多种疾病。如参与体内乙酰化反应的辅酶 A 对糖类、脂肪和蛋白质代谢起着重要的作用，常用于白细胞减少症、原发性血小板减少性紫癜及功能性低热的辅助治疗。辅酶 Q_{10} 能够提高人体免疫力、增强抗氧化、延缓衰老，可以用于预防突发性心脏病及辅助治疗慢性肝炎。

(4) 核酸及其降解物和衍生物类　根据化学结构及组成，核酸及其降解物和衍生物类药物可以分为：碱基及其衍生物（如氯嘌呤、巯嘌呤、氟胞嘧啶、氟尿嘧啶等）、核苷及其衍生物（如腺苷二醛、氟苷、肌苷二醛等）、核苷酸及其衍生物（如腺苷酸、鸟苷酸、尿苷二磷酸葡萄糖、三磷酸腺苷、5′-核苷酸等）和多核苷酸。

(5) 糖类　糖类生物药物按照糖聚合度可分为单糖类、寡糖类及多糖类。单糖及其衍生物种类众多，只有 1 个糖单元组成，如葡萄糖、果糖、甘露糖、氨基葡萄糖、肌醇等。寡糖由 2～10 个单糖组成，如甘露低聚糖、乳果糖、环状糊精、水苏糖、棉籽糖等。多糖则由 10 个以上单糖组成，如肝素、右旋糖酐、透明质酸、硫酸软骨素、灵芝多糖等。

(6) 脂类　脂类生物药物根据化学性质可以分为不饱和脂肪酸类（如亚油酸、亚麻酸、前列腺素、花生四烯酸等）、磷脂类（如卵磷脂、脑磷脂、二磷脂酰甘油、脑酰胺磷酸胆碱等）、胆酸类（如熊去氧胆酸、鹅去氧胆酸、猪去氧胆酸、胆酸等）、胆色素类（如胆红素、胆绿素等）及固醇类（如胆固醇、麦角固醇、谷固醇等）。

3. 按照生理功能和用途分类

生物药物按照生理功能和用途可以分为四类：预防药物、治疗药物、诊断药物、其他用途药物。

(1) 预防药物　预防是控制疾病，特别是传染性疾病传播和发展的重要手段。对传染性疾病来说，预防比治疗成本更低、效果更显著。因此，公共预防一直是我国医疗卫生工作的重点。常见的生物预防药物有各种疫苗、菌苗、类毒素等。我国预防接种的疫苗分为两类。

第一类疫苗为政府免费向公民提供，包括乙型肝炎疫苗、卡介苗、脊髓灰质炎减毒活疫苗、百白破混合疫苗、麻疹疫苗、乙脑疫苗等。第二类疫苗是由公民自费并且自愿受种的其他疫苗，如水痘疫苗、口服轮状病毒疫苗、肺炎疫苗、流感疫苗等。

（2）治疗药物　治疗疾病是生物药物的主要功能。相对于其他药物，生物药物对肿瘤、慢性传染性肝炎、糖尿病、艾滋病、心脑血管疾病等慢性疾病的治疗有着效价高、用量少、副作用小等诸多优势。重组腺病毒 $p53$ 抗癌注射液，是由 5 型腺病毒载体 DNA 和人 $p53$ 肿瘤抑制基因重组形成的有活性的基因工程重组腺病毒颗粒，是国际上第一种在基因水平进行肿瘤治疗的重组技术药物，也是一种广谱的肿瘤基因治疗 I 类新药。磁性阿霉素白蛋白纳米粒具有良好的磁靶向性，在外加磁场作用下可以选择性地聚集于肿瘤组织，极大提高肿瘤组织的化疗药物水平。干扰素可以通过细胞表面受体作用使细胞产生抗病毒蛋白，抑制乙肝病毒复制，增强 NK 细胞、巨噬细胞和 T 淋巴细胞活力，增强抗病毒能力。长效胰岛素可用于中、轻度糖尿病患者，重症患者需要和胰岛素联用，可以减少每日胰岛素注射次数，控制夜间高血糖。

（3）诊断药物　诊断疾病也是生物药物的重要功能之一，大部分的诊断试剂都是生物药物。生物诊断试剂具有速度快、灵敏度高、特异性强等优点。如各种生物酶诊断试剂、免疫诊断试剂、细菌诊断试剂、单克隆抗体诊断试剂、基因诊断试剂等。

（4）其他用途药物　除了用于预防、治疗和诊断疾病，生物药物已经广泛用于医用辅料、保健品、化妆品、食品、高分子材料等领域。如超氧化物歧化酶作为强抗氧化剂已经在保健品、化妆品和食品中添加，用于抗衰老、调节人体内分泌系统，提高免疫力，产生了巨大的经济效益。

4. 按照药物的剂型分类

生物药物的剂型种类很多，常将剂型进行归类。常用的分类方法主要有：按照药品物理形态分类、按照给药途径分类、按照分散系统分类及按照作用时间分类。

（1）按照药品物理形态分类　按照药品物理形态，生物药物剂型可以分为固体剂型、半固体剂型、液体剂型和气体剂型。

① 固体剂型。固体剂型类制剂约占所有制剂的 70%，主要有散剂、丸剂、颗粒剂、片剂、胶囊剂、滴丸剂、膜剂等剂型，具有性质稳定、使用及携带方便、成本较低等优点。

② 半固体剂型。半固体剂型制剂能在较长时间内黏附、紧贴或铺展在用药部位，主要有软膏剂、凝胶剂、糊剂、栓剂等，多以皮肤和黏膜为给药途径，发挥局部治疗作用，如抗感染、消毒、止痒、止痛及麻醉等。

③ 液体剂型。液体剂型制剂是将药物以不同的分散方法和分散程度分散在适宜的分散介质中制成的液体形态的药剂。主要剂型有注射剂、合剂、混悬剂、洗剂、擦剂、乳剂、灌肠剂、含漱剂等。液体剂型给药途径广泛、分散度大、吸收快、作用迅速、易于分剂量，服用方便，可减少某些药物的刺激性，提高生物利用度。但液体剂型制剂容易分解、稳定性差，携带、运输、贮存都不方便，水性液体制剂容易霉变，常需加入防腐剂。

④ 气体剂型。气体剂型主要有气雾剂、吸入剂，通过呼吸道进入体内发挥药效。

（2）按照给药途径分类　按照给药途径可以分为经胃肠道途径给药和非经胃肠道途径给药两种剂型。

① 经胃肠道途径给药剂型。此类制剂需经胃肠道吸收后才能发挥疗效，主要有散剂、片剂、胶囊剂、颗粒剂、丸剂、溶液剂、混悬剂、乳剂等。但若生物药物容易受胃肠道中的酸及生物酶破坏，或有较强的首关效应（又称首过效应），则不可以采用此类剂型。

② 非经胃肠道途径给药剂型。此类剂型是指除胃肠道途径给药以外的其他所有剂型，可通过给药部位进入体内发挥局部或全身作用。

知识链接

非经胃肠道途径给药的剂型

1. 注射途径剂型

注射剂是指药物制成的供注入体内的无菌溶液（包括乳浊液和混悬液）以及供临用前配成溶液或混悬液的无菌粉末或浓溶液。常有皮内注射、皮下注射、肌内注射、静脉注射、动脉注射、心内注射、体腔内注射等多种途径。注射剂具有作用迅速、无首过效应等特点，生物利用度高，可发挥全身或局部定位作用，适用于口服易破坏的药物和不宜口服的患者。但注射剂生产过程复杂，安全要求高，生产成本高，患者适应性差，有创伤性。

2. 黏膜途径剂型

黏膜根据部位可以分为口腔黏膜、鼻腔黏膜、眼部黏膜、直肠黏膜及阴道黏膜等，如含漱剂、舌下片剂、滴鼻剂、滴眼剂、栓剂、眼用软膏剂、粘贴片及贴膜剂等。此类剂型制剂使用方便、顺应性强、可以避免首过效应，适合口服不稳定或对胃肠道有刺激性的药物。

3. 皮肤途径剂型

该剂型是将药物黏附、涂抹、擦拭于皮肤表面，通过表皮或汗腺、皮脂腺和毛囊等皮肤附属器官被吸收进入体内，如外用溶液剂、洗剂、搽剂、软膏剂、硬膏剂、糊剂、贴剂等。此类剂型药物具有使用方便、作用持久、对机体刺激小等优点。

4. 呼吸道途径剂型

气体或挥发性液体麻醉药和其他气雾剂型药物可通过呼吸道吸收。肺表面积大，血流量多，经肺的血流量约为全身的10%，肺泡细胞结构薄，药物极易被吸收。优点是吸收快、免去首过效应，特别是呼吸道感染，可直接局部给药使药物达到感染部位发挥作用。主要缺点是难于掌控剂量，给药方法比较复杂。如喷雾剂、气雾剂、粉雾剂等。

（3）按照分散系统分类 一种或几种物质分散在另一种物质中所构成的系统叫作分散系统。起分散作用的物质叫分散介质，被分散的物质称分散质。可以分为溶液型（如溶液剂、注射剂、醑剂、芳香水剂等）、胶体溶液型（如胶浆剂、火棉胶剂、涂膜剂等）、乳剂型（如口服乳剂、注射乳剂等）、混悬型（如混悬剂）、气体分散型（如气雾剂、喷雾剂等）、微粒分散型（如微囊、微球、脂质体、纳米囊、纳米粒等）和固体分散型（如散剂、丸剂、胶囊剂、片剂、颗粒剂等）。

（4）按照作用时间分类 根据药物进入体内后发挥药效的快慢和持续时间长短，药物可以分为速释型制剂、普通型制剂和缓控释型制剂。这种分类方法的优势在于能够指导正确的用药时间，保证合理用药；缺点是无法区分剂型之间的固有属性，如注射剂和片剂都可以制备成缓释型制剂，但二者生产工艺截然不同。

由于药物制剂技术的飞速发展，新的剂型种类繁多，层出不穷，每种分类方法都有其局限性。因此，常采用两种或多种分类相结合的方法来实现对药物剂型更全面的分类。

（四）生物药物制剂技术的质量控制标准和规范

1. 生物药物质量控制标准

（1）中国药典 药典是一个国家记载药品标准、规格的法典，我国的药典由国家药典委员会编纂，并由国家政府颁布执行，具有法律约束力，是药品研制、生产、经营、使用和监督管理等均应遵循的法定依据，所有国家药品标准应当符合《中国药典》凡例及通则的相关要求，其收载的品种是医疗必需、临床常用、疗效肯定、质量稳定、副作用小、我国能规模

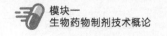
化生产并能有效控制其质量的品种。

我国药典每五年修订一次，2020年版《中国药典》是我国的第11版药典。该版药典进一步扩大药品品种和药用辅料标准的收载，收载品种5911种，新增319种，修订3177种，不再收载10种，因品种合并减少6种。一部中药收载2711种，其中新增117种、修订452种。二部化学药收载2712种，其中新增117种、修订2387种。三部生物制品收载153种，其中新增20种、修订126种；新增生物制品通则2个、总论4个。四部收载通用技术要求361个，其中制剂通则38个（修订35个）、检测方法及其他通则281个（新增35个、修订51个）、指导原则42个（新增12个、修订12个）；药用辅料收载335种，其中新增65种、修订212种。

(2) 部颁和局颁标准　为了促进药品生产，提高药品质量和保证用药安全，除《中国药典》规定了全国药品标准外，尚有原卫生部颁布的《中华人民共和国卫生部药品标准》（简称《部颁药品标准》）和国家药品监督管理局颁布的《国家食品药品监督管理局国家药品标准》（简称《局颁药品标准》），二者收载了国内已生产、疗效较好、需要统一标准但尚未载入药典的品种。凡被收载的药品需符合《部颁药品标准》及《局颁药品标准》质量要求，不符合标准的药品不能出厂、不得销售、不得调配、不得使用。

(3) 临床研究用药品质量标准　我国《药品管理法》规定，研制的新药在临床试验或使用之前应经药品监督管理局批准。为保证临床用药的安全和临床结论的可靠，新药研发单位会根据药品临床前结果制定临时质量标准，此标准经药品监督管理总局批准后，临时质量标准成为临床研究用药品质量标准。需要注意的是，此标准仅在临床试验期有效，且仅供研发单位和临床试验单位使用。

(4) 试行药品质量标准　新药经临床试验或使用后，试生产时制定的药品质量标准成为"暂行药品标准"，此标准执行两年后，若药品质量稳定，"暂行药品标准"成为"试行药品标准"。"试行药品标准"执行两年后，如果药品质量稳定，此标准经国家药品监督管理局批准升级则为"局颁标准"。

(5) 企业标准　是药品生产企业自己制定的质量标准，仅在本单位内部使用和有效，对其他单位无法律约束力。企业标准之所以存在，一种情况是所用的检验方法虽然不成熟，但能达到某种程度的质量控制；另一种情况多是增加了检验项目、提升了检测手段或调高了限度要求，使自己的内控标准高于法定标准要求，从而确保产品的优质性，提高产品竞争力。国内外大型药品生产企业均有自己的企业标准。

2. 生物药物质量管理规范

(1) 药物非临床研究质量管理规范（GLP）　GLP是规范与人类健康和环境有关的非临床安全性研究的一整套组织管理体系，适用于为申请药品注册而进行的非临床研究。GLP对非临床研究中组织机构和人员、实验设施、仪器设备和实验材料、标准操作规程、研究工作的实施、资料档案、监督检查等各方面均做出了详细规定，有效评价药品的安全性。

(2) 药物临床试验质量管理规范（GCP）　GCP是规范药物临床试验全过程的标准规定，包括方案设计、组织实施、监察、稽查、记录、分析总结和报告，各期临床试验、人体生物利用度或者生物等效性试验均须按照本规范执行，其目的在于保证临床试验过程的规范，结果科学可靠，保护受试者的权益并保障其安全。

(3) 药品生产质量管理规范（GMP）　GMP是针对药品行业的强制性标准，要求生产企业必须从原料、人员、设施设备、生产过程、包装运输、质量控制等方面达到国家规定的卫生质量要求，形成一套可操作的作业规范，帮助企业改善企业卫生环境，及时发现生产过程中存在的问题，加以改善。

2011年我国开始实施新版GMP，新版GMP标准与美国、欧盟标准接轨，对药品生产企业的软硬件建设、制度管理等方面的规定更细化、更精准、更科学，如新版 GMP 提高了无菌制剂硬件要求，更加强调生产过程的无菌、净化要求，提高了对人员的要求，明确要求企业建立药品质量管理体系，细化了对操作规程、生产记录等文件管理的要求。

（4）药品经营质量管理规范（GSP）　GSP 是药品经营管理和质量控制的基本准则，无论是药品生产企业还是药品经营企业，只要涉及药品流通过程，均需要遵守此规范。它是针对计划采购、购进验收、贮存、销售及售后服务等环节而制定的保证药品符合质量标准的一项管理制度，目的是通过严格的管理制度约束企业的行为，对药品经营的全过程进行质量控制，确保药品质量，保证向消费者提供优质的药品。

（5）其他有关生物药物质量的管理规范　除遵循 GLP、GCP、GMP、GSP 等药物的基本质量管理规范外，生物药物还有其特有的质量管理规范，如《重组 DNA 产品质量控制要点》《生物制品批签发管理办法》《预防用生物制品生产供应管理办法》《疫苗流通和预防接种管理条例》等。

二、生物药品稳定性研究技术指导原则

稳定性研究是贯穿于整个药品研发阶段和支持药品上市及上市后研究的重要内容。开展生物药品稳定性研究可以为产品设定有效期提供依据，判断产品生产工艺、制剂处方、包装材料等是否正确、合理，有效保障药品质量，保证药品安全、有效，降低损失。因此，为了指导生物制品的稳定性研究工作，2015 年国家食品药品监督管理总局发布了《生物制品稳定性研究技术指导原则（试行）》。具体内容如下。

（一）前言

稳定性研究是贯穿于整个药品研发阶段和支持药品上市及上市后研究的重要内容，是产品有效期设定的依据，可以用于对产品生产工艺、制剂处方、包装材料选择合理性的判断，同时也是产品质量标准制订的基础。为规范生物制品稳定性研究，制定本技术指导原则。

本技术指导原则适用于生物制品的原液、成品或中间产物等的稳定性研究设计、结果的分析等。对于一些特殊品种，如基因治疗和细胞治疗类产品等，还应根据产品的特点开展相应的研究。

生物制品稳定性研究与评价应当遵循本指导原则，并应符合国家药品管理相关规定的要求。

（二）研究内容

开展稳定性研究之前，需建立稳定性研究的整体计划或方案，包括研究样品、研究条件、研究项目、研究时间、运输研究、研究结果分析等方面。

生物制品稳定性研究一般包括实际贮存条件下的实时稳定性研究（长期稳定性研究）、加速稳定性研究和强制条件试验研究。长期稳定性研究可以作为设定产品保存条件和有效期的主要依据。加速和强制条件试验可以用于了解产品在短期偏离保存条件和极端情况下产品的稳定性情况，为有效期和保存条件的确定提供支持性数据。

稳定性研究过程中采用的检测方法应经过验证，检测过程需合理设计，应尽量避免人员、方法或时间等因素引入的试验误差。长期稳定性研究采用方法应与产品放行检测用方法相一致；中间产物或原液及成品加速、强制条件试验检测用方法应根据研究目的和样品的特点采用合理、敏感的方法。

稳定性研究设计时还应考虑各个环节样品贮存的累积保存时间对最终产品稳定性的影响。

1. 样品

研究样品通常包括原液、成品及产品自带的稀释液或重悬液，对因不能连续操作而需保

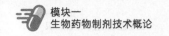
存一定时间的中间产物也应进行相应的稳定性研究。

稳定性研究的样品批次数量应至少为三批。各个阶段稳定性研究样品的生产工艺与质量应一致（即具有代表性），批量应至少满足稳定性研究的需要。研究用成品应来自不同批次原液。成品稳定性研究应采用与实际贮存相同的包装容器与密闭系统；原液或中间产物稳定性研究可以采用与实际应用相同的材质或材料的容器和密封系统。

稳定性研究中可以根据检测样品的代表性，合理地设计研究方案，减少对部分样品的检测频度或根据产品特点（如规格）选择部分代表性检测项目。原则上，浓度不一致的多种规格的产品，均应按照要求分别开展稳定性研究。

2. 条件

稳定性研究应根据研究目的和产品自身特性对研究条件进行摸索和优化。稳定性研究条件应充分考虑到今后的贮存、运输及其使用的整个过程。根据对各种影响因素（如温度、湿度、光照、反复冻融、振动、氧化、酸碱等相关条件）的初步研究结果，制定长期、加速和强制条件试验等稳定性研究方案。

(1) 温度 长期稳定性研究的温度条件应与实际保存条件相一致；强制条件试验中的温度应达到可以观察到样品发生降解并超出质量标准的目的；加速稳定性研究的温度条件一般介于长期与强制条件试验之间，通常可以反映产品可能短期偏离于实际保存条件的情况。

(2) 湿度 如能证明包装容器与密封系统具有良好的密封性能，则不同湿度条件下的稳定性研究可以省略；否则，需要开展相关研究。

(3) 反复冻融 对于需冷冻保存的原液、中间产物，应验证其在多次反复冻融条件下产品质量的变化情况。

(4) 其他 光照、振动和氧化等条件的研究应根据产品或样品的贮存条件和研究目的进行设计。

另外，液体制剂在稳定性研究中还应考虑到产品的放置方向，如正立、倒立或水平放置等。模拟实际使用情况的研究应考虑产品使用、存放的方式和条件，如注射器多次插入与抽出的影响等。对于一些生物制品，如用于多次使用的、单次给药时间较长的（如静脉滴注）、使用前需要配制的、特殊环境中使用的（如高原低压、海洋高盐雾等环境）以及存在配制或稀释过程的小容量剂型等特殊使用情况的产品，应开展相应的稳定性研究，以评估实际使用情况下产品的稳定性。

3. 项目

考虑到生物制品自身的特点，稳定性研究中应采用多种物理、化学和生物学等试验方法，针对多个研究项目对产品进行全面的分析与检定。检测项目应包括产品敏感的，且有可能反映产品质量、安全性和（或）有效性的考查项目，如生物学活性、纯度和含量等。根据产品剂型的特点，应考虑设定相关的考察项目，如注射用无菌粉末应考察其水分含量的变化情况；液体剂型应采用适宜的方法考察其装量变化情况等。对年度检测时间点，产品应尽可能进行检测项目的全面检定。

(1) 生物学活性 生物学活性检测是生物制品稳定性研究中的重点研究项目。一般情况下，生物学活性用效价来表示，是通过与参考品的比较而获得的活性单位。研究中使用的参考品应该是经过标准化的物质。另外，还需要关注应用参考品的一致性和其自身的稳定性。同时，可依据产品自身的特点考虑体内生物学活性、体外生物学活性或其他替代方法的研究。

(2) 纯度 应采用多种原理的纯度检测方法进行综合的评估。降解产物的限度应根据临床前研究和临床研究所用各批样品分析结果的总体情况来制定。长期稳定性研究中，发现有新的降解产物出现或者是含量变化超出限度时，建议对其进行鉴定，同时开展安全性与有效性的评估。对于不能用适宜方法鉴定的物质或不能用常规分析方法检测纯度的样品，应提出替代试验方法，并证明其合理性。

（3）其他　其他一些检测项目也是生物制品稳定性研究中较为重要的方面，需在稳定性研究中加以关注。如含量、外观（颜色和澄清度，注射用无菌粉末的颜色、质地和复溶时间）、可见异物、不溶性微粒、pH值、注射用无菌粉末的水分含量、无菌检查等。添加剂（如稳定剂、防腐剂）或赋形剂在制剂的有效期内也可能降解，如果初步稳定性试验有迹象表明这些物质的反应或降解对药品质量有不良影响时，应在稳定性研究中加以监测。稳定性研究中还应考虑到包装容器和密封系统可能对样品具有潜在的不良影响，在研究设计过程中应关注此方面。

4. 时间

长期稳定性研究时间点设定的一般原则是，第一年内每隔三个月检测一次，第二年内每隔六个月检测一次，第三年开始可以每年检测一次。如果有效期（保存期）为一年或一年以内，则长期稳定性研究应为前三个月每月检测一次，以后每三个月一次。在某些特殊情况下，可灵活调整检测时间，比如，基于初步稳定性研究结果，可有针对性地对产品变化剧烈的时间段进行更密集的检测。原则上，长期稳定性研究应尽可能做到产品不合格为止。产品有效期的制定应根据长期稳定性研究结果设定。强制和加速稳定性研究应观察到产品不合格。

申报临床试验阶段的稳定性研究，应可以说明产品的初步稳定性情况。申报生产上市时，稳定性研究应为贮存条件和有效期（保存期）的制定提供有效依据。

5. 运输稳定性研究

生物制品通常要求冷链保存和运输，对产品（包括原液和成品）的运输过程应进行相应的稳定性模拟验证研究。稳定性研究中需充分考虑运输路线、交通工具、距离、时间、条件（温度、湿度、振动情况等）、产品包装情况（外包装、内包装等）、产品放置情况和监控器情况（温度监控器的数量、位置等）等。稳定性研究设计时，应模拟运输时的最差条件，如运输距离、振动频率和幅度及脱冷链等。通过验证研究，应确认产品在运输过程中处于拟定的保存条件下可以保持产品的稳定性，并评估产品在短暂的脱离拟定保存条件下对产品质量的影响。对于需要冷链运输的产品，应对产品脱离冷链的温度、次数、总时间等制定相应的要求。

6. 结果的分析

稳定性研究中应建立合理的结果评判方法和可接受的验收标准。研究中不同检测指标应分别进行分析；同时，还应对产品进行稳定性的综合评估。

同时开展研究的不同批次的稳定性研究结果应该具有较好的一致性，建议采用统计学的方法对批间的一致性进行判断。同一批产品，在不同时间点收集的稳定性数据应进行趋势分析，用以判断降解情况。验收标准的制定应在考虑到方法学变异的前提下，参考临床用研究样品的检测值对其进行制定或修正，该标准不能低于产品的质量标准。

通过稳定性研究结果的分析和综合评估，明确产品的敏感条件、降解途径、降解速率等信息，制定产品的保存条件和有效期（保存期）。

（三）标示

根据稳定性研究结果，需在产品说明书或标签中明确产品的贮存条件和有效期。不能冷冻的产品需另行说明。若产品要求避光、防湿或避免冻融等，建议在各类容器包装的标签中

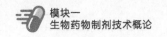

和说明书中注明。对于多剂量规格的产品，应标明开启后最长使用期限和放置条件。对于冻干制品，应明确冻干制品溶解后的稳定性，其中应包括溶解后的贮存条件和最长贮存期。

（四）名词解释

降解产物：产品在贮存过程中随时间发生变化而产生的物质。这种变化可能发生在产品生产过程中或贮存过程中，如脱酰胺、氧化、聚合、蛋白质水解等。

中间产物：生产过程中形成的、为下一步工艺所用的物质，不包括原液。

有效期：产品可供临床正常使用的最大有效期限（天数、月数或年数）。该有效期是根据在产品开发过程中进行稳定性研究获得的贮存寿命而确定。

保存期：原液和中间产物等在适宜的贮存条件下可存放的时间。

长期稳定性研究：实际贮存条件下开展的稳定性研究，用于制定产品的有效期和原液的保存期。

加速稳定性研究：高于实际贮存温度条件下的稳定性研究。通常是指37℃或室温。

强制条件试验：影响较为剧烈的条件下进行的稳定性研究，如高温、光照、振动、反复冻融、氧化等。

三、生物类似药研发与评价技术指导原则

生物类似药有助于提高生物药的可及性，并降低药品价格，可以更好地满足公众对生物治疗产品的需求，因此，许多国家非常重视生物类似药的研发和管理。目前，全球已有22个国家或组织陆续制定颁布了生物类似药相关指南。

关于"生物类似药"的定义，各国还没有统一的规定。美国食品药品监督管理局规定，生物类似药和原研药品之间应该无临床意义的差异；欧洲药品质量管理局规定生物类似药和原研药品本质上应是相同的生物物质。我国规定生物类似药是指在质量、安全性和有效性方面与已获准注册的参照药具有相似性的治疗用生物制品。

为了推动生物医药行业健康、有序、规范发展，指导和规范生物类似药的研发与评价，2015年国家食品药品监督管理总局发布了《生物类似药研发与评价技术指导原则（试行）》。《生物类似药研发与评价技术指导原则（试行）》中明确了生物类似药的定义，提出了生物类似药研发和评价的基本原则，对生物类似药的药学、非临床与临床研究和评价等内容均做出了具体的要求。《生物类似药研发与评价技术指导原则（试行）》具体内容如下。

（一）前言

近年来，生物药快速发展并在治疗一些疾病方面显示出明显的临床优势。随着原研生物药专利到期及生物技术的不断发展，以原研生物药质量、安全性和有效性为基础的生物类似药的研发，有助于提高生物药的可及性和降低价格，满足群众用药需求。为规范生物类似药的研发与评价，推动生物医药行业的健康发展，制定本指导原则。

生物类似药的研发与评价应当遵循本指导原则，并应符合国家药品管理相关规定的要求。

（二）定义及适用范围

本指导原则所述生物类似药是指：在质量、安全性和有效性方面与已获准注册的参照药具有相似性的治疗用生物制品。

生物类似药候选药物的氨基酸序列原则上应与参照药相同。对研发过程中采用不同于参照药所用的宿主细胞、表达体系等的，需进行充分研究。

本指导原则适用于结构和功能明确的治疗用重组蛋白质制品。对聚乙二醇（PEG）等修饰的产品及抗体偶联药物类产品等，按生物类似药研发时应慎重考虑。

（三）参照药

1. 定义

本指导原则所述参照药是指：已获批准注册的，在生物类似药研发过程中与之进行比对试验研究用的产品，包括生产用的或由成品中提取的活性成分，通常为原研产品。

2. 参照药的选择

研发过程中各阶段所使用的参照药，应尽可能使用相同产地来源的产品。对不能在国内获得的，可以考虑其他合适的途径。临床比对试验研究用的参照药，应在我国批准注册。

对比对试验研究需使用活性成分的，可以采用适宜方法分离，但需考虑并分析这些方法对活性成分的结构和功能等质量特性的影响。

按生物类似药批准的产品原则上不可用作参照药。

（四）研发和评价的基本原则

1. 比对原则

生物类似药研发是以比对试验研究证明其与参照药的相似性为基础，支持其安全、有效和质量可控。

每一阶段的每一个比对试验研究，均应与参照药同时进行，并设立相似性的评价方法和标准。

2. 逐步递进原则

研发可采用逐步递进的顺序，分阶段证明候选药与参照药的相似性。根据比对试验研究结果设计后续比对试验研究的内容。对前一阶段比对试验研究结果存在不确定因素的，在后续研究阶段还必须选择敏感的技术和方法设计有针对性的比对试验进行研究，并评价对产品的影响。

3. 一致性原则

比对试验研究所使用的样品应为相同产地来源的产品。对候选药，应当为生产工艺确定后生产的产品，或者其活性成分。对工艺、规模或产地等发生改变的，应当评估对产品质量的影响，必要时还需重新进行比对试验研究。

比对试验研究应采用适宜的方法和技术，首先考虑与参照药一致，对采用其他敏感技术和方法的，应评估其适用性和可靠性。

4. 相似性评价原则

对全面的药学比对试验研究显示候选药与参照药相似，并在非临床阶段进一步证明其相似的，可按生物类似药开展后续的临床比对试验研究与评价。

对不能判定相似性且仍按生物类似药研发的，应选择敏感的技术和方法，继续设计针对性的比对试验研究以证明其相似性。

药学比对试验研究显示的差异对产品有影响并在非临床比对试验研究结果也被证明的，不宜继续按生物类似药研发。对按生物类似药研发的应慎重考虑。

对临床比对试验研究结果判定为相似的，可按本指导原则进行评价。

（五）药学研究和评价

1. 一般考虑

比对试验研究中应对样品质量的批间差异进行分析，选择有代表性的批次进行。研究中，应尽可能使用敏感的、先进的分析技术和方法检测候选药与参照药之间可能存在的差异。

2. 工艺研究

候选药的生产工艺需根据产品特点设计，可以与参照药保持一致，尤其是工艺步骤的原

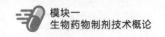
理和先后顺序及中间过程控制的要求，如纯化、灭活工艺等；对于不一致的，应分析对质量相似性评判的影响。

3. 分析方法

应采用先进的、敏感的技术和方法，首先考虑采用与参照药一致的方法。对采用其他技术和方法的，应提供依据。对某些关键的质量属性，应采用多种方法进行比对试验研究。

4. 特性分析

根据参照药的信息，评估每一个质量特性与临床效果的相关性，并设立判定相似性的限度范围。对特性分析的比对试验研究结果综合评判时，应根据各质量特性与临床效果相关的程度确定评判相似性的权重，并设定标准。

(1) 理化特性　理化鉴定应包括采用适宜的分析方法确定一级结构和高级结构（二级/三级/四级）以及其他理化特性。还应考虑翻译后的修饰可能存在差异，如氨基酸序列 N 端和 C 末端的异质性、糖基化修饰（包括糖链的结构和糖型等）的异同。应采用适宜的方法对修饰的异同进行比对试验研究，包括定性和定量分析研究。

对于氨基酸序列测定的比对试验研究，可以与已知的参照药序列直接进行比对。

(2) 生物学活性　应采用先进的、敏感的方法进行生物活性比对试验研究，首先考虑采用与参照药一致的方法。对采用其他技术和方法的，应提供依据。

对具有多重生物活性的，其关键活性应当分别进行比对试验研究，并设定相似性的评判标准；对相似性的评判，应根据各种活性与临床效果相关的程度确定评判相似性的权重，并设定标准。

(3) 纯度和杂质　应采用先进的、敏感的方法进行纯度和杂质比对试验研究，首先考虑采用与参照药一致的方法。对采用其他技术和方法的，应提供依据。对纯度的测定，应从产品的疏水性、电荷和分子大小变异体及包括糖基化在内的各类翻译后修饰等方面，考虑适宜的技术和方法进行研究；对杂质的比对试验研究，应从工艺的差异、宿主细胞的不同等方面，考虑适宜的方法进行。

对杂质图谱的差异，尤其是出现了新的成分，应当进行分析研究，并制定相应的质量控制要求，必要时在后续的比对试验研究中，还应采用针对性的技术和方法，研究其对有效性、安全性包括免疫原性的影响。

(4) 免疫学特性　对具有免疫学特性的产品的比对试验研究应尽可能采用与参照药相似原理的技术和方法。具有多重免疫学特性的，应对其关键特性分别进行相关的比对试验研究，并设定相似性的评判标准；对相似性的评判，应根据各种特性与临床效果相关的程度确定评判相似性的权重，并设定标准。

对抗体类的产品，应对其 Fab、Fc 段的功能进行比对试验研究，包括定性、定量分析其与抗原的亲和力、CDC 活性和 ADCC 活性，及与 FcRn、Fcγ、C1q 等各受体的亲和力等。应根据产品特点选择适当的项目列入质量标准。

对调节免疫类的产品，应对其同靶标的亲和力、引起免疫应答反应的能力进行定性或者定量比对试验研究。应根据产品特点选择适当的项目列入质量标准。

5. 质量指标

候选药质量指标的设定和标准应符合药品管理相应法规的要求，并尽可能与参照药一致。对需增加指标的，应根据多批次产品的检定数据，用统计学方法分析确定标准，并结合稳定性数据等分析评价其合理性。

6. 稳定性研究

按照有关的指导原则开展对候选药的稳定性研究。对加速或强制降解稳定性试验，应选择敏感的条件同时处理后进行比对试验研究。对比对试验研究，应尽可能使用与参照药有效期相近的候选药进行。

7. 其他研究

（1）宿主细胞　应考虑参照药所使用的宿主细胞，也可采用当前常用的宿主细胞。对与参照药不一致的，需进行研究证明与有效性、安全性等方面无临床意义的差别。

（2）制剂处方　应进行处方筛选研究，并尽可能与参照药一致。对不一致的，应有充足的理由。

（3）规格　原则上应与参照药一致。对不一致的，应有恰当的理由。

（4）内包装材料　应进行内包装材料的筛选研究，并尽可能使用与参照药同类材质的内包装材料。对不同的，应有相应的研究结果支持。

8. 药学研究相似性的评价

对药学研究结果相似性的评判，应根据与临床效果相关的程度确定评判相似性的权重，并设定标准。

① 对综合评判候选药与参照药之间无差异或差异很小的，可判为相似。

② 对研究显示候选药与参照药之间存在差别，且无法确定对药品安全性和有效性影响的，应设计针对性的比对试验研究，以证实其对药品安全性和有效性的影响。

③ 对研究显示有差异、评判为不相似的，不宜继续按生物类似药研发。

对不同种类的重组蛋白，甚至是同一类蛋白，如其疗效机制不同，质量属性差异的权重也不同，分析药学质量相似性时要予以考虑。

（六）非临床研究和评价

1. 一般考虑

非临床比对试验研究应先根据前期药学研究结果来设计。对药学比对试验研究显示候选药和参照药无差异或很小差异的，可开展药效动力学（简称药效，PD）、药代动力学（简称药代，PK）和免疫原性的比对试验研究。对体外药效、药代和免疫原性试验结果不能判定候选药和参照药相似的，应进一步开展体内药效和毒性的比对试验研究。

比对试验的研究方法和检测指标应采用适宜的方法和技术，首先考虑与参照药一致。对采用其他技术和方法的，应提供依据。

2. 药效动力学

应选择有代表性的批次开展药效比对试验研究。对具有多重生物活性的，其关键活性应当分别进行比对试验研究，并设定相似性的评判标准；对相似性的评判，应根据各种活性与临床效果相关的程度确定评判相似性的权重，并设定标准。

体内药效比对试验研究应尽可能选择参照药采用的相关动物种属和模型进行。

3. 药代动力学

应选择相关动物种属开展单次给药（多个剂量组）和重复给药的药代比对试验研究。单次给药的药代试验应单独开展；重复给药的药代试验可结合在药代动力学/药效动力学（简称 PK/PD）研究中或者重复给药毒性试验中进行。对结合开展的药代试验影响主试验药物效应或毒性反应评价的，应进行独立的重复给药比对试验研究来评估药代特征变化。

4. 免疫原性

采用的技术和方法应尽可能与参照药一致，对采用其他方法的，还应进行验证。抗体检测包括筛选、确证、定量和定性，并研究与剂量和时间的相关性。必要时应对所产生的抗体分别进行候选药和参照药的交叉反应测定，对有差异的还应当分析其产生的原因。对可量化的比对试验研究结果，应评价其对药代的影响。

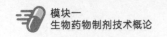
免疫原性比对试验研究可同时观察一般毒性反应。对需要开展重复给药的药代试验或毒性试验的,可结合进行免疫原性比对试验。

对所采用的宿主细胞、修饰及杂质等不同于参照药的,还应设计针对性的比对试验研究。

5. 重复给药毒性试验

毒性比对试验研究应根据药学研究显示的相似性程度和早期非临床阶段的体外研究、药代研究和免疫原性研究结果来考虑。对药学比对试验研究显示候选药与参照药之间存在差别,且无法确定对药品安全性和有效性影响的,如杂质差异,应开展毒性试验比对试验研究。对仅开展药效、药代及免疫原性比对试验研究,其研究结果显示有差异且可能与安全性相关的,应进行毒性比对试验研究。

对毒性比对试验研究,通常进行一项相关动物种属的至少 4 周的研究,持续时间应足够长以便能监测到毒性和(或)免疫反应。研究指标应关注与临床药效有关的药效学作用或活性,并应开展毒代动力学研究。对有特殊安全性担忧的,可在同一重复给药毒性研究中纳入相应观察指标或试验内容,如局部耐受性等。

比对试验研究用的动物种属、模型、给药途径及剂量应考虑与参照药一致。对选择其他的,应当进行论证。对参照药有多种给药途径的,必要时应分别开展研究;对剂量的选择,应尽可能选择参照药暴露毒性的剂量水平,候选药剂量还应包括生物活性效应剂量和(或)更高剂量水平。

6. 其他毒性试验

对药学及非临床比对试验研究显示有差异且不确定其影响的,应当开展有针对性的其他毒性试验研究,必要时应进行相关的比对试验研究。

7. 非临床研究相似性的评价

对非临床研究结果相似性的评判,应根据与临床效果相关的程度确定评判相似性的权重,并设定标准。

① 对综合评判候选药与参照药之间无差异或差异很小的,可判为相似。

② 对研究显示候选药与参照药之间存在差别,且无法确定对药品安全性和有效性影响的,应设计针对性的比对试验研究,以证实其对药品安全性和有效性是否有影响。

③ 对研究显示有差异,评判为不相似的,不宜继续按生物类似药研发。

(七)临床研究和评价

1. 一般考虑

临床比对试验研究通常从药代和(或)药效比对试验研究开始,根据相似性评价的需要考虑后续安全有效性比对试验研究。

临床试验用药物应使用相同产地来源的产品。对产地、生产工艺和规模、处方发生改变的,应当评估对产品质量的影响,必要时还需重新进行比对试验研究。

对前期研究结果证明候选药与参照药之间无差异或差异很小,且临床药理学比对试验研究结果可以预测其临床终点的相似性时,则可用于评判临床相似性。对前期比对试验研究显示存在不确定性的,则应当开展进一步临床安全有效性比对试验研究。

2. 临床药理学

对药代和药效特征差异的比对试验研究,应选择最敏感的人群、参数、剂量、给药途径、检测方法进行设计,并对所需样本量进行论证。应采用参照药推荐的给药途径及剂量,也可以选择更易暴露差异的敏感剂量。应预先对评估药代和药效特征相似性所采用的生物分析方法进行优化选择和方法学验证。

应预先设定相似性评判标准，并论证其合理性。

（1）药代动力学　在符合伦理的前提下，应选择健康志愿者作为研究人群，也可在参照药适应证范围内选择适当的敏感人群进行研究。

对于半衰期短和免疫原性低的产品，应采用交叉设计以减少个体间的变异性；对于较长半衰期或可能形成抗药抗体的蛋白类产品，应采用平行组设计，并应考虑组间的均衡。

单次给药的药代比对试验研究无法评判相似性的，或药代呈剂量或时间依赖性，并可导致稳态浓度显著高于根据单次给药数据预测的浓度的，应进行额外的多次给药药代比对试验研究。

对药代比对试验研究，通常采用等效性设计研究吸收率/生物利用度的相似性，应预先设定等效性界值并论证其合理性，应对消除特征（如清除率、消除半衰期）进行分析。

一般情况下不需进行额外的药物-药物相互作用研究和特殊人群研究等。

（2）药效动力学　药效比对试验研究应选择最易于检测出差异的敏感人群和量效曲线中最陡峭部分的剂量进行，通常可在 PK/PD 研究中考察。对药代特性存在差异，且临床意义尚不清楚的，进行该项研究尤为重要。

对药效指标，应尽可能选择有明确的量效关系，且与药物作用机制和临床终点相关的指标，并能敏感地检测出候选药和参照药之间具有临床意义的差异。

（3）药代动力学/药效动力学　PK/PD 比对试验研究结果用于临床相似性评判的，所选择的药代参数和药效指标应与临床相关，应至少有一种药效指标可以用作临床疗效的评判，且对剂量/暴露量与该药效指标的关系已有充分了解；研究中选择了测定 PK/PD 特征差异的最敏感的人群、剂量和给药途径，且安全性和免疫原性数据也显示为相似。

3. 有效性

遵循随机、双盲的原则进行比对试验研究。样本量应能满足统计学要求。剂量可选择参照药剂量范围内的一个剂量进行。

对有多个适应证的，应考虑首先选择临床终点易判定的适应证进行。对临床试验的终点指标，首先考虑与参照药注册临床试验所用的一致，也可以根据对疾病临床终点的认知选择确定。

临床有效性比对试验研究通常采用等效性设计，应慎重选择非劣效性设计，并设定合理的界值。对采用非劣效设计的，需考虑比对试验研究中参照药的临床疗效变异程度以评价候选药和参照药的相似性。

4. 安全性

安全性比对试验研究应在药代、药效和（或）有效性比对试验研究中进行，必要时应对特定的风险设计针对性的安全性进行比对试验研究。

比对试验研究中，应根据对不良反应发生的类型、严重性和频率等方面的充分了解，选择合适的样本量，并设定适宜的相似性评判标准。一般情况下仅对常见不良反应进行比对试验研究。

5. 免疫原性

应根据非临床免疫原性比对试验研究结果设计开展必要的临床免疫原性比对试验研究。当非临床免疫原性比对试验研究结果提示相似性时，对提示临床免疫原性有一定的参考意义，可仅开展针对性的临床免疫原性比对试验研究；对非临床比对试验研究结果显示有一定的差异，或者不能提示临床免疫原性应答的，临床免疫原性试验的设计应考虑对所产生的抗体分别进行候选药和参照药的交叉反应测定，分析其对安全有效性的影响。

临床免疫原性比对试验研究通常在药代、药效和（或）有效性比对试验研究中进行。应

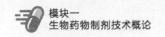
选择测定免疫应答差异最敏感的适应证人群和相应的治疗方案进行比对试验研究。对适应证外推的，应考虑不同适应证人群的免疫原性应答，必要时应分别开展不同适应证的免疫原性比对试验研究。

研究中应有足够数量的受试者，并对采样时间、周期、采样容积、样品处理/贮藏以及数据分析所用统计方法等进行论证。抗体检测方法应具有足够的特异性和灵敏度。免疫原性测定的随访时间应根据发生免疫应答的类型（如中和抗体、细胞介导的免疫应答）、预期出现临床反应的时间、停止治疗后免疫应答和临床反应持续的时间及给药持续时间确定。

免疫原性比对试验研究还应考虑对工艺相关杂质抗体的检测，必要时也应开展相应的比对试验研究。

比对试验研究还应对检测出的抗体的免疫学特性及对产品活性的影响进行研究，并设定相似性评判的标准。

6. 适应证外推

对比对试验研究证实临床相似的，可以考虑外推至参照药的其他适应证。

对外推的适应证，应当是临床相关的病理机制和（或）有关受体相同，且作用机理以及靶点相同的；临床比对试验中，选择了合适的适应证，并对外推适应证的安全性和免疫原性进行了充分的评估。

适应证外推需根据产品特点个案化考虑。对合并用药人群、不同合并疾病人群及存在不同推荐剂量等情形进行适应证外推时应慎重。

（八）说明书

应符合国家相关规定的要求，原则上内容应与参照药相同，包括适应证、用法用量、安全性信息等。当批准的适应证少于参照药时，可省略相关信息。说明书中应描述候选药所开展的临床试验的关键数据。

（九）药物警戒

应提供安全性说明和上市后风险管理计划/药物警戒计划，按照国家相关规定开展上市后的评价，包括安全性和免疫原性评价。

（十）名词解释

生物类似药：是指在质量、安全性和有效性方面与已获准上市的参照药具有相似性的治疗性生物制品。

候选药：是指按照生物类似药研发和生产的，用于比对试验研究的药物。

参照药：是指已批准注册的，在生物类似药研发过程中与之进行比对研究用的产品，通常为原研产品。

原研产品：是指按照新药研发和生产并且已获准注册的生物制品。

比对试验：是指在同一个试验中比较候选药与参照药差异的试验研究。

❓ 思考题

1. 举例说明药物与药品之间的区别。
2. 阐述生物药物的概念。
3. 简述生物药物发展的历程及代表药物。
4. 简述生物药物的分类方法。
5. 简述生物药物质量控制标准。

6. 生物药物质量管理规范有哪些？作用分别是什么？

7. 阐述药物剂型和制剂概念的区别。

8. 简述药物剂型和制剂的目的。

9. 简述生物药物的剂型分类方法。

10. 非胃肠道给药途径的剂型有哪些？

11. 固体剂型的种类有哪些？并各举一至两个药品。

12. 简述制定生物药品稳定性研究技术指导原则的目的。

13. 影响生物药品稳定性的因素有哪些？

14. 药品稳定性的检测项目有哪些？

15. 简述长期稳定性研究时间点设定的原则。

16. 简述运输稳定性的研究内容。

17. 简述生物类似药研发与评价技术指导原则的目的。

18. 简述参照药的定义及选择原则。

19. 简述研发和评价的基本原则。

20. 简述临床及非临床研究和评价的内容。

项目二　生物药物制剂制备工艺流程及稳定性

一、生物药物制剂制备工艺流程

生物药物的制备工艺流程主要包括：生物药物有效成分（目的物）的富集、提取与分离纯化、药物制剂生产三个阶段。生物药物制剂的组成可以分为药物的有效成分及辅料两部分。生物药物的有效成分常包括微生物（细菌、病毒等）本身及各种生物活性物质（如蛋白质、糖类、脂肪、核酸等）。因此生产中首先要想办法使药物的有效成分大量地增加（即富集），然后将其提取出来并进行纯化，最后按照制剂的处方要求制成制剂。

（一）生物药物有效成分的富集

供生产生物药物的生物资源主要有动物、植物、微生物及其组织、器官与代谢产物。要使药物的有效成分大量增加，最主要的方法就是大量培养微生物、病毒或细胞，使其在数量上增加的同时，大量积累目的产物，以获得目的产物。

1. 微生物的富集

在微生物的大规模培养中，决定生产产量与质量的因素主要包括：发酵方法、菌种、培养基、发酵设备、无菌空气、发酵过程控制等。发酵的生产过程主要包括：菌种的选育、种子的制备、接种发酵培养、收获等环节。

（1）菌种的选育　工业发酵生产水平的高低取决于生产菌种、发酵工艺和后提取工艺三个因素。其中，拥有良好生产菌种是前提。生产中常用的菌种有细菌、放线菌、酵母菌和霉菌。获得优良菌种的方法包括：从自然界分离筛选、从菌种保藏机构获得、从生产过程中已有菌种中筛选发生正突变的优良菌种。无论菌种来源如何，为满足发酵工艺对菌种的要求，一般都需要对获得的菌种进行改良和纯化，选择和培育适合的优良菌种。

菌种选育就是按照生产的要求，根据微生物遗传和变异的理论，用自然或人工的方法造成菌种变异，再经过筛选而达到菌种改良的目的。

> **知识链接**
>
> **菌种的选育方法**
>
> 1. 自然选育
>
> 自然选育是指在生产过程中，不经过人工诱变处理，利用菌种的自然突变而进行菌种筛选。自然选育的菌种来源于自然界、菌种保藏机构或生产环节，其选育的步骤包括

样品采集、增殖培养、纯种分离和筛选等。这是一种简单易行的选育方法，它可以达到纯化菌种、防止菌种衰退、稳定生产、提高产量的目的。但是最大缺点是效率低、进展慢，很难使生产水平大幅度提高。因此，经常把自然选育和诱变育种交替使用，这样可以收到良好的效果。

2. 诱变育种

诱变育种是指利用各种诱变剂处理微生物细胞，提高基因的随机突变频率，扩大变异幅度，通过一定的筛选方法，获取所需要优良菌株。诱变成功的关键包括出发菌株的选择、诱变剂种类和剂量的选择以及合理的方法使用等。

3. 杂交育种

杂交育种一般指两个基因型不同的菌株通过结合或原生质体融合使遗传物质重新组合，从中分离和筛选出具有新性状的菌株。杂交育种选用已知性状的供体菌株和受体菌株作为亲本，把不同菌株的优良性状集中于组合体中，因此，具有定向育种的性质。广义的杂交育种主要包括杂交和原生质体融合两种方法，近年来后一种方法较为多见。

4. 基因工程育种

基因工程育种是指利用基因重组技术获得工程菌。

（2）种子的制备

① 三级种子批的建立。生物药物生产中涉及的菌种，包括细菌疫苗生产用菌种、微生态活菌制品生产用菌种、体内诊断制品生产用菌种、重组产品生产用工程菌等。一旦确定某一菌种作为生产用菌种，就要建立种子批系统。种子批系统通常包括原始种子批、主种子批和工作种子批。建立种子批系统的目的旨在保证生产的一致性和连续性。

原始种子批应验明其历史、来源（包括重组工程菌毒种的构建过程）和生物学特性。从原始种子批传代和扩增后保存的，为主种子批；从主种子批传代和扩增后保存的，为工作种子批；工作种子批用于生产产品。工作种子批的生物学特性应与原始种子批一致，每批主种子批和工作种子批均应按各论要求保管、检定和使用。由主种子批或工作种子批移出使用的菌毒种无论开瓶与否，均不得再返回贮存。生产过程中应规定各级种子批允许传代的代次，并经国家药品监督管理部门批准。三级种子批的建立可以为生产提供大量的安全稳定的生产用菌种，以避免或减少菌种的污染及因菌种传代过多而导致的遗传变异，这对生物药物的安全性、稳定性、可控性都是非常重要的。

② 种子扩大培养。生物药物发酵生产中，要采用工作种子批的种子进行生产。而工作种子批的种子，必须要经过扩大培养，达到接种的最适接种数量后才能进行发酵生产。

菌种的扩大培养过程实际就是种子数量逐级放大的过程，通常包括实验室种子制备、生产车间种子制备两个阶段。种子扩大培养流程见图2-1。

在实验室种子制备阶段，冻存的工作种子首先在斜面培养基中进行复苏培养，然后接种至克氏瓶固体培养基或摇瓶培养基中进行传代，扩大培养；进入生产车间种子制备阶段，接种至一级种子罐传代，进一步扩大培养，视情况确定扩大级数，完成生产用种子的制备；最后种子转种至发酵

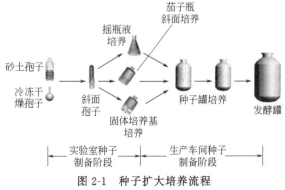

图2-1　种子扩大培养流程

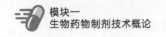

罐进行发酵生产。

通常，生产中使用对数生长期末期的菌种接种到发酵罐中，其活力强，菌体浓度相对较大，不但可以缩短发酵迟滞期，进而缩短发酵周期，提高设备利用率，还可以减少染菌的机会。

(3) 接种发酵培养

① 培养基的配制与灭菌。培养基是发酵生产的基础，其质量的好坏成为决定发酵质量的重要因素。生物药物生产中，有的培养基还有其特殊的制备方法。

> **知识链接**
>
> **培养基的配制与灭菌过程**
>
> 该过程通常包括原料的溶解及定容、灭菌和保存两步。
>
> 1. 原料的溶解及定容
>
> 按照培养基配方（常为体积重量百分比），计算出所需各种原料的用量，准确称（量）取并按照培养基制备标准操作规程中规定的顺序逐一溶解于注射用水或纯水中，加水定容至所需用量（注意预留出灭菌冷凝蒸馏水的量）。原则上，配制好的培养基不允许有附聚的颗粒物及未溶物存在，否则，会严重影响灭菌效果。通常生物药品生产中因采用的原料级别较高，都不会存在这样的问题，也不需要进行过滤。与实验室不同，发酵培养基的 pH 通常由配方设计时确定，配料后测定验证，必要时做调整。
>
> 2. 培养基的灭菌和保存
>
> 发酵培养基的灭菌方法主要有湿热灭菌（连续灭菌和分批灭菌）和除菌级过滤器（滤膜孔径为 0.22μm）过滤除菌两种方式。目前在生产中，绝大多数培养基都采用湿热灭菌，而过滤除菌只适用于加热即被破坏的物质（如糖溶液、尿素溶液、血清等）、某些特殊成分及细胞培养基的灭菌。为了节约生产成本，生产企业常将培养基中耐热的部分进行湿热灭菌，将培养基中不耐热的部分过滤除菌，再将二者无菌混合。
>
> 根据生产上的不同要求，确定保存的条件和时间，以不超出效期为标准（需要进行验证），超过效期的需要重新灭菌。

② 接种及培养。按照适宜的接种浓度进行接种，在适宜的培养条件下对微生物进行培养。在培养过程中，要对各种参数进行控制，如温度、压力、搅拌速度、pH、溶氧浓度、菌丝形态、菌体浓度等。发酵过程的检测多数为在线检测，通过传感器检测出相应的信号，通过变送器将其转化为标准的电信号传递给计算机，计算机通过控制软件的操作程序控制调解机构，对各个需要控制的参数进行及时调控，从而实现发酵过程的在线控制。

微生物的发酵方法按照培养方式可分为表面发酵（包括固体表面发酵和液体表面发酵）和深层发酵（包括振荡培养和深层搅拌通气培养）。目前生物药物生产中常采用液体深层通气培养。液体深层通气培养按照发酵工艺流程又可分为分批发酵、补料分批发酵和连续发酵三种。

(4) 收获 综合考虑产物的产量、过滤速度、氨基氮的含量、菌丝形态、pH、发酵液的外观和黏度等指标，确定发酵的终点，最终收获目的产物。

2. 细胞的富集

细胞培养在生物药物生产中被广泛应用，如在病毒性疫苗的制备中，细胞是病毒性疫苗的生产基质，病毒必须要寄生于细胞内才能复制增殖；在单克隆抗体的生产中，通过大量培养杂交瘤细胞来实现；在其他基因工程药物的生产中，如重组人促红素注射液，也是通过培养"中国仓鼠卵巢细胞（CHO）"来进行。

(1) 细胞培养的类型

① 根据细胞的生长方式,可将细胞培养分为贴壁培养和悬浮培养两大类。

A. 贴壁培养。指细胞贴附在一定的固相表面进行的培养。贴壁依赖型细胞在培养时要贴附于培养(瓶)器皿壁上,细胞一经贴壁就迅速铺展,然后开始有丝分裂,并很快进入对数生长期。一般数天后就铺满培养表面,并形成致密的细胞单层。

B. 悬浮培养。指培养装置在外力(振荡、旋转、搅拌)作用下使细胞在培养基中一直处于悬浮状态进行生长,在悬浮培养中对类淋巴细胞研究得最多。贴壁生长的肿瘤细胞须在悬浮培养中适应一段时间后才能在悬浮状态下增殖。

② 根据培养细胞的类型,可将细胞培养分为原代培养和传代培养两大类。

A. 原代培养。从机体剖取的组织细胞在培养瓶内培养不经传代,称为细胞的原代培养。如单层细胞培养,首先要将组织块经适宜方法分散成细胞悬液,然后接种于细胞培养瓶中进行培养。

B. 传代培养。当原代培养成功以后,随着培养时间的延长和细胞不断分裂,一方面细胞之间相互接触而发生接触性抑制,生长速度减慢甚至停止;另一方面也会因营养物不足和代谢物积累而不利于生长或发生中毒。此时就需要将培养物分割成小的部分,重新接种到另外的培养器皿(瓶)内,再进行培养,即为传代培养。传代培养主要包括细胞分散和细胞培养两个过程,其方法大体和细胞的原代培养相同。

(2) 细胞的大规模培养 生物药物生产中需要对细胞进行大规模的培养以获得足够的细胞基质用于病毒的增殖或者产物的合成。

① 三级细胞库的建立。在细胞的生产使用过程中,要建立细胞库,其目的是为生物制品的生产提供检定合格、质量相同、能持续稳定传代的细胞。三级细胞库包括细胞种子、主细胞库(MCB)及工作细胞库(WCB)。在特定条件下,将一定数量、成分均一的细胞悬液定量均匀分装于一定数量的安瓿或适宜的细胞冻存管中,于液氮或 $-130℃$ 以下冻存,即为细胞种子,供建立主细胞库用。取细胞种子通过规定的方式进行传代、增殖后,在特定倍增水平或传代水平同次均匀地混合成一批,定量分装于一定数量的安瓿或适宜的细胞冻存管中,保存于液氮或 $-130℃$ 以下,经全面检定合格后,即可作为主细胞库,用于工作细胞库的制备。生产企业的主细胞库最多不得超过两个细胞代次。工作细胞库的细胞由 MCB 细胞传代扩增制成。由 MCB 的细胞经传代增殖达到一定代次水平的细胞,合并后制成一批均质细胞悬液,定量分装于一定数量的安瓿或适宜的细胞冻存管中,保存于液氮或 $-130℃$ 以下备用,即为工作细胞库。生产企业的工作细胞库必须限定为一个细胞代次。

② 细胞的大规模培养。目前可大规模培养的动物细胞有鸡胚、地鼠肾等多种原代细胞及人二倍体细胞,以及 CHO(中国仓鼠卵巢细胞)、BHK-21(仓鼠肾细胞)、Vero 细胞(非洲绿猴肾传代细胞)等,并已成功生产了包括狂犬病疫苗、乙型肝炎疫苗、促红细胞生成素、单克隆抗体等产品。

知识链接

生产中细胞大规模培养的常用方法

我国生产中细胞大规模培养最常用的方法有:悬浮培养、转瓶培养、微载体培养等。

1. 悬浮培养

悬浮培养是指细胞在培养液中,呈悬浮状态进行生长繁殖,能连续培养和连续收获。悬浮培养是在微生物发酵的基础上发展起来的,多采用发酵管式的细胞培养反应器。由

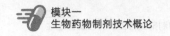
于动物细胞的特点，如没有细胞壁保护，不能耐受剧烈的搅拌和通气。因此，在许多方面又与经典的发酵有所不同，如扩大培养比较容易、占地面积小、培养过程简单、细胞增殖快等，但目前只有少数细胞适用于悬浮培养。

2. 转瓶培养

培养贴壁依赖型细胞最初采用转瓶系统培养。转瓶培养一般用于小量培养到大规模培养的过渡阶段，或作为生物反应器接种细胞准备的一条途径。细胞接种在转瓶（圆筒形培养器）中，培养过程中转瓶不断旋转，使细胞交替接触培养液和空气，从而提供较好的传质和传热条件。转瓶培养具有结构简单、投资少、技术成熟、重复性好、放大只需简单地增加转瓶数量等优点。但也有其缺点：劳动强度大、占地空间大、单位体积提供细胞生长的表面积小、细胞生长密度低、培养时监测和控制环境条件受到限制等。

3. 微载体培养

该培养的培养容器为特制的生物反应器，在细胞培养液中加入微载体，贴壁依赖型细胞的悬液接种到生物反应器中以后，先静止培养，使不能悬浮的细胞贴附在微载体表面上进行贴附，然后搅拌培养进行生长繁殖。这种培养方式兼顾了单层培养和悬浮培养的优点。

3. 病毒的富集

病毒在生物药物生产中应用非常广泛，如制备病毒性疫苗（减毒活疫苗、灭活疫苗、亚单位疫苗、基因工程疫苗等）、用病毒抗原制备免疫血清（抗体）及制备干扰素的病毒诱生剂（新城疫病毒、仙台病毒）等。因此，大量培养病毒是生物药物生产中的关键一环。

由于病毒不具有细胞结构，基本结构只是由蛋白质和核酸组成，不含核糖体和完整的酶系统，因此它必须寄生在细胞内，借助宿主细胞为其提供原料与能量，才能够复制增殖。在生产中，我们要将其接种到活细胞当中，通过培养细胞来间接培养病毒，使其在细胞中大量增殖。因此，实验动物、鸡胚以及体外培养的器官和细胞就成为人工增殖病毒的基本工具。

知识链接

常用的病毒培养方法

1. 动物接种培养

动物接种培养是最原始病毒的培养方法，主要用于分离鉴定病毒、通过传代增殖或减弱病毒毒力、制备免疫血清。培养时要选择对所培养的病毒最敏感的实验动物品种和品系，根据病毒易感部位来选择适当接种途径和剂量。接种后每日观察动物发病情况，如动物死亡则取病变组织制成病毒悬液，继续接种动物以进一步传代，从而使病毒大量繁殖。如将狂犬病毒接种到鼠、兔、羊脑内培养后收取脑组织制成狂犬病毒悬液。

2. 鸡胚接种培养

鸡胚是正在发育中的活体，组织分化程度低，细胞活性强，多种动物病毒（如流感病毒、腮腺炎病毒、疱疹病毒及脑炎病毒等）都能在鸡胚中增殖和传代。常用于病毒的分离、鉴定，抗原和疫苗制备以及病毒性质的研究等。生产中常选用 9～11 日龄的、来源于健康的 SPF（无特定病原体）鸡群的活鸡胚，根据病毒的特性选择适宜的接种方式及剂量，病毒接种后用无菌的蜡融封，放入孵箱中继续培育一定时间，根据接种途径的不同，在不同部位收获相应病毒。

3. 病毒的细胞培养

用病毒感染活细胞来进行病毒培养的方式称为病毒的细胞培养法。细胞培养适于绝大多数病毒生长。细胞培养是目前生产中最常用的病毒培养方式。要选择对病毒最敏感的细胞作为病毒培养的基质，采用单层细胞感染、病毒与单细胞悬液混合接种等方式进行接种，在适宜的条件下培养细胞，观察病毒增殖情况，及时收获病毒。

（二）提取与分离纯化

生物药物的生产中，在保证制剂安全性的前提下，生产关键就是既要设法得到尽可能多的目的物纯品，又要尽最大可能保持其生物活性。由于生物活性物质具有含量低、易变性等特点，因此，目的物的分离纯化就显得非常关键。分离纯化就是将生物药品的有效成分从发酵液或动植物细胞培养液中提取出来，并进一步精制成高纯度的、符合规定要求的生物药物。

1. 提取

提取是利用制备目的物的溶解特性，将目的物与细胞的固形成分或其他成分分离，使其由固相转入液相或从细胞内的生理状态转入特定溶液环境的过程。

要取得好的提取效果，需要针对生物材料和目的物的性质选择合适的溶剂系统与提取条件，在提取过程中要尽可能增加目的物的溶出度，尽可能减少杂质的溶出度，同时要充分重视生物材料及目的物在提取过程中的活性变化，尽可能保持目的物的生物活性，如避免高温、强酸、强碱、剧烈搅拌、酶的降解、氧化及重金属离子等的作用。提取的方法常用的有如下几种。

(1) 用酸、碱、盐水溶液提取　可以提取各种水溶性、盐溶性的生物活性物质。这类溶剂为提取提供了一定的离子强度、pH 及相当的缓冲能力。如胰蛋白酶可以用稀硫酸提取，肝素可以用 pH 为 9 的 3% 的氯化钠溶液提取。

(2) 用表面活性剂提取　表面活性剂既有亲水基团又有疏水基团，在分布于水-油界面时有分散、乳化和增溶作用。离子型表面活性剂提取效果较好，但易引起蛋白质等生物大分子的变性；非离子型表面活性剂相对于离子型表面活性剂提取效果稍差，但变性作用较弱。如十二烷基磺酸钠（SDS）可以破坏核酸与蛋白质间的离子键，对核酸酶又有一定的抑制作用，常用于核酸的提取。

(3) 有机溶剂提取　可分为固-液提取和液-液提取（萃取）两类。

① 固-液提取。常用于水不溶性的脂类、脂蛋白等。如利用丙酮从动物脑组织中提取胆固醇、用三氯甲烷提取胆红素等。常用的有机溶剂有乙醇、丙酮、乙醚、三氯甲烷等。

② 液-液提取（萃取）。利用溶质在两个互不相溶的溶剂中溶解度的差异，将溶质从一种溶剂转移到另一种溶剂中。因影响萃取的因素主要有分配系数 K 和有机溶剂的用量等，故在实际操作中，常采用分次加入溶剂，连续多次提取来提高萃取的效率。

2. 分离纯化

(1) 分离纯化方法的设计　生物药品基本成分性质不一，既有蛋白质、多肽和氨基酸类，又有多糖及脂类，对于不同的生物药物，因其结构和理化性质（如分子大小、形状、溶解度、带电性质等）不同，所选用的分离纯化的方法也不相同。设计分离纯化的方法要全面考虑以下几个方面的问题：目的物的数量不同，分离纯化的规模和工艺就会不同。生产质量要求不同，其分离纯化方法也会不同。

① 目的物的特性及其与待分离体系理化性质的差异。了解目的物的特性，如可耐受的温度、变性剂、存在的状态等，可以在分离纯化过程中注意避免接触使其变性的各种因素，保护目的物的活性尽可能不降低。一般可采取选择合适的缓冲剂、加入必要的稳定剂、尽可能在 2~8℃ 条件下操作等措施。了解目的物的特性及其与待分离体系理化性质的差异，就

可以根据这个差异选择适合的分离纯化方法进行分离。如对于分离分子大小不同的物质，可以采用凝胶色谱（分子筛）、超滤、差速离心等方法；对于分离吸附性不同的物质，可采用吸附色谱等方法；对于分离所带电荷不同的物质，可以采用离子交换色谱、电泳方法；对于分离溶解度不同的分子，可采用等电点沉淀法、盐析法、有机溶剂沉淀法等方法；对于分离与某种物质具有特异性结合能力的物质，可以采用亲和色谱的方法等。

② 比较同类（相似）目的物分离纯化的工艺。可以借鉴前人的经验，使自己设计的方案更加合理。

③ 进行设计方案的可行性分析。目的物的分离纯化是生物药物生产的核心，由于生物活性物质很多，故而分离纯化的方案也有很多，没有一种适合于所有目的物的方案。

但总的来说，生物活性物质分离纯化的主要工艺步骤仍可归纳为预处理、粗提和精制三步。其分离纯化工艺见表 2-1。

表 2-1 生物活性物质分离纯化工艺

工艺流程	处理对象	料液状况	处理目的	方法
预处理	粗提取物	低浓度、高复杂性、有聚合物、有蛋白酶	尽快去除聚合物和蛋白酶	盐析、过滤/超滤、离子交换色谱、亲和色谱
粗提	较稳定的提取物	低浓度、高复杂性、无聚合物、无蛋白酶	降低复杂性，提高浓度	疏水色谱、离子交换色谱、亲和色谱、超速离心
精制	部分纯化的蛋白	相对高浓度、较低的复杂性	除去某些难以去除的杂质	联合使用高分辨率的纯化方法，优选最佳分离条件

(2) 分离纯化的方法　生物药物的有效成分多为蛋白质和多糖等生物活性大分子，因此，在生产中常用的分离纯化的方法主要有细胞破碎、沉淀、离心、过滤和色谱展开等。

① 细胞破碎。细胞破碎是指利用外力破坏细胞壁和细胞膜，使细胞内容物包括目的产物成分释放出来的技术，是分离纯化细胞内合成的非分泌型生物药物的基础。

细胞破碎可分为机械破碎法和非机械破碎法两大类。常用的机械破碎法包括高压匀浆法、高速搅拌珠磨破碎法和超声波破碎法等；非机械破碎法包括渗透压冲击破碎法、反复冻融破碎法、酶溶破碎法和化学破碎法等。

② 沉淀是通过加入某种试剂或改变溶液条件，使生物活性物质以沉淀形式从溶液中沉降析出的方法。此技术虽然分辨率较低，但操作简单、成本低，且分离量大，常用于生物有效成分的粗分离。在生物药物生产中常用的沉淀技术主要有：盐析法、有机溶剂沉淀法、等电点沉淀法和选择性变性沉淀法等。

③ 离心。离心是利用离心机高速旋转时产生的离心力以及物质的沉降系数、扩散系数或浮力密度的差异使悬浮的混合颗粒发生沉降或漂浮，从而与溶液分离或者与悬浮液中其他颗粒分离的方法。这里的悬浮颗粒往往是指制成悬浮状态的细胞、细胞器、病毒和生物大分子等。

在离心过程中，决定离心力大小的因素有：转速、转头（离心）半径及悬浮颗粒在高速旋转中所受到的力（重力、浮力、摩擦力）等，常用相对离心力表示。悬浮颗粒的沉降（分离）速度取决于：相对离心力、固液相对密度的差别（相对密度小于液相的颗粒悬浮在上面，相对密度大于液相的颗粒则沉淀下来）、悬浮颗粒的大小与形状、沉降介质的黏度等。在生物药物生产中，常采用离心技术进行目的物的固-液分离以及生物活性物质的纯化。

④ 过滤。过滤是指以某种多孔物质作为介质，借助于过滤介质的筛分性质，在外力的作用下，流体（液体或气体）通过介质的孔道，将流体中大小不同的组分进行分离、提纯、

富集的技术。

过滤按照其发展历程常可分为常规过滤和膜过滤两大类。常规过滤就是传统意义上的过滤，是指将固-液混悬液通过多孔的介质，使固体粒子被介质截留，液体经介质孔道流出，而实现固-液分离的方法。过滤推动力可以是重力、压差或惯性离心力，在生产中应用最多的是以压强差为推动力的过滤。如发酵结束后可以使用板框压滤机进行固-液分离，根据目的物存在的位置选择保留滤液或者是固体沉淀。

常规过滤不能进行分子水平的分离，要想实现分子（离子）水平的过滤分离，则要采用膜过滤的方式。膜过滤是以选择性膜为分离介质，通过在膜两边施加一个推动力（如浓度差、压力差或电位差等）时，使待分离组分选择性地透过膜，以达到分离提纯的目的。膜过滤按照过滤介质的孔径和所能截留的物质的大小，又可分为微滤、超滤、纳滤、反渗透、透析等多种形式，如图 2-2 所示。

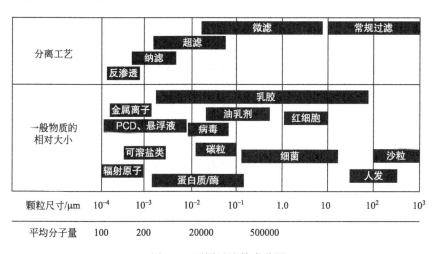

图 2-2　不同过滤技术范围

过滤可以用来进行固-液分离，也可以进行固-气和液-气两相间的分离。在生物药物生产中，过滤应用非常广泛。如常规过滤常用来进行生物活性物质的粗分离（如发酵液预处理后或者细胞破碎后的固-液分离），微滤用来进行药物的除菌过滤（0.22μm 的滤膜），超滤常用来进行生物活性物质的浓缩与纯化（也可以用来进行盐析后的脱盐），透析常用来进行盐析后的除盐，反渗透常用来进行制备生产用水等。

> **知识拓展**
> **过滤分离技术的特点**
> 和其他分离技术相比，过滤具有以下特点。
> 1. 应用广泛。
> 2. 工艺简单，为典型的物理分离过程，无需外加化学试剂和添加剂，产品不受污染。
> 3. 无需加热，常在常温下进行，适于热敏性生物活性物质。
> 4. 设备简单，操作容易，占地少，利于自动化生产。
> 5. 不涉及相的变化，处理效率高，节能。
> 6. 生产过程卫生、清洁、环保。

⑤ 色谱。色谱是指根据被分离物质的理化性质的差异，使其和流动相与固定相之间的

相互作用不同，从而彼此分离的技术。当待分离的混合物流经固定相时，由于各组分物理化学性质的差异（如溶解度、吸附力、分子大小、带电情况、亲和力及特异的生物学反应等），与两相发生相互作用（如吸附、溶解、结合等）的能力也不同。与固定相相互作用越弱的组分，随流动相移动时受到的阻滞作用越小，向前移动的速度越快；反之，与固定相相互作用越强的组分，向前移动速度越慢，从而使各组分以不同的速度向前移动。分别收集流出液，可得到样品中所含的各单一组分，从而达到将各组分分离的目的。

知识拓展
常用的色谱方法

色谱是一种物理分离方法，在生物药物生产过程中使用较多，主要用来进行生物活性物质的纯化。目前生产中常用的色谱方法主要有凝胶色谱、离子交换色谱、亲和色谱和疏水色谱等。

1. 凝胶色谱

该法又称为凝胶过滤色谱、凝胶排阻色谱、分子筛，以多孔性的凝胶颗粒为固定相，根据待分离组分的分子大小不同，因而流经凝胶颗粒时的迁移速率不同而分离。其中分子越大的组分越先流出，分子越小的组分则较慢流出，从而达到分离的目的。常用的凝胶主要有葡聚糖凝胶、琼脂糖凝胶和聚丙烯酰胺凝胶等。凝胶色谱被广泛应用于脱盐、去除热原、浓缩等生产操作中。

2. 离子交换色谱

该法以离子交换剂为固定相，根据待分离组分的带电性质不同而与固定相的结合能力（静电力）不同从而进行分离。常见的离子交换剂有离子交换树脂、离子交换纤维素和葡聚糖凝胶离子交换剂等。离子交换色谱可以同时分离多种离子化合物，具有灵敏度高、重复性、选择性好，分离速度快等优点，是当前最常用的色谱方法之一。

3. 亲和色谱

许多生物活性物质都有和某种物质发生特异性可逆结合的特性，如酶与辅酶或酶与底物、抗原与抗体、凝集素与受体、维生素与结合蛋白、生物素和亲和素、激素和受体蛋白、核酸与互补链等。亲和色谱就是以特异性结合的两个配体之一作为固定相，利用分子之间特异性的亲和力，对另一配体进行分离的方法。该方法纯化过程简单、迅速且分离效率高，对分离含量极少又不稳定的活性物质尤为有效。但配体的选择不太容易，故应用范围受到了一定的限制。

4. 疏水色谱

该法是以疏水性物质（如烃类、苯基等）为固定相，通过蛋白质等生物大分子的疏水基团与固定相疏水物质结合的强弱不同而分离的方法，多用于蛋白质分析和分离。

（三）药物制剂生产

纯化后的药物，供临床使用前都必须按照制剂的处方及一定的工艺流程制成适合治疗或预防的应用形式，即各种剂型（如片剂、胶囊剂、颗粒剂、注射剂、软膏剂及气雾剂等）。因此，药物制剂生产的核心就是药物制剂的处方和工艺。处方阐释药物制剂中的成分、比例及用量；工艺阐释如何制备成剂型。

生物药物一般很少制成口服制剂，因为口服后要经过消化系统（胃、小肠），存在于消化系统的酶会使生物药物降解而失效，因此生物药物常常被制成注射剂。同时，为保持制剂的有效性和稳定性，更多的企业选择将其制成冻干制剂。吸入给药也是生物药物最常用的给药方式，生物药物也会因此被制成吸入制剂（气雾剂、粉雾剂等）。

当然，根据临床用药需求，生物药物的剂型有很多种，除了注射剂（溶液型注射剂和冻干粉针剂）、吸入制剂等主要剂型外，还有采用了新的制剂手段（如用生物可降解高分子材料对药物进行包裹，增强其稳定性并达到控释、缓释的效果；将材料进行靶向性修饰而使药物具有靶向性等）制备的新剂型，如包合物、纳米乳、脂质体、微囊、微球等。这些内容我们将在后面的各章节中详细介绍。

二、生物药物制剂稳定性

生物药物制剂的稳定性是指生物药物制剂在生产、贮存、使用期间保持其稳定的程度。一般认为，生物药物制剂稳定性包括化学稳定性、物理稳定性和生物学及微生物稳定性三方面。化学稳定性变化即通过水解、氧化等反应，使药物性质发生变化，具体体现为有效成分减少、有害成分增加；物理稳定性变化即药物物理形状的改变，以外观和气味的改变最易发现，此外还表现为均匀性、溶解性等变化；生物学及微生物稳定性变化即药物受到微生物污染，出现变质、腐败等情况。

生物药物制剂在生产、贮存、使用期间，如果药物的稳定性降低，则会发生药物的有效成分降解、聚集、沉淀、氧化、污染等情况，导致生物药物制剂的药效减低、毒副作用增加、外观性状改变、霉变变质等现象，严重影响产品质量，使产品的安全性、有效性下降。因此，稳定性研究是贯穿于整个药品研发阶段、支持药品上市及上市后研究的重要内容。研究药物制剂稳定性的意义在于：它是设定产品有效期的依据；可以用于判断产品生产工艺、制剂处方、包装材料的选择是否合理；是制订产品质量标准的基础。

从理化角度来看，药物制剂稳定性的影响因素较多，可将其概括为处方因素和环境因素两大类。

1. 处方因素

药物制剂尤其是处方较为复杂的药物制剂，其稳定性受处方组成影响较大，其中辅料起到的作用更大，如药物制剂（液体）自身 pH、溶剂、表面活性剂、离子强度等，这些辅料均对药物制剂稳定性造成一定的影响，因此在进行处方设计时要全面考虑这些因素。

（1）**pH** pH 经常影响到药物制剂的水解反应以及氧化反应。一般情况下，pH 越大，药物发生氧化反应的可能性也就越大，这主要是由于 OH^- 催化作用的影响；而 pH 越小，药物发生水解反应的可能性也就越大，这主要是由于 H^+ 催化作用的影响。同时，由于生物药物的性质，pH 也会影响蛋白质类药物的溶解度，如果溶液的 pH 在药物的等电点附近，会使蛋白质类药物聚集而产生沉淀。因此，生产中常直接调节溶液的 pH 使药物达到最稳定的状态。

（2）**离子强度** 离子强度与药物制剂的降解速度有着密切关系，无论是由 OH^- 催化的带负电荷的药物，还是由 H^+ 催化的带正电荷的药物，都会因盐的加入使离子强度增加，从而促进药物的降解。

（3）**溶剂** 溶剂极性、介电常数等也会对药物的水解反应以及氧化反应等产生很大的影响。一般情况下，如果溶剂极性高，在水解产物极性较大的情况下，越容易导致药物制剂发生水解，而在水解产物极性较小的情况下，药物制剂的水解能力则能够得到有效缓解；反之，如果溶剂极性低，在水解产物极性较大的情况下，能够降低对药物制剂的水解，而在水解产物极性较小的情况下，则会促进药物制剂的水解。

（4）**表面活性剂和赋形剂** 表面活性剂和赋形剂中的基质、水分、金属离子等同样会对药物制剂的稳定性产生直接或间接的影响。

2. 环境因素

环境因素包括温度、光线、空气中的氧、金属离子、湿度和水分、包装材料及微生物等，这些因素对于制订产品的生产工艺条件和包装设计都是十分重要的。其中温度对各种降解（如水解、氧化等）均有影响，而光线、空气（氧）、金属离子对氧化药物影响较大。温度、水分主要影响固体药物的稳定性，包装材料是各种产品都必须考虑的问题。

（1）温度 温度可以影响药物制剂的反应速度。一般情况下，温度每升高 10℃，药物制剂的反应速度会增加约 2～4 倍。通常，在生产和保存药物时，都是选择尽可能低的温度来进行。对于易水解或氧化的药物要控制温度；对于热敏的药物，生产中要采取一些特殊工艺，如冻干、低温操作等来保证药物制剂的稳定性。同时，对热敏的药物（如疫苗），还需要在冷链条件下贮存和运输，以最大限度地延长和保证疫苗的有效性。

（2）光线 对光敏感的药物遇到光后会发生降解现象，如叶酸、硝普钠、维生素 A、氯丙嗪、核黄素、氢化可的松等药物均是光敏药物。所以，这类药物要避免光线的照射，采用有色容器遮光保存。

（3）金属离子 原辅料中的微量金属离子对自动氧化反应有显著的催化作用。金属离子主要来源于原辅料、溶剂、容器及操作工具等。生产中采取控制原辅料的质量、尽可能不接触金属容器、加入金属络合剂等措施来防止金属离子的催化作用。

（4）空气 空气的影响主要是指空气中氧气和二氧化碳的影响，氧气会引起药物的氧化，二氧化碳可使弱酸性药物沉淀析出。因此，常采用通入惰性气体、加入抗氧剂、真空包装等措施以增加其稳定性。

（5）湿度与水分 主要影响固体制剂稳定性，在湿度较大的环境中很多药物制剂会出现吸湿膨胀变异的情况，并且在水分和湿度的影响下，固体制剂会在表面形成一层水化膜，加速了分解反应的发生。同时，湿度增大也增加了微生物滋生的可能。生产中通过控制原料药物的含水量（一般在 1% 以下）、控制环境的湿度及制剂的含水量、采用密封性能好的包装材料及控制贮存环境的相对湿度来降低此因素的影响。

（6）包装材料 包装材料的好坏直接影响药物制剂的稳定性。包装不完善、密闭性欠佳，使药物易受到外部光线、湿度、温度的影响；包装材料选择不当，包材会与药物制剂接触发生反应，从而影响药物制剂的稳定性。包装材料的选择应以实验结果和实践经验为依据。常用的包装材料有：玻璃、塑料、金属及橡胶。

（7）微生物 生物药物通常都是一些蛋白质、糖类、脂类等生物活性物质，对于微生物来说，这些物质也是它们良好的营养物质，因此，生物药物比化学药物更容易受到微生物的污染。为增加其生物稳定性，有些生物药物会添加一些抑菌剂来抑制微生物的污染。除了针对影响药物制剂稳定性的某些具体因素采取措施来提高生物药物制剂的稳定性以外，还可以采用改进剂型和生产工艺的方法来提高稳定性。如对于遇水不稳定的药物可以考虑制成固体剂型，如片剂、胶囊剂、粉针剂等；易氧化的药物可以制成微囊，以避免氧化等。

实训 1　维生素 C 注射液贮存期的测定

【实训目的】
1. 了解应用化学动力学方法预测注射液稳定性的原理。
2. 掌握应用恒温加速实验法测定维生素 C 注射液贮存期的方法。

【实训条件】

1. 实训仪器
恒温水浴、酸式滴定管（25ml）、锥形瓶（50～250ml）等。

2. 实训材料

维生素 C 注射液（2ml：0.25g）、0.1mol/L 碘液、丙酮、稀乙酸、淀粉指示液等。

【实训内容】

（一）实训操作

1. 放样

将同一批号的维生素 C 注射液样品（2ml：0.25g）分别置于 4 个不同温度（如 70℃、80℃、90℃和 100℃）的恒温水浴中，间隔一定时间（如 70℃为 24h、80℃为 12h、90℃为 6h、100℃为 3h）取样，每个温度的间隔取样次数均为 5 次。样品取出后，立即冷却或置冰箱保存，供含量测定。

2. 维生素 C 含量的测定

精密量取样品液 1ml，置 150ml 锥形瓶中，加蒸馏水 15ml 与丙酮 2ml，摇匀，放置 5min，加稀乙酸 4ml 与淀粉指示液 1ml，用碘液（0.1mol/L）滴定，至溶液显蓝色并持续 30s 不褪。

每 1ml 碘液（0.1mol/L）相当于 8.806mg 的维生素 C（$C_6H_8O_6$），分别测定各样品中维生素 C 的含量，同时测定未经加热的原样品中维生素 C 的含量，记录消耗碘液的毫升数。

（二）数据处理

1. 数据整理

由于含量测定所用的是同一种碘液，故不必考虑碘液的精确浓度，只要比较消耗碘液的毫升数即可。将未经加热的样品（表 2-2 中时间项为 0）所消耗碘液的毫升数（即初始浓度）作为 100% 相对浓度，各加热时间内的样品所消耗碘液的毫升数与其相比，得出各自的相对浓度百分数（$c_{相}$，%）。实验数据如表 2-2 所示。

表 2-2　70℃恒温加速试验各时间内样品的测定结果

加热时间/h	消耗碘液/ml				$c_{相}$/%	$\lg c_{相}$/%
	1	2	3	平均		
0						
24						
48						
72						
96						
120						

在其他温度下考察的实验数据，均按表 2-2 的格式记录并计算。

2. 求 4 种试验温度的维生素 C 氧化降解速度常数（$K_{70} \sim K_{100}$）

用回归方法求各温度的 K 值时，先将各加热时间（x）与其对应的 $\lg c_{相}$ 值（y）列表（表 2-3）。

表 2-3　加热时间及其相对浓度对数值的回归计算表（70℃）

x/h	0	24	48	72	96	120
y/%						

用具有回归功能的计算器，将 x 和 y 值回归，直接得出截距、斜率和相关系。

由斜率 b 即可计算出降解速度常数 K，如在 70℃：

$$K_{70} = b \times (-2.303)$$

同上，求出各温度的 K 值。

3. 根据 Arrhenius 公式求维生素 C 氧化降解反应的活化能（E_a）和频率因子（A）

将计算求得的降解速度常数 K 和对应温度（T）记录在表 2-4。

表 2-4　不同温度下维生素 C 注射液的降解速度常数

$T^{①}$	343 (273+70℃)	353 (273+80℃)	363 (273+90℃)	373 (273+100℃)
$x' = \dfrac{1}{T} \times 10^3$	2.915	2.833	2.755	2.681
$y' = \lg K$				

① T 为绝对温度，与摄氏度的换算关系为绝对温度＝273＋摄氏温度。

以 x' 为横坐标、y' 为纵坐标，进行回归计算。计算出直线斜率 b'、截距 a' 和相关系数 r'，故维生素 C 氧化降解活化能为：

$$E_a = b' \times (-2.303)R$$

式中，R 为气体常数；频率因子即为直线截距的反对数。

4. 求室温（25℃）时的氧化降解速度常数（K_{25}）

$$\lg K_{25} = -\frac{E_a}{2.303R} \times \frac{1}{298} + \lg A$$

代入 E_a、A、R 或已知温度 T 及对应的氧化降解速度常数 K，即可计算 K_{25}。

5. 求室温贮存期

$t_{0.9}$（损失 10％所需的时间）由下式计算：

$$t_{0.9} = \frac{0.1054}{K_{25}}$$

【注意事项】

1. 实验中所用维生素 C 注射液的批号应全部相同。按规定时间加热、取出后，应立即测定维生素 C 含量，否则应置冰箱保存，以免含量起变化。

2. 测量维生素 C 含量时，所用碘液的浓度应前后一致（宜用同一瓶的碘液），否则含量难以测准。因各次测定所用的是同一碘液，故碘液的浓度不必精确标定，注射液维生素 C 含量亦可不必计算，只比较各次消耗的碘液体积（毫升数）即可。一般将未经加热的维生素 C 注射液消耗的碘液体积（毫升数）作为 100％相对浓度，其他各时间消耗的碘液体积（毫升数）与其比较，从而得出各时间的 $c_{相}$。

3. 经典恒温法常采用 4 个温度进行加速实验，各温度的加热间隔时间点一般应取 5 个。间隔时间的确定，应以各次消耗的碘液毫升数有明显差别为宜。

4. 测定维生素 C 含量时，加丙酮的作用是：因维生素 C 注射液中加有亚硫酸氢钠等抗氧剂，其还原性比烯二醇基更强，因此要消耗碘；加丙酮后就可避免发生这一作用，因为丙酮能与亚硫酸氢钠起反应。

5. 测定维生素 C 含量时，加稀乙酸的作用是：维生素 C 分子中的烯二醇基具有还原性，能被碘定量地氧化成二酮基，在碱性条件下更有利于反应的进行，但维生素 C 还原性很强，在空气中极易被氧化，特别在碱性时，所以加适量乙酸保持一定的酸性，以减少维生素 C 受碘以外其他氧化剂的影响。

? 思考题

1. 简述设计分离纯化的方法，要全面考虑的问题。
2. 如何建立三级种子批？
3. 如何进行病毒的细胞培养？
4. 简述研究药物制剂稳定性的意义。
5. 简述生物药物制剂稳定性研究的内容。
6. 生物药物制剂稳定性研究的检测项目有哪些？
7. 论述如何进行发酵培养。
8. 论述生物药物制剂不稳定性因素的处方因素。
9. 论述生物药物制剂不稳定性的环境因素。

项目三 生物药物制剂车间布局

学习目标

◎ 掌握药品生产质量管理规范（GMP）对车间的要求，熟悉各类制剂车间及其工艺流程的设计要求。了解制剂车间工艺对各专业的要求以及与之关系；了解制剂车间的土建要求。

◎ 能够根据要求对现有的生产工艺提出改进方法或者根据剂型和实际生产的要求进行工艺流程设计。

◎ 学会制剂车间厂址选择依据，熟悉制剂车间布置设计要求，了解制剂车间功能区域划分原则。

◎ 了解洁净区的设计依据，掌握不同剂型对洁净区的功能要求，了解不同洁净区空气净化装置的安装运行要求，能够根据所学看懂车间平面布局图中的洁净室布局。

◎ 学会药品基本安全生产知识，掌握药品生产卫生学常识。

一、 制剂车间概述

药物制剂的生产就是通过一种或若干种药物原料（主药和辅药），按设计目标配以一些辅料或助剂，组成一定的处方，再按一定的工艺流程生产出具有式样美观、分剂量准确、性能稳定、在临床上有显著的医疗或保健效果、使用方便和安全可靠的药物剂型，亦将药物原料加工成药品。

制剂厂的外环境不同于一般工厂，大多环境幽静、空气洁净，工厂远离交通要道。处在大片草坪和树木之中，绿化面积较大，有些药厂绿化面积甚至超过工厂占地面积 70％之多。厂区做到泥土不外露，给人以"花园工厂"之感。

制剂厂房根据生产要求划分不同等级的洁净区，各区有不同标准，用作不同生产的需要。车间内大多设置有参观走廊，有的参观走廊位置高出被参观室，实验室也全部采用空调。制剂车间以单层大跨度为多，采用全面空调和照明的厂房。各种管路如风管，水、汽、压缩空气、真空等管路和电缆桥架均安装在吊顶内，保证车间内整洁。制剂车间自动化、机械化生产水平较高，在包装方面发展机械化一条龙包装线。还有些药厂配有电子计算机控制中心，对全厂的公用设施如空调机系统、冷冻系统、压缩空气系统等的温度、湿度、压力、流量、风速等参数做检测记录和调节控制。

设备安装多采用移动式或直接放置于地面的方式。设备安装口的位置选择在重大设备的附近，并力求安装运输路线短。尽可能利用门、窗洞位置，窗户、窗台都后装后砌，待安装完毕后补齐。设计前必须向土建专家提出准确的楼板荷重要求。

近年来国内药厂重视 GMP 的实施，但同国外相比还有差距，主要体现在以下几个方面。

① 厂房陈旧，缺少检修；厂区环境不良，卫生条件不佳。

② 生产中片面强调产量，而对保证药品质量的措施重视不够。

③ 生产流程不顺，人流与物流交叉，造成了无法找出产生质量问题的原因。

④ 设备陈旧落后、自净能力较差。

⑤ 不能严格贯彻落实操作规程。

随着近年来 GMP 认证的广泛实施，许多制药企业以此为契机对药厂生产的各种问题很好地进行了解决。跟国际制剂生产的差距也已经越来越小，有的制药企业甚至已经达到国际先进的水平。

（一）GMP 对制药车间的基本要求

2010 年版 GMP 对制剂车间的厂房设备环境做出明确规定。

1. 厂房与设施要求

（1）原则

① 厂房的选址、设计、布局、建造、改造和维护必须符合药品生产要求，应当能够最大限度地避免污染、交叉污染、混淆和差错，便于清洁、操作和维护。

② 应当根据厂房及生产防护措施综合考虑选址，厂房所处的环境应当能够最大限度地降低物料或产品遭受污染的风险。

③ 企业应当有整洁的生产环境；厂区的地面、路面及运输等不应当对药品的生产造成污染；生产、行政、生活和辅助区的总体布局应当合理，不得互相妨碍；厂区和厂房内的人流、物流走向应当合理。

④ 应当对厂房进行适当维护，并确保维修活动不影响药品的质量。应当按照详细的书面操作规程对厂房进行清洁或必要的消毒。

⑤ 厂房应当有适当的照明、温度、湿度和通风，确保生产和贮存的产品质量以及相关设备性能不会直接或间接地受到影响。

⑥ 厂房、设施的设计和安装应当能够有效防止昆虫或其他动物进入。应当采取必要的措施，避免所使用的灭鼠药、杀虫剂、烟熏剂等对设备、物料、产品造成污染。

⑦ 应当采取适当措施，防止未经批准人员的进入。生产、贮存和质量控制区不应当作为非本区工作人员的直接通道。

⑧ 应当保存厂房、公用设施、固定管道建造或改造后的竣工图纸。

（2）生产区要求

① 为降低污染和交叉污染的风险，厂房、生产设施和设备应当根据所生产药品的特性、工艺流程及相应洁净度级别要求合理设计、布局和使用。

② 生产区和贮存区应当有足够的空间，确保有序地存放设备、物料、中间产品、待包装产品和成品，避免不同产品或物料的混淆、交叉污染，避免生产或质量控制操作发生遗漏或差错。

③ 应当根据药品品种、生产操作要求及外部环境状况等配置空调净化系统，使生产区有效通风，并有温度、湿度控制和空气净化过滤，保证药品的生产环境符合要求。

④ 洁净区的内表面（墙壁、地面、天棚）应当平整光滑、无裂缝、接口严密、无颗粒物脱落，避免积尘，便于有效清洁，必要时应当进行消毒。

⑤ 各种管道、照明设施、风口和其他公用设施的设计和安装应当避免出现不易清洁的部位，应当尽可能在生产区外部对其进行维护。

⑥ 排水设施应当大小适宜，并安装防止倒灌的装置。应当尽可能避免明沟排水；不可避免时，明沟宜浅，以方便清洁和消毒。

⑦ 制剂的原辅料称量通常应当在专门设计的称量室内进行。

⑧ 产尘操作间（如干燥物料或产品的取样、称量、混合、包装等操作间）应当保持相对负压或采取专门的措施，防止粉尘扩散、避免交叉污染并便于清洁。

⑨ 用于药品包装的厂房或区域应当合理设计和布局，以避免混淆或交叉污染。如同一区域内有数条包装线，应当有隔离措施。

⑩ 生产区应当有适度的照明，目视操作区域的照明应当满足操作要求。生产区内可设中间控制区域，但中间控制操作不得给药品带来质量风险。

知识链接

厂房、生产设施和设备应符合的要求

1. 应当综合考虑药品的特性、工艺和预定用途等因素，确定厂房、生产设施和设备多产品共用的可行性，并有相应评估报告。

2. 生产特殊性质的药品，如高致敏性药品（如青霉素类）或生物制品（如卡介苗或其他用活性微生物制备而成的药品），必须采用专用和独立的厂房、生产设施和设备。青霉素类药品产尘量大的操作区域应当保持相对负压，排至室外的废气应当经过净化处理并符合要求，排风口应当远离其他空气净化系统的进风口。

3. 生产 β-内酰胺结构类药品、性激素类避孕药品必须使用专用设施（如独立的空气净化系统）和设备，并与其他药品生产区严格分开。

4. 生产某些激素类、细胞毒性类、高活性化学药品应当使用专用设施（如独立的空气净化系统）和设备；特殊情况下，如采取特别防护措施并经过必要的验证，上述药品制剂则可通过阶段性生产方式共用同一生产设施和设备。

5. 用于上述第 2、3、4 项的空气净化系统，其排风应当经过净化处理。

6. 药品生产厂房不得用于生产对药品质量有不利影响的非药用产品。

---

(3) 仓储区

① 仓储区应当有足够的空间，确保有序存放待验、合格、不合格、退货或召回的原辅料、包装材料、中间产品、待包装产品和成品等各类物料和产品。

② 仓储区的设计和建造应当确保良好的仓储条件，并有通风和照明设施。仓储区应当能够满足物料或产品的贮存条件（如温湿度、避光）和安全贮存的要求，并进行检查和监控。

③ 高活性的物料或产品以及印刷包装材料应当贮存于安全的区域。

④ 接收、发放和发运区域应当能够保护物料、产品免受外界天气（如雨、雪）的影响。接收区的布局和设施应当能够确保到货物料在进入仓储区前可对外包装进行必要的清洁。

⑤ 如采用单独的隔离区域贮存待验物料，待验区应当有醒目的标识，且只限于经批准的人员出入。

⑥ 不合格、退货或召回的物料或产品应当隔离存放。

⑦ 通常应当有单独的物料取样区。取样区的空气洁净度级别应当与生产要求一致。如在其他区域或采用其他方式取样，应当能够防止污染或交叉污染。

(4) 质量控制区

① 质量控制实验室通常应当与生产区分开。生物检定、微生物和放射性同位素的实验室还应当彼此分开。

② 实验室的设计应当确保其适用于预定的用途，并能够避免混淆和交叉污染，应当有足够的区域用于样品处置、留样和稳定性考察样品的存放以及记录的保存。

③ 必要时，应当设置专门的仪器室，使灵敏度高的仪器免受静电、震动、潮湿或其他外界因素的干扰。

④ 处理生物样品或放射性样品等特殊物品的实验室应当符合国家的有关要求。

⑤ 实验动物房应当与其他区域严格分开，其设计、建造应当符合国家有关规定，并设有独立的空气处理设施以及动物的专用通道。

（5）辅助区

① 休息室的设置不应对生产区、仓储区和质量控制区造成不良影响。

② 更衣室和盥洗室应当方便人员进出，并与使用人数相适应。盥洗室不得与生产区和仓储区直接相通。

③ 维修间应当尽可能远离生产区。存放在洁净区内的维修用备件和工具，应当放置在专门的房间或工具柜中。

2. 设备

（1）原则

① 设备的设计、选型、安装、改造和维护必须符合预定用途，应当尽可能降低产生污染、交叉污染、混淆和差错的风险，便于操作、清洁、维护，以及必要时进行的消毒或灭菌。

② 应当建立设备使用、清洁、维护和维修的操作规程，并保存相应的操作记录。

③ 应当建立并保存设备采购、安装、确认的文件和记录。

（2）设计和安装

① 生产设备不得对药品质量产生任何不利影响。与药品直接接触的生产设备表面应当平整、光洁、易清洗或消毒、耐腐蚀，不得与药品发生化学反应、吸附药品或向药品中释放物质。

② 应当配备有适当量程和精度的衡器、量具、仪器和仪表。

③ 应当选择适当的清洗、清洁设备，并防止这类设备成为污染源。

④ 设备所用的润滑剂、冷却剂等不得对药品或容器造成污染，应当尽可能使用食用级或级别相当的润滑剂。

⑤ 生产用模具的采购、验收、保管、维护、发放及报废应当制定相应操作规程，设专人、专柜保管，并有相应记录。

（3）维护和维修

① 设备的维护和维修不得影响产品质量。

② 应当制定设备的预防性维护计划和操作规程，设备的维护和维修应当有相应的记录。

③ 经改造或重大维修的设备应当进行再确认，符合要求后方可用于生产。

（4）使用和清洁

① 主要生产和检验设备都应当有明确的操作规程。

② 生产设备应当在确认的参数范围内使用。

③ 应当按照详细规定的操作规程清洁生产设备。

④ 已清洁的生产设备应当在清洁、干燥的条件下存放。

⑤ 用于药品生产或检验的设备和仪器，应当有使用日志，记录内容包括使用、清洁、维护和维修情况以及日期、时间、所生产及检验的药品名称、规格和批号等。

⑥ 生产设备应当有明显的状态标识，标明设备编号和内容物（如名称、规格、批号）；没有内容物的应当标明清洁状态。

⑦ 不合格的设备如有可能应当搬出生产和质量控制区，未搬出前，应当有醒目的状态

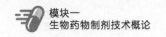
标识。

⑧ 主要固定管道应当标明内容物名称和流向。

（5）校准

① 应当按照操作规程和校准计划定期对生产和检验用衡器、量具、仪表、记录和控制设备以及仪器进行校准和检查，并保存相关记录。校准的量程范围应当涵盖实际生产和检验的使用范围。

② 应当确保生产和检验使用的关键衡器、量具、仪表、记录和控制设备以及仪器经过校准，所得出的数据准确、可靠。

③ 应当使用计量标准器具进行校准，且所用计量标准器具应当符合国家有关规定。校准记录应当标明所用计量标准器具的名称、编号、校准有效期和计量合格证明编号，确保记录的可追溯性。

④ 衡器、量具、仪表、用于记录和控制的设备以及仪器应当有明显的标识，标明其校准有效期。

⑤ 不得使用未经校准、超过校准有效期、失准的衡器、量具、仪表以及用于记录和控制的设备、仪器。

⑥ 在生产、包装、仓储过程中使用自动或电子设备的，应当按照操作规程定期进行校准和检查，确保其操作功能正常。校准和检查应当有相应的记录。

（6）制药用水

① 制药用水应当适合其用途，并符合《中华人民共和国药典》的质量标准及相关要求。制药用水至少应当采用饮用水。

② 水处理设备及其输送系统的设计、安装、运行和维护应当确保制药用水达到设定的质量标准。水处理设备的运行不得超出其设计能力。

③ 纯化水、注射用水储罐和输送管道所用材料应当无毒、耐腐蚀；储罐的通气口应当安装不脱落纤维的疏水性除菌滤器；管道的设计和安装应当避免死角、盲管。

④ 纯化水、注射用水的制备、贮存和分配应当能够防止微生物的滋生。纯化水可采用循环，注射用水可采用 70℃ 以上保温循环。

⑤ 应当对制药用水及原水的水质进行定期监测，并有相应的记录。

⑥ 应当按照操作规程对纯化水、注射用水管道进行清洗消毒，并有相关记录。发现制药用水微生物污染达到警戒限度、纠偏限度时应当按照操作规程处理。

（二）厂址的选择

在选择厂址时应考虑周全，更应严格按照国家的有关规定、规范执行。厂址选择是一项政策、经济、技术性很强的综合性工作。必须结合建厂的实际情况及建厂条件，进行调查、比较、分析、论证，最终确定出理想的厂址。

> **知识链接**
>
> **厂址选择应遵循的一般原则**
>
> 1. 一般有洁净厂房的药厂，厂址宜选在大气含尘、含菌浓度低，无有害气体，周围环境较洁净或绿化较好的地区。
>
> 2. 有洁净厂房的药厂厂址应远离码头、铁路、机场、交通要道以及散发大量粉尘和有害气体的工厂、贮仓、堆场等严重空气污染、水质污染、震动或噪声干扰的区域。如不能远离严重空气污染区时，则应位于其最大频率风向的上风侧，或全年最小频率风向的下风侧。

3. 交通便利、通讯方便。制药厂的运输较频繁，为了减少经常运行费用，制药厂尽量不要远离原料来源和用户，以求在市场中发展壮大。

4. 确保水、电、汽的供给。作为制药厂的水、电、汽是生产的必需条件。充足和良好的水源，对药厂来讲尤为重要。同样，足够的电能对药厂也很重要，有许多原料药厂，因停电而损失相当惨重。所以要求有两路进电确保电源。

5. 应有长远发展的余地。制药企业的品种相对来讲是比较多的，而且更新换代也比较频繁。随着市场经济的发展，每个药厂必须要考虑长远的规划发展，决不能图眼前利益，所以在选择厂址时应有考虑余地。

6. 要节约用地，珍惜土地。

7. 选厂址时应考虑防洪，必须高于当地最高洪水位 0.5m 以上。

1. 道路及烟囱对大气的影响

从洁净厂房的角度看，无论是厂区道路还是厂区外城市道路，它们不仅是震动源、噪声源，而且是线形污染源。道路源强，除与车速、风速、自然条件以及路旁绿化直接有关外，还决定于道路构造类型与车流量。道路尘埃的水平扩散，是总体设计中研究洁净厂房与道路相互位置关系时必须考虑的一个重要方面。

例如，某道路为沥青路面，宽 15.5m，两侧无人行道，无组织排水。路边有少量柳树，路旁有少量房屋，两侧为农田。附近无足以影响测试的其他尘源。车流量较大，是某市区边缘机动车主要交通干线。于路边不同距离 1.2m 高处含尘浓度测定，结果绘成道路烟尘衰减趋势图。

2. 烟囱对大气尘浓度的影响

工业设施排放到大气中的污染物，一般多为粉尘、烟雾和有害气体，其中煤烟在大气中的扩散有时甚至可以影响自地表面起 300m 的高度和 1～10km 的水平距离。有洁净室的工厂在总体设计时，除了处理好厂房与烟囱之间的风向位置关系外，其间距不宜小于烟囱高度的 12 倍。据我国洁净厂房设计规范编制组和北京市环境保护研究所的测定分析，并按主导风向绘制一个烟囱烟尘污染分区模式图（图 3-1）。

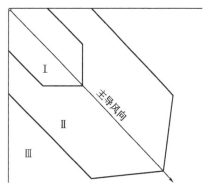

图 3-1　烟囱烟尘污染分区模式图

该厂烟囱高 45m，锅炉容量为 10t 和 18t 各一台，源强稳定，烟气排放比较连续。按照污染程度的不同，将污染区分为"重污染区""较重污染区"和"轻污染区"三个部分。

（1）重污染区（Ⅰ区）　以烟囱为顶点，以主导风向为轴，两边张角 90°，长轴为烟囱高度的 12 倍，短轴与长轴相垂直为烟囱高度的 6 倍，所构成的六边形为重污染区。

（2）较重污染区（Ⅱ区）　与Ⅰ区有同样的原点和主轴，该区长轴相当于烟囱的 24 倍，短轴相当于烟囱的 12 倍，所构成的六边形中扣除Ⅰ区即为较重污染区。

（3）轻污染区（Ⅲ区）　烟囱顶点下风向直角范围内除去"Ⅰ""Ⅱ"两区之外的区域。

必须指出，以上研究只是对烟囱污染状况作了相对区域划分，每个烟囱会依其源强、风力及周围情况等因素而有不同影响，该项研究工作有待深入进行。

3. 总体规划

厂区地形位置的不同，布局也会有差异。在占地面积已经规定的条件下，需要根据生产规模考虑厂房的层数。现代化制剂厂以单层厂房、无窗并带有参观走廊的较为理想。因为，这样可以省去物料、产品的上下输送。如果由于面积所限，可考虑采用多层厂房；无窗则可以很大程度地保证厂房洁净区的洁净度；参观走廊起到缓冲作用和供管理人员使用以及外来人员的参观。但需要保证一定的绿化面积和仓库面积。目前国内几家中外合资厂的建造，在层高和绿化面积上都较为理想。

工厂布置设计的合理性很重要，在一定程度上给生产管理、产品质量、质量检测等工作带来方便和保证。目前不少中小型制剂厂都采用大块式、组合式布置。厂区内各建筑物组合得好，将方便生产、方便管理、减少污染、提高工效、减少能耗。组合式布置还能缩短生产工序的路线，节约用地，并能将零星的间隙地合并成较大面积的绿化区。

(1) 厂区划分和组成 厂区主要由下面八个部分组成。

① 主要生产车间（原料、制剂等）。

② 辅助生产车间（机修、仪表）。

③ 仓库（原料、成品库）。

④ 动力（锅炉房、空压站、变电所、配电间、冷冻站）。

⑤ 公用工程（水塔、冷却塔、泵房、消防设施等）。

⑥ 环保设施（污水处理、绿化）。

⑦ 全厂性管理设施和生活设施（厂部办公楼、中央化验室、研究所、计量站、食堂、医务所）。

⑧ 运输道路（车库、道路等）。

(2) 总体布置 《药品生产质量管理规范》第八条指出"行政、生产和辅助区的总体布局应合理、不得相互妨碍"。根据这个规定，结合厂区的地形、地质、气象、卫生、安全防火、施工等要求，进行制剂厂区总平面布置时，应考虑以下原则和要求。

> **知识链接**
>
> **制剂厂区总平面布置的原则和要求**
>
> 1. 厂区规划要符合本地总体规划要求。
>
> 2. 厂区进出口及主要道路应贯彻人流与货流分开的原则。选用整体性好、发尘少的材料。
>
> 3. 厂区按行政、生产、辅助和生活等划区布局。
>
> 4. 行政、生活区应位于厂前区，并处于夏季最小频率风向的下风侧。
>
> 5. 厂区中心布置主要生产区，而将辅助车间布置在它的附近。
>
> 6. 洁净厂房应布置在厂区内环境清洁、人物流交叉又少的地方。
>
> 7. 运输量大的车间、仓库、堆场等布置在货运出入口及主干道附近。
>
> 8. 动力设施应接近负荷量大的车间，三废处理、锅炉房等严重污染的区域应置于厂区的最大频率风向的下风侧。变电所的位置考虑电力线引入厂区的便利。
>
> 9. 危险品库应设于厂区安全位置，并有防冻、降温、消防措施。麻醉药品和剧毒药品应设专用仓库，并有防盗措施。
>
> 10. 动物房应设于僻静处，并有专用的排污与空调设施。
>
> 11. 洁净厂房周围应绿化，尽量减少厂区的露土面积。
>
> 12. 厂区应设消防通道，医药洁净厂房宜设置环形消防车道。

(三) 车间布置设计

1. 片剂车间布置

(1) 片剂的生产工序及区域划分 片剂为固体口服制剂的主要剂型，产品属非无菌制剂。片剂的生产工序包括原辅料预处理、配料、制粒、烘干、压片、包衣、洗瓶、包装。片剂生产及配套区域的设置要求见表 3-1。

表 3-1　片剂生产及配套区域设置要求

区域		要求	配套区域
仓储区		按待验、合格、不合格品划区,温度、湿度、照度要控制	原材料库、包装材料库、成品库、取样室、特殊要求物品区
称量区		宜靠近生产区、仓储区,环境要求同生产区	粉碎区、过筛区、称量工具清洗、存放区
生产区	制粒区	温度、湿度、洁净度、压力要控制,干燥器的空气要净化,流化床要防爆	制粒室、溶液配制室、干燥室、总混室、制粒工具清洗区
	压片区	温度、湿度、洁净度、压力要控制,压片机局部除尘,就地清洗设施	压片室、冲模室、压片室前室
	包衣区	温度、湿度、洁净度、压力、噪声要控制,包衣机局部除尘,就地清洗设施,如用有机溶剂需防爆	包衣室、溶液配制室、干燥室
包装区		如用玻璃瓶需设洗瓶、干燥区,内包装环境要求同生产区,同品种包装线间距1.5m,不同品种间要设屏障	内包装室、中包装室、外包装室、各包装材料存放区
中间站		环境要求同生产区	各生产区之间的贮存、待验室
废片处理区		—	废片室
辅助区		位于洁净区之外	设备、工器具清洗室,清洁工具洗涤存放室,工作服洗涤、干燥室,维修保养室
质量控制区			分析化验室

片剂车间的空调系统除要满足厂房的净化要求和温湿度要求外,还要对生产区的粉尘进行有效控制,防止粉尘通过空气系统,发生混药或交叉污染。

为实现上述目标,除在车间的工艺布局、工艺设备选型、厂房、操作和管理上采取一系列措施外,对空气净化系统要做到:在产尘点和产尘区设隔离罩和除尘设备;控制室内压力,产生粉尘的房间应保持相对负压;合理的气流组织;对多品种换批次生产的片剂车间,各生产区均需分室,产生粉尘的房间不采用循环风,外包装可同室但需设屏障(不到顶)。控制粉尘装置可用:沉流式除尘器、环境控制室、逆层流称量工作台等。

片剂生产需有防尘、排尘设施,凡通入洁净区的空气应经初、中二效过滤器除尘,局部除尘量大的生产区域,还应安排吸尘设施,使生产过程中产生的微粒减少到最低程度。洁净区一般要求保持室温 18～28℃,相对湿度 50％～65％。生产泡腾片产品的车间,则应维持更低的相对湿度。

(2) 片剂车间布置方案的提出与比较　一个车间的布置可有多种方案。进行方案比较时,考虑的重点是有效地避免不同药物、辅料和产品之间的相互混乱或交叉污染,并尽可能地合理安排物料、设备在各工序间的流动,减轻操作人员的劳动强度,使生产与维修方便,清洁与消毒简单,并便于各操作工序之间机械化、自动化控制。以下是对片剂车间布置的三种方案进行的比较。

方案一　如图 3-2 所示,由于片剂原辅料大多为固体物质,故合格的原辅料一般均放于生产车间内,以便直接用于生产。计划将原料、中间品、包装材料仓库设于车间中心部位,生产操作沿四周设置。原辅料由物料接收区、物料质检区进入原辅料仓库,经配料区进入生产区。压制后片子经中间品质检区(包括留验室、待包装室)进入包装区。这样的结构布局优点是空间利用率大，各生产工序之间可以采用机械化装置运送材料和设备，原辅料及包装材料的贮存紧靠生产区；缺点是流程条理不清，物料交叉往返，容易产生混药或相互污染与差错。

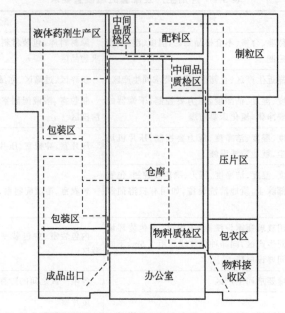

图 3-2　片剂车间平面布置图（方案一）

方案二　如图 3-3 所示，为了克服发生混药或相互污染的可能性，可将车间设计为物料运输不交叉的布置。将仓库、接收、放置等贮存区置于车间一侧，而将生产、留检、包装基本构成环形布置，中间以走廊隔开。在相同厂房面积下基本消除了人流和物流混杂。

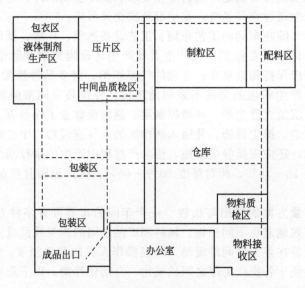

图 3-3　片剂车间平面布置图（方案二）

方案三　如图 3-4 所示，物料由车间一端进入，成品由另一端送出。物料流向呈直线，不存在任何相互交叉，这样就避免了发生混药或污染的可能。其缺点是这样布局所需车间面积较大。

（3）片剂车间的布置形式 片剂车间常用的布置形式有水平布置和垂直布置两种。

① 水平布置 是将各工序布置在同一平面上，一般为单层大面积厂房。水平布置有如下两种方式。

A. 工艺过程水平布置，而将空调机、除尘器等布置于其上的技术夹层内，也可布置在厂房一角。

B. 将空调机等布置在底层，而将工艺过程布置在二层。

② 垂直布置 是将各工序分散布置于各楼层，利用重力解决加料，有两种布置方式。

A. 二层布置。将原辅料处理、称量、压片、糖衣、包装及生活间设于底层，将制粒、干燥、混合、空调机等设于二层。

B. 三层布置。将制粒、干燥、混合设于三层，将压片、糖衣、包装设于二层，将原辅料处理、称量、生活间及公用工程设于底层。

2. 针剂车间布置

（1）针剂的生产工序及区域划分 针剂属可灭菌小容量注射剂，将配制好的药液灌入安瓿内封口，采用蒸汽热压灭菌方法制备的灭菌注射剂。针剂的生产工序包括：配制（称量、配制、粗滤、精滤）、安瓿切割及圆口、安瓿洗涤及干燥灭菌、灌封、灭菌、灯检、印字（贴签）及包装。

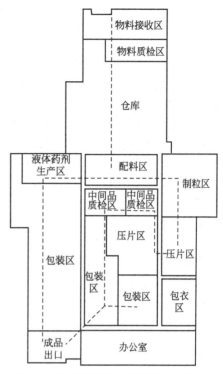

图 3-4 片剂车间平面布置图（方案三）

（2）针剂车间的布置形式 针剂生产工序多采用平面布置，可采用单层厂房或楼中的一层。如将配液、粗滤、蒸馏水置于主要生产车间的上层，则可采用多层布置，但从洗瓶至包装仍应在同一层平面内完成。

（3）针剂车间的基本平面布置 针剂的灌封是将配制过滤后的药液灌封于洗涤灭菌后的安瓿中。布置中，安瓿灭菌、配液及灌封需按工序相邻布置，同时，洁净度高的房间要相对集中。

3. 口服青霉素固体制剂车间的布置

青霉素类是高致敏性药品，即使极微小的量，也会给对其产生过敏体质的人造成危害。口服青霉素固体药品的生产在 GMP 规范中有特殊规定，生产场所和空气环境条件要求非常严格，关键是要防止它对其他药品的互相交叉污染。

口服青霉素固体制剂的空调系统的设计也是非常重要的一环。室内设计参数如下：净化空调洁净度为 B 级，温度控制在 20～24℃，相对湿度控制在 45%～60%，换气次数大于或等于 25 次/h，大于或等于 $0.5\mu m$ 的尘粒数应小于或等于 352 个/L，活微生物数小于或等于 100 个/m^3。空气净化系统由初效过滤、新回风混合段、表冷段、蒸汽加热段、蒸汽加湿段、水平风机、中效过滤及分布在各房间的高效过滤器组合而成。车间首层面积 1550m^2，洁净空调面积 1200m^2。首层车间吊顶高度 2.6m，局部超高设备的区域提高吊顶高度，采用这种方式，技术上可靠，经济上合理。

根据生产工艺功能和操作情况，把车间分成 4 个小区，设立 4 套独立净化空调系统（自带冷源、热源），其中第 3 套为恒温低温（相对湿度 20％～25％）净化空调系统。该系统空气处理方式采用新风冷冻除湿降温、混合风转轮除湿后干冷降温，大大减少了工程投资，降低了运行成本。洁净区对室外为正压，正压值大于 10Pa，对于生产中产生粉尘的工段，比如称量、粉碎、制粒、干燥、填囊、压片、颗粒包装等，与洁净走廊和相邻房间呈相对负压。这些工段设置除尘子系统，所有排气经中效和高效过滤，尾气再经碱性水喷淋净化塔处理后排至大气。

4. 粉针车间的布置

粉针剂属于无菌分装注射剂，所需无菌分装的药品多数不耐热，不能采用灌装后灭菌，故生产过程必须是无菌操作；无菌分装的药品，特别是冻干产品吸湿性强，故分装室的环境相对湿度、容器、工具的干燥和成品的包装严密性应特别注意。

粉针车间包括理瓶、洗瓶、隧道干燥灭菌、瓶子冷却、分装、加塞、轧盖、检查、贴签、装盒、装箱等工序。其中洗瓶、隧道干燥灭菌、瓶子冷却、分装、加塞及轧盖等生产岗位采用空气洁净技术。瓶子冷却、分装、加塞、轧盖可设计成为 B 级，局部 A 级的洁净厂房，洗瓶、烘瓶等为 B 级洁净厂房，并采用技术夹层，工艺及通风管道安装在夹层内，包装间及库房为普通生产区。

同时还设置了卫生通道、物料通道、安全通道和参观走廊。车间内人流、物流为单向流动，避免交叉污染及混杂。人流的卫生通道须经一更、二更、三更、风淋室进入生产岗位。分装原料的进出通道须经表面处理（用苯酚溶液揩擦），原料的外包装消毒可用 75％酒精擦洗，然后通过没有紫外灯的传递框照射灭菌后进入贮存室，再送入分装室。铝盖经洗涤干燥后通过双门电热烘箱干燥，再装桶冷却备用。

车间可设计为三层框架结构的厂房。内部采用大面积轻质隔断，以适应生产发展和布置的重新组合。层与层之间设有技术夹层，供敷设管道及安装其他辅助设施使用。

二、洁净车间设计

（一）洁净车间设计要求

我国 GMP 将药品生产受控环境称之为洁净区即需要对环境中尘粒及微生物数量进行控制的房间（区域），其建筑结构、装备及其使用应当能够减少该区域内污染物的引入、产生和滞留。

2010 年版 GMP 将洁净区的洁净级别分为 A、B、C、D 四个等级，与美国、欧盟、世界卫生组织的 GMP 洁净界别分类基本一致。药品生产洁净室（区）的空气洁净度等级见表 3-2。

表 3-2 药品生产洁净室（区）的空气洁净度等级

洁净度级别	每立方米悬浮粒子最大允许数			
	静态		动态	
	≥0.5μm	≥5.0μm	≥0.5μm	≥5.0μm
A 级	3520	20	3520	20
B 级	3520	29	352000	2900
C 级	352000	2900	3520000	29000
D 级	3520000	29000	不作规定	不作规定

（二）洁净车间装修材料选择与空气净化系统要求

1. 洁净车间装修材料选择

（1）洁净室在室内装饰中对饰面装饰材料主要有以下几个要求

① 洁净室的建筑围护结构和室内装修，应选用气密性良好且在温度和湿度等变化作用

下变形小的材料。墙面内装修需附加构造骨架和保温层时，应采用非燃烧体或难燃烧体。

② 洁净室内墙壁和顶棚的表面，应符合平整、光滑、不起灰、避免眩光、便于除尘等要求；应减少凹凸面，阴阳角做成圆角。室内装修宜采用干操作，如为抹灰时，应采用高级抹灰标准。

③ 洁净室的地面，应符合平整、耐磨、易除尘清洗、不易积聚静电、避免眩光并有舒适感等要求。

④ 洁净室门窗、墙壁、顶棚、地（楼）面的构造和施工缝隙，均应采取可靠的密封措施。

⑤ 洁净室内的色彩宜淡雅柔和。

（2）不同洁净室在选择室内装饰材料时还需考虑不同的个性需求

① 洁净室通常都需频繁擦拭，除了用水擦拭还会用消毒水、酒精、其他溶剂等擦拭，这些液体通常都有一定的化学品性，会使一些材料表面变色、脱落，这就要求装饰材料表面有一定的耐化学品性。

② 生物洁净室（如手术室）为了杀菌的需要，通常会安装臭氧发生器。臭氧（即 O_3）是一种强氧化气体，会加速环境中物体特别是金属的氧化锈蚀，也会使一般涂层表面由于氧化而褪色、变色。所以此类洁净室要求其装饰材料有很好的耐氧化性，不会产生锈蚀。

（3）目前国内洁净室的设计安装中，对于洁净室墙面装饰材料主要有以下几种

① 瓷砖。瓷砖是最传统的墙面装饰材料，目前只有在空气净化等级很低的洁净厂房、清洁走廊中采用。瓷砖的造价很低，但其尺寸较小，采用铺贴法就会产生很密的拼缝，影响擦洗。拼缝极易滋生细菌及菌种，并且其安装需有实体墙做基层，不易安装保温层。瓷砖在现代洁净室中已经很少采用了。

② 防菌墙塑。防菌墙塑在少数洁净房中曾经采用过，主要用于辅助用房和洁净通道等净化等级较低的部位。防菌墙塑主要采用墙面粘贴方式，接缝采用密拼方式，类似于贴墙纸。因其采用粘贴式，寿命不长，受潮易变形起鼓，且其装饰档次整体较低，应用范围比较狭窄。

③ 彩钢板。彩钢板是目前洁净厂房中采用较为广泛的一种材料。它的优势就是价格较低、具有保温功能、生产安装迅速快捷，所以在净化等级不高的许多洁净厂房被大量采用。彩钢板的弱势也很明显，就是钢板易被氧化锈蚀，特别在潮湿的环境中更易被氧化。彩钢板表面涂层一旦被碰撞脱落，裸露的钢板被氧化生锈后就成了细菌滋生的温床，这在生物洁净室中是非常危险的。

④ 铝板。铝板是目前洁净手术室中采用较多的装饰材料。铝板采用挂钩式安装，四边折边，背贴石膏板等材料以增加板厚加强板面强度。铝板的优点是寿命长、分格较大、装配式，适宜安装保温系统和技术夹层；缺点是造价较高、耐腐蚀性差，易变色、易被氧化、安装周期较长。

⑤ 无机预涂装饰板。无机预涂装饰板作为墙体结构和饰面材料在国外已经有 20 年以上的发展历程，在许多国家被大量采用。

⑥ 防霉抑菌涂料。如净化间墙面防霉抑菌漆、食品车间防霉抑菌漆。防霉抑菌涂料是以有机树脂为基料制成的水性涂料，是改善食品工业（QS 认证）、医药工业（GMP 认证）车间墙面、天棚环境用的装饰性防霉、防腐、防尘涂料。防霉漆适用于制药、轻工、食品、酿酒、医院、厨房及生物制品等行业的洁净厂房、生产车间、仓库和地下建筑等易受各种霉菌污染的内墙涂装。

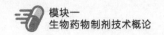

2. 空气净化系统的要求

应根据药品品种、生产操作要求及外部环境状况配置空调净化系统，使生产区有效通风，并有温度控制、必要的湿度控制和空气净化过滤，保证药品的生产环境。空气净化系统的三级过滤见图 3-5，单风机净化空调系统空气处理流程见图 3-6。

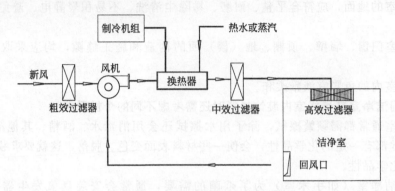

图 3-5 空气净化系统的三级过滤

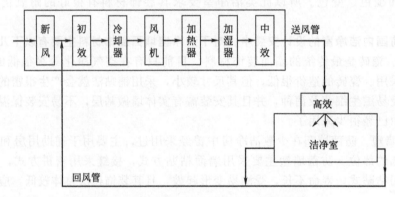

图 3-6 单风机净化空调系统空气处理流程

设置净化空调系统和洁净室绝不是提高药品生产质量的唯一途径。药品的污染来源是多方面的，设置空气净化装置的同时，在工艺、设备、建筑等环节和管理上采取相应措施，才能达到预期效果。浮游菌大部分是通过附着在空气中的尘埃微粒上，随尘粒降落而引起污染，控制尘埃粒子具有控制细菌污染的作用。在洁净厂房中对尘埃粒子的控制需要对尘埃粒子发生源进行综合治理。

实施 GMP 仅仅依靠于高标准的厂房和净化空调设施是不全面、不经济的。实践证明，洁净重点应放在直接与药品接触的开口部位，尽量减少操作人员与这些部位的接触。

三、药品生产安全与卫生

(一) 生产安全

1. 决定安全生产的基本因素

决定安全生产的基本因素主要有以下 6 项。

(1) 操作人员 要求按规程操作；正确地使用设备；及时发现、处理异常或危险情况；及时巡视检查；正确使用防护用品，熟悉避险方法；准确、及时、全面地提供生产过程中的各种信息资料，不弄虚作假，不隐瞒真相；服从指挥，忠于职守，勇于同一切危及自身或他人安全、健康的行为做斗争。

（2）设备 这是重要的物质基础。设备都有寿命，任何设备的故障都有其规律性。

（3）物料 指生产过程中使用的原料、材料、备品备件、工具等。

（4）环境 环境是指作业的空间，作业的时间要考虑夜班、节假日等因素，要百倍警惕事故多发时刻。

（5）科学与技术 任何先进技术都有特殊的安全问题，选择生产技术的首要条件是安全可靠，安全技术研究就是针对生产过程中发生的事故、出现的危险现象、潜在的危险现象，以及结合新技术发展提出的新问题开展研究。

（6）管理 安全生产管理是企业管理的重要组成部分，管理就是决策，管理不善是企业失败的主要原因，一个企业的成败"七分在管理，三分在技术"。管理缺陷是所有事故的普遍原因，管理失误往往是多重失误造成的。

2. 安全生产管理的原则

（1）安全第一，预防为主 在生产中注意安全，时刻预防安全隐患的发生。

（2）以我为主 在生产过程中应从每个岗位人员做起，杜绝依赖性，主动去寻找和发现安全隐患以确保生产的安全进行。

（3）遵守安全操作规程 安全操作规程是从生产实践中总结出来的，是带有普遍性和规律性的科学准则。因此，现场操作人员必须严格遵守各项安全操作规程。

（4）贯彻"不做""不准做"危险操作 凡是规定"不做""不准做"的，无论任何人、任何理由都不能做。

（5）谁管理，谁负责 从总经理到各部门经理、生产主管、班组长都要对本范围内的安全生产负责。

3. 药品生产过程中人员的岗位安全职责

做好安全管理工作需时刻警惕，来不得半点疏忽和麻痹。俗话说"人在其位，各尽其职"。在药品生产过程中的安全管理这方面也是一样的道理。药品生产人员的职责不仅仅是负责生产，还应负责所在岗位的安全。

① 经理是本公司安全生产的第一负责人，负责督促和检查国家及公司关于安全生产的法令、法规在本公司的贯彻执行。

② 总经理的岗位安全职责是对本公司的安全生产负直接的领导责任。负责审核批准本公司安全生产管理制度和岗位安全操作规程，并负责监督实施。

③ 人员的岗位安全职责是严格遵守每台设备的安全操作规程和岗位 SOP，无论在任何情况下都严禁违规作业。对本人所操作的设备及工作环境的安全负直接责任。设备、设施发生事故时，要及时处理和报告，并如实填写"生产（工伤）事故处理记录"。

④ 消防队的职责是在突发事故（火灾、爆炸等）发生时，应自觉、迅速地赶到事故地点，投入抢险。

4. 当前药品生产过程中存在的不安全因素

（1）通道的复杂性 药品生产车间对进出口要求非常严格，车间内有 A 级、B 级和 D 级区域。进入车间均要经过换鞋区、更衣室、缓冲间等房间，有 3～4 道门。如果在生产过程中发生事故，非长期在车间内工作的人很难快速而顺利地找到出口。

（2）生产设备、包装用房的独立性导致火灾隐蔽 在医药生产车间，最常见的就是一个一个的小生产间，大到百余平方米，小到一两平方米，由于生产工艺的现代化，许多房间不需要人照看。生产过程中一旦发生火灾，其初起火灾的地方很难被人迅速发现。

（3）危险物品使用的多元性 医药生产过程中，经常使用、合成多种化学危险物品，如化学合成方法生产的原料、中间体和副产品，大多是易燃易爆物品，闪点和燃点都比较低，

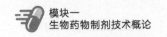

热值大并能发生爆炸。

5. 生产中人员的安全管理

车间生产中人员的安全管理是在动态中进行的，随机性很大，只要有一个环节、某个区域或某位职工发生问题，那里就可能引发事故。车间领导要想抓好本部门的生产安全管理工作，除严格按相关的法律法规及本企业的安全规定执行外，还要认真做好以下两个方面的工作。

(1) 人员自身做起 安全管理要"以人为本"。在现代管理哲学中，人是管理之本。管理的主体是人，客体也是人，管理的动力和最终目标还是人。在安全生产系统中，人的素质（心理与生理、安全能力、文化素质）是占主导地位的，人的行为贯穿企业生产的每一个环节。因此，在安全管理过程中，必须坚持"以人为本"，采取必要措施，提高员工对安全生产工作的积极性和创造性，全面提高人的综合安全技能，在安全管理中使职工找到归属感，最终形成安全管理"命运共同体"，推动安全管理工作向纵深发展。

实行全员全方位安全管理，即分厂、车间、班组三级安全网络。使每个岗、每个人都明确自己在目标管理体系中所处的地位和作用，通过每个人的积极努力来实现特定组织的安全目标。

(2) 强化安全生产 有些事故是由于员工工艺操作技能不熟，操作方法不当造成的。鉴于此，段、队、车间必须建立好安全技术防线，加强对员工安全技术知识教育和安全操作技能的培训。可以开展"岗位技术练兵""操作技能竞赛"等活动，提高职工安全技能。采用新设备、新工艺、新技术、新材料时，操作者一定要先认真学习，熟练后才能正式操作，完善各种安全保护装置，并使之有效运行。

6. 其他安全管理事项

(1) 现场安全设备管理 生产现场的安全设备设施是员工从事安全生产活动的主要依靠，如管理不善，不仅影响生产进度，造成的事故危害也比手工操作更严重，抓好设备设施管理是预防事故的主要渠道。

设备、设施一进现场，就要让有关人员充分了解设备的性能、特点等，对危险部位要尽早设置安全标志和安全防护装置；班组要协助机电维修部门搞好对设备、设施的维护保养，使其达到规定的状态；正确使用手工工具，手工工具结构简单、体积小，携带方便，往往被操作者忽视其安全要求而造成事故。基层领导应教育职工正确使用手工工具，严格按章操作，并加强对手工工具的维护和保管。

(2) 作业环境上控制安全生产 在作业现场各种原材料、成品、半成品、工具以及各种废料如放置不当就会成为事故隐患。所以创造有条不紊、整齐美观的作业环境，不仅符合现代企业生产现场安全管理的要求，而且能给操作者的心理带来正面影响，不仅提高了生产效率，还能促使职工养成良好的安全卫生习惯。

创造良好的作业环境，要注意抓好以下工作：对现场的物品要划分为"经常需要的""偶然需要的"和"不需要的"三大类。对常用的东西要固定在一个适当的位置，既安全又方便使用；不常用的东西，可设置一些方便的货架存放；对不需要的东西，要坚决清理出现场。在安全方便的前提下，尽可能利用立体空间，以保证平面空间的宽畅、整洁。建立合理的特殊物件放置区。对在生产现场的化学危险物品要严格按有关规定处理，不能贪图方便过量领存、随意乱放。

(3) 企业安全生产档案 安全生产档案是防止事故发生的一道屏障。对每次事故发生时间和导致事故发生的原因做出详细的调查和完整的记录，就有可能将它们和其他档案资料综合在一起，找出事故发生的共性原因，发现隐藏在事故背后一些规律性的东西。这样做可以抓住安全工作的关键点，着重做好事故多发时间和多发部位的防范工作，使安全工作更有针对性，起到事半功倍的效果。

企业安全生产档案包括安全生产领导和管理机构的人员名单和职能分工，以及专职或兼职安全管理人员的岗位责任；企业主要领导人与上级领导机关签订的安全责任状，企业与下属各单位签订的安全责任书；企业总体安全管理制度；针对易燃、易爆、易中毒物品和化学危险品制定的经营和管理办法，针对作业环境中存在的有毒气体、粉尘、噪音、细菌等所采取的职业病防范措施。

（二）生产卫生

1. 人员卫生

（1）个人健康　新进员工必须经过体检，合格后方可上岗。药品生产人员应有健康档案，直接接触药品的生产人员应每年至少体检一次，经体检合格后方可继续上岗。生产人员工作中如发现身体不适，应及时主动报告主管领导并去医院检查治疗，一旦发现患有传染病、精神病、外伤伤口、皮肤病及过敏等要及时上报主管领导，调离工作岗位，绝不能继续从事直接接触药品的工作或与之相关的工作。因病离岗的工作人员，康复后须持医生开具的健康证明方可重新上岗。

（2）个人卫生　保持清洁卫生，不得化妆和佩戴饰物；生产区内禁止吃东西、吸烟，不得存放非生产物品和个人杂物。

（3）工作服　其作用一是防止人体散发的污物对药品造成污染，二是避免药品对人员的污染或危害。工作服的选材、式样及穿戴应与生产操作和空气洁净度等级要求相适应，并不得混用。洁净工作服的质地应光滑、不产生静电、不脱落纤维和颗粒性物质。不同空气洁净度等级使用的工作服应分别清洗、整理，必要时消毒或灭菌。工作服洗涤、灭菌时不应带入附加的颗粒物质。

（4）洗手　卷起袖管，摘下戒指、手表或手镯等饰物；湿润双手，使用适量液体肥皂或洗涤剂；双手润擦，直至产生很多泡沫，清洁每一手指和手指之间，将泡沫擦至手腕；除去手掌心中的油脂，剔除指甲污垢（必要时用刷子刷指甲）；用流动的水冲泡沫及所附着的污垢、皮屑和细菌；仔细检查手的各部位（手背、指甲、手掌、手腕），并对可能遗留的污渍重新洗涤；将手彻底干燥。

（5）戴口罩　确保口罩遮住了口和鼻。工作时不得用手接触口罩，因为口罩在使用后会变脏。口罩变湿后要予以更换。换下来的口罩不要放在口袋里，而是直接放入指定的容器，然后洗手。尽量使用一次性口罩。处理粉尘时，应使用防尘口罩。

在洁净区工作的人员必须严格遵守洁净区的管理规则。在洁净区内的人员进出次数应尽可能少，同时在操作过程中应减小动作幅度，文明操作。尽量避免不必要的走动或移动，以保持洁净区的气流、风量和风压等，保证洁净区的净化级别。不串岗，进出洁净室要随手关门，做到关门生产。总之，在洁净区工作的人员操作和行动都要有自我约束的自觉。人员进出洁净区程序见图 3-7。

2. 生产工艺卫生

（1）物料的卫生　进入洁净区的原辅材料、内包装材料、容器及工具均须在缓冲室内对外表面进行处理或脱去外皮，采取有效的消毒措施后通过传递窗或气闸进入洁净区。物料进出洁净区的具体操作程序应严格按照规定执行。进入洁净区内使用的物料应控制在最低限度，洁净区内不能存放多余的物料及与生产无关的物料。

（2）设备卫生　直接接触药品的设备表面应光滑、平整、易清洁和消毒、耐腐蚀，不与药品发生化学变化和吸附药品。设备所使用的润滑剂、冷却剂等不得对药品或容器造成污

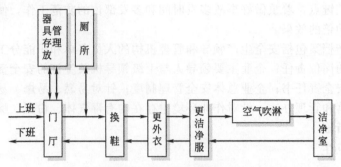

图 3-7　人员进出洁净区程序

染。输送生产药品物料的管道，为避免批与批之间的交叉污染，安装的管道要能便于清洁和消毒。主要设备的清洁、消毒或灭菌应建立相应的制度和规程，并有操作、检查验收或验证记录。洁净区使用的设备、容器、管路在进行清洁后，还必须用纯化水冲洗干净。

(3) 生产介质卫生　药品生产介质主要包括：水、压缩空气、蒸汽、惰性填充气体等。药品生产过程中使用的介质较多，大部分介质都有着一个产生、输送和使用的过程，在每一个过程都隐藏介质本身受到污染的机会。介质本身的卫生和质量不稳定，也就造成药品质量上的波动。

(4) 工艺技术的卫生　一些工艺技术参数（如温度、时间、酸碱度等）和工艺流程（如过滤）也可能造成产品的污染。适宜的温度正是微生物繁殖的条件，如新鲜的蒸馏水自然冷却到室温，就有可能被微生物污染。衡量污染的主要尺度是细菌的量，而时间往往在这方面扮演着重要角色。有必要控制各工序之间的时间，这对防止药品污染大有益处。生产中的中间产品应规定贮存期和贮存条件。酸碱度（pH）主要影响药品的稳定性，但细菌的生长有一定的最佳 pH 范围，因此 pH 也可以影响微生物的生长速率，从而影响药品的卫生。

(5) 工艺流程的卫生　工艺流程是否优化，对产品能否防止微生物和尘埃的污染、混药等都起到重要的作用。

(6) 清场管理　清场是为了防止生产中不同批号、品种、规格之间的污染和交叉污染，以及混淆。每批药品的每一生产阶段完成后，应由生产操作人员清场，填写清场记录。地面应无积灰、无结垢，门窗、室内照明灯、风管、墙面、开关箱外壳应无积灰，室内不得存放与生产无关的杂物。使用的工具、容器应清洁、无异物，无前次产品的遗留物。设备内无前次生产遗留的药品，无油垢。非专用设备、管道、容器等应每天或每批清洗或清理。同一设备连续加工同一非无菌产品时，其清洗周期应按设备清洁规程进行。包装工序调换品种时，多余的标签及包装材料应全部按规定处理。调换品种时，对难以清洗的用品（如烘布、布袋）应予调换。

实训 2　进入洁净室（区）的更衣操作

【实训目的】

1. 学习进入洁净室（区）的更衣标准操作程序。
2. 练习进入洁净区人员的统一操作并正确更衣，保障洁净室不受人员的污染。

【实训条件】

1. 实训场地

GMP 实训车间（包括更衣室、洗手池、横凳、鞋架、烘手机、更衣柜等）。

2. 实训材料

拖鞋、工作鞋、洗手液、洁净工作服、工作帽、口罩、酒精（75％）等。

【实训内容】

（一）存放物品

1. 进入生产车间门口，在雨伞架上放下雨伞，把提包等个人物品放入更衣柜内，脱去大衣等。

2. 在拖鞋架上取出拖鞋，脱去家居鞋，穿上拖鞋，家居鞋放入鞋架规定位置。

（二）进入更衣室

（三）换工作鞋

1. 坐在横凳上，面对门外，脱去拖鞋，用手把拖鞋放入横凳下规定的鞋架。

2. 坐着转身180°，背对外门，弯腰在横凳下的鞋架内取出工作鞋，在此操作期间注意不要让双脚着地；穿上工作鞋，跋上鞋跟。

（四）脱外衣

1. 走到更衣柜前，用手打开更衣柜门。

2. 脱去外衣，挂入更衣柜内，随手关上柜门。

（五）洗手

1. 走到洗手池旁。

2. 用手肘弯推开水开关，伸双手掌入水池上方开关下方的位置，让水冲洗双手掌至腕上 5cm。双手触摸清洁剂后，相互摩擦，使手心、手背及手腕上 5cm 的皮肤均匀充满泡沫，摩擦约 10s。

3. 伸双手入水池，冲洗双手，同时双手上下翻动相互摩擦，使清水冲至所有带泡沫的皮肤上，直至双手掌摩擦不感到滑腻为止。

4. 翻动双手掌，检查双手是否已清洗干净。

5. 用肘弯推关水开关。

6. 走到电热烘手机前，伸手掌至烘手机下约 8～10cm 的地方，电热烘手机自动开启，上下翻动双手掌，直到双手掌烘干为止。

（六）穿洁净工作服

1. 用肘弯推开房门，走到洁净工衣柜前，取出自己号码的洁净工作服袋。

2. 取出洁净工作衣，穿上，拉上拉链。

3. 取出洁净工作裤，穿上，拉正。

4. 走到镜子前，取出洁净工作帽，对着镜子戴帽，注意把头发全部塞入帽内。

5. 取出一次性口罩戴上，注意口罩要罩住口、鼻；在头顶位置结口罩带。

6. 对着镜子检查衣领是否已翻好，拉链是否已拉至喉部，帽和口罩是否已戴正。

（七）消毒手

1. 走到自动酒精喷雾器前，伸双手掌至喷雾器下 10cm 左右处。

2. 喷雾器自动开启，翻动双手掌，使酒精均匀喷在双手掌上各处。

3. 缩回双手，酒精喷雾器停止工作。

4. 挥动双手，让酒精挥干。

（八）进入洁净室

用肘弯推开洁净室门，进入洁净室。

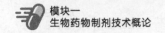
？ 思考题

1. 固体制剂车间有哪些功能间要求负压？简述保持负压的意义。
2. 简要说明静压差的意义。
3. 药品生产企业整体环境要求有哪些？

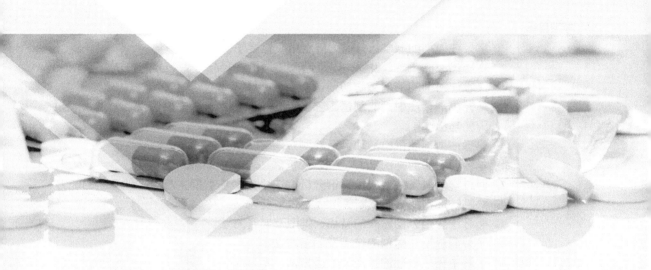

模块二

注射给药系统

项目四　注射剂

学习目标

◎ 掌握注射剂的概念、分类、特点和质量要求。
◎ 掌握热原的概念、性质，以及污染热原的途径与除去热原的方法。
◎ 熟悉注射剂的溶剂和附加剂。
◎ 掌握小剂量注射剂的制备工艺要点（投料量计算、安瓿清洗、配液、灌封、灭菌与检漏）。
◎ 熟悉注射剂质量检测项目及检测方法。
◎ 学会典型注射剂的处方及工艺分析。
◎ 通过学习具备综合应用知识分析解决小剂量注射剂生产中出现问题的能力。
◎ 熟悉输液剂的分类、制备过程及质量要求。
◎ 熟悉注射用无菌粉末的特点、类型及制备方法。
◎ 了解混悬型注射剂的特点及制备方法。
◎ 了解中药注射剂的特点及制备方法。

一、注射剂概述

（一）注射剂的定义和分类

1. 注射剂的定义

注射给药是临床应用非常广泛的一类剂型，在危急、重患者的抢救用药时尤为重要。注射剂系指原料药物或与适宜的辅料制成的供注入体内的无菌制剂。注射剂可分为注射液、注射用无菌粉末与注射用浓溶液等。注射剂是由药物、溶剂、附加剂及容器，经过特定的制剂工艺流程而制得，临床上应用十分广泛。

2. 注射剂的分类

注射剂按照药物的分散方式不同，可分为溶液型注射剂、混悬型注射剂、乳剂型注射剂以及临用前配成液体使用的注射用无菌粉末等。

（1）溶液型注射剂　该类注射剂应澄明，包括水溶液和非水溶液等，如盐酸普鲁卡因注射液、紫杉醇注射液等。

（2）混悬型注射剂　药物粒度在 $15\mu m$ 以下，含 $15\sim20\mu m$ 者不应超过 10%。若有可见沉淀，振摇时应容易分散均匀。混悬型注射剂不用于静脉或椎管注射。如醋酸可的松注射液、鱼精蛋白胰岛素注射液等。

（3）乳剂型注射剂　该类注射剂应稳定，不得有相分离现象，不得用于椎管注射。静脉用乳剂型注射剂分散相球粒的粒度 90% 应在 $1\mu m$ 以下，不得有大于 $5\mu m$ 的球粒。如静脉营养脂肪乳注射液等。

（4）注射用无菌粉末　亦称粉针，指供注射用的无菌粉末或块状制剂。如青霉素、蛋白酶类粉针剂等。

3. 注射剂的特点

注射剂是目前生物技术药物应用最广泛的剂型之一，具有以下独特的优点。

(1) 药效迅速，作用可靠 注射剂在临床应用时均以液体状态直接注射入人体组织或血管，所以吸收快、作用迅速。尤其是静脉注射，药液直接进入血液循环，不存在吸收过程，适于抢救危重病症患者。此外，注射剂不经胃肠道吸收，不受消化系统和食物影响，剂量准确，作用可靠。

(2) 适于不能口服给药的患者 临床上某些昏迷、抽搐、惊厥等不能吞咽或有其他消化系统障碍、不能口服给药的患者，可以采用注射给药。

(3) 适于不宜口服的药物 某些药物口服不易吸收或易被胃肠道消化液破坏，这些药物制成注射剂可发挥较好的疗效。如青霉素、胰岛素等易受酸、酶催化降解，链霉素口服不易吸收。

(4) 产生局部作用 注射剂可通过对人体限定区域注射给药，使药物产生局部作用。如盐酸普鲁卡因注射液可用于局部麻醉，消痔灵注射液可用于痔核注射。

(5) 靶向作用 脂质体或静脉乳剂注射后，在肝、肺、脾等器官药物分布较多，有靶向作用。

注射剂也存在一些不足之处，如因质量要求高，制造过程复杂；生产成本较高；安全性不如口服制剂，一旦产生不良反应，后果将比较严重；注射给药不方便；注射时的疼痛，给患者造成痛苦。

(二) 注射剂的给药途径和质量要求

1. 注射剂的给药途径

在临床医疗上，注射剂的给药部位可分为皮内注射、皮下注射、肌内注射、静脉注射、脊椎腔注射等。注射剂给药途径见图 4-1。

(1) 皮内注射 注射于表皮与真皮之间，一次注射量在 0.2ml 以下，常用于药物的过敏性试验或疾病诊断，如青霉素皮试。

(2) 皮下注射 注射于真皮与肌肉之间，药物吸收过程较慢，注射量通常为 1～2ml。皮下注射剂主要是无刺激性的水溶液，具有刺激性的药物或混悬液型注射剂不宜皮下注射。

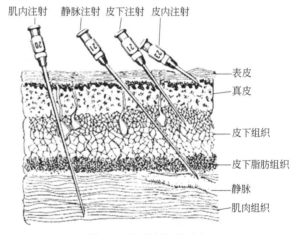

图 4-1 注射剂给药途径

(3) 肌内注射 注射于肌肉组织，一般剂量为 1～5ml。肌内注射除水溶液外，尚可注射油溶液、混悬液及乳浊液。

(4) 静脉注射 注射于静脉组织中，可分为静脉滴注和静脉推注，剂量可从几毫升至数千毫升不等。静脉注射药效最快，常作急救、补充体液和提供营养之用。静脉注射剂多为水溶液和 O/W 型乳剂，油溶液和一般混悬型注射剂不能作静脉注射。

(5) 脊椎腔注射 注射于脊椎四周蛛网膜下腔内，一次注射量一般在 10ml 以下。脑脊液本身量少，神经组织比较敏感，因此脊椎腔注射剂质量应严格控制，只能是水溶液，pH 应呈中性，其渗透压应与脊椎液相等，且不得添加抑菌剂。

此外，注射剂还有动脉注射、心内注射、关节腔注射和穴位注射等给药途径。

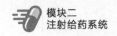
2. 注射剂的质量要求

注射剂因是直接注入体内，因此为保证用药安全，其质量要求远高于口服制剂等其他剂型。注射剂的质量要求主要有以下几方面。

(1) 无菌 注射剂成品中不应含有任何活的微生物，必须符合《中华人民共和国药典》（以下简称《中国药典》）无菌检查项的要求。需要注意的是，若供试品符合无菌检查法的规定，仅表明了供试品在该检验条件下未发现微生物污染。

(2) 无热原 无热原是注射剂的重要质量指标，特别是供静脉注射及脊椎腔注射的药物制剂均须按照《中国药典》规定进行热原检查或细菌内毒素检查，必须符合规定。

(3) 可见异物（澄明度） 微粒被注入人体后，有可能形成血栓，对人体造成危害。因此，注射剂在规定条件下检查，不得有肉眼可见的混浊或异物，照《中国药典》可见异物检查法检查，应符合规定。

(4) 安全性 注射剂的使用不能对机体组织产生不良的刺激或毒副反应。尤其是非水溶剂及一些附加剂，必须经过必要的动物实验，确保使用安全。

(5) 渗透压 注射剂的渗透压要求与血浆的渗透压相等或接近。供静脉注射的注射剂还要求具有与血液相同的等张性。除另有规定外，静脉输液及椎管注射用注射剂照《中国药典》渗透压摩尔浓度测定法检查，应符合规定。

(6) pH 注射剂的 pH 要求与血液相等或接近，人体血液的 pH 约 7.4，故注射剂一般控制在 4~9 的范围内。

(7) 稳定性 因注射剂多为水溶液，所以在制备、贮藏、使用的过程中，稳定性问题比其他剂型突出，故要求注射剂应具备一定的物理和化学稳定性，确保产品在贮存期内安全有效。

(8) 不溶性微粒 澄明度检查只能检查大于 $50\mu m$ 的微粒和异物，但不可见的微粒和异物也能造成严重的后果，故静脉注射液、注射用无菌粉末和注射用浓溶液还需要通过不溶性微粒检查。

(9) 其他 有些注射剂还应根据实际情况规定特殊的质量要求，如复方氨基酸注射液，其降压物质必须符合规定，以保证用药安全；此外，有效成分含量、杂质限度和装量差异等均应符合药典及相关质量标准的规定。

二、热原概述

1. 热原的组成

热原指注射后能引起人体致热反应的物质，包括细菌性热原、内源性高分子热原、内源性低分子热原及化学热原等。这里的"热原"主要是指细菌性热原。大多数细菌都能产生热原，霉菌和病毒也能产生热原，致热能力最强的是革兰阴性杆菌所产生的热原。

微生物代谢产物中内毒素是最主要的致热物质，内毒素是磷脂、脂多糖和蛋白质的复合物。其中，脂多糖是内毒素的主要成分，具有特别强的致热活性。不同菌种的脂多糖化学组成有差异，一般分子量越大的脂多糖致热作用越强。

含有热原的注射液进入人体，会使人体出现发冷、寒战、体温升高、身痛、出汗等不良反应。有时体温可升至 40℃，严重者出现昏迷、虚脱，甚至有生命危险，临床上称为"热原反应"。

2. 热原的性质

(1) 水溶性 热原含有磷脂、脂多糖和蛋白质，能溶于水。

(2) 耐热性 在通常注射剂的热压灭菌条件下，热原往往不能被破坏，如 60℃ 作用 1h 不受影响，100℃ 也不分解。但热原的耐热性有一定的限度，如 180℃ 作用 3~4h、200℃ 作用 60min、250℃作用 30～45min 或 650℃作用 1min 等条件可彻底破坏热原。

（3）滤过性　热原体积小，直径约为 1～5nm，可通过一般滤器甚至是微孔滤膜，但孔径小于 1nm 的超滤膜可除去绝大部分甚至全部热原。

（4）不挥发性　热原具有不挥发的特性，但因具水溶性，可随水蒸气的雾滴夹带入蒸馏水中，故制备注射用水的重蒸馏水器有隔沫装置，以分离蒸汽和雾滴。

（5）被吸附性　热原可以被活性炭、离子交换树脂等吸附。

（6）其他性质　热原能被强酸、强碱、强氧化剂（如高锰酸钾、过氧化氢等）破坏，超声波及某些表面活性剂（如去氧胆酸钠）也能使之破坏。

3. 污染热原的途径和除去热原的方法

（1）污染热原的途径　热原污染是注射剂生产中普遍存在的问题。污染可能来源于溶剂、原辅料、容器或用具、制备过程及临床使用时所用器具等。

① 溶剂。这是注射剂污染热原的主要途径。注射剂溶剂最常用的是注射用水，如注射用水制备时操作不当、蒸馏设备结构不合理、贮藏时间过长或贮藏容器不洁都会污染热原。因此，注射剂配置要注意溶剂的质量。

② 原辅料。原辅料由于质量不佳或贮存不当均能受到微生物污染而产生热原；一些用微生物方法制造的药品，如抗生素、水解蛋白、右旋糖酐等，也容易带入致热物质。

③ 容器或用具。注射剂生产中接触到的容器、用具、管道和设备等，如果未按照 GMP 要求进行严格清洗和灭菌，易使药液污染而产生热原。因此，在生产中涉及的容器、用具、管道和设备要按照操作规程进行清洁或灭菌，合格后方能使用。

④ 制备过程。注射剂制备过程中由于环境洁净度不够、操作时间长、产品灭菌不合格等，都会增加污染细菌的机会，从而产生热原。

⑤ 临床使用时所用器具。有时注射剂本身不含热原，但使用后仍出现热原反应，这往往是由于注射器被热原污染而产生热原反应。所以，注射剂临床使用时所用相关器具也要做到无菌、无热原。

（2）除去热原的方法

① 除去药液或溶剂中热原的方法包括以下几种。

A. 吸附法。常用活性炭作为吸附剂。活性炭对热原有较强的吸附作用，是一种有效去除热原的方法。通常加入 0.05％～0.5％（质量浓度）的活性炭，煮沸并搅拌 15min，即能除去大部分热原。此外，活性炭还有脱色、助滤、除臭等作用，所以在注射剂生产中被广泛使用。但活性炭也会吸附部分药物成分，故使用时应控制用量。

B. 离子交换法。由于热原分子带磷酸根与羧酸根，带负电荷，所以可用碱性阴离子交换树脂吸附热原，从而除去注射剂中的热原。

C. 凝胶过滤法。是利用凝胶的分子筛效应进行分离的方法，当溶液通过凝胶时，大分子物质不易进入凝胶颗粒的微孔，向下移动速度较快，而小分子物质可以进入凝胶内，所以小分子物质的下移速度落后于大分子物质。利用热原与药物在分子量上的差异，可将两者分开。如可用二乙氨基乙基葡聚糖凝胶制备无热原去离子水。

D. 超滤法。是利用高分子膜的选择渗透性，在常温条件下，依靠一定压力和流速过滤，以除去溶液中的热原。一般用 3～15nm 超滤膜除去热原。如用超滤膜过滤 10％～15％ 的葡萄糖注射液，可除去热原。

E. 反渗透法。采用反渗透法通过三醋酸纤维素膜除去热原，具有较高的实用价值。

F. 蒸馏法。本法是《中国药典》规定的制备注射用水的方法，一般用于去除水中的热原，其利用了热原不挥发的特性来制备。主要原理为净化处理的水经加热沸腾，汽化为蒸汽后，再将蒸汽冷凝成液体。在汽化过程中，不挥发杂质及热原仍留在残液中而被除去。由于

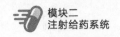
热原具有水溶性，所以蒸馏器要有隔沫装置，挡住雾滴的通过，避免热原进入蒸馏水中。

② 除去器具上热原的方法主要包括以下几种。

A. 酸碱法。强酸、强碱或强氧化剂可使热原氧化或水解而被破坏，对于耐酸碱的玻璃容器、瓷器或其他用具可用重铬酸钾硫酸洗液、硝酸硫酸洗液或稀氢氧化钠溶液处理，可有效地破坏热原。热原亦能被强氧化剂破坏。

B. 高温法。如针头、针筒或其他玻璃器皿，在洗净后，于180℃加热3h以上、250℃加热30min以上或650℃加热1min，可破坏热原。但高温对药品质量会产生影响，因此这种方法仅适用于玻璃器皿、金属等耐高温的器具。

> **知识拓展**
> ### 除去溶媒中热原的方法
>
> **1. 蒸馏法**
>
> 该法一般用于去除水中的热原，主要是利用热原不挥发的特性来制备。例如，在生产注射用水的过程中，原水被加热后变为水蒸气，在蒸馏塔的螺旋管道中向上高速流动。由于水的分子量很小，而内毒素分子量相对较大，在高速运行中由于离心力的作用，分子量较大的内毒素被"甩"出来，形成"脏水"流出。而去除了（或部分去除了）内毒素的水蒸气继续上升，到达冷凝塔后凝结成"合格"注射用水。热原又具有水溶性，所以蒸馏器要有隔沫装置，挡住雾滴的通过，避免热原进入蒸馏水中。
>
> **2. 反渗透法**
>
> 该法用三醋酸纤维素膜和聚酰胺膜除去热原。这是近几年发展起来有实用价值的新方法，与蒸馏法相比，具有节约热能和冷却水的优点。此外，采用二次以上湿热灭菌、适当提高灭菌温度和时间以及微波等方法也都可去除热原。

4. 检查热原的方法

(1) 家兔法 将一定剂量的供试品，静脉注入家兔体内，在规定时间内，观察家兔体温升高的情况，以判断供试品中所含热原的限度是否符合规定。若体温升高超过规定的限度即为阳性。

家兔法是目前各国药典法定的主要方法，对家兔的要求、试验前的准备、检查法、结果判断均有明确规定。但此种方法操作烦琐，费时较长。

(2) 鲎试剂法 此法是细菌内毒素检查的方法，是利用鲎试剂来检测或量化由革兰阴性菌产生的细菌内毒素，以判断供试品中细菌内毒素的限量是否符合规定的一种方法。此种方法灵敏度高，为家兔法的10倍且操作简便，适用于某些不能用家兔进行热原检测的品种（如抗肿瘤制剂、放射性制剂等）。但其对革兰阴性杆菌以外的细菌产生的内毒素不够灵敏，尚不能完全代替家兔法。

三、注射剂的溶剂

1. 注射剂溶剂的作用和要求

注射剂大多数为液体制剂，在制备注射剂时，药物必须要用适当的溶剂溶解、混悬或乳化才能制备成制剂。对于注射用粉末，使用时也需要用溶剂溶解才能注射到人体内。因此，溶剂是注射剂制备和使用中不可缺少的组分。

注射剂所用的溶剂应符合注射用的质量要求，必须安全无害，与其他药用成分兼容性良好，同时不得影响活性成分的疗效和质量。水性溶剂最常用的为注射用水，也可用0.9%氯化钠溶液或其他适宜的水溶液；非水性溶剂常用植物油，主要为供注射用大豆油，其他还有乙醇、丙二醇和聚乙二醇等。供注射用的非水性溶剂应严格限制其用量，并应在品种项下进行相应的检查。

2. 注射用水

《中国药典》（2020 年版）规定：纯化水为饮用水经蒸馏法、离子交换法、反渗透法或其他适宜的方法制备的制药用水；注射用水为纯化水经蒸馏所得的蒸馏水，故又称重蒸馏水；灭菌注射用水为注射用水照注射剂生产工艺制备所得。

纯化水可作为配制非无菌制剂的溶剂或试验用水，不得用于注射剂配制；注射剂配制需要用注射用水；灭菌注射用水主要用于注射用无菌粉末的溶剂或注射液的稀释剂。制药用水应用范围见表 4-1。

表 4-1 制药用水应用范围

水质类别	用途	水质标准	检测项
饮用水	可作为药材净制时的漂洗、制药用具的粗洗用水。除另有规定外，也可作为饮片的提取溶剂	符合《生活饮用水卫生标准》	
纯化水	可作为配制非无菌制剂用的溶剂或试验用水；可作为中药注射剂、滴眼剂等灭菌制剂所用饮片的提取溶剂；口服、外用制剂配制用溶剂或稀释剂；非灭菌制剂用器具的精洗用水。也用作非无菌制剂所用饮片的提取溶剂。不得用于注射剂的配制与稀释	符合《中国药典》标准	为无色的澄清液体，无臭 酸碱度、硝酸盐、亚硝酸盐、氨、电导率、总有机碳、易氧化物、不挥发物、重金属、微生物限度 总有机碳和易氧化物两项可选做一项
注射用水	可作为配制注射剂、滴眼剂等无菌制剂的溶剂或稀释剂及内包装材料最后一次洗涤用水	符合《中国药典》标准	为无色的澄明液体，无臭，pH 为 5.0～7.0 氨、硝酸盐与亚硝酸盐、电导率、总有机碳、不挥发物与重金属含量、细菌内毒素、微生物限度
灭菌注射用水	注射用无菌粉末的溶剂或注射剂的稀释剂	符合《中国药典》标准	为无色的澄明液体，无臭，pH 为 5.0～7.0 氯化物、硫酸盐与钙盐、二氧化碳、易氧化物、硝酸盐与亚硝酸盐、氨、电导率、不挥发物、重金属与细菌内毒素，还应符合注射剂项下有关规定

注射用水对机体的适应性良好，是首选的注射用溶剂，其贮存方式和静态贮存期限应经过验证，确保水质符合质量要求。例如，可以在 80℃ 以上保温或 70℃ 以上保温循环或 4℃ 以下的状态存放。

3. 注射用油

对于一些水不溶性药物，如激素、甾体类化合物与脂溶性维生素等，可以选择溶解性好、可在机体进行新陈代谢的植物油作为溶剂，制备成注射剂。常用的注射用油为注射用大豆油、精制玉米油、橄榄油等。

（1）大豆油 大豆油是由豆科植物大豆的种子提炼制成的脂肪油，可与三氯甲烷或乙醚混溶，在乙醇中极微溶，在水中几乎不溶。在《中国药典》（2020 年版）中规定，大豆油（供注射用）质量检查应符合：为淡黄色的澄明液体，无臭或几乎无臭；相对密度为 0.916～0.922；折光率为 1.472～1.476；酸值应不大于 0.1；皂化值应为 188～195；碘值应为 126～140；且吸光度、过氧化物、不皂化物、棉籽油、碱性杂质、水分、重金属、砷盐、微生物限度等各项指标检验均需合格，才可以用于注射剂的生产。

（2）精制玉米油 是将植物玉蜀黍种子的胚芽，用热压法制成的脂肪油。为淡黄色的澄明油状液体；微有特殊臭，可与乙醚、三氯甲烷、石油醚、丙酮混溶，在乙醇中微溶。相对

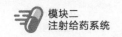

密度为 0.915~0.923，折光率为 1.472~1.475。酸值不大于 0.6，皂化值应为 187~195，碘值为 108~128。脂肪酸组成、不皂化物、水分与挥发、微生物限度是主要检验指标。

（3）橄榄油 是由油橄榄的成熟核果提炼制成的脂肪油。为淡黄色的澄清液体；无臭或几乎无臭。可与乙醚或三氯甲烷混溶，在乙醇中极微溶解，在水中几乎不溶。相对密度为 0.908~0.915，酸值不大于 1.0，皂化值为 186~194，碘值为 79~88。吸光度、过氧化物、不皂化值、碱性杂质、棉籽油、蓖麻油、水分、重金属、砷盐、脂肪酸组其主要检验指标。

4. 其他注射用非水溶剂

此类溶剂多数能与水混溶，可与水混合使用，以增加药物的溶解度或稳定性，适用于不溶、难溶于水或在水溶液中不稳定的药物。少数可以和脂肪油混溶，为水不溶性溶剂。

（1）乙醇 为无色澄清液体；易挥发、易燃烧，燃烧时显淡蓝色火焰；加热至约 78℃ 即沸腾。可与水、丙二醇、甘油等溶剂以任意比例混溶。乙醇作为注射溶剂可供静脉或肌内注射，浓度可达 50%，但浓度超过 10% 时可能会有溶血作用或疼痛感。如氢化可的松注射液就是以乙醇作为溶剂的。

（2）甘油 为 1,2,3-丙三醇，为无色、澄清的黏稠液体。可以与水或乙醇以任意比例混溶。甘油的黏度、刺激性均较大，不宜单独使用，常与注射用水、乙醇等组成复合剂使用。如洋地黄毒苷注射液，由甘油、乙醇及水作为混合溶剂以增加药物溶解度与稳定性。

（3）丙二醇 为 1,2-丙二醇，为无色澄清的黏稠液体。可以与水、乙醇或甘油以任意比例混溶，常用量为 10%~60%，可供静脉注射或肌内注射，丙二醇毒性较小，但皮下注射或肌内注射时有局部刺激性。如苯妥英钠注射液中含 40% 的丙二醇。

（4）聚乙二醇（PEG） 聚乙二醇 300、聚乙二醇 400 为常用的溶剂，为无色或几乎无色的黏稠液体，略有特臭。在水或乙醇中易溶，在乙醚中不溶。如 1% 噻替哌注射液就是以 PEG 400 作为溶剂制备的。

其他注射用溶剂有油酸乙酯、二甲基乙酰胺、二甲基亚砜、苯甲酸苄酯等。

四、注射剂的附加剂

（一）附加剂概述

配制注射剂时，为了确保注射剂的安全、有效和稳定，需加入适宜的附加剂，如渗透压调节剂、pH 调节剂、增溶剂、助溶剂、抗氧剂、抑菌剂、乳化剂、助悬剂等。所加附加剂应不影响药物疗效，避免对检验产生干扰，使用浓度不得引起毒性或明显的刺激性。注射剂常用附加剂见表 4-2。

表 4-2　注射剂常用附加剂

类型	附加剂	浓度范围/%
增溶剂、润湿剂、乳化剂	聚氧乙烯蓖麻油	1~65
	聚山梨酯 20	0.01
	聚山梨酯 40	0.05
	聚山梨酯 80	0.04~4.0
	聚维酮	0.2~1.0
	卵磷脂	0.5~2.3
	泊洛沙姆	0.21
缓冲剂	乙酸,乙酸钠	0.22,0.8
	枸橼酸,枸橼酸钠	0.5,4.0
	酒石酸,酒石酸钠	0.65,1.2
	磷酸氢二钠,磷酸二氢钠	1.7,0.71
	碳酸氢钠,碳酸钠	0.005,0.06

续表

类型	附加剂	浓度范围/%
抑菌剂	苯甲醇	1.0~3.0
	羟苯酯类	0.01~0.25
	苯酚	0.25~0.5
	三氯叔丁醇	0.25~0.5
	硫柳汞	0.001~0.01
抗氧剂	亚硫酸钠	0.1~0.2
	亚硫酸氢钠	0.1~0.2
	焦亚硫酸钠	0.1~0.2
	硫代硫酸钠	0.1
局麻剂或止痛剂	盐酸普鲁卡因	0.5~2.0
	苯甲醇	1.0~2.0
	三氯叔丁醇	0.25~0.5
等渗调节剂	氯化钠	0.5~0.9
	葡萄糖	4.0~5.0
助悬剂	明胶	2.0
	甲基纤维素	0.03~1.05
	羧甲基纤维素	0.05~0.75
填充剂	乳糖	1.0~8.0
	甘露醇	1.0~10.0
金属螯合剂	EDTA-2Na	0.01~0.05
稳定剂	肌酐	0.5~0.8
	甘氨酸	1.5~2.25
	烟酰胺	1.25~2.5
	辛酸钠	0.4

（二）附加剂的作用

1. 增加主药溶解度

有些药物的溶解度很低，即使配成饱和溶液，也难以满足临床治疗的需要。因此，为了增加主药在溶剂中的溶解度，在配制这类药物时，要使用一些增溶剂。

> **知识链接**
>
> **注射剂中常见的增溶剂**
>
> 1. 聚山梨酯 80
>
> 本品为常用的增溶剂，常用于肌内注射，常用量为 0.5%~1.0%。有"起昙"现象；能使尼泊金类、山梨酸、三氯叔丁醇等防腐剂的作用减弱。此外，有降压与轻微溶血作用，静脉注射剂须慎用。
>
> 2. 胆汁
>
> 本品是一种天然的增溶剂，主要成分是胆酸类钠盐，常用量为 0.5%~1.0%，常用的有牛胆汁、猪胆汁、羊胆汁等，因其带有杂质，需要加工处理后使用。胆汁作为增溶剂使用时，要注意溶液的 pH。胆汁在溶液 pH 大于 6.9 时性质稳定，pH 在 6.0 以下则胆酸易析出，会降低增溶效果，影响制剂的澄明度。
>
> 3. 甘油
>
> 本品是鞣质与酚性成分良好的溶剂，某些以鞣质为主要成分的注射剂可用甘油作增溶剂，用量一般为 15%~20%。

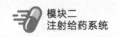

4. 其他

有机酸及其钠盐（如苯甲酸钠、水杨酸钠、枸橼酸钠、对氨基苯甲酸钠等）、酰胺与胺类（如尿素、葡甲胺、葡萄糖等）为常用的助溶剂。

2. 帮助主药混悬或乳化

这类附加剂主要是指助悬剂和乳化剂。其质量要求是：无抗原性、无毒性、无热原、无刺激性、不溶血；耐热，在灭菌条件下不失效；有高度的分散性和稳定性，用少量即可达到目的；供静脉注射用的助悬剂、乳化剂必须严格控制其粒径大小，一般应小于 1nm，个别粒径不大于 5nm。

常用的注射用助悬剂有：羧甲基纤维素钠、聚乙烯吡咯烷酮、明胶、甲基纤维素等。常用的注射用乳化剂有：卵磷脂、豆磷脂等。

3. 抑制微生物增殖

这类附加剂也称为抑菌剂，为了防止注射液被微生物污染，往往加入一定量的抑菌剂。抑菌剂的用量应能抑制注射液中微生物的生长。多剂量包装的、采用滤过除菌法、无菌操作法或低温间歇灭菌法制备的注射剂可加适宜的抑菌剂。静脉给药与脑池内、硬膜外、椎管内用的注射液均不得加抑菌剂。加有抑菌剂的注射剂仍应采用适宜方法灭菌。

常用的抑菌剂有 0.5%苯酚、0.3%甲酚、0.5%三氯叔丁醇和 0.01%硫柳汞等。

4. 防止主药氧化

有些注射剂会出现药液颜色加深、析出沉淀、药效减弱甚至消失以及产生毒性物质等现象，这些往往是由于注射剂中的药物在氧、金属离子等的作用下被氧化而变质的缘故。通常易发生氧化的药物有含酚羟基药物、芳胺类药物及吡唑酮类药物。

为防止主药氧化，通常采用加入抗氧化剂、金属配合物以及灌封时通入惰性气体驱尽氧气等措施。常用的抗氧化剂有亚硫酸钠、亚硫酸氢钠和焦亚硫酸钠等，一般浓度为 0.1%～0.2%；常用的金属配合物有乙二胺四乙酸（EDTA）、乙二胺四乙酸二钠（EDTA-2Na）等，一般浓度为 0.01%～0.05%。在灌装过程中，可填充二氧化碳或氮等气体，排出容器内空气后立即熔封，这样二氧化碳或氮气就置换了注射剂中及罐装容器中的氧气，抑制了氧化反应的发生。

5. 减轻疼痛

有些注射剂在皮下和肌内注射时，对组织产生刺激而引起疼痛。除根据疼痛原因采取措施，如调节 pH、调整渗透压外，可考虑加入一定量的局部止痛剂，常用的有苯甲醇、三氯叔丁醇、盐酸普鲁卡因、盐酸利多卡因等。

(1) 苯甲醇 常用量为 0.5%～2.0%。反复注射苯甲醇可引起臀肌挛缩症，为保证临床用药安全，原国家食品药品监督管理局下发了《关于加强苯甲醇注射液管理的通知》，要求凡处方中含有苯甲醇的注射液，禁止用于儿童肌内注射。

(2) 三氯叔丁醇 常用量为 0.3%～0.5%，本品既有止痛作用，又具抑菌作用。

(3) 盐酸普鲁卡因 常用量为 0.2%～1.0%。本品止痛时间较短，一般维持 1～2h。盐酸普鲁卡因注射液有过敏反应发生；剂量过大，吸收速度过快或误入血管可致中毒反应，故使用含有该局麻剂的药物时要注意询问过敏史。

(4) 盐酸利多卡因 常用量 0.2%～1.0%，作用比盐酸普鲁卡因强，过敏反应发生率低。疼痛必须是由药物本身引起的才能使用止痛剂，如果是其他问题引起的则需要根据具体情况进行处理。如果是由 pH 或渗透压引起的，要将它们调整到适宜范围；如果是一些杂质引发的疼痛，则应改进工艺将其尽可能地除去，不当的使用止痛剂容易掩盖注射剂本身的质量问题。

6. 调节 pH

正常人体的 pH 约为 7.4，若血液中 pH 突然改变，可能引起酸中毒或碱中毒，甚至危及生命，因此，一般要求注射剂的 pH 在 4～9 之间。小量静脉注射液，由于血液有缓冲作用，pH 可适当放宽，一般可在 3～10 之间。而大量输入时，如过酸过碱，将会引起酸碱中毒，故以接近血液 pH 为宜。

调整注射液 pH 至适宜范围能够减少对机体的刺激，加速药物的吸收。常用调整 pH 的附加剂有酸（如盐酸、枸橼酸等）、碱（如氢氧化钠、氢氧化钾等）及缓冲液（如磷酸氢二钠-磷酸二氢钠等）。

7. 调节渗透压

正常人体的血浆渗透压为 750kPa，凡是与血浆的渗透压相等的溶液称为等渗溶液，如 0.9% 的氯化钠溶液（生理盐水）、5% 的葡萄糖溶液。高于或低于血浆渗透压的溶液相应称为高渗或低渗溶液。若血液中大量注入低渗溶液，可造成溶血；大量注入高渗溶液时，血细胞就会因水分大量渗出而萎缩。因此，注入机体内的液体一般要求与血浆等渗。

常用的渗透压调节剂有氯化钠、葡萄糖等。

(1) 渗透压的调节方法　渗透压的调节方法主要为冰点降低数据法。

冰点降低数据法：血浆的冰点为 -0.52℃，因此，任何溶液如果将其冰点降低为 -0.52℃，即与血浆等渗，成为等渗溶液。常用药物水溶液的冰点降低数据，可查表 4-3 得到。

表 4-3　常用药物水溶液的冰点降低数据

名称	1%(g/ml)水溶液冰点降低/℃	等渗浓度溶液的溶血情况		
		浓度/%	溶血/%	pH
硼酸	0.28	1.90	100	4.6
盐酸乙基吗啡	0.19	6.18	38	4.7
硫酸阿托品	0.08	8.85	0	5.0
盐酸可卡因	0.09	6.33	47	4.4
氯霉素	0.06			
依地酸钙钠	0.12	4.50	0	6.1
盐酸麻黄碱	0.16	3.20	96	5.9
无水葡萄糖	0.10	5.05	0	6.0
含水葡萄糖	0.091	5.51	0	5.9
氢溴酸后马托品	0.097	5.67	92	5.0
盐酸吗啡	0.086			
碳酸氢钠	0.381	1.39	0	6.3
氯化钠	0.58	0.90	0	6.7
青霉素钾		5.48	0	6.2
硝酸毛果芸香碱	0.133			
聚山梨酯80	0.01			
盐酸普鲁卡因	0.12	5.05	91	5.6
盐酸丁卡因	0.109			

低渗溶液调节为等渗溶液，加入等渗调节剂的量，可以根据公式计算得到，计算公式如下：

$$W = \frac{0.52 - a}{b}$$

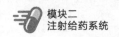

式中，W 为配成 100ml 等渗溶液所需加入等渗调节剂的量，g；a 为未经调整的药物溶液的冰点降低值（若溶液中有两种或多种药物，或有其他附加剂时，则 a 为各药物冰点降低值的总和）；b 为 1%（g/ml）等渗调节剂水溶液所引起的冰点降低值。

【例 1】 配制 2% 的盐酸普鲁卡因溶液 100ml，用氯化钠调节等渗，求所需氯化钠的加入量。

查表 4-3 可知，2% 的盐酸普鲁卡因溶液的冰点下降度数 $a = 0.12 \times 2 = 0.24(℃)$；1% 氯化钠溶液的冰点下降度数 $b = 0.58(℃)$，代入上式得：

$$W = (0.52 - 0.24)/0.58 = 0.48g$$

即，配制 2% 的盐酸普鲁卡因溶液 100ml，需加入氯化钠 0.48g 调节等渗。

【例 2】 1% 氯化钠的凝固点下降度为 0.58℃，血浆的凝固点下降度为 0.52℃，求等渗氯化钠溶液的浓度。

已知 $b = 0.58(℃)$，纯水 $a = 0$，按式计算得 $W = 0.9g$，即 0.9% 氯化钠为等渗溶液，配制 100ml 氯化钠溶液需用 0.9g 氯化钠。

对于成分不明或查不到凝固点降低数据的注射液，可通过实验测定，再依上法计算。在测定药物的凝固点降低值时，为使测定结果更准确，测定浓度应与配制溶液浓度相近。

(2) 等渗溶液与等张溶液 等张溶液系指与红细胞张力相等的溶液，在等张溶液中既不会发生红细胞体积改变，也不会发生溶血。"张力"实际上是指溶液中不能透过红细胞细胞膜的颗粒（溶质）所造成的渗透压，所以"等张"是个生物学概念，而"等渗"是物理学概念。

红细胞膜对于许多药物的水溶液来说都可视为理想的半透膜，溶剂可以自由通过，而溶质不能通过，因此，它们的等渗浓度与等张浓度相等，如 0.9% 的氯化钠溶液。但也有一些药物的等渗溶液并不等张，如 1.9% 的尿素溶液、2.6% 的甘油溶液是等渗溶液，但施于机体时可引起溶血。主要是由于这些药物的水溶液不仅溶剂分子能出入，而且溶质分子也能自由通过细胞膜，同时促使膜外水分进入细胞，从而使得红细胞胀大破裂而溶血。因此，等渗溶液不一定是等张溶液，而等张溶液一定是等渗溶液。所以，即使溶液为等渗溶液，也要进行溶血实验，因其不一定是等张溶液，可能会产生溶血现象。

五、注射剂的制备

（一）注射剂制备工艺流程与管理

1. 小剂量注射剂的生产工艺流程

注射剂为无菌制剂，因此需要严格的生产环境控制，要在适当的洁净度级别下进行生产。根据剂型特点，注射剂分为输液剂、小剂量注射剂以及粉针剂等。本项目主要以小剂量注射剂的生产为内容，小剂量水溶液型注射剂生产工艺流程如图 4-2 所示。

2. 小剂量注射剂的生产环境控制

(1) 注射剂洁净级别要求 小剂量注射剂车间根据生产工艺和产品质量要求，划分为一般生产区、洁净区（C 级局部 A 级）。其中，C 级局部 A 级洁净区为（联动线灌封机）灌封区；C 级洁净区为男女更衣间、称量间、浓配间、稀配间、中间产品检验间、灌封间、容器间、清洗间、容器具存放间、洁具清洗间、洁具存放间等。

各区域环境卫生应符合要求，即地面整洁、门窗玻璃、墙面、顶棚洁净完好；设备、管道、管线排列整齐并包扎光洁，无跑、冒、滴、漏，定期清洁、维修并记录；设备、容器、

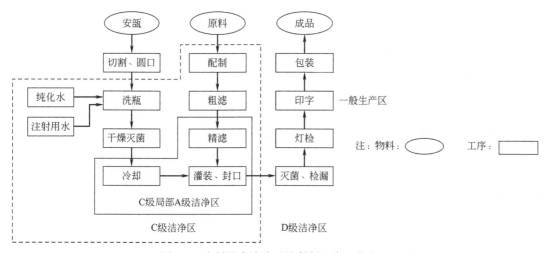

图 4-2　小剂量水溶液型注射剂生产工艺流程

工具按定置管理要求放置并符合清洗标准；生产场所不得吸烟，不得吃食品，不得存放与生产无关的物品和私人杂物。

应严格按规定对每一区域设备进行清洁。洁净室（区）应定期消毒。使用的消毒剂不得对设备、物料和成品产生污染。消毒剂品种应每月更换一次，防止产生耐药菌株。2%来苏尔清洗地漏、75%乙醇溶液和0.1%新洁尔灭溶液交替用于手消毒、75%乙醇溶液用于工具容器具消毒、75%乙醇溶液和煤酚皂交替用于卫生洁具及地漏液封、3%过氧化氢和0.1%新洁尔灭交替用于管道容器消毒。

（2）B级洁净区人员净化程序　B级洁净区人员净化程序人员净化要求见图4-3。

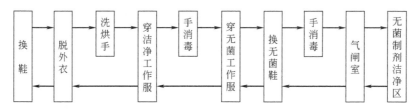

图 4-3　B级洁净区人员净化程序人员净化要求

换鞋时，在鞋柜外侧脱下脚上鞋，放入鞋柜，转身180°，从内侧鞋柜中取出本区工作鞋换上。洗手时，先用水冲再用清洁剂洗手，用水冲洗干净，用烘手器烘干。穿分体洁净服时，穿戴顺序是从上到下，即先戴好工作帽，再穿工作衣，然后穿工作裤。照镜整理使穿戴整齐而严密。进入洁净区人员不得化妆、佩戴饰物，洁净服必须全部包盖头发、胡须及脚部，并能阻止人体脱落物。盥洗室应设有洗手和消毒设施，并装有烘干器，水龙头开启方式以不宜用手为准。工作结束后，按照进入程序相反的顺序脱下无菌服、洁净服，装入原衣袋中，统一收集，贴挂"待清洗"标示，换上自己的衣服和工作鞋，离开洁净区。

（二）小剂量注射剂的生产

1. 注射剂容器的选择和处理方法

注射剂容器按质地可分为硬质玻璃容器和塑料容器两类。按分装剂量不同可分为单剂量装小容器、多剂量装容器及大剂量装容器三种。目前，单剂量装小容器仍以玻璃安瓿为主，根据组成可分：中性玻璃、含钡玻璃、含锆玻璃三种。中性玻璃化学稳定性较好，可作为pH接近中性或弱酸性注射剂的容器；含钡玻璃的耐碱性好，可用作碱性较强注射剂的容器；含锆玻璃系含少量锆的中性玻璃，具有更高的化学稳定性，耐酸、耐碱性均好，可用作

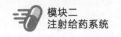
乳酸钠、碘化钠等注射剂的容器。

安瓿的式样目前采用有颈安瓿与粉末安瓿，有颈安瓿又可分为色环易折安瓿和点刻痕易折安瓿，它们均可平整折断。为避免折断安瓿瓶颈时造成玻璃屑、微粒进入安瓿污染药液，小剂量水溶液型注射剂使用的安瓿一律为曲颈易折安瓿，其容量通常是 1ml、2ml、5ml、10ml、20ml 等规格。国家药品监督管理局（NMPA）也已强行推行曲颈易折安瓿。

(1) 安瓿质量要求 安瓿的质量直接影响药液的质量和稳定性，其应在制备过程中耐高温灭菌，且适合在不同环境中贮存，具体要求如下。

① 安瓿玻璃应无色透明，以便于检查澄明度、杂质以及变质情况。

② 应具有低的膨胀系数、优良的耐热性，以耐受洗涤和灭菌过程中所产生的热冲击，在生产过程中不易冷爆破裂。

③ 要有足够的物理强度以耐受热压灭菌时所产生较高的压力差，并避免在生产、装运和保存过程中所造成的破损。

④ 应具有高度的化学稳定性，不改变溶液的 pH，不易被注射液所侵蚀。

⑤ 熔点较低，易于熔封。

⑥ 不得有气泡、麻点及砂粒。

⑦ 对需要避光的药物，可使用琥珀色安瓿。

(2) 安瓿的检查 为保证注射剂质量，安瓿应按要求进行质量检查具体如下。

① 物理检查。主要检查安瓿的外观、尺寸、应力、清洁度、热稳定性等，具体要求及检查方法可参照中华人民共和国国家标准（安瓿）。

② 化学检查。玻璃容器的耐酸性、耐碱性检查和中性检查，可按有关规定的方法进行。

③ 装药试验。必要时特别当安瓿材料变更时，理化性能检查虽合格，尚需作装药试验，证明无影响方能应用。

(3) 安瓿的切割与圆口 切割可使安瓿颈部具有相同长度，便于后期灌装等操作；圆口是利用强烈火焰喷烘颈口截面，使颈口截面熔融光滑，玻屑不易脱落。圆口完毕后拍出安瓿内的玻屑，贮存时不得重压。大生产时多采用安瓿割圆机，可同时完成安瓿的切割与圆口，生产效率高。现在注射剂生产企业，一般不安排专门岗位进行安瓿的处理，而是从安瓿生产厂家购买。

(4) 安瓿的洗涤 安瓿在制造和运输过程中难免会被微生物及尘埃粒子污染，使用前必须进行洗涤。安瓿清洗环节可除去其表面的微粒和化学物，干燥的同时通过干热除去热原。灭菌后的安瓿应转移至配有层流的灌装设备或净化操作台上进行灌装。目前常使用的安瓿洗涤设备有三种。

① 喷淋式安瓿洗涤机组。这种机组由喷淋机、甩水机、蒸煮箱、水过滤器及水泵等机件组成。这种生产方式的生产效率高、设备简单，曾被广泛采用。洗涤过程包括注水、蒸煮、甩水，适用于 5ml 以下小规格安瓿，但不适用于曲颈安瓿。这种方式存在占地面积大、耗水量多而且洗涤效果欠佳等缺点。

② 气水喷射式安瓿洗涤机组。这种机组适用于大规格安瓿和曲颈安瓿的洗涤，是目前水针剂生产上常用的洗涤方法。气水喷射式洗涤机组主要由供水系统、压缩空气及其过滤系统、洗瓶机三大部分组成。洗涤时，利用洁净的洗涤水及经过过滤的压缩空气，通过喷嘴交替喷射安瓿内外部，将安瓿洗净。将经过加压的去离子水或蒸馏水与洁净的空气由针头交替喷入安瓿内，冲洗顺序为气、水、气、水、气，一般 4～8 次，最后一次洗涤用水，应采用新鲜过滤的注射用水。

③ 超声波安瓿洗涤机组。是利用超声技术能在液体中对物体表面的污物进行清洗。它具有清洗洁净度高、速度快等特点，特别是对盲孔和各种几何状物体洗净效果尤佳。但超声

波在水浴槽中易造成对边缘安瓿的污染或损坏玻璃内表面而造成脱片，应值得注意。

（5）**安瓿的干燥与灭菌**　安瓿洗涤后，一般置于 120～140℃烘箱内干燥。需无菌操作或低温灭菌的安瓿在 180℃干热灭菌 1.5h。大生产中多采用隧道式烘箱，主要由红外线发射装置和安瓿传送装置组成，温度为 200℃左右，有利于安瓿的烘干、灭菌连续化。近年来，安瓿干燥已广泛采用远红外线加热技术，一般在碳化硅电热板的辐射源表面涂远红外涂料，如氧化钛、氧化锆等，便可辐射远红外线，温度可达 250～300℃。该技术具有效率高、质量好、干燥速度快和节约能源等特点。

2. 注射剂药液的配制

注射剂的配液岗位是注射剂生产的关键环节，它直接影响到药液的稳定性、药物含量的准确性、药液 pH、热原等问题。为了保证药液质量，配液时必须细心操作，该岗位一般由原辅料称量、浓配、过滤、稀配、除菌过滤五个步骤组成。

（1）**原辅料质量要求和投料量计算**　注射剂配液用的原辅料必须符合《中国药典》所规定的各项杂质检查与含量限度测定，生产前还须作小样试制，经检验合格后方能使用。如果遇到不容易获得注射用规格的原辅料，而必须采用化学试剂级原料时，应严格控制质量，特别是对水溶性钡、砷、汞等有毒物质的检查，还需进行安全性试验，确证无害并经过相关部门批准后方可使用。活性炭要用针用活性炭，注射用水要新鲜制备，贮藏期不超过 12h。

配液前应按照生产指令中处方比例来计算原辅料的用量，如果遇到含结晶水的药物，注意换算；如果注射剂在灭菌后出现主药含量下降时，应酌情增加投料量。准确的投料量计算才能保证精确的称量，同时原辅料经称量后，必须经过双人复核，方可投料。

投料量按下式计算，溶液的浓度除另有规定外，一律采用百分浓度（％）表示。例如重组人干扰素 α1b 注射液浓度为 0.005％，即表示溶液中每 100ml 含有 0.005g 的重组人干扰素 α1b。

$$原料（附加剂）实际用量 = \frac{原料（附加剂）理论用量 \times 成品标示量（％）}{原料（附加剂）实际含量}$$

$$原料理论用量 = 实际配液数 \times 成品含量（％）$$

$$实际配液数 = 实际灌装数 + 实际灌装时损耗量$$

【例】**重组人干扰素 α1b 注射液**

今欲配制 1ml 装的 0.005％重组人干扰素 α1b 注射液 100 万支，原料实际含量为 99％，求需投料多少？（生产损耗为 2％，灌装增量为 0.1ml）

实际灌装数 =(1ml+0.1ml)×1000000=1100000ml

实际配液数 =1100000ml+(1100000ml×2％)=1122000ml

原料理论用量 =1122000g×0.005％=56.10g

原料实际投料量 =56.10g×100％÷99％=56.67g

因此：该原料的实际投料量为 56.67g。

（2）**配制用具的选择和处理**　生产中常用带搅拌器的蒸汽夹层或蛇管加热的不锈钢配液罐，可通入蒸汽加热，又可通入冷水吸收药物溶解热量快速冷却药液。配液罐应性质稳定、耐腐蚀，不影响药液性质。配制用具使用前，应用专用清洁剂进行洗涤清洁处理，临用前用新鲜注射用水荡洗，经干燥灭菌后备用。每次配液结束后，应立即清洗。

（3）**配制方法**　注射液配制的方法有两种：浓配法和稀配法。

① 浓配法。是将处方量的原辅料全部加入部分溶剂中配成浓溶液，加热过滤，必要时也可冷藏过滤，然后稀释至所需浓度。凡是原辅料虽符合注射用要求，但是溶液澄明度较差

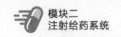

的情况，一般采用浓配法配制。

② 稀配法。是将处方量的原辅料加入所需溶剂中，一次性配成所需浓度。凡是原辅料质量较好，小样试验澄明度符合要求，并且药液浓度不高或者配液量不大时，常采用稀配法。

若药液不易滤清，可加入针用活性炭辅助过滤，但应注意活性炭对药液的吸附；配制剧毒药物，应严格称量和核对，仪器、用具宜分开使用，防止交叉污染；配制油溶液前，应先将油干燥灭菌，冷却后再配制。

3. 注射剂药液的滤过

配制后的注射溶液必须经过过滤，在注射剂生产中，一般采取二级滤过方式除去异物（白点、纤维、未溶解结晶等杂质），即药液先用常规滤器进行预滤后，在最后一步使用微孔滤膜过滤。滤过后的药液必须经澄明度检查合格后，方可灌装。

(1) 常用滤器　滤器的选用、洗涤和保养对注射液的质量影响较大。因此，必须掌握各种滤器的性能，选择适当的滤器，避免滤材对药液稳定性的影响、对药液的吸附以及机械性脱落等情况。目前常用的滤过除菌器主要有垂熔玻璃滤器、砂滤棒、微孔滤膜等。

① 垂熔玻璃滤器。是用中性硬质玻璃细粉高温烧结在一起，制成孔隙均匀的多孔性滤板，再固定在玻璃器皿上制成。根据形状不同，分为垂熔玻璃漏斗、垂熔玻璃滤球及垂熔玻璃滤棒三种（图 4-4），按孔径分为 1~6 号，生产厂家不同，代号也有差异。垂熔玻璃滤器主要用于注射剂的精滤或膜滤前的预滤，一般 3 号多用于常压过滤，4 号用于加压或减压过滤，6 号滤器滤板孔径在 $2\mu m$ 以下，可用作滤过除菌。

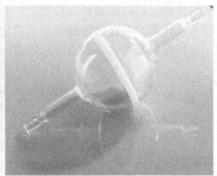

(a) 减压过滤漏斗　　(b) 常压过滤漏斗　　(c) 过滤球

图 4-4　垂熔玻璃滤器示意

垂熔玻璃滤器化学性质稳定（除强酸与氢氟酸外），一般不改变药液的 pH；过滤时不易出现碎屑脱落等现象，吸附性低，洗涤容易；但价格较贵，且质脆易破碎，滤后处理也较麻烦。同时注意操作这种滤器，滤过压力不得超过 98.06kPa，可热压灭菌。

垂熔玻璃滤器在使用前，要先用纯化水抽洗，抽干后在硝酸钾洗液中浸泡处理，最后用注射用水冲洗干净，并于 115℃灭菌 30min 备用。滤器使用后，要立即再按以上方法处理。

② 砂滤棒。国产的砂滤棒（图 4-5）主要有两种，一种是硅藻土滤棒（简称苏州滤棒），由白黏土、白陶土、糖灰等在高温烧结而成，主要成分是二氧化硅、氧化铝，适用于黏度高、浓度大的滤过。一般按滤速（自然滴速）分为三种规格：粗号（快速）600~1000ml/min、中号（中速）300~600ml/min、细号（慢速）100~300ml/min，注射剂生产中常用中号。另一种是多孔素瓷滤棒（简称唐山滤棒），由白陶土烧结而成，质地致密，适用于低黏度液体的滤过。根据滤孔的大小分为 8 级，号数越大，孔径越小。

砂滤棒孔隙小，所以深层滤过效果好，适用于加压或减压滤过，同时溶液中可添加活性炭作助滤剂，在滤棒表面形成炭层，使溶液易于澄清。但是砂滤棒易脱砂（尤其是苏州滤

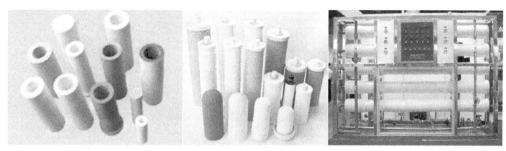

图 4-5　不同形状的砂滤棒过滤器

棒），对药液有较强的吸附性，难以清理，有时可改变药液的 pH。由于本品价廉易得、滤速快，常用于注射剂的粗滤环节。

砂滤棒在使用前可用 1‰氢氧化钠溶液浸泡、煮沸约 30min，用纯化水冲洗后，再用 1‰盐酸溶液浸泡 10～30min。纯化水清洗后，最后用注射用水清洗至无氯离子反应，于 115℃灭菌 30min 备用。滤器使用后，要立即再按以上方法处理。

③ 微孔滤膜。微孔滤膜是用高分子材料制成的薄膜滤过材料。在薄膜上分布有大量小而均匀的微孔，孔径从 $0.025\mu m$ 到 $14\mu m$，分成多种规格。微孔滤膜优点很多，其孔径小而均匀，截留能力强；质地轻且薄，孔隙率大，因此过滤时阻力小、滤速快；滤材不易脱落，不会影响药液 pH；滤膜吸附性小，不滞留药液；微孔滤膜为一次性使用，用后弃去，不会造成二次污染和交叉污染，因此在注射剂生产中已经广泛使用。但是由于滤膜易于堵塞，因此在用微孔滤膜过滤前，要先进行预滤。微孔滤膜还可以用于对热敏感药物的除菌过滤，无菌过滤常用孔径是 $0.3\mu m$ 或 $0.22\mu m$。

微孔滤膜膜材种类较多，常用的有如下几种。

A. 醋酸纤维素膜。适用于无菌过滤。

B. 硝酸纤维素膜。适用于水溶液、空气、油类、酒类除去微粒和细菌。

C. 醋酸纤维素与硝酸纤维素混合酯膜。适用于水溶液、空气、油类、酒类除去微粒和细菌。

D. 聚酰胺（尼龙）膜。适用于过滤弱酸、稀酸、碱类、丙酮和二氯甲烷等普通溶剂的过滤。

E. 聚四氟乙烯膜。适用于过滤酸性、碱性、有机溶剂等液体。

F. 其他还有聚碳酸酯膜、聚砜膜、聚氯乙烯膜、聚丙烯膜等多种滤膜。

微孔滤膜使用前必须用纯化水冲洗，然后浸泡 24h 备用；或者用 70℃纯化水浸泡 1h 后，将水倒出，然后用温水浸泡 12～24h 备用。用前注意要对着日光灯检查有无破损或漏孔，再用注射用水冲洗，必要时煮沸灭菌 30min 后装入滤器使用（图 4-6）。

④ 板框压滤器。板框压滤器由多个中空的滤框和支撑过滤介质的实心滤板组装而成（图 4-7）。该滤器一般在某些特殊注射剂中作粗滤使用。由于其过滤面积大、截留量多、经济耐用、滤材可以任意选择，所以适用于大生产。主要缺点是装配、清洗比较麻烦，容易出现泄漏的情况。

⑤ 钛滤器。钛滤器可分为钛滤片、钛滤棒（图 4-8）两种，是由钛粉末经加工制成。钛滤器抗震性能好、强度大、重量轻、不易破碎、过滤阻力小、滤速大，适用于注射剂配制中的脱炭过滤。目前是注射剂生产中一种较好的预滤材料，得到越来越广泛的使用。

（2）常见滤过装置　注射剂的滤过装置常采用高位静压滤过、减压滤过、加压滤过以及微孔滤膜滤过装置等，一般采用两种滤器联合使用，多采用二级滤过方式，即滤棒、板框压滤器作粗滤或预滤，垂熔玻璃滤器、微孔滤膜作为精滤。

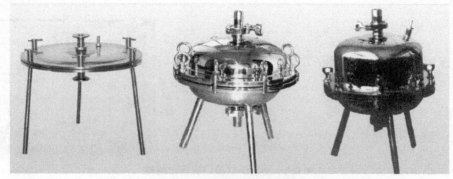

图 4-6　各种微孔滤膜滤器

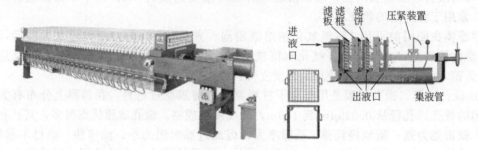

图 4-7　板框压滤器

图 4-8　钛滤棒

① 高位静压滤过装置。一般是药液在楼上配制,依靠药液本身的液位差而进行滤过,适用于生产量不大、缺乏加压或减压设备的情况,因生产能力差,实际生产较少采用。

② 减压滤过装置。用真空泵抽真空形成的负压为动力,可在密闭的环境滤过而使药液不受污染,但是压力有时不稳定,容易使滤层松动而影响滤过质量。

③ 加压滤过装置。是借助离心泵或齿轮泵来使药液通过滤器。特点是压力大、滤速快,药液可反复连续过滤,又不容易被污染,过滤质量好,特别适用于大生产。

4. 注射剂的灌封

为避免药液染菌,滤过后的药液经检查合格后,应及时灌装和封口。灌装和封口在同一室内进行,并且已经实现灌封联动。灌封岗位是注射剂制备的核心环节,其环境要求较高、控制严格,洁净度达到 C 级背景下的局部 A 级。药液灌装要求做到剂量准确,因此注入量要比标示量稍多,以抵偿使用时由于瓶壁黏附和注射器及针头的吸留而造成的损失。按2020 年版《中国药典》规定,灌装标示装量为不大于 50ml 的注射剂,应按表 4-4 适当增加注射剂装量。同时注射剂灌注前必须用精确的量器校正注射器的吸取量,试装若干支安瓿,经检查合格后再行灌装。

表 4-4　注射剂装量增加量

标示装量/ml	增加量/ml	
	易流动液	黏稠液
0.5	0.10	0.12
1	0.10	0.15
2	0.15	0.25
5	0.30	0.50
10	0.50	0.70
20	0.60	0.90
50	1.00	1.50

安瓿封口的方式是采用旋转拉丝式封口。安瓿封口时要求不漏气，顶端"圆、整、滑"，无尖头、焦头及小泡。工业大生产一般采用安瓿自动灌封机（图 4-9）。其灌注药液由四个动作协调进行：移动齿挡送安瓿、灌注针头下降、灌注药液入安瓿、针头上升后安瓿离开同时灌注器吸入药液。四个动作顺序进行，而且必须协调，这主要通过主轴上的侧凸轮和灌注凸轮来实现的。灌液部分还有自动止灌装置。自动止灌器的作用是防止在机器运转过程中，遇到个别缺瓶或安瓿用完尚未关车的情况下，不使药液注出而污损机器和浪费。

"安瓿自动灌封机"
微课

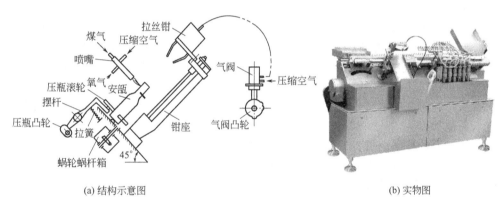

(a) 结构示意图　　　　　　　　　　　　　　　　(b) 实物图

图 4-9　安瓿自动灌封机

目前企业生产中已实现洗、烘、灌、封联动装置，由安瓿清洗机、干燥灭菌机、安瓿灌封机三个工作区组成。可完成安瓿淋洗、超声波洗涤、气水交替洗涤、烘干灭菌、冷却、充氮、灌封等近二十道工序，有利于提高产品质量。

知识链接

灌装过程中容易出现的问题及解决办法

1. 安瓿瓶颈沾有药液

该问题的原因主要是由灌装针头定位不正或弯曲造成的，及时调整针头位置即可解决。

2. 安瓿内药液表面产生泡沫

出现该问题的原因可能是由灌装压力过高、灌装针头太高或者太接近安瓿底部等因素造成的。通过及时降低灌装速度、调整灌装针头的位置来解决。

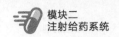

3. 灌装针头漏液

该问题可能是由压力泵的回吸作用太小或灌装针头压力管太长造成的，可通过调整回吸作用的控制、缩短软管长度来解决。

4. 安瓿顶部焦头

焦头是常出现的问题。当灌注时给药太急、药液溅到安瓿壁上、封口时形成炭化点；针头往安瓿里注药后针头不能立即缩液回药，尖端还带有药液水珠也会产生焦头；针头安装不正，尤其安瓿往往粗细不匀，给药时药液沾瓶，压药与针头打药的行程配合不好造成针头刚进瓶口就注药或针头临出瓶口时才注完药液；或者是针头升降轴不够润滑，针头起落迟缓等情况都会造成焦头，合理调整灌装针头的位置、升降节奏、灌装速度等方法可解决。

5. 注射剂灭菌与检漏

（1）灭菌 除采用无菌操作生产的注射剂外，一般注射液在灌封后必须尽快进行灭菌，以保证产品的无菌，通常不超过 12h。应根据药物性质选择适宜的灭菌法，若灭菌温度高、时间长，容易把微生物杀灭，但却不利于药液的稳定。在避菌条件较好的情况下，生产可采用流通蒸气灭菌，1～5ml 的安瓿多采用流通蒸气 100℃、30min；10～20ml 的安瓿常用 100℃、45min。

（2）检漏 灭菌后的安瓿应立即进行漏气检查。若安瓿未严密熔合，有毛细孔或微小裂缝存在，则药液易被微生物污染或药物泄漏，污损包装，应检查剔除。

检漏一般采用灭菌和检漏两用的灭菌设备将两工序结合进行。灭菌后放进冷水淋洗安瓿使温度降低，然后关紧灭菌柜门并抽气，漏气安瓿内气体亦被抽出。当真空度为 640～680mmHg❶ 时，停止抽气，开色水阀，至颜色溶液（0.05％曙红或亚甲蓝）盖没安瓿时止，开放气阀，再将色液抽回贮器中，开启柜门、用热水淋洗安瓿后，剔除带色的漏气安瓿。也可在灭菌后，趁热立即放颜色水于灭菌柜内，安瓿遇冷内部压力降低，颜色水即从漏气的毛细孔进入而被检出。

深色注射液的检漏，可将安瓿倒置进行热压灭菌，灭菌时安瓿内气体膨胀，将药液从漏气的细孔挤出，使药液减少或成空安瓿而剔除。还可用仪器检查安瓿裂隙。

6. 注射剂的印字和包装

灭菌后的注射剂及时转入中间站，经检查合格后，转入印字包装岗位。目前生产中常使用印字包装全自动生产线，将印字、装盒、贴签及包装等联动完成，提高了生产效率。

安瓿包装材料常采用不剥落纤维状颗粒的材料制成，并且经过热收缩膜封合。包装盒内应放入说明书、盒外应贴标签。说明书和标签上必须按规定注明药品的品名、规格、生产企业、批准文号、生产批号、主要成分、适应证、用法、用量、禁忌、不良反应和注意事项等。

7. 注射剂的质量检查

注射剂的质量检查应根据 2020 年版《中国药典》中制剂通则的项目要求，依法进行检查。

（1）装量差异 取注射用无菌粉末供试品 5 瓶（支），除去标签、铝盖，容器外壁用乙醇擦净，干燥，开启时注意避免玻璃屑等异物落入容器中，分别迅速精密称定；容器为玻璃瓶的注射用无菌粉末，首先应小心开启内塞，使容器内外气压平衡，盖紧后精密称定。然后

---

❶ 1mmHg≈0.133kPa。

倾出内容物，容器用水或乙醇洗净，在适宜条件下干燥后，再分别精密称定每一容器的重量，求出每瓶（支）的装量与平均装量。每瓶（支）装量与平均装量相比较（如有标示装量，则与标示装量相比较），应符合下列规定（表4-5），如有1瓶（支）不符合规定，应另取10瓶（支）复试，应符合规定。

（2）不溶性微粒　除另有规定外，用于静脉注射、静脉滴注、鞘内注射、椎管内注射的溶液型的注射液、注射用无菌粉末及注射用浓溶液照不溶性微粒检查法（通则0903）检查，均应符合规定。

表 4-5　注射用无菌粉末装量差异限度

标示装量或平均装量	加水量
0.05g 及 0.05g 以下	±15%
0.05g 以上至 0.15g	±10%
0.15g 以上至 0.50g	±7%
0.50g 以上	±5%

（3）渗透压摩尔浓度　除另有规定外，静脉输液及椎管注射用注射液按各品种项下的规定，照渗透压摩尔浓度测定法（通则0632）测定，应符合规定。

（4）可见异物　除另有规定外，照可见异物检查法（通则0904）检查，应符合规定。

可见异物系指存在于注射剂、眼用液体制剂和无菌原料药中，在规定条件下目视可以观测到的不溶性物质，其粒径或长度通常大于$50\mu m$。注射剂、眼用液体制剂应在符合药品生产质量管理规范（GMP）的条件下生产，产品在出厂前应采用适宜的方法逐一检查并同时剔除不合格产品。临用前，须在自然光下目视检查（避免阳光直射），如有可见异物，不得使用。

"注射剂澄明度
检查"微课

可见异物检查法有灯检法和光散射法，一般常用灯检法。灯检法不适用的品种，如用深色透明容器包装或液体色泽较深（一般深于各标准比色液7号）的品种可选用光散射法；混悬型、乳状液型注射液和滴眼液不能使用光散射法。

灯检法采用伞棚式检查装置（图4-10）。取规定量供试品，除去容器标签，擦净容器外壁，将供试品置遮光板边缘处，在明视距离（指供试品至人眼的清晰观测距离，通常为25cm），手持容器颈部，轻轻旋转和翻转容器（但应避免产生气泡），使药液中可能存在的可见异物悬浮，分别在黑色和白色背景下目视检查，重复观察，总检查时限为20s。供试品装量每支（瓶）在10ml及10ml以下的，每次检查可手持2支（瓶）。50ml或50ml以上大容量注射液按"直、横、倒"三步法旋转检视。供试品溶液中有大量气泡产生影响观察时，需静置足够时间至气泡消失后检查。

供试品中不得检出金属屑、玻璃屑、长度超过2mm的纤维、最大粒径超过2mm的块状物、静置一定时间后轻轻旋转时肉眼可见的烟雾状微粒沉积物、无法计

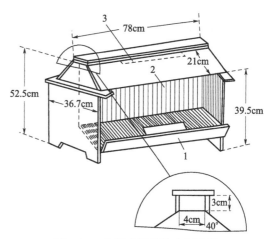

图 4-10　伞棚式安瓿检查灯示意
1—白色底板；2—黑色背景；3—日光灯

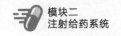
数的微粒群或摇不散的沉淀，以及在规定时间内较难计数的蛋白质絮状物等明显可见异物。

（5）无菌 照无菌检查法（通则1101）检查，应符合规定。

（6）细菌内毒素或热原 除另有规定外，静脉用注射剂按各品种项下的规定，照细菌内毒素检查法（通则1143）或热原检查法（通则1142）检查，应符合规定。

① 热原检查法。2020年版《中国药典》规定用家兔发热试验法检测。本法系将一定剂量的供试品，静脉注入家兔体内，在规定时间内，观察家兔体温升高的情况，以判定供试品中所含热原的限度是否符合规定。

② 细菌内毒素检查法。本法系利用鲎试剂来检测或量化由革兰阴性菌产生的细菌内毒素，以判断供试品中细菌内毒素的限量是否符合规定的一种方法。细菌内毒素检查包括两种方法，即凝胶法和光度测定法，后者包括浊度法和显色基质法。供试品检测时，可使用其中任何一种方法进行试验。当测定结果有争议时，除另有规定外，以凝胶限度试验结果为准。

8. 注射剂制备举例

【例1】 盐酸普鲁卡因注射液

[处方] 盐酸普鲁卡因　　　　　　　　5.0g

氯化钠　　　　　　　　　　　　8.0g

0.1mol/L盐酸　　　　　　　　适量

注射用水　　　　　　　　　　加至1000ml

[制法] 取注射用水约800ml，加入氯化钠，搅拌溶解，再加普鲁卡因使之溶解，加入0.1mol/L盐酸溶液调节pH，再加水至足量，搅匀，滤过，分装于中性玻璃容器中，用流通蒸汽100℃、30min灭菌，瓶装者可延长灭菌时间（100℃、45min）。

[注解] ① 本品为酯类药物，极易水解，水解产物无明显局麻作用。保证本品稳定性的关键是调节pH，pH应控制在4.0～4.5。灭菌时间不宜过长，灭菌温度不宜过高。

② 氯化钠用于调节等渗，实验表明氯化钠还有增强溶液稳定性的作用。未加入氯化钠的处方，1个月分解1.23%，加0.85%氯化钠的仅分解0.4%。

[用途] 本品为局麻药，用于封闭疗法、浸润麻醉和传导麻醉。

【例2】 维生素C注射液（抗坏血酸）

[处方] 维生素C　　　　　　　　　　　　　　　104g

乙二胺四乙酸二钠（EDTA-2Na）　　　0.05g

碳酸氢钠　　　　　　　　　　　　　　49.0g

亚硫酸氢钠　　　　　　　　　　　　　2.0g

注射用水　　　　　　　　　　　　　　加至1000ml

[制法] 在配制容器中，加处方量80%的注射用水，通二氧化碳至饱和，加维生素C溶解后，分次缓缓加入碳酸氢钠，搅拌使完全溶解，加入预先配制好的EDTA-2Na和亚硫酸氢钠溶液，搅拌均匀，调节药液pH至6.0～6.2，添加二氧化碳饱和的注射用水至足量，用垂熔玻璃漏斗与膜滤器过滤，溶液中通二氧化碳，并在二氧化碳气流下灌封，最后于100℃流通蒸气15min灭菌。

[注解] ① 维生素C分子中有烯二醇式结构，显强酸性，注射时刺激性大，可产生疼痛，故加入碳酸氢钠调节pH以避免疼痛，并增强本品的稳定性。

② 本品易氧化水解，原辅料的质量，特别是维生素 C 原料和碳酸氢钠，是影响维生素 C 注射液的关键。空气中的氧气、溶液 pH 和金属离子（特别是铜离子）对其稳定性影响较大。因此处方中加入抗氧剂（亚硫酸氢钠）、金属离子配位剂（EDTA-2Na）及 pH 调节剂，工艺中采用充惰性气体等措施，以提高产品稳定性。但实验表明，抗氧剂只能改善本品色泽，对制剂的含量变化几乎无作用。亚硫酸盐和半胱氨酸对改善本品色泽作用显著。

③ 本品稳定性与温度有关。实验表明，用 100℃流通蒸气 30min 灭菌，含量降低 3％；而 100℃流通蒸气 15min 灭菌，含量仅降低 2％，故以 100℃流通蒸气 15min 灭菌为宜。

［用途］本品临床上用于预防及治疗维生素 C 缺乏症，并用于出血性素质，鼻、肺、肾、子宫及其他器官的出血。肌内注射或静脉注射，一次 0.1～0.25g，一日 0.25～0.5g。

六、输液剂的制备

（一）输液剂概述

输液剂系指静脉滴注输入人体血液中的大剂量注射剂，一次给药 100ml 以上，包括无菌的水溶液和以水为连续相的无菌乳剂。常用于抢救危重患者及不能进食的患者，补充必要的营养、热量和水分；帮助恢复和维持血容量；调节酸碱平衡和电解质平衡，以恢复人体的正常生理功能。

1. 输液剂的分类

（1）电解质输液剂 用以补充体内水分、电解质，纠正体内酸碱平衡等，如氯化钠注射液、复方氯化钠注射液、乳酸钠注射液等。

（2）营养输液剂 主要用于不能吞咽、不能进食或昏迷的患者，可通过静脉滴注营养液，维持正常的生命体征和营养。

> **知识链接**
>
> **营养输液剂的类型**
>
> 1. 输液及多元醇输液剂
>
> 本品用以补充机体热量和补充体液，如葡萄糖注射液、甘露醇注射液；此外，还有果糖注射液、木糖醇注射液等，这类输液糖尿病患者也可使用，不致引起血糖升高。
>
> 2. 酸输液剂
>
> 本品用于维持危重患者的营养，为机体提供生物合成蛋白质所需的氮源，如复方氨基酸注射液。
>
> 3. 乳输液剂
>
> 本品为高能输液，可为不能口服食物而严重缺乏营养的患者提供大量热量和补充体内必需的脂肪酸，适用于手术后、烧伤、肿瘤等患者。

（3）胶体输液剂 因与血浆等渗，可用于调节渗透压，由于胶体溶液中高分子不易通过血管壁，使水分可较长时间地保持在循环系统内，增加血容量和维持血压，防止患者休克。如聚维酮注射液、右旋糖酐注射液、淀粉衍生物注射液、明胶注射液等。

2. 输液剂的质量要求

由于输液剂的注射量大，所以输液剂较小剂量注射剂，除符合一般要求外，对无菌、无热原及澄明度等方面要求更高，而在生产环节以上三方面也是需要特殊注意。

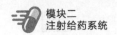

① 无菌、无热原检查必须符合《中国药典》的要求。

② pH 尽量接近人体血液正常值，过高或过低容易引起酸中毒和碱中毒。

③ 渗透压应与血浆或体液等渗或略高渗，不能用低渗液静脉滴注，否则易出现溶血现象。

④ 输液剂中不得添加任何抑菌剂，并在贮存过程中质量稳定。

⑤ 水溶液型输液剂对可见异物检查、不溶性微粒检查应符合《中国药典》规定，并能耐热压灭菌。

⑥ 输液剂中不能含有引起血象任何异常变化的物质，不能损坏肝、肾功能，不能有产生过敏反应的异性蛋白和降压物质。

（二）输液剂的制备

1. 输液剂的生产工艺流程

输液剂的生产工艺流程见图 4-11。

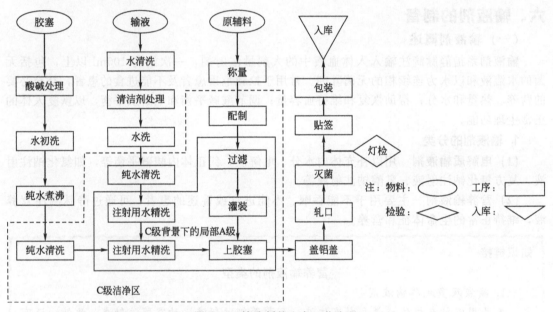

图 4-11　输液剂的生产工艺流程

2. 输液剂常见容器及包装材料

（1）输液容器的质量要求和清洁处理　输液容器有玻璃瓶、塑料瓶和塑料袋三种。玻璃瓶以硬质中性玻璃为主，要求理化性质稳定、无色透明、瓶口光滑圆整、无条纹气泡、内径必须符合要求、大小合适以利密封，其质量要求应符合国家标准。

除玻璃瓶外，亦有采用聚丙烯塑料瓶。此种输液瓶耐水、耐腐蚀，具有无毒、质轻、耐热性好、机械强度高、化学稳定性强等特点，可以热压灭菌，且装入药液后密封性好，无脱落物，一次性使用，使用方便。另外，也有用塑料袋作为输液容器，它由无毒聚氯乙烯（PVC）构成，具有质量轻、运输方便、不易破损、耐压等优点。但塑料袋尚存在一些缺点，如湿气和空气可透过塑料袋，影响贮存。同时其透明性和耐热性也差，强烈震荡可产生轻度乳光，且使用过程中未经聚合的聚氯乙烯单体和增塑剂会逐渐迁移进入药液，对人体产生危害。目前上市的非 PVC 新型输液软袋是较理想的材料。

输液瓶的清洗方法常见有酸洗法和碱洗法两种。前者是用硫酸重铬酸

"输液瓶的清洁"
微课

钾清洁液荡涤整个瓶的内壁及瓶口，再用纯化水、注射用水冲洗。后者是用2%氢氧化钠溶液冲洗，也可用1%~3%碳酸氢钠溶液冲洗，由于碱性对玻璃有腐蚀作用，故接触时间不宜过长，再用纯化水、注射用水冲洗。塑料袋一般不洗涤，直接采用无菌材料压制而成。

（2）胶塞的质量要求和清洁处理 胶塞应具有弹性和柔韧性、当针头刺入和拔出后应立即闭合，而且能耐受多次穿刺而无碎屑脱落；性质稳定，不与药液起反应，具有一定耐溶性；能耐高温、高压灭菌；吸附作用小、无毒、无溶血作用。我国允许使用的合成橡胶是丁基橡胶，它具备诸多优异的物理和化学性能。另外，国外还有氯丁橡胶塞、聚异戊二烯橡胶塞等。

橡胶塞用酸碱法处理，先用饮用水洗净，再用0.5%~1.0%浓度的NaOH煮沸30min，用水洗去表面的硫黄、氧化锌等杂质；再用1%浓度的HCl煮沸30min，用水洗去表面黏附的填料（如碳酸钙）等杂质，再反复用饮用水洗至洗液pH呈中性，在纯化水中煮沸约30min，最后用滤过的注射用水冲洗数次，合格后备用。

（3）隔离膜的质量要求和清洁处理 在输液剂胶塞下面要垫一层隔离膜，目的是避免药液被胶塞脱落的物质污染等问题。常用的是涤纶薄膜。涤纶膜质量上要求无通透性、理化性质稳定、抗水、弹性好、无异臭、不皱折、不脆裂，并有一定的耐热性和机械强度。清洁处理时，将直径38mm的白色透明圆片薄膜用手捻松，抖去碎屑，剔除皱折或残缺者，平摊在有盖不锈钢杯中，用热注射用水浸渍过夜（质量差时可用70%乙醇浸渍过夜），次日用注射用水漂洗至薄膜逐张分离，并检查漂洗水澄明度，合格后方可使用。使用时再用微孔滤膜滤过的注射用水动态漂洗，边灌药液边用镊子逐张取出，盖在瓶口上，立刻塞上胶塞。但涤纶薄膜具有静电引力，易吸附灰尘和纤维，所以漂洗操作应在清洁的环境中进行。

3. 输液剂的配制

输液配制的基本操作、环境要求及原辅料等质量要求与安瓿注射剂基本相同，配液时必须使用新鲜的注射用水，原料应是优质供注射用的。配制时，根据处方按品种进行，必须严格核对原辅料的名称、重量、规格。先经加入0.5%的针用一级活性炭浓配，然后稀释至处方量。混匀后，测中间体含量和pH。配制时可根据原料质量好坏，采用稀配法和浓配法，其配制方法与小剂量注射剂基本相同。

（1）稀配法 精密称取原料药物，直接加注射用水配成所需浓度，必要时加入0.1%~0.3%针用活性炭，放置30min，滤过至澄明，灌装、灭菌。稀配法适用于原料质量好的药物。

（2）浓配法 输液剂多用浓配法，方法同小剂量注射剂。如葡萄糖注射液可先配成50%~70%浓溶液，氯化钠注射液可先配成20%~30%浓溶液，经煮沸、加活性炭吸附、冷藏、滤过后，再用滤清的注射用水稀释至所需浓度。浓配法适用于原料质量差、含杂质多的药物。

4. 输液剂的滤过

输液剂滤过常用的滤器有布氏漏斗、砂滤棒、垂熔玻璃漏斗、微孔滤膜等。布氏漏斗和带孔不锈钢管以多层滤纸、绸布等为滤材，供一般滤过和脱炭使用；垂熔玻璃漏斗和微孔滤膜则供精滤使用。

输液的滤过程序与安瓿注射剂相同，先用砂滤棒滤过，后经微孔滤膜滤过至药液澄明。为提高产品质量，目前生产多采用加压三级（砂滤棒-垂熔玻璃滤球-微孔滤膜）过滤。

5. 输液剂的灌封

输液剂的灌封分为灌注药液、衬垫薄膜、塞胶塞、轧铝盖四个步骤。输液剂灌封时采用

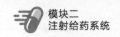

局部层流，严格控制洁净度（局部 A 级）。隔离膜的位置要放端正，再将洗净的胶塞甩去余水，对准瓶口塞下，不得扭转，翻下塞帽。目前大量生产多采用自动旋转式灌装机、自动翻塞机和自动落盖轧口机等完成整个灌封过程，实现联动化、机械化生产。

"输液剂的灌封"
微课

6. 输液剂的灭菌

为缩短药液暴露时间，降低微生物污染的概率，输液剂灌封后应立即灭菌，一般从配制药液至灭菌在 4h 内完成。输液剂常采用热压灭菌，灭菌条件为 121℃ 15min 或 116℃ 40min。灭菌时间还可根据输液剂装量的多少酌情延长。塑料袋灭菌温度为 109℃ 45min。

近年来，有些国家规定，对于大输液灭菌要求 F_0 大于 8min，常用 12min。F_0 是指标准灭菌时间，通过记录被灭菌物的温度与时间，就可计算出 F_0 值。F_0 是将不同灭菌温度的灭菌效果折算为 121℃ 热压灭菌时的灭菌效力，因此 F_0 是比较参数，对验证灭菌效果极为有用。

7. 输液剂的包装

输液剂经质量检验合格后，应立即贴上标签，标签上应印有品名、规格、批号、生产日期、使用事项、制造单位等项目，以免发生差错，并供使用者随时备查。贴好标签后装箱，封妥，送入仓库。包装箱上亦应印上品名、规格、生产厂家等项目。装箱时应注意装严、装紧，便于运输。

8. 输液剂的质量检查

输液剂质量检查项目：澄明度与微粒检查、装量差异检查、热原检查、无菌检查、pH 测定等。检查方法和标准按《中国药典》等有关规定进行。

(1) 澄明度与微粒检查 澄明度检查一般用目测法，但近年来正逐步采用微孔滤膜-显微镜法、电阻计数法（如库尔特粒度仪）、光阻计数法和激光计数法等。

① 澄明度。应符合《中国药典》关于澄明度检查判断标准的规定。

② 微粒。按《中国药典》（2020 年版）通则 0903 不溶性微粒检查法进行检查，规定标示量为 100ml 及以上的静脉滴注用注射液，除另有规定外，每 1ml 中含 10μm 及以上的微粒不得超过 25 粒，含 25μm 及以上的微粒不得超过 3 粒。检查方法为用孔径 0.45μm 的微孔滤膜滤过后，经显微镜观察评定，或采用库尔特粒度仪检查。

(2) 热原、无菌检查 因输液剂每次使用剂量较大，故对热原及无菌的检查都非常重要，应符合《中国药典》的要求。

(3) 含量、pH 及渗透压检查 应根据具体品种要求进行测定，符合药典要求。

(三) 输液剂生产出现的问题及解决方法

1. 细菌污染

输液剂在染菌后有时出现霉团、云雾状、混浊、产气等现象，也有一些外观并无变化。如果使用这些输液，可能引起脓毒症、败血症、内毒素中毒，甚至死亡。输液剂染菌的主要原因是由于生产过程中严重污染、灭菌不彻底、瓶塞松动不严、漏气等，应在生产过程中特别注意防止污染，封装严密，严格控制灭菌条件。

2. 热原反应

大部分热原反应是由输液器和输液管道带入所致，因此，除在生产过程中严格控制操作环境和易污染因素外，还应对使用过程中的污染引起足够的重视。

3. 可见异物（澄明度）与微粒

(1) 异物与微粒的来源及危害

① 异物与微粒的来源。异物与微粒多来自药物制备过程中混入异物与微粒，如水、空

气、工艺过程中的污染；盛装药液的容器不洁净；输液容器与注射器不洁净；在准备工作中的污染，如切割安瓿、开瓶塞，反复穿刺溶液瓶胶塞及输液环境不洁等；医院输液操作以及静脉滴注装置的问题等。

②异物与微粒的危害。输液微粒污染对机体的危害主要取决于微粒的大小、形状、化学性质以及微粒堵塞血管的部位、血流阻断的程度及人体对微粒的反应等。肺、脑、肝及肾等是最容易被微粒损害的部位。

知识拓展

输液微粒污染对机体的危害

1. 直接阻塞血管，引起局部供血不足，使组织缺血、缺氧，甚至坏死。
2. 红细胞凝集在微粒上，形成血栓，引起血管栓塞和静脉炎。
3. 微粒进入肺毛细血管，可引起巨噬细胞增殖，包围微粒形成肺内肉芽肿，影响肺功能。
4. 引起血小板减少症和过敏反应。
5. 微粒刺激组织而产生炎症或形成肿块。

---

(2) 微粒的解决方法　在制剂生产中，应严格控制原辅料的质量；提高橡胶塞及输液容器质量；合理安排工序，采取单向层流净化空气，采用微孔滤膜滤过和生产联动化等措施；使用无菌、无热原的一次性全套输液器，在输液器中安置终端过滤器（0.8μm孔径的薄膜）；尽量减少生产过程中微生物的污染，同时严格灭菌，严密包装。

4. 输液剂举例

【例1】 5%葡萄糖输液剂

[处方] 注射用葡萄糖　　　　　　12.5g
　　　　1%盐酸　　　　　　　　适量
　　　　注射用水　　　　　　　　加至250ml

[制法] 取注射用葡萄糖投入煮沸的注射用水中，使成50%～70%的浓溶液。用盐酸调节pH 3.8～4.0，加活性炭0.1%～0.2%（g/ml）混匀，煮沸20～30min，趁热滤除活性炭，滤液中加入热注射用水至250ml，测定pH及含量合格后，反复滤过至澄明，灌装封口，热压灭菌，即得。

[注解] 本品有时产生云雾状沉淀，一般是由于原料不纯或滤过时漏炭等原因造成，解决办法一般采用浓配法，滤膜滤过，加入盐酸中和胶粒上的电荷，加热煮沸使糊精水解，蛋白质凝聚，同时加入活性炭吸附滤过。

[用途] 用于补充能量、低糖血症、高钾血症、组织脱水等。

【例2】 静脉注射脂肪乳

[处方] 精制大豆油　　　　　　　150g
　　　　精制大豆磷脂　　　　　　15g
　　　　注射用甘油　　　　　　　25g
　　　　注射用水　　　　　　　　加至1000ml

[制法] 将处方量的豆磷脂、甘油、400ml注射用水置于高速组织搅拌机中，在氮气流下搅拌，形成均匀、半透明的磷脂高分子溶液，并倒入乳匀机中。加入精制大豆油

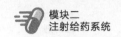
与注射用水在氮气流下匀化多次，并流入乳剂收集器内；在氮气流下用垂熔玻璃滤器滤过，分装于玻璃瓶内，再通入氮气，瓶口加盖隔离膜、橡胶塞后密封，轧铝盖。然后水浴预热至90℃左右，于121℃灭菌15min。最后，浸入热水中，缓慢冲入冷水，待冷却后，置于4~10℃下贮存。

　　[注解] ① 静脉注射脂肪乳是一种高能量肠外营养液，通常是O/W型乳剂，静脉注射后可完全吸收。

　　② 制备的关键是选用高纯度原料以及毒性、溶血性低，乳化能力强的乳化剂。

　　③ 静脉注射脂肪乳常用的乳化剂有卵磷脂、大豆磷脂及泊洛沙姆188等。

　　[用途] 为手术后、烧伤、肿瘤等患者提供热量和必需的脂肪酸。

【例3】 右旋糖酐注射液

　　[处方] 右旋糖酐（中分子）　　　　　　60g
　　　　　　氯化钠　　　　　　　　　　　　9g
　　　　　　注射用水　　　　　　　　　加至1000ml

　　[制法] 将注射用水加热至沸，加入右旋糖酐搅拌溶解，配成12%~15%的溶液，加入1.5%的活性炭，保持微沸1~2h，加压滤过脱炭，浓溶液加注射用水稀释成6%的溶液。然后加入氯化钠溶解，冷却至室温，测定含量，pH控制在4.4~4.9，再加活性炭0.5%，加热至70~80℃，滤过至药液澄明后灌装，在112℃条件下灭菌30min，即得。

　　[注解] ① 因右旋糖酐是经生物合成，易夹杂热原，因此活性炭用量较大。

　　② 本品黏度较大，需要在高温下滤过，但受热时间不能过长，以免产品变黄。

　　③ 在贮存过程中易析出片状结晶，主要与贮存温度和分子量有关。

　　[用途] 本品是一种优良的血浆代用液，用于扩充血容量、改善微循环、抗血栓和防止休克，但不能代替全血。

七、注射用无菌粉末的制备

（一）注射用无菌粉末概述

1. 注射用无菌粉末的定义

　　注射用无菌粉末又称粉针，指用无菌操作的方法将无菌精制的药物灌装或分装到经灭菌的容器中的剂型，临用前以灭菌注射用水或其他适当的溶剂溶解或分散后注射，也可用静脉输液配制后静脉滴注。凡是在水中不稳定或对热敏感的药物，特别是对湿热敏感的抗生素、酶及血浆等生物制品，适宜制成注射用无菌粉末，以保证药物稳定。例如青霉素类、头孢菌素类及一些酶制剂（胰蛋白酶、辅酶A等）。

知识链接

冷冻干燥的原理

　　冷冻干燥是将需要干燥的药物溶液预先冻结成固体，然后在低温低压下，从冻结状态不经液态而直接升华除去水分的一种干燥方法。冷冻干燥的原理可用水的三相平衡加以说明，当压力低于610.38Pa时，水以固态或（和）气态存在，此时固相（冰）受热时不经过液相直接变为气相。冷冻干燥可避免药品因高热而分解变质，干燥在真空中进行，故不易氧化，产品中的微粒污染机会相对减少；产品质地疏松，加水后迅速溶解恢复药液原有的特性；含水量低，一般为1%~3%，有利于产品长期贮存。

2. 注射用无菌粉末的分类

注射用无菌粉末依据生产工艺不同，可分为注射用无菌分装产品和注射用冷冻干燥制品两种。注射用无菌粉末是将精制而得的无菌药粉在无菌条件下分装而得，常见于青霉素类抗生素品种；注射用冷冻干燥制品是将药物配成无菌水溶液，并经过无菌灌装后，再进行冷冻干燥，在无菌条件下封口制成的粉针剂，常见于生物制品（如酶类）等。

3. 注射用无菌粉末的质量要求

注射用无菌粉末除应符合《中国药典》对注射用原辅料药物的各项规定外，还应符合：粉末无异物，配成溶液或混悬液后澄明度检查合格；粉末细度或结晶度应适宜，便于分装；无菌、无热原。

因制成无菌粉末的药物通常稳定性较差，并且属于非最终灭菌的无菌制剂，因此，对于无菌的环境要求非常严格，特别是在分装等关键工序，应采取 B 级背景下的局部 A 级洁净度，甚至完全 A 级洁净度。

（二）注射用冷冻干燥制品

1. 注射用冻干制品生产工艺流程

注射用冷冻干燥制品的生产工艺流程见图 4-12。制备所采用方法称为冷冻干燥法（亦称升华干燥法），此法利用水的升华除去水分达到干燥的目的，因制备过程不升温，故适用于对热敏感的药物，如一些酶制剂、血浆等生物制品。

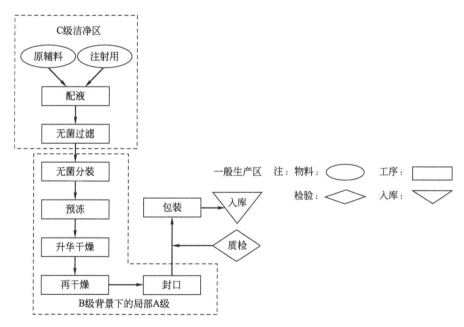

图 4-12　注射用冷冻干燥制品生产工艺流程

> **知识拓展**
>
> ### 冷冻干燥法的优点
>
> 1. 因低温干燥，可避免药品氧化或高热分解。
> 2. 外观优良，冷冻干燥后药物常呈海绵块状或疏松结晶，加水后能迅速溶解。
> 3. 冷冻干燥在真空条件下进行，药物被外界污染概率小。

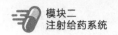

4. 在液体时分装，故分装准确度高，剂量准确。但本法制备成本较高，且溶剂选择受限，只能为水。

2. 制备方法

药物制品在冷冻之前的处理同水溶性注射液的制备，然后采用无菌操作法将药液分装在无菌容器内，送入冷冻干燥机的干燥箱中进行冻结、减压、升华、干燥等过程。

(1) 预冻 预冻是冷冻干燥的重要环节，它是恒压降温过程，当温度降至产品共熔点（即溶液完全冻结固化的最高温度）以下 10～20℃，药液冻成完全的固体。预冻时间一般在 2～3h，如预冻不完全，抽真空药液易产生类似"沸腾"现象。如果制品在"沸腾"中冻结，部分制品可能冒出瓶外，造成药液损失或使制品凹凸不平。

(2) 升华干燥 升华干燥首先是恒温减压的过程，然后在抽气的过程中恒压升温，使固体中水分升华逸去。不同制品对冻结程度要求不同，升华干燥的操作也不相同，常用有两种，一种是一次升华法，另一种为反复预冻升华法。

① 一次升华法。系指制品一次冻结，一次升华即可完成干燥的方法。它首先将预冻后的制品减压，待真空度达一定数值后，启动加热系统缓缓加热，使制品中的冰升华，升华温度约为−20℃，药液中的水分可基本除尽。此法适用于共熔点在−20～−10℃的制品，结构单一、黏度和浓度均不大，装量厚度在 10～15mm。

② 反复预冻升华法。该法的减压和加热升华过程与一次升华法相同，只是预冻过程须在共熔点与共熔点以下 20℃之间反复升降预冻，而不是一次降温完成。通过反复升温、降温处理，制品晶体的结构被改变。由致密变为疏松，有利于水分的升华。此法适用于蜂蜜、蜂王浆等结构复杂、黏稠的产品，它们在升华过程中往往杂块软化，产生气泡，使制品表面形成黏稠状的网状结构。

(3) 再干燥 升华完成后，温度继续升高至 0℃或室温，并保持一段时间，可使已升华的水蒸气或残留的水分被抽尽。再干燥可保证冻干制品含水量小于 1%，并有防止回潮作用。

(4) 密封 升华干燥应立即密封。国内外有些设备已设计自动加塞装置，广口小玻璃瓶从冻干机中取出之前，能自动压塞，避免污染。

3. 冷冻干燥设备

冷冻干燥操作是在真空冷冻干燥机中（见图 4-13）进行的，冷冻干燥机由制冷系统、真空系统、加热系统、电器仪表控制系统所组成。冷冻干燥机主要部件为冻干箱、凝结器、冷冻机组、真空泵、加热/冷却装置等，工作温度可达−60～45℃。冻干操作前先打开机箱

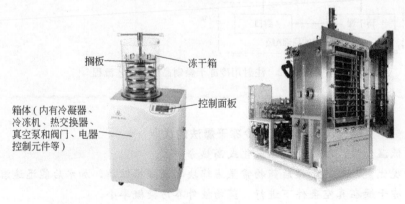

搁板　　　　冻干箱

箱体(内有冷凝器、
冷冻机、热交换器、
真空泵和阀门、电器
控制元件等)　　　控制面板

图 4-13　真空冷冻干燥机

左侧的总电源开关，气压数显为大气压 110kPa；启动制冷机，预冷 30min 以上；将预冻完全的药物水溶液的安瓿或西林瓶放置于搁板上，将冻干箱盖严，启动真空泵按钮，使冻干箱中成真空状态，待气压数显稳定后，记录温度和气压数值。

【例 1】 注射用辅酶 A 无菌冻干粉

[处方]
辅酶 A	56.1U
水解明胶（填充剂）	5mg
甘露醇（填充剂）	10mg
葡萄糖酸钙（填充剂）	1mg
半胱氨酸（稳定剂）	0.5mg

[制法] 将上述各成分用适量注射水溶解后，无菌过滤，分装于安瓿中，每支 0.5ml，冷冻干燥后封口，漏气检查即得。

[注解] ① 辅酶 A 易被空气、过氧化氢、碘、高锰酸盐等氧化成无活性二硫化物，故在制剂中加入半胱氨酸作稳定剂，用甘露醇、水解明胶等作为赋形剂。

② 辅酶 A 在冻干工艺中易丢失效价，故投料量应酌情增加。

[用途] 本品为体内乙酰化反应的辅酶，有利于糖类、脂肪以及蛋白质的代谢。用于白细胞减少症、原发性血小板减少性紫癜及功能性低热。

【例 2】 注射用阿糖胞苷

[处方]
盐酸阿糖胞苷	500g
5%氢氧化钠溶液	适量
注射用水	加至 1000ml

[制法] 在无菌操作室内称取阿糖胞苷 500g，置于适当无菌容器中，加无菌注射用水至约 95ml，搅拌使溶，加 50%氢氧化钠溶液调节 pH 至 6.3~6.7 内，补加灭菌用水至足量，然后加配制量的 0.02%活性炭，搅拌 5~10min，用无菌抽滤漏斗铺二层灭菌滤纸过滤，再用经灭菌的 G6，垂熔玻璃漏斗精滤，滤液检查合格后，分装于 2ml 安瓿中，低温冷冻干燥约 26h 后无菌熔封即得。

[注解] 阿糖胞苷稀释液必须在应用之前配制，并在 24h 之内使用。

[用途] 用于急性白血病的诱导缓解期及维持巩固期。

4. 冷冻干燥制品的存在问题及解决办法

(1) 含水量偏高 装入容器液层过厚超过 10~15mm，干燥过程中热量供给不足使蒸发量减少，真空度不够，冷凝器温度偏高等，均可造成含水量偏高，应根据具体情况，采取相应的办法解决。

(2) 喷瓶 原因可能有预冻温度过高产品冻结不实，或升华时供热过快使局部过热，部分产品熔化为液体。这些少量液体在高真空条件下，从已干燥的固体界面下喷出形成喷瓶，为了防止喷瓶，必须控制预冻温度在低共熔点以下−20~−10℃，同时加热升华的温度不要超过低共熔点。

(3) 产品外形不饱满或萎缩成团粒 形成此种现象的原因，可能是冻干时，开始形成的已干外壳结构致密，升华的水蒸气穿过阻力很大，水蒸气在已干层停滞时间较长，使部分药品逐渐潮解，以致体积收缩，外形不饱满或成团粒。黏度较大的样品更易出现这类现象。解决办法主要从配制处方和冻干工艺两方面考虑，可以加入适量甘露醇、氯化钠等填充剂，或采用反复预冷升华法，改善结晶状态和制品的通气性，使水蒸气顺利逸出，产品外观就可得

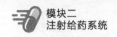
到改善。

（三）注射用无菌分装制品

1. 注射用无菌分装制品概述

注射用无菌分装制品是将药物经精制成无菌药物粉末后，在无菌操作条件下直接分装于洁净灭菌的西林瓶或安瓿中，密封而成的药物制品。常用有抗生素药品，如青霉素等。

2. 注射用无菌粉末分装工艺

（1）容器的处理　注射用无菌粉末的容器有西林瓶、安瓿等。安瓿或西林瓶以及胶塞的处理按注射剂的要求进行，均需进行灭菌处理，生产环境一般在 C 级洁净区。

（2）原料的精制　精制过程必须在 B 级背景下局部 A 级洁净度环境中进行。无菌原料经过无菌结晶或喷雾干燥法制备，必要时需进行粉碎、过筛等操作，在无菌条件下制得符合注射用的无菌粉末。检验合格后进行下一步操作。

（3）无菌分装　无菌分装必须在高度洁净的 A 级洁净区中按无菌操作法进行分装。目前分装的机械设备有插管分装机、螺旋自动分装机、真空吸粉分装机等。此外，青霉素分装车间不得与其他抗生素分装车间轮换生产，以防止交叉污染。

（4）压塞、扎盖　压塞也要求在 A 级洁净区进行。分装后要立即压塞、扎盖封口，缩短药粉暴露时间。

八、混悬型注射剂的制备

（一）混悬型注射剂的质量要求

混悬型注射剂是将难溶性药物以小颗粒的形式均匀悬浮在溶剂中制得的制剂。此类制剂一般仅供肌内注射，溶剂可以使用注射用水、油或者其他溶剂。

> **知识链接**
>
> **混悬型注射剂的质量要求**
>
> 1. 颗粒粒径应小于 $15\mu m$，其中 $15\sim20\mu m$ 者不得超过 10%，并且大小均匀。
> 2. 具备良好的通针性和机械流动性。
> 3. 贮存过程中不结块，经适当振摇后，可迅速分散成均匀体系，并且保证在抽取和全剂量注射完毕的时间内保持均匀。
> 4. 在振摇和抽取时，药液无持久性泡沫。

（二）混悬型注射剂的制备

1. 附加剂的选择

混悬型注射剂可用注射用水或注射用油配制，并且在制备过程中，需要加入适当的润湿剂和助悬剂。润湿剂常用 0.1%～0.2% 的吐温 80；助悬剂可以延缓药物颗粒的沉降，常用甲基纤维素、低聚海藻酸钠、羧甲基纤维素钠等高分子物质，一般用量在 1% 左右。油溶液型药物常用单硬脂酸铝作为助悬剂。

2. 制备方法

混悬型注射剂对药物颗粒的粒径要求严格，常用的制备方法有微粒结晶法、机械粉碎法以及溶剂化合物法。其中微粒结晶法最常用，该方法是通过控制结晶形成过程中溶剂用量、温度、搅拌速度等因素，来控制结晶形成状态，实现混悬效果。但特别要注意避免针状结晶的形成。机械粉碎法常用流能磨来将药物粉碎，适用于低熔点或对热敏感的药物。一些甾体类化合物、抗生素、生物碱可与某些试剂形成溶剂化合物，然后将其中的溶剂分子经减压、加热除去后就能得到微细结晶。

（三）混悬型注射剂举例

【例】 醋酸可的松注射液

[处方] 醋酸可的松微晶   25g

        氯化钠   3g

        硫柳汞   0.01g

        吐温 80   1.5g

        羧甲基纤维素钠   5g

        注射用水   加至1000ml

[制法] ① 将硫柳汞加于500ml的注射用水中，加羧甲基纤维素钠，搅匀，过夜，溶解后用200目尼龙布筛滤过，密闭备用。

② 氯化钠溶解于适量注射用水中，经4号垂熔漏斗滤过。

③ 将①项溶液在水浴中加热，加入②项溶液以及吐温80搅匀，使水浴沸腾，加入醋酸可的松，搅匀，继续加热30min。取出冷至室温，用注射用水调至总体积，用200目尼龙布过筛两次，于搅拌下分装于瓶内，扎口密封。振摇下100℃ 30min灭菌。

九、中药注射剂的制备

（一）中药注射剂概述

中药注射剂是指在中医药理论指导下，采用现代化科学技术和方法，从天然药物的单方或复方中提取的有效物质制成，可供肌内、穴位、静脉注射和静脉滴注使用的灭菌制剂，如清开灵注射液、丹参注射液、天麻素注射液等。实验证明临床使用的中药注射剂，特别是由许多有效成分确定的中药制得的注射剂，疗效确切、不良反应少。但是还有部分中药注射剂的质量有待进一步研究、改进和提高。

（二）中药注射剂的制备

中药注射剂的制备，除原料预处理、提取和精制外，其他步骤与一般注射剂的生产工艺相同。

1. 中药原料的预处理

中药原料在品种鉴定后，还要进行必要的精选、清洁、切制、干燥，必要时还要粉碎到规定粒度。

2. 提取与精制

目前中药注射剂的制备方法可分为两类：一类是有效成分明确的中药，可根据其有效成分的理化性质，选择合适的溶剂和方法进行提取、精制，得到较纯的成分，最后按照注射剂制备工艺，制成注射剂；另一类是有效成分尚不明确或有效成分为非单一物质的中药（如复方制剂），为了保留其有效成分，保证临床疗效，一般采用溶解范围广、生理活性小的溶剂进行提取、精制，去除其中的杂质、保留有效成分。

一般提取和精制方法有：蒸馏法、水提醇沉淀法、醇提水沉淀法、超滤法、反渗透法等。其中，超滤法是通过高分子膜为滤过介质，能有效地将中药浸出液中的有效成分和蛋白质等大分子杂质分离，同时操作流程简单、生产周期短、还具有除热原、除菌的作用，因此能获得较好的精制效果。

3. 配液、滤过与灌封

药液经精制处理后，就按照一般注射剂生产工艺进行配制即可。但是部分中药提取液含

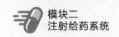
有树胶、黏液质等胶体杂质较多，出现滤过较慢、药液不澄清的情况，通常会加入纸浆、滑石粉、活性炭等进行脱色。对于一些特殊难滤的药液，还可以用纤维布为滤材，用板框压滤机滤过，或经适宜滤器滤过后，再用微孔滤膜过滤。经检验合格后及时灌装。

4. 灭菌

中药注射剂一般使用 1～5ml 安瓿的，可用流通蒸汽 100℃灭菌 30min；使用 10～20ml 安瓿的，用 100℃灭菌 45min。

（三）中药注射剂举例

【例】　板蓝根注射剂

[处方]　板蓝根　　　　　　　　　　　　　500g

苯甲醇　　　　　　　　　　　　　10ml

吐温 80　　　　　　　　　　　　　10ml

10％碳酸钠及浓氨水　　　　　　　适量

注射用水　　　　　　　　　　　　加至1000ml

[制法]　取板蓝根饮片加 6～7 倍的饮用水煎煮 1h，滤过，再加 5 倍的饮用水煎煮 1h，滤过，合并滤液，减压浓缩至 650～700ml。在搅拌下缓缓加入 95％乙醇使含醇量达到 60％，放置 24h，滤过，回收乙醇，使体积为 500ml，冷藏，滤过。滤液加浓氨水调节 pH 至 8.0 左右，冷藏静置沉淀，滤过，滤液加注射用水至 950ml，再加吐温 80、苯甲醇。以 10％碳酸钠调节 pH 至 7.0～7.5 冷藏，滤过，加注射用水至 1000ml，用 4 号垂熔玻璃漏斗滤过，分装，100℃灭菌 30min，即得。

[注解]　① 板蓝根有效成分为吲哚类衍生物。

② 加氨处理主要除去鞣质、蛋白质、无机盐等。

③ 用碳酸钠调节 pH 至弱碱性，是使菘蓝苷分子中酮基葡萄糖酸成盐，而增加其在水中的溶解度。

[用途]　板蓝根注射剂 2ml 相当于原药材 1g，用于慢性肝炎等。

实训 3-1　注射用水的制备

【实训目的】

1. 掌握注射用水的制备工艺流程。

2. 认识本工作中使用到的仪器、设备，并能规范使用。

【实训条件】

1. 实训场地

注射用水制备实训车间（包括多效蒸馏水器、注射用水贮存罐、纯化水贮存罐等）。

2. 实训材料及制法

（1）材料　纯化水。

（2）制法　合格的纯化水由多级泵增压后进入冷凝器进行热交换，再依次进入各效预热器，然后进入一效蒸发器，经料水分配器喷射在加热管内壁，使料水在管内成膜状流动，被来自锅炉的蒸汽加热汽化。产生的夹带水滴的二次蒸汽从加热管下端进入汽水分离装置。被分离的纯蒸汽进入下一效作为加热蒸汽；未被蒸发的原料水进入下一效重复上述过程。末效产生的纯蒸汽进入冷凝器，同来自除一效之外的各效的冷凝水汇合冷却，经排除不溶性气体后，成为注射用水，温度可达 92～99℃。

【提示】第一效蒸发器的加热蒸汽来自锅炉，因而该效的冷凝水不能作为注射水用，应排回锅炉房或作他用。其余各效的冷凝水是由纯蒸汽冷凝，热原已被去掉，故可成为合格的注射用水。另外，末效的蒸剩水，因为夹带了全部料水中的杂质和热原，必须作为污水排放或另作他用。

【实训内容】

1. 生产前准备

（1）操作人员按一般生产区人员进入标准操作程序，进行更衣，进入操作间。

（2）检查工作场所、设备、工具是否有清场合格标志并核对其有效期，否则，按清场程序清场。并请 QA 人员检查合格后，进入下一步操作。

（3）检查仪器、仪表是否近有效期，如是，应立即上报计量员处理。检查多效蒸馏水机 $0.22\mu m$ 呼吸器滤芯、注射用水储罐 $0.22\mu m$ 呼吸器滤芯是否近有效期，如是，应在有效期前更换滤芯。

（4）检查加热蒸汽、原料水等是否符合要求，各管道有无渗漏的情况。

（5）检查水、电、汽是否到位。正常后进行下一步操作。

2. 生产操作

（1）取下"已清洁"状态标志牌，换设备"运行"状态标志牌。

（2）开各效蒸馏塔下部排水阀，排尽内部积水，随后关各排水阀。

（3）开原料水进水阀向蒸馏水机进水泵供水，开冷却水阀。

（4）打开加热蒸汽阀。

（5）接通电源，打开电源开关。

（6）操作界面中按"手动/自动"可进行生产蒸馏水的手动、自动转换。在操作界面点"设置"进入参数设定界面，设置出水温度 92～98℃。

（7）工业蒸汽打开后先预热 5min，待一效温度上升后，进料水阀打开，在 8～20min 内逐渐将进水量调至额定流量。若出水温度过高则增大进水频率，出水温度过低则降低进水频率。

在上述操作过程中，应随时观察各蒸发器的水位，要求水位线不能超过观察口的中线。若第一效水位过高，应减少原料水流量；若最末一效水位过高，应将蒸剩水阀门开大。

（8）待蒸汽压力达到 0.2MPa 以上、一效温度达到 120℃后，将手动调为自动。

（9）将注射用水储罐的注射用水温度计设定参数值为 85℃。当注射用水储罐内注射用水温度低于 85℃时，温度计自动控制蒸汽加热气动阀打开，从而控制注射用水储罐内的注射用水温度保持在 80℃以上。

（10）将注射用水储罐呼吸器加热套控制器温度设定在 70℃，从而控制注射用水呼吸器壳体内温度保持在 70℃±5℃范围内，可以防止蒸汽在经过滤芯的过程中冷凝，产生的冷凝水回滴入储罐内，而对储罐内的注射用水产生污染，其次可以防止产生的冷凝水堵塞滤芯孔。

（11）多效蒸馏水机运行期间，注射用水系统操作人员每 2h 记录一次系统运行参数（如温度、pH、电导率等），如发现参数异常，应及时向 QA 及公用工程主管汇报。

（12）先将设备置手动运行状态，开启不合格水阀，关闭进料水泵、进料水阀，将蒸汽压力设定为"0"，将设备内部余水排出，关闭排水阀，关闭设备电源，最后关掉蒸汽总阀门。

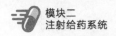
3. 清场

按《岗位清洁 SOP》进行清场。清场完毕后，填写清场记录并上报 QA，经 QA 检查发放清场合格证后本岗位挂"清场合格"状态标志。

4. 结束并记录

及时填写设备运行记录、交接班记录等。关好水、电及门。

5. 质量控制要点及注意事项

（1）注射用水制备后，应采用 80℃以上 24h 保温循环。

（2）当注射用水贮存输送系统停止运行或温度低于 80℃一日以内，应将注射用水储罐及管道内注射用水全部排尽，重新制水。

当注射用水贮存输送系统停止运行或温度低于 80℃一日以上、一周以内，应将注射用水储罐及管道内注射用水全部排尽，对注射用水贮存输送系统进行消毒灭菌。

当注射用水贮存输送系统停止运行或温度低于 80℃一周以上或改造后，应对注射用水系统进行消毒灭菌，并进行再验证。

（3）每班所制备的注射用水需采样进行检验，确定符合《中国药典》对于注射用水相关质量要求后，方可收集入储水罐。

实训 3-2 注射剂的制备

【实训目的】

1. 通过典型注射剂的制备，掌握注射剂配液、灌封的工艺方法、操作技能及质量控制点。

2. 能熟练、规范使用主要设备。

【实训条件】

1. 实训场地

小剂量注射剂实训车间（包括配液罐、安瓿灌封一体机、澄明度检测仪）。

2. 处方及制法

以维生素 C 注射液（抗坏血酸）为例。

【处方】
维生素 C	104g
EDTA-2Na	0.05g
碳酸氢钠	49.0g
亚硫酸氢钠	2.0g
注射用水	加至 1000ml

【制法】在配制容器中，加处方量 80% 的注射用水，通二氧化碳至饱和，加维生素 C 溶解后，分次缓缓加入碳酸氢钠，搅拌使完全溶解。加入预先配制好的 EDTA-2Na 和亚硫酸氢钠溶液，搅拌均匀，调节药液 pH 至 6.0~6.2。添加二氧化碳饱和的注射用水至足量，用垂熔玻璃漏斗与膜滤器过滤，溶液中通二氧化碳，并在二氧化碳气流下灌封，最后于 100℃流通蒸气 15min 灭菌。

【实训内容】

岗位一　配　液

1. 生产前准备

（1）确认操作人员按《人员进出 C 级洁净区清洁操作规程》进行清洁、消毒、更衣后进入浓配间或稀配间。

（2）确认称量现场有上批清场合格证副本，地面、墙面、容器具、工具、计量器具等清洁合格；检查温度、湿度符合工艺要求，并做好记录。

（3）确认生产现场有上批清场合格证副本；确认地面、墙面、设备、管道、器具已清洁，确认生产文件、状态标志齐备；核对生产状态标志，包括品名、规格、数量。

（4）领取并核对原辅料，名称、规格、批号、数量与批生产指令一致。

（5）确认过滤系统安装完毕且符合要求。

2. 称量

称量程序：分别核对物料→校准衡器→称量→复核→QA 独立复核→送至配制间（调配间）备用。

（1）按生产指令复核领取物料，核对品名、批号、数量、产品代码、生产厂家、有效期是否一致。

（2）按《称量操作规程》对原辅料进行称量，复核操作；按《药用炭称量操作规程》对药用炭进行称量。

（3）称量前检查盛装药物容器，应清洁干燥，并在清洁有效期内，否则应重新处理后才可称量。

（4）称量前应开启直排风装置，检查相对压差呈负压；在排风罩下进行称量操作（未开排风不得进行称量操作），避免与其他房间送风形成交叉污染。

（5）称量后按内外包装顺序紧扎（或密闭容器），袋（容器）上标识填写药物名称、批号、称量数量、剩余数量、称量人、存放人、存放时间等内容，退回到原辅料暂存间该品种存放位置，然后再进行下个原辅料的称量工作。

（6）称量时认真做好称量记录，核对无误后方可进行下道工序。称量时必须做到一人称量、一人复核，QA 独立复核，确保称量原辅料符合生产指令要求。

3. 配液操作

（1）投料　按《投料前检查复核操作规程》双人复核，准确称取批生产指令规定的原辅料量。

（2）浓配法配液　打开注射用水阀向浓配罐注入注射用水，加注射用水至配制全量的1/3；取称量好的原料、辅料按工艺要求投料顺序从投料口加入浓配罐加热、搅拌使其溶解；加入已调好的炭，开启搅拌器，搅拌至原辅料完全溶解。

（3）脱炭　打开循环系统阀门，使药液经钛棒过滤器循环过滤，除去药用活性炭，使药液澄明无明显可见异物。

（4）稀配法配液　关闭循环阀门，开启稀配阀门，将药液泵入稀配罐；药液泵完后打开注射用水阀、万向清洗球阀冲洗浓配罐内壁，重复冲洗 2 遍，冲洗用水量不大于配制全量的1/3，淋洗液泵入稀配罐；待浓配罐药液泵入稀配罐，加入注射用水至生产工艺规定量的4/5；开启搅拌器和过滤循环系统各阀门，使药液在管道系统内经过滤系统循环。

（5）定容　应缓慢地补加注射用水至全量，冷却降温至 $50\sim60$℃，经 $1.0\mu m$ 钛棒过滤器粗滤、$0.45\mu m$ 微孔滤膜精滤。取样检查可见异物，合格后方可送入灌装室经 $0.22\mu m$ 微孔滤膜过滤后灌封。

（6）调节 pH　取样检测 pH，确认使用 pH 调节剂的名称、浓度、数量，开启搅拌器搅拌均匀；调节药液 pH 应符合工艺规定。

（7）质量控制　按产品中间体质量标准取样检测含量、pH、可见异物。

（8）备用　取样检验合格后，打开阀门，泵入灌装间高位罐备用。

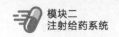
(9) 记录　认真填写生产记录，生产后清场，QA 检测合格后颁发清场合格证。

4. 生产要点和质量控制要点

(1) 注射剂浓配间洁净度按 C 级要求，精滤后药液在 C 级背景下 A 级别洁净度下存放；室内相对室外呈正压。

(2) 配制所用器具及原料附加剂要求无菌，以减少污染。

(3) 对于不易滤清的药液可加 0.1%～0.3% 活性炭处理，浓配脱炭要冷却到 50℃左右再过滤，避免脱吸附。

(4) 如使用非水溶剂，设备、工具、容器必须干燥后才能使用。

(5) 投料后搅拌时间严格按工艺规定时间执行。

(6) 微孔滤膜要做起泡点检查。

5. 生产结束

(1) 使用完毕后，按《小容量注射剂浓配系统清洗消毒操作规程》《清场操作规程》进行清洗、灭菌。

(2) 清洗罐体、管道、容器至无产品残留药液，更换相关生产文件及生产状态标志，将废弃物清理干净，清洁地面、平台。

(3) QA 检查合格后悬挂"已清洁"标志和清场合格证。

(4) 按《记录填写操作规程》填写生产清洁、清场记录。

岗位二　灌　封

1. 生产前准备

(1) 灌装岗位的操作人员按《人员进出 A 级洁净区更衣标准程序》进行洗澡、更衣、手清洗消毒后进入灌封间。

(2) 进入灌封间后检查操作间清场情况，有上批清场合格证副本，无上批生产遗留物；确认地面、门窗、墙面已清洁，设备器具已清洁。

(3) 确认生产状态、状态标志齐备，核对生产状态标志，包括品名、规格、数量、批号等。

(4) 确认设备完好，灌封间与相邻房间压差符合要求。

(5) 确认模具规格与批生产指令相符，药液计量泵管路及灌装泵符合要求，温湿度适宜。

(6) 确认燃气、氧气、惰性保护气体符合要求，打开阀门。

(7) 确认安瓿及药液符合要求，检查已烘干瓶是否已将机器网带部分排好，并将倒瓶扶正或用镊子夹走。

(8) 打开电源，确认层流罩净化系统符合 A 级洁净度要求。

2. 灌封操作

(1) 开机前检查　点动运行使机器运行 1～3 个循环，检查有无卡滞现象。

(2) 排空管路气体　手动操作将灌装管路充满药液，排空管内空气。

(3) 试灌装　开动主机运行，在设定速度试灌装，检测装量，调节装量、装置，使装量在装量差异限度范围内，然后停机。正常灌装后每 1h 检查一次可见异物和装量。

(4) 调节火焰状态　按抽风启动按钮，分别打开燃气、氧气阀门，手动点燃各火嘴，调节燃气、氧气流量计开关，使火焰达到设定状态。

(5) 灌封　开动主机至设定速度并进行灌装看拉丝效果，调节火焰至最佳，同时用镊子剔除灌封不合格品。

（6）关闭燃气阀门　灌装结束后先关氧气、燃气阀门，后按转瓶、绞龙、主机停止按钮，使设备停止运行。

3. 生产工艺管理要点和质量控制点

灌封操作室洁净度按 C 级背景下 A 级的要求，灌封部位局部达到 A 级；室内相对室外呈正压；灌封时要经常抽查装量及封口质量，封口不得有碳化、不严等；QA 定时抽查澄明度；灌封后安瓿的容器应有标签，标签上应标明品名、规格、批号、生产日期、灌封人、灌封序号，防止发生混药、混批。

质量控制关键点如下。

（1）外观　封口应严密光滑，不得有尖头、凹头、泡头、焦头等。

（2）装量　灌装量比标示量略多，需增加的装量及装量差异限度参照药典规定。

（3）残氧量　需填充惰性气体的药物应检查残氧量，应小于 0.1%。

（4）含量、pH　按药典或企业内控标准检查。

4. 生产结束

（1）生产完毕后，按《小容量注射剂灌封设备清洗消毒操作规程》进行清洗、灭菌。

（2）在线清洁联动线设备、清洁 A/C 级层流风帘，拆除灌装针头、上下活塞、药液分配器、储液瓶、终端折叠式过滤器、连接软管等移送至容器具清洗间和滤器清洗间清洗消毒。

（3）按《C 级洁净区清场操作规程》进行清场，更换相关文件、生产标示牌，擦净地面、墙壁、门窗及其他附属装置。

（4）按《记录填写操作规程》认真填写生产记录、清洁消毒记录、清场记录，并复核。

岗位三　灯　检

1. 生产前准备

（1）检查生产现场、设备及容器具的清洁状态，检查"清场合格证"，核对其有效期，确认符合生产要求。

（2）检查房间的温湿度计、压差表有"校检合格证"并在有效期内。

（3）检查、确认现场管理文件及记录准确齐全。

（4）生产前准备工作完成后，给房间及生产设备换上"生产中"状态标识。

2. 灯检操作

（1）与灭菌人员交接灯检产品，核对品名、规格、数量。

（2）打开灯检台照明电源，检查照度是否符合《中国药典》规定。小容量无色澄清溶液，照度为 1000~1500lx。

（3）按照《中国药典》（2020 年版）"注射液可见异物检查法"逐瓶目检，剔除残次品，力争正品中无废品、废品中无正品。

（4）手持待检品瓶颈部于遮光板边缘处，轻轻旋转和翻转容器，使药液中可能存在的可见异物漂浮，于明视距离（通常为 25cm）处，分在黑色和白色背景下，用目视法挑出有可见异物的检品。

（5）灯检员检出不合格品后，应分类放入专用瓶盘，并做好相应状态标记。

3. 结束过程

（1）灯检结束后，每盘成品应标明品名、规格、批号、灯检工号，移交印字包装岗位。

（2）生产结束后，按清场标准操作规程要求进行清场，做好房间、设备、容器等清洁记录。

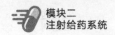
（3）清场完毕，填写清场记录。上报 QA 检查，合格后发放"清场合格证"，挂"已清场"标识。

? 思考题

1. 简述注射剂的定义及分类。
2. 简述注射剂的主要特点。
3. 简述注射剂的质量要求。
4. 简述检查热原的方法。
5. 简述热原的组成、污染途径及除去热原的方法。
6. 供配制注射剂的溶剂有哪些？
7. 简述纯化水、注射用水、灭菌注射用水的区别。
8. 简述常用附加剂的种类。
9. 简述等渗溶液与等张溶液的区别。
10. 中药注射剂制备过程有哪些？
11. 注射剂生产环境无菌级别如何划分？
12. 简述人员进入 B 级洁净区的更衣流程。
13. 配液的方法有哪些？
14. 简述灌装过程中容易出现的问题及解决办法。
15. 注射用无菌粉末适用于哪些药物？包括哪两类？
16. 简述注射用冻干制品的生产工艺流程。
17. 注射用无菌粉末的质量要求有哪些？
18. 混悬型注射剂的质量要求有哪些？

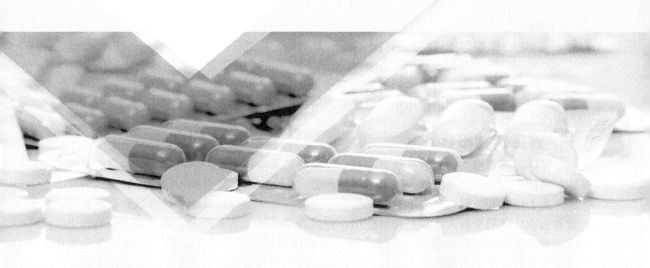

模块三

口服给药系统

项目五　液体制剂

学习目标

◎ 掌握液体制剂的特点、类型及其处方组成。
◎ 掌握溶液剂、糖浆剂、混悬剂及乳剂的制备工艺和质量检查。
◎ 学会典型液体制剂的处方及工艺分析。
◎ 具有综合应用知识分析解决液体制剂的制剂技能。

一、液体制剂概述

液体制剂系指药物分散在适宜分散介质中制成的液体形态的制剂，可供内服和外用。液体制剂的分散相可以是固体、液体或气体药物，在一定条件下分别以颗粒、液滴、胶粒、分子、离子或其混合形式存在于分散介质中。药物在这样的分散系统中，分散介质的种类、性质和药物分散粒子的大小对药物的作用、疗效和毒性等有很大影响。液体制剂是临床上广泛应用的一类剂型，其给药途径广泛，既可用于内服，亦可外用于皮肤、黏膜或深入人体腔道。液体制剂是最常用的剂型之一，包括很多种剂型和制剂，是一个非常复杂的系统。

（一）液体制剂的特点与质量要求

1. 液体制剂的优点

液体制剂具有以下优点。

① 药物以溶解或非溶解状态分散在介质中，相对分散度大、吸收快、作用迅速。

② 给药途径广泛，既可内服，也可外用于皮肤、黏膜和腔道。

③ 使用方便，易于分剂量，特别适用于婴幼儿和老年患者。

④ 可减少某些药物的刺激性，通过调整液体制剂的浓度，避免或减少药物对机体的刺激性（如口服碘化物、外用水合氯醛等）。

⑤ 固体药物制成液体制剂后，一般都能达到提高生物利用度的目的。

2. 液体制剂的缺点

液体制剂也有以下不足之处。

① 易受分散介质的影响，制剂中的药物发生化学降解，使药效降低甚至失效，如青霉素钾溶液。

② 液体制剂的体积较大，水性溶液在 0℃ 以下可能结冰，不便于携带、运输和贮存。

③ 水性液体制剂易霉变，常需加入防腐剂，而非水性溶剂又多有不良药理作用。

④ 非均相液体制剂的药物分散度大，分散粒子具有很高的比表面能，易产生一系列的物理稳定性问题。

由于液体制剂的药物分散度及给药途径不同，因此对其质量要求亦不尽相同。一般应符合以下要求：液体制剂应剂量准确、性质稳定、无毒性、无刺激性，具有一定的防腐能力；溶液型液体制剂是澄明溶液，乳剂和混悬剂应保证其分散相粒子小而均匀，粒子大小要求符合其质量控制要求，混悬剂在振摇时易均匀分散；口服型液体制剂的分散介质最好选用水，其次可以选用较低浓度的乙醇，特殊用途可选择液状石蜡和植物油等；液体制剂应外观良好、口感适宜，根据需要可以添加着色剂和防腐剂；液体制剂包装容器的大小和形状适宜，应便于储运、携带和使用。

（二）液体制剂的分类

液体制剂目前常用的分类方法有两种，即按分散系统分类和按给药途径分类。

1. 按分散系统分类

这种分类方法是把整个液体制剂看作一个分散体系，并按分散粒子的大小将液体制剂分成均相液体制剂和非均相液体制剂。

（1）均相液体制剂 指药物以分子、离子形式分散于液体分散介质中形成的溶液，为均匀分散体系，属热力学稳定体系，包括低分子溶液剂和高分子溶液剂两种。

（2）非均相液体制剂 指药物以分散聚集体的形式分散于分散介质中形成的溶液，为多相分散体系，包括溶胶剂（又称疏水胶体溶液）、乳剂和混悬剂三种。

分散体系的分类与特征见表 5-1。

表 5-1 分散体系的分类与特征

类型		分散相粒子大小/nm	特征	举例
分子分散系	低分子溶液剂	<1	以小分子或离子状态分散,无界面,均相,热力学稳定体系,形成真溶液,扩散快,能透过滤纸和某些半透膜	氯化钠、葡萄糖溶液
胶体分散系	高分子溶液剂	1~100	高分子化合物以分子状态分散,无界面,均相,热力学稳定体系,形成真溶液,能透过滤纸,不能透过半透膜	蛋白质的水溶液
	溶胶剂		以胶粒分散,有界面,非均相,热力学不稳定体系,扩散慢,能透过滤纸,不能透过半透膜,有聚结不稳定性	胶体硫、氢氧化铁溶液
粗分散系	乳剂	>100	以小液滴状态分散,有界面,非均相,热力学和动力学不稳定体系,扩散很慢或不扩散,有聚结和重力不稳定性	鱼肝油乳剂
	混悬剂	>500	以固体微粒状态分散,有界面,非均相,热力学和动力学不稳定体系,有聚结和重力不稳定性	氯霉素混悬液

2. 按给药途径分类

按照给药途径，液体制剂可分为：

（1）内服液体制剂 如合剂、糖浆剂、口服乳剂、口服混悬剂等。

（2）外用液体制剂 皮肤科用液体制剂，如洗剂、搽剂等；五官科用液体制剂，如滴耳剂、滴鼻剂、含漱剂等；直肠、阴道、尿道用液体制剂，如灌肠剂、灌洗剂等。

药剂学中，给药途径相同的液体制剂其产品安全性要求基本一致。

（三）液体制剂的常用溶剂

液体制剂的溶剂对于均相液体制剂而言称为溶剂，对于溶胶剂、乳剂、混悬剂而言则称为分散介质或分散媒。

优良溶剂的条件是：对药物具有良好的溶解性和分散性；无毒性、无刺激性，无不适臭味；化学性质稳定，不与药物或附加剂反应；不影响药物的疗效和含量测定；具有防腐性且成本低。

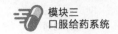
但完全符合这些条件的溶剂很少，应视药物的性质及用途选择适宜的溶剂，尤其是混合溶剂。通常按溶剂极性大小，分为极性溶剂、半极性溶剂和非极性溶剂。

1. 极性溶剂

(1) 纯化水　水是最常用的溶剂，本身无药理作用，能与乙醇、丙二醇、甘油等任意比例混溶，能溶解大多数的无机盐、生物碱类、苷类、糖类、树胶、鞣质、黏液质、蛋白质、酸类及色素等。但许多药物在水中不稳定，尤其是易水解的药物，水性药剂易霉变，不宜久贮。

(2) 甘油　甘油能与水、乙醇、丙二醇等任意比例混溶，对苯酚、鞣酸、硼酸的溶解比水大。甘油既可内服，又可外用。在内服药剂中 12% 以上的甘油，可使药剂带有甜味且能防止鞣酸析出；含甘油 30% 以上时，则有防腐作用。甘油对皮肤有保湿、滋润作用，且黏度大，可使药物在局部的滞留时间长而延长药效。在外用液体制剂中，甘油常用作黏膜用药剂的溶剂，对药物的刺激性具有缓和作用，如碘甘油。无水甘油对皮肤有脱水和刺激作用，含水 10% 的甘油对皮肤、黏膜无刺激性。

(3) 二甲基亚砜　二甲基亚砜为具有大蒜味的无色澄明液体，吸湿性较强，能与水、乙醇、丙二醇、甘油等溶剂任意比例混溶。本品溶解范围广，有"万能溶剂"之称，能促进药物在皮肤的渗透作用，但对皮肤有轻度刺激性。孕妇禁用含二甲基亚砜的产品。

2. 半极性溶剂

(1) 乙醇　乙醇可与水、甘油、丙二醇等溶剂任意比例混溶，能溶解生物碱及其盐类、苷类、挥发油、树脂、鞣质、有机酸和色素等。含乙醇 20% 以上具有防腐作用。但乙醇有一定的药理作用，且易挥发、易燃烧。乙醇与水混合时，由于水合作用而产生热效应及体积效应，使体积缩小，故在稀释乙醇时应凉至室温（20℃）后再调至需要浓度。

(2) 丙二醇　药用丙二醇一般为 1,2-丙二醇，性质与甘油相似，黏度较甘油小，可作为内服及肌内注射用药的溶剂。毒性小，无刺激性，可与水、乙醇、甘油等溶剂任意比例混溶，能溶解磺胺药、局麻药、维生素 A、维生素 D 及性激素等药物。丙二醇与水的混合溶剂能延缓药物的水解。丙二醇的水溶液对药物在皮肤和黏膜上有促渗透作用。但有辛辣味，口服应用受到限制。

(3) 聚乙二醇　液体制剂中常用的聚乙二醇分子量为 300～600，为无色透明液体，理化性质稳定，能与水、乙醇、丙二醇、甘油等溶剂混溶。聚乙二醇对易水解的药物有一定的稳定作用，在外用液体制剂中能增加皮肤的柔润性。

3. 非极性溶剂

(1) 脂肪油　常用麻油、豆油、花生油、橄榄油等植物油，能溶解油溶性药物如激素、挥发油、游离生物碱和许多芳香族药物。脂肪油易酸败，也易受碱性药物的影响而发生皂化反应。脂肪油多作外用药剂的溶剂，如洗剂、搽剂、滴鼻剂等。脂肪油也常用作内服药剂的溶剂，如维生素 A 和维生素 D 溶液剂。

(2) 液状石蜡　本品为饱和烃类化合物，是无色、透明的液体，有轻质和重质两种，轻质密度为 0.828～0.860g/ml，重质密度为 0.860～0.890g/ml，40℃ 时黏度在 $36mm^2/s$ 以上，化学性质稳定，能与非极性溶剂混合，能溶解生物碱、挥发油及一些非极性药物等。液状石蜡在肠道中不分解也不吸收，有润肠通便作用，可作口服药剂和搽剂的溶剂。

(3) 乙酸乙酯　本品为无色或淡黄色微臭流动性油状液体，密度（20℃）为 0.897～0.906g/ml，具有挥发性和可燃性，在空气中易氧化，需加入抗氧剂。可溶解甾体药物、挥发油等油溶性药物，作外用液体制剂的溶剂。

(4) 肉豆蔻酸异丙酯　本品为无色澄明、几乎无臭的流动性油状液体，密度为 0.846～

0.855g/ml，化学性质稳定，不易氧化和水解，不易酸败，不溶于水、甘油、丙二醇，但溶于乙醇、丙酮、乙酸乙酯和矿物油，能溶解甾体药物和挥发油。本品无刺激性、过敏性，可透过皮肤吸收，并能促进药物经皮吸收，常用作外用药剂的溶剂。

二、增加药物溶解度的方法

溶解度系指在一定温度（气体在一定压力）下一定量的饱和溶液中溶解的溶质的量，一般以1份溶质（1g或1ml）溶于若干毫升溶剂中表示，也可用摩尔浓度来表示。《中国药典》（2020年版）用极易溶解、易溶、溶解、略溶、微溶、极微溶解、几乎不溶和不溶等表示药品的近似溶解度。

有些药物在溶剂中的溶解度较临床治疗作用所需要浓度低，因此采用一定的方法来增加药物的溶解度，从而满足临床治疗需要，有着重要的意义。增加药物溶解度的方法主要有以下几种。

1. 制成盐类

一些难溶性弱酸或弱碱类药物，由于它们的极性较小，所以在水中溶解度很小或不溶，但如果加入适量的酸（弱碱性药物）或碱（弱酸性药物）制成盐，使之成为离子型极性化合物后，则可增加其在水（极性溶剂）中的溶解度。如可卡因的溶解度为1：600，而盐酸可卡因的溶解度则为1：0.5；又如水杨酸的溶解度为1：500，而水杨酸钠的溶解度则为1：1。

含羧基、磺酰胺基等酸性基团的药物，可用碱（氢氧化钠、碳酸氢钠、氢氧化钾、氢氧化铵、乙二胺、二乙醇胺等）与其作用生成溶解度较大的盐。天然及合成的有机碱，一般都用盐酸、硫酸、硝酸、磷酸、枸橼酸、水杨酸、马来酸、酒石酸或乙酸等制成盐类。

选用的盐类除考虑到溶解度应满足临床需要外，还需考虑到溶液的pH、稳定性、吸湿性、毒性及刺激性等因素。因为同一种酸性或碱性药物往往可与多种不同的碱或酸生成不同的盐类，而它们的溶解度、稳定性、刺激性、毒性甚至疗效等常常也不一样。

2. 更换溶剂或选用混合溶剂

某些分子量较大、极性较小而在水中溶解度较小的药物，如果更换半极性或非极性溶剂，就会使其溶解度增大，如樟脑不溶于水而能溶于醇或脂肪油等。某些难溶于水但又不能制成盐类的药物，或虽能制成盐类但制成的盐类在水中极不稳定，这类药物常采用混合溶剂促其溶解。

常用作混合溶剂的有水、乙醇、甘油、丙二醇、聚乙二醇、二甲基亚砜等。如氯霉素在水中的溶解度仅0.25%，若用水中含有25%乙醇、55%甘油的混合溶剂，则可制成12.5%的氯霉素溶液。又如苯巴比妥难溶于水，若制成钠盐虽能溶于水，但水溶液极不稳定，可因水解而引起沉淀或分解后变色，故改为聚乙二醇与水的混合溶剂应用。

药物在混合溶剂中的溶解度通常是在各溶剂中溶解度相加的平均值。药物在混合溶剂中的溶解度，除与混合溶剂的种类有关外，还与溶剂在混合溶剂中的比例有关，这些都可通过实验加以确定。

药物在单一溶剂中溶解能力差，但在混合溶剂中比单一溶剂更易溶解的现象称为潜溶，这种混合溶剂称为潜溶剂。这种现象可认为是由于两种溶剂对药物分子不同部位作用的结果。

3. 加入助溶剂

一些难溶性药物，当加入第三种物质时，能使其在水中的溶解度增加，而不降低活性的现象，称为助溶。第三种物质是低分子化合物时（不是胶体物质或非离子型表面活性剂）称为助溶剂。

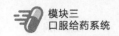

由于溶质和助溶剂的种类很多，其助溶的机制有许多至今尚不清楚，但一般认为主要是由于形成了可溶性的配合物、可溶性有机分子复合物、缔合物和通过复分解而形成可溶性复盐等的结果。例如，咖啡因在水中的溶解度为 1：50，用苯甲酸钠助溶，形成分子复合物苯甲酸钠咖啡因（安钠咖），溶解度可增大到 1：1.2；茶碱在水中的溶解度为 1：120，用乙二胺助溶形成氨茶碱，溶解度增大为 1：5。

常用的助溶剂可分为三类：无机化合物，如碘化钾、氯化钠等；某些有机酸及其钠盐，如苯甲酸钠、水杨酸钠、对氨基苯甲酸钠等；酰胺化合物，如乌拉坦、烟酰胺、乙酰胺等。很多其他类似的物质也都有较好的助溶作用。

4. 加入增溶剂

加入增溶剂是将某些难溶性药物分散于表面活性剂形成的胶束内，来增加药物溶解度的方法。常用的增溶剂为聚山梨酯类和聚氯乙烯脂肪酸酯类。

5. 分子结构修饰

难溶性药物分子中引入亲水基团可增加其在水中的溶解度。如维生素 B_2，在水中溶解度为 1：3000 以上，而引入—PO_5HNa 基团形成维生素 B_2 磷酸酯钠，溶解度可增加 300 倍。又如维生素 K_3 不溶于水，分子中引入—SO_3HNa 基团则成为维生素 K_3 亚硫酸氢钠，可制成注射剂。但应注意，在有些药物中引入某种亲水基团后，不仅在水中的溶解度有所增加，其药理作用也可能有或多或少的改变。

三、表面活性剂及其在药剂学中的应用

（一）表面活性剂概述

物质有固、液、气三相，相与相之间的交界面称为界面，通常将有气相参与的界面（如固-气、液-气界面）称为表面。表面现象（界面现象）是指在物质界面上产生的所有物理化学现象。表面现象是自然界中普遍存在的基本现象，如雨滴、彩虹、泡沫等。药物制剂的研究和生产中也广泛存在着界面或表面现象，如气雾剂生产中的粒子大小、皮肤用药的透皮吸收、难溶性药物的胃肠道吸收和释放等，均与表面或界面现象有着密切的关系。

表面张力是指一种使表面分子具有向内运动的趋势，并使表面自动收缩至最小面积的力。如液体表面分子与液相内分子的受力是不同的，液相内部每个分子受周围分子的作用力是对称的，然而液体表面的分子所受的力是不对称的。由于气体的密度小于液体的密度，液体内部分子对表面分子的引力大于表面气体对液体表面分子的引力，因此在液体表面产生一个指向液体内部的合力，这种引起液体表面内向收缩的力称为表面张力。表面张力的方向与表面相切。

表面活性剂是指含有固定的亲水亲油基团，由于其两亲性而倾向于集中在溶液表面、两种不相混溶液体的界面或者集中在液体和固体的表面，故能降低表面张力或者界面张力的一类化合物。此外，表面活性剂还应具有增溶、乳化、润湿、杀菌、去污、起泡和消泡等应用性质，这是与一般表面活性物质的重要区别。有些物质如乙醇，由于不具备表面活性剂的分子结构特征，所以它虽然具有一定的降低表面张力的能力，但不完全具备其他作用，因此不属于表面活性剂。

（二）表面活性剂的结构特点和分类

表面活性剂化学结构的共同特点是，分子一般由非极性烃链和 1 个以上的极性基团组成，烃链长度一段不少于 8 个碳原子。非极性基团可以是脂肪烃链直链或者支链，芳烃链可以带有侧链或并环烷烃。极性基团可以是解离的离子，也可以是不解离的极性基团。极性基团可以是羧酸及其盐、磺酸及其盐、硫酸酯及其可溶性盐、磷酸硝基、氨基或胺基及它们的盐，也可以是羟基、酰胺基、醚键和羧酸酯基等。如肥皂是脂肪酸类（R—COO—）表面活

性剂，其结构中的脂肪酸碳链（R—）为非极性基团，解离的脂肪酸根（COO—）为极性基团，亲水性强。

根据分子组成特点和极性基团的解离性质，将表面活性剂分为离子型表面活性剂和非离子型表面活性剂。根据离子型表面活性剂所带电荷，又可分为阳离子型表面活性剂、阴离子型表面活性剂和两性离子型表面活性剂。一些表现出较强的表面活性同时具有一定的起泡、乳化、增溶等应用性能的水溶性高分子，称为高分子表面活性剂，如海藻酸钠、羧甲基纤维素钠、甲基纤维素、聚乙烯醇、聚维酮等，但与低分子表面活性剂相比，高分子表面活性剂降低表面张力的能力较小，增溶力、渗透力弱，乳化力较强，常用作保护胶体。近年来，出现了一些新型表面活性剂，如碳氟表面活性剂、含硅表面活性剂、冠醚表面活性剂等。

1. 阳离子型表面活性剂

本类表面活性剂起表面活性作用的是阳离子部分。分子结构中含有一个五价的氮原子，也称为季铵盐型阳离子表面活性剂。本品水溶性大，在酸性与碱性溶液中均较稳定，具有良好的表面活性和杀菌作用，但对人体有害，因此本类表面活性剂主要用于杀菌和防腐。常用的有苯扎氯铵（洁尔灭）、苯扎溴铵（新洁尔灭）等。

2. 阴离子型表面活性剂

本类表面活性剂起表面活性作用的是阴离子部分。

(1) 肥皂类 为高级脂肪酸的盐，其分子结构通式为 $(RCOO^-)_n M^{n+}$。常用脂肪酸的烃链长在 $C_{11} \sim C_{18}$ 之间，以硬脂酸、油酸、月桂酸等较常用。根据其金属离子 M^{n+} 的不同，可分为碱金属皂（如硬脂酸钠、硬脂酸钾）、碱土金属皂（如硬脂酸钙）、有机胺皂（如三乙醇胺皂）。

本类表面活性剂的共同特点是具有良好的乳化能力，容易被酸所破坏，碱金属皂还可被钙盐、镁盐等破坏，电解质可使之盐析，具有一定的刺激性，一般用于外用制剂。

(2) 硫酸化物 分子结构通式为 $ROSO_3^- M^+$，其中 R 的碳链长在 $C_{12} \sim C_{18}$ 之间。常用的有如下几种。

① 硫酸化蓖麻油。俗称"土耳其红油"，为黄色或橘黄色黏稠液体，有微臭，可与水混合。为无刺激性的去污剂和润湿剂，可代替肥皂洗涤皮肤，也可作载体使挥发油或水不溶性杀菌剂溶于水中。

② 高级脂肪醇硫酸酯类。如十二烷基硫酸钠（月桂醇硫酸钠）、十六烷基硫酸钠（鲸蜡醇硫酸钠）、十八烷基硫酸钠（硬脂醇硫酸钠）等。其乳化能力很强，较肥皂类稳定，在低浓度时对黏膜有一定刺激作用，所以应用受到一定限制。主要用作外用软膏的乳化剂，有时也用于固体制剂的润湿剂或增溶剂，但不宜用于注射剂。

(3) 磺酸化物 主要有脂肪族磺酸化物、烷基芳基磺酸化物、烷基萘磺酸化物等。其分子结构通式为 $RSO_3^- M^+$。其水溶性和耐钙、碘盐的能力虽比硫酸化物稍差，但在酸性介质中不易水解，特别在酸性水溶液中稳定。常用的有：脂肪族磺酸化物，如二辛基琥珀酸磺酸钠（商品名"阿洛索-OT"）等；烷基芳基磺酸化物，如十二烷基苯磺酸钠，均为目前广泛应用的洗涤剂。

3. 两性离子型表面活性剂

这类表面活性剂的分子结构中同时具有正、负离子基团，在不同 pH 介质中可表现出阳离子或阴离子表面活性剂的性质。在碱性水溶液中呈现阴离子表面活性剂的性质，具有起泡性、去污力；在酸性水溶液中则呈现阳离子表面活性剂的性质，具有杀菌能力。根据来源不同，有天然的，也有人工合成制品。

(1) 天然的两性离子型表面活性剂 包括豆磷脂和卵磷脂。常用的是卵磷脂，其分子结

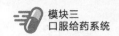

构由磷酸酯型的阴离子部分和季铵盐型阳离子部分组成,因卵磷脂有两个疏水基团,故不溶于水,但对油脂的乳化能力很强,可制成油滴很小、不易被破坏的乳剂。本品毒副作用小,常用于注射用乳剂及脂质体的制备。豆磷脂在使用时一般用于口服制剂。

(2) 合成的两性离子型表面活性剂　本类表面活性剂的阴离子部分主要是羧酸盐,阳离子部分主要是胺盐或季铵盐。由胺盐构成者即为氨基酸型,由季铵盐构成者即为甜菜碱型。氨基酸型在等电点(一般微酸性)时,亲水性减弱,可能产生沉淀;甜菜碱型不论在酸性、碱性或中性溶液中均易溶解,在等电点时也无沉淀,适用于任何 pH 环境。

4. 非离子型表面活性剂

本类表面活性剂在水中不解离。其分子结构中亲水基团多为甘油、聚乙二醇和山梨醇等多元醇;亲油基团多为长链脂肪酸或长链脂肪醇及烷基或芳基等,它们以酯键或醚键相结合,因而有许多不同的品种。由于不解离,不受电解质和溶液 pH 的影响,毒性和溶血性小,能与大多数药物配伍,在药剂中应用广泛,常用作增溶剂、乳化剂、润湿剂等。可供外用或内服,个别品种可作注射剂的附加剂。

(1) 脂肪酸山梨坦(司盘类)　为脱水山梨醇脂肪酸酯类,即山梨醇与各种不同的脂肪酸缩合形成的酯类化合物,商品名为司盘。

脂肪酸山梨坦类亲油性较强,亲水亲油平衡(HLB)值为 1.8～8.6,一般用作 W/O 型乳剂的乳化剂或 O/W 型乳剂的辅助乳化剂。脂肪酸山梨坦 20 和脂肪酸山梨坦 40 与聚山梨酯类配伍常用作 O/W 型乳剂的混合乳化剂使用。

根据所结合的脂肪酸种类和数量的不同,本类表面活性剂有以下常用品种:脂肪酸山梨坦 20(月桂酸山梨坦)、脂肪酸山梨坦 40(棕榈酸山梨坦)、脂肪酸山梨坦 60(硬脂酸山梨坦)、脂肪酸山梨坦 80(油酸山梨坦)及脂肪酸山梨坦 85(三油酸山梨坦)等。

(2) 聚山梨酯类(吐温类)　为聚氧乙烯脱水山梨醇脂肪酸酯类,这类表面活性剂是在脂肪酸山梨坦类的剩余—OH 的基础上,再结合聚氧乙烯基而制得的醚类化合物,商品名为吐温(Tweens)。

聚山梨酯类是黏稠的黄色液体,对热稳定,但在酸、碱和酶作用下也会水解。由于分子中含有大量亲水性的聚氧乙烯基,故其亲水性显著增强,成为水溶性表面活性剂。主要用作增溶剂、O/W 型乳化剂、润湿剂和助分散剂。

根据所结合脂肪酸种类和数量的不同,本类表面活性剂常用的有聚山梨酯 20(单月桂酸酯)、聚山梨酯 40(单棕榈酸酯)、聚山梨酯 60(单硬脂酸酯)、聚山梨酯 80(单油酸酯)及聚山梨酯 85(三油酸酯)等。

(3) 聚氧乙烯脂肪酸酯类　系由聚乙二醇与长链脂肪酸缩合而成的酯,通式为 $RCOOCH_2(CH_2OCH_2)_nCH_2OH$,商品名为卖泽(Myrj)类。该类表面活性剂的水溶性和乳化性很强,常用作 O/W 型乳剂的乳化剂。

(4) 聚氧乙烯脂肪醇醚类　系由聚乙二醇与脂肪醇缩合而成的醚,通式为 $RO(CH_2OCH_2)_nH$,商品名为苄泽(Brij)类。该类表面活性剂均具有较强的亲水性,常用作增溶剂及 O/W 型乳化剂。

(5) 聚氧乙烯、聚氧丙烯共聚物　由聚氧乙烯与聚氧丙烯聚合而成,通式为 $HO-(C_2H_4O)_a-(C_3H_6O)_b-(C_2H_4O)_c-H$,聚氧乙烯具有亲水性,而聚氧丙烯基随着分子量的增大其亲油性增强。本品又称泊洛沙姆,商品名为普流罗尼克,该类表面活性剂对皮肤无刺激性和过敏性,对黏膜刺激性极小,毒性也比其他非离子型表面活性剂小。常用的有泊洛沙姆 188(分子量约为 7500),作为一种 O/W 型乳化剂,是目前用于静脉乳剂的首选合成乳化剂,用本品制备的乳剂能够耐受热压灭菌和低温冰冻而不改变其物理稳定性。

5. 高分子表面活性剂

近年来，一些新的具备表面活性剂特征及应用前景的高分子聚合物受到较多的关注，通常分子量在 1000 以上。分子中具有亲水和疏水两亲性结构的物质称为高分子表面活性剂，也称为两亲共聚物。这类高分子表面活性剂，也可以降低表面张力，形成胶束结构，但在胶束的缔合数量、形态、尺寸分布多分散性等方面，不同于小分子表面活性剂的特征。

(1) PEG 族段共聚物 可成功用于制备载药高分子载体的胶束载体有聚己内酯-聚乙二醇（PCL-PEG）、聚氰基丙烯酸酯-聚乙二醇（PCA-PEG）、聚丙交酯-聚乙烯吡咯烷酮（PLA-PVP）和聚乳酸-聚乙二醇（PLV-PEG）等嵌段共聚物。这类共聚物通过乳化溶剂扩散或挥发、高分子纳米沉淀或渗析等方法，可制得得到聚合物胶束。该胶束具有高度的动力学和热力学稳定性、较高的载药性和较好的抗稀释能力和体内相容性，成为疏水性抗肿瘤药物的良好载体。

(2) 氨基糖类表面活性剂 可分为高分子壳聚糖类表面活性剂（以水不溶性的壳聚糖为原料制得）和低分子甲壳低聚糖类表面活性剂（以水溶性甲壳低聚糖为原料制得）两类。

以壳聚糖为母体改构后合成的新型高分子壳聚糖类表面活性剂，具有良好的水溶性，在水性介质中形成胶束，对不溶于水的药物有很强的增溶能力，如可增加抗肿瘤药物紫杉醇在水中的溶解度 1000 倍。

(3) 羧甲基纤维素衍生物 在羧甲基纤维素分子链上，分别嫁接长链烷基、聚氧乙烯基或长链季铵盐，得到的两性纤维素衍生物可获得增稠、分散、增溶和成膜的性能。

(三) 表面活性剂的特性

1. 表面活性剂的表面吸附与胶束的形成

当表面活性剂溶于水的浓度很低时，表面活性剂分子在水-空气界面产生定向排列，亲水基团朝向水而亲油基团朝向空气，表面活性剂分子几乎完全集中在表面形成单分子层，并将溶液的表面张力降低到纯水表面张力以下，从而使溶液的表面性质发生改变，表现出较低的表面张力，随之产生润湿性、乳化性、起泡性等。同理，表面活性剂与固体接触时，其分子可能在固体表面发生吸附，表面活性剂分子的疏水链伸向空气，形成单分子层，使固体表面性质发生改变。

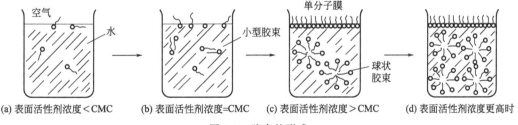

(a) 表面活性剂浓度＜CMC　　(b) 表面活性剂浓度=CMC　　(c) 表面活性剂浓度＞CMC　　(d) 表面活性剂浓度更高时

图 5-1　胶束的形成

当表面活性剂的正吸附达到饱和后，继续加入表面活性剂则溶液表面不能再吸附，其分子转入溶液中，导致表面活性剂分子自身相互聚集，形成亲油基团向内、亲水基团向外、在水中稳定分散、大小在胶体粒子范围的胶束（图 5-1）。表面活性剂分子在溶液中缔合形成胶束的最低浓度称为临界胶束浓度（CMC），单位体积内胶束数量几乎与表面活性剂的总浓度成正比。随着表面活性剂浓度的增大，胶束结构历经从球状到棒状，再到六角束状，及至板状或层状的变化，亲油基团也由分布紊乱转变为排列规整（图 5-2）。

2. 亲水亲油平衡值

表面活性剂亲水亲油能力的强弱取决于其分子结构中亲水基团和亲油基团的多少，可以

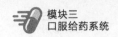

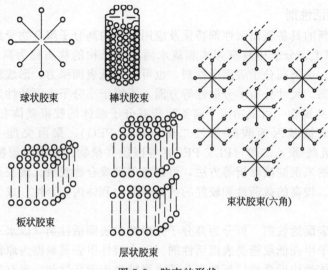

球状胶束　　棒状胶束　　束状胶束(六角)

板状胶束

层状胶束

图 5-2　胶束的形状

用亲水亲油平衡值表示（HLB 值）。表面活性剂的 HLB 值越高，其亲水性愈强；HLB 值越低，其亲油性愈强。根据经验，将表面活性剂的 HLB 值范围限定在 0～40，其中非离子型表面活性剂的 HLB 值在 0～20，即完全由疏水的碳氢基团组成的石蜡的 HLB 值定为 0，完全由亲水的氧乙烯基组成的聚氧乙烯的 HLB 值定为 20，既具碳氢链又有氧乙烯链的表面活性剂的 HLB 值则介于二者之间。

不同 HLB 值的表面活性剂具有不同的用途，HLB 值在 15～18 及以上的表面活性剂适合用作增溶剂，HLB 值在 8～16 的表面活性剂适合用作 O/W 型乳化剂，HLB 值在 3～8 的表面活性剂适合用作 W/O 型乳化剂，HLB 值在 7～9 的表面活性剂适合用作润湿剂。

实际工作中，可利用非离子型表面活性剂 HLB 值的加和性，来计算两种或两种以上表面活性剂混合后的 HLB 值。公式为：

$$HLB_{AB} = \frac{HLB_A \times W_A + HLB_B \times W_B}{W_A + W_B}$$

式中，HLB_{AB} 为混合后的 HLB 值；W_A 和 W_B 分别表示表面活性剂 A 和 B 的质量；HLB_A 和 HLB_B 分别表示表面活性剂 A 和 B 的 HLB 值。

常用表面活性剂的 HLB 值见表 5-2。

表 5-2　常用表面活性剂的 HLB 值

表面活性剂	HLB	表面活性剂	HLB	表面活性剂	HLB
十二烷基硫酸钠	40.0	卖泽 49	15.0	阿拉伯胶	8.0
油酸皂（软皂）	20.0	卖泽 45	11.1	司盘 20	8.6
乳化剂 OP	15.0	苄泽 35	16.9	司盘 40	6.7
吐温 20	16.7	苄泽 30	9.5	司盘 60	4.7
吐温 40	15.6	聚氧乙烯月桂醇醚	16.0	司盘 80	4.3
吐温 60	14.9	泊洛沙姆 188	16.0	司盘 85	1.8
吐温 80	15.0	聚氧乙烯烷基酚	12.8	单硬脂酸甘油酯	3.8
油酸钠	18.0	西黄蓍胶	13.2	单硬脂酸丙二酯	3.4
卖泽 52	16.9	油酸三乙醇胺	12.0	磷脂酰胆碱	3.0
卖泽 51	16.0	明胶	9.8	二硬脂酸乙二酯	1.5

（四）表面活性剂在制剂中的应用

1. 增溶剂

表面活性剂在水溶液中达到临界胶束浓度（CMC）后，一些水不溶性或微溶性物质在胶束溶液中的溶解度可显著增加，形成透明胶体溶液，这种作用称为增溶，起增溶作用的表面活性剂称为增溶剂。如甲酚在水中的溶解度仅 2% 左右，但在肥皂溶液中却可增加到 50%。在药剂中，一些挥发油、脂溶性维生素、甾体激素等许多难溶性药物常借此增溶，形成澄明溶液或提高浓度。以水为溶剂，增溶剂的最适 HLB 为 15～18，多数是亲水性较强的非离子型表面活性剂，如聚氧乙烯蓖麻油、吐温和卖泽等。

胶束增溶体系是热力学稳定体系，也是热力学平衡体系。当表面活性剂浓度大于临界胶束浓度时，随着表面活性剂用量的增加，胶束数量也增加，增溶量相应增加。如表面活性剂用量为 1.0g 时，增溶药物达到饱和的浓度，即为最大增溶浓度（maximum additive concentration，MAC）。增溶剂达到 MAC 后，继续增加增溶剂，溶液体系转向热力学不稳定体系。若增溶剂是液体，则体系转变成乳浊液；若增溶剂是固体，则溶液中会有沉淀析出。

影响增溶作用的因素主要是温度、增溶剂的种类与用量、加入顺序和药物的性质。HLB 值、pH、表面活性剂的复配等对增溶也有影响。

对于离子型表面活性剂，其溶解度随温度的升高而增大。当温度升高至某一值时，表面活性剂的溶解度急剧增大，这一温度称为克拉夫（Krafft）点。Krafft 点是离子型表面活性剂的特征值，当温度在 Krafft 点以上时，表面活性剂具有更好的表面活性，因此应用时温度应高于 Krafft 点温度。

对于聚氧乙烯型非离子型表面活性剂，温度升高可导致聚氧乙烯链与水之间的氢键断裂。当温度上升到一定程度时，聚氧乙烯链可发生强烈脱水和收缩，使增溶空间减小，增溶能力下降，表面活性剂溶解度急剧下降并析出，溶液出现混浊，这种现象称为起昙，此时的温度称为昙点或浊点。吐温类表面活性剂有起昙现象，但某些聚氧乙烯类非离子型表面活性剂（如泊洛沙姆 188 等）在常压下观察不到昙点。

2. 乳化剂

一般来说，HLB 值在 8～16 的表面活性剂可用作 O/W 型乳化剂，HLB 值在 3～8 的表面活性剂可用作 W/O 型。阳离子型表面活性剂的毒性及刺激性较大，故不作内服乳剂的乳化剂使用；阴离子型表面活性剂一般作为外用乳剂的乳化剂使用；两性离子型表面活性剂可用作内服乳剂的乳化剂，如阿拉伯胶、西黄蓍胶、琼脂等；非离子型表面活性剂毒性低、相溶性好、不易发生配伍变化、对 pH 改变及电解质均不敏感，可用于外用或内服乳剂，有些还用作静脉乳的乳化剂。

3. 润湿剂

在制备混悬剂时，常遇到的一个问题是粉末不易被润湿，漂浮于液体表面或下沉，这是由于固体粉末表面被一层气膜包围，或表面的疏水性阻碍了液体对固体的润湿，从而给制备制剂带来困难或造成制剂的不稳定。加入表面活性剂后，由于其分子能定向地吸附在固-液界面，排除了固体表面吸附的气体，降低了固-液界面的界面张力和接触角，使固体易被润湿而制得分散均匀或易于再分散的液体制剂。

促进液体在固体表面铺展或渗透的作用，称为润湿作用，能起润湿作用的表面活性剂称为润湿剂。选择表面活性剂用作润湿剂时，最适宜的 HLB 值通常为 7～9，并应有适宜的溶解度。直链脂肪族表面活性剂应以 8～12 个碳原子为宜，烷基硫酸盐以硫酸相处于碳氢链的中部为佳。常用的润湿剂有聚山梨醇类、聚氯乙烯脂肪醇醚类、聚氯乙烯蓖麻油类、磷脂类、泊洛沙姆等。

4. 起泡剂和消泡剂

泡沫是一层薄膜包围着气体，气体分子分散在液体中的分散体系。起泡剂是指具有产生泡沫作用的表面活性剂，可以降低液体表面张力使泡沫稳定，通常具有较强的亲水性和较高

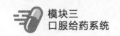
的 HLB 值。泡沫的形成易使药物在用药部位分散均匀且不易流失。起泡剂主要用于腔道和皮肤用药。

消泡剂是指消除泡沫的表面活性剂，HLB 值通常为 1～3，具有较强的亲油性，能与泡沫液层的起泡剂争夺液膜表面而吸附在泡沫表面，从而取代原来的起泡剂，因其本身不能形成稳定的液膜，故使泡沫破坏。一些含有表面活性剂或者具有表面活性物质的溶液，如中药浸出液，含有蛋白质、树胶和其他高分子化合物的溶液，当剧烈搅拌或蒸发浓缩时可产生稳定的泡沫，给工艺操作带来麻烦，这时如加入表面张力小且水溶性也小的表面活性剂，可以破坏泡沫，起到消泡的作用。常用的消泡剂主要是聚氧乙烯甘油。

5. 去污剂

用于去除污垢的表面活性剂称为去污剂或洗涤剂。去污剂的最适 HLB 值一般为 13～16。去污能力以非离子型表面活性剂最强，其次是阴离子型表面活性剂。常用的去污剂有油酸钠和其他脂肪酸的钠皂、钾皂、十二烷基硫酸钠和烷基磺酸钠等阴离子表面活性剂。去污过程一般包括对污物表面的润湿、增溶、乳化、分散、起泡等作用。

6. 消毒剂和杀菌剂

大多数阳离子型和两性离子型表面活性剂都可以用作消毒剂，少数阴离子表面活性剂也有类似的作用。表面活性剂的消毒和杀菌机制，是由于表面活性剂与细菌的细胞膜相互作用，使膜蛋白变性，破坏细菌的细胞结构，使细菌死亡。

常用的广谱杀菌剂，如苯扎溴铵（新洁尔灭）对革兰阳性菌和革兰阴性菌。大肠埃希菌、痢疾杆菌和霉菌等经过几分钟接触即可杀灭，其 0.5% 醇溶液用于皮肤消毒，0.02% 和 0.05% 的水溶液用于局部湿敷和器械消毒。

四、溶液型液体制剂

溶液型液体制剂系指药物以分子或离子（直径在 1nm 以下）状态分散在液体分散介质中所制成的单相溶液型药剂，供内服或外用。根据需要可在溶液型液体制剂中加入助溶剂、抗氧剂、甜味剂、着色剂等附加剂。

溶液型液体制剂因是均相分散体系，在溶液中的分散度最大，溶液呈均匀分散状态，药液澄明并能通过半透膜，服用后与机体的接触面积最大，吸收完全而迅速，所以在药物作用和疗效方面比固体药剂快，而且比同一药物的混悬剂或乳剂也快。此外，溶液型液体制剂分散均匀，分剂量方便灵活。

溶液型液体制剂有溶液剂、糖浆剂、甘油剂、芳香水剂及醋剂等。

（一）溶液剂

溶液剂一般系指由化学药物（非挥发性药物）组成供内服或外用的均相澄明溶液。其溶剂多为水，少数则以乙醇或油为溶剂，如硝酸甘油乙醇溶液、维生素 D 油溶液等。溶液剂应保持澄清，不得有沉淀、混浊、异物等。药物制成溶液剂后可以用量取代替称取，使剂量准确、服用方便，特别对小剂量或毒性大的药物更为重要。溶液剂可供内服或外用，内服者应注意其剂量准确，并适当改善其色、香、味；外用者应注意其浓度和使用部位的特点。

> **知识拓展**
> ### 溶液剂的制备方法
> 1. 溶解法
> 此法适用于较稳定的化学药物，多数溶液剂都采用此法制备。其制备过程是药物的称量、溶解、过滤、质量检查、包装。操作方法是取处方总量 1/2～3/4 的溶剂，加入

称好的药物，搅拌使其溶解，过滤，并通过滤器加溶剂至全量。过滤后的药液进行质量检查。制得的药物溶液应及时分装、密封、贴标签并进行包装。

2. 稀释法

先将药物制成高浓度溶液，再用溶剂稀释至所需浓度即得。用稀释法制备溶液时应注意浓度换算，挥发性药物浓溶液稀释过程中应注意挥发损失，以免影响浓度的准确性。本法适用于高浓度溶液或易溶性药物的浓贮备液等原料。例如，工厂生产的过氧化氢溶液含 H_2O_2 为 30% (g/ml)，而常用浓度为 2.5%~3.5% (g/ml)；工业生产的浓氨溶液含 NH_3 25%~30% (g/g)，而医药常用氨溶液的浓度一般为 9.5%~10.5% (g/ml)。

3. 化学反应法

本法适用于原料药物缺乏或不符合医疗要求的情况，此时可将两种或两种以上的药物配伍在一起，经过化学反应而生成所需药物的溶液。如复方硼砂溶液（多贝尔溶液）的制备。

（二）芳香水剂

芳香水剂系指芳香挥发性药物（多为挥发油）的饱和或近饱和水溶液。用水与乙醇的混合液作溶剂制成的芳香水剂含较多挥发油，称为浓芳香水剂；芳香性药材用水蒸气蒸馏法制成的芳香水剂，称为药露或露剂。

芳香水剂应澄明，必须具有与原有药物相同的气味，不得有异臭、沉淀或杂质。由于挥发油或挥发性物质在水中的溶解度很小（约为 0.05%），故芳香水剂的浓度一般都很低。一般用作矫味剂、矫臭剂，有时也有祛痰止咳、平喘和解热镇痛等治疗作用。芳香水剂多数易分解、变质甚至霉变，所以不能大量配制和久贮。

芳香水剂的制法：纯挥发油和化学药物多用溶解法和稀释法制备，中药芳香水剂多用水蒸气蒸馏法制备。

1. 溶解法

取挥发油 2ml（或挥发性物质细粉 2g）置大玻璃瓶中，加纯化水 1000ml，用力振摇约 15min，使成饱和溶液后放置。用纯化水润湿的滤纸滤过，自滤纸上添加适量纯化水至 1000ml，混合均匀，即得。为使挥发油尽快溶于纯化水中，并提高其溶液的澄明度，可在制备时向挥发油中加入适量滑石粉或磷酸钙等物质，作为分散剂和助滤剂。

"薄荷水的制备（溶液型液体制剂）"微课

2. 稀释法

取浓芳香水剂 1 份，加纯化水若干份稀释而成。

3. 水蒸气蒸馏法

取含挥发性成分的药材适量，洗净，适当粉碎，置蒸馏器中，加适量水浸泡一定时间，进行蒸馏或通入蒸汽蒸馏。一般约收集药材重量的 6~10 倍蒸馏液，除去过量的挥发性物质或重蒸馏一次。必要时可用润湿的滤纸滤过，使成澄清溶液。

（三）甘油剂

甘油剂系指药物的甘油溶液，专供外用。甘油具有黏稠性、防腐性和吸湿性，对皮肤黏膜有柔润和保护作用。甘油附着于皮肤黏膜能使药物滞留患处而起延效作用，常用于口腔、鼻腔、耳腔与咽喉患处。甘油对一些药物如碘、酚、硼酸、鞣酸等有较好的溶解能力，制成的溶液也较稳定。甘油剂的引湿性较大，故应密闭贮存。甘油剂的制备常用溶解法与化学反应法。

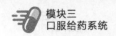
（四）醑剂

醑剂系指挥发性药物的浓乙醇溶液。凡用于制备芳香水剂的药物一般都可以制成醑剂，供外用或内服。挥发性药物在乙醇中的溶解度比在水中大，所以醑剂中挥发性成分浓度可以比芳香水剂大得多。醑剂的含乙醇量一般为60%～90%，当醑剂与以水为溶剂的制剂混合时，往往会发生混浊。

醑剂应贮存于密闭容器中，置冷暗处保存。由于醑剂中的挥发油易氧化、酯化或聚合，久贮易变色，甚至出现黏性树脂物沉淀，故不宜长期贮存。

知识拓展

醑剂的制备方法

1. 溶解法

直接将挥发性药物溶于乙醇中即得，如樟脑醑、三氯甲烷醑的制备。

2. 蒸馏法

将挥发性药物溶于乙醇后再进行蒸馏，或将经化学反应制得的挥发性药物再经蒸馏而制得，如芳香氨醑。

（五）糖浆剂

糖浆剂系指含有原料药物的浓蔗糖水溶液，供口服使用。纯蔗糖的近饱和水溶液称为单糖浆，浓度为85%（g/ml）或64.7%（g/g）。糖浆剂中的药物可以是化学药物也可以是药材的提取物。

蔗糖能掩盖某些药物的苦味、咸味及其他不适臭味，容易服用，尤其受儿童欢迎。糖浆剂易被真菌、酵母菌和其他微生物污染，使糖浆剂混浊或变质。糖浆剂中含蔗糖浓度高时，渗透压大，微生物的生长繁殖受到抑制；低浓度的糖浆剂应添加防腐剂。

糖浆剂含蔗糖量应不低于45%（g/ml）。糖浆剂应澄清，在贮存期间不得有酸败、产生气体或其他变质现象。含药材提取物的糖浆剂，允许含少量轻摇即散的沉淀。糖浆剂中必要时可添加适量的乙醇、甘油和其他多元醇作稳定剂。如需加防腐剂，尼泊金类的用量不得超过0.05%，苯甲酸的用量不得超过0.3%；必要时可加入色素。

糖浆剂可分为单糖浆，不含任何药物，除供制备含药糖浆外，一般可作矫味剂、助悬剂等用；矫味糖浆，如橙皮糖浆、姜糖浆等，主要用于矫味，有时也用作助悬剂；药物糖浆，如磷酸可待因糖浆等，主要用于疾病的治疗。

1. 糖浆剂的制备方法

（1）溶解法

① 热溶法。是将蔗糖溶于沸纯化水中，继续加热使其全溶，降温后加入其他药物，搅拌溶解、过滤，再通过滤器加纯化水至全量，分装，即得。

热溶法有很多优点，蔗糖在水中的溶解度随温度升高而增加，在加热条件下蔗糖溶解速度快，趁热容易过滤，可以杀死微生物。但加热过久或超过100℃时，使转化糖的含量增加，糖浆剂颜色容易变深。热溶法适合于对热稳定的药物和有色糖浆的制备。

② 冷溶法。是将蔗糖溶于冷纯化水或含药的溶液中制备糖浆剂的方法。本法适用于对热不稳定或具挥发性的药物。制备的糖浆剂颜色较浅，但制备所需时间较长并容易受微生物污染。

（2）混合法 混合法是将含药溶液与单糖浆均匀混合制备糖浆剂的方法。这种方法适合于制备含药糖浆剂。本法的优点是方法简便、灵活，可大量配制，也可小量配制。一般含药糖浆的含糖量较低，要注意防腐。

制备糖浆剂时应注意的问题

1. 加入药物的方法

水溶性固体药物，可先用少量纯化水使其溶解再与单糖浆混合；水中溶解度小的药物，可酌加少量其他适宜的溶剂使药物溶解，然后加入单糖浆中，搅匀即得。药物为可溶性液体或制药物的液体制剂时，可将其直接加入单糖浆中，必要时过滤；药物为含乙醇的液体制剂时，与单糖浆混合易发生混浊，为此加入适量甘油助溶；药物为水性浸出制剂时，因含多种杂质，需纯化后再加到单糖浆中。

2. 制备时需注意的问题

应在避菌环境中制备，各种用具、容器应进行洁净或灭菌处理，并及时灌装；应选择药用白砂糖；生产中宜用夹层锅加热，温度和时间应严格控制。

2. 糖浆剂的包装与贮存

糖浆剂应装于清洁、干燥、灭菌的密闭容器中，宜密封，避光置干燥处贮存。

（六）糖浆剂举例

【例1】 单糖浆

[处方] 蔗糖　　　　　　　　　　　　850g

　　　蒸馏水　　　　　　　　　　　加至 1000ml

[制法] 取蒸馏水 450ml 煮沸，加蔗糖溶解，加热至 100℃，趁热保温过滤，自滤器加热蒸馏水至 1000ml，即得。

[注解] ① 单糖浆为含蔗糖 85% 的近饱和水溶液，为无色或淡黄色澄清液体，应密封 30℃ 以下避光保存。

② 配制单糖浆时，加热不仅加快蔗糖溶解，还杀灭微生物，使糖浆易于保存。

③ 配制的单糖浆比较黏稠，需趁热保温过滤。

[用途] 用作赋形剂和调味剂。

【例2】 枸橼酸哌嗪糖浆

[处方] 枸橼酸哌嗪　　　　　　　　　160g

　　　蔗糖　　　　　　　　　　　　650g

　　　羟苯乙酯　　　　　　　　　　0.5g

　　　矫味剂　　　　　　　　　　　适量

　　　纯化水　　　　　　　　　　　加至 1000ml

[制法] 取纯化水 500ml 煮沸，加入蔗糖与羟苯乙酯，搅拌溶解，过滤。滤液中加入枸橼酸哌嗪，搅拌溶解，放冷。加矫味剂与适量水，使全量为 1000ml，搅匀，即得。

[用途] 用于蛔虫和蛲虫感染。

五、高分子溶液剂

高分子溶液剂系指高分子化合物溶解于溶剂中形成均匀分散体系的液体制剂。以水为溶剂时，称为亲水性高分子溶液，又称为亲水胶体溶液或胶浆剂；以非水溶剂制成的称为非水性高分子溶液剂。高分子溶液剂属于热力学稳定体系。

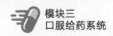
（一）高分子溶液的性质及在药剂学中的应用

1. 高分子溶液的性质

（1）带电性 很多高分子化合物在溶液中带有电荷，这些电荷主要是由于高分子结构中某些基团解离的结果。由于种类不同，高分子溶液所带的电荷也不一样，如纤维素及其衍生物、阿拉伯胶、海藻酸钠等高分子化合物的水溶液一般都带负电荷，蛋白质分子溶液随溶液pH不同，可带正电或负。由于胶体质点带电，所以具有电泳现象。

（2）稳定性 高分子溶液的稳定性主要取决于水化作用，即在水中高分子周围可形成一层较坚固的水化膜，水化膜能阻碍高分子质点相互凝集，而使之稳定。一些高分子质点带有电荷，由于排斥作用，对其稳定性也有一定作用，但对高分子溶液来说，电荷对其稳定性并不像对疏水胶体那么重要。如果向高分子溶液中加入少量电解质，不会由于反离子作用（电位降低）而聚集。

但若破坏其水化膜，则会发生聚集而引起沉淀。破坏水化膜的方法之一是加入脱水剂，如乙醇、丙酮等。另一破坏高分子水化膜的方法是加入大量的电解质，由于电解质的强烈水化作用夺去了高分子质点中水化膜的水分而使其沉淀，这一过程称为盐析。

高分子溶液不如低分子溶液稳定，在放置过程中，会自发地聚集而沉淀或漂浮在表面称为陈化现象。

高分子溶液由于其他因素（如光线、空气、盐类、pH、絮凝剂、射线等）的影响，使高分子先聚集成大粒子而后沉淀或漂浮在表面的现象，称为絮凝现象。

（3）渗透压 高分子溶液与低分子溶液和疏水胶体溶液一样，具有一定渗透压，但由于高分子溶液的溶解度和浓度较大，所以其渗透压反常地增大。

（4）胶凝 一些高分子溶液，如明胶和琼脂的水溶液等，在温热条件下为黏稠性流动的液体，但当温度降低时，呈溶解分散的高分子形成网状结构，把分散介质水全部包在网状结构中，形成了不流动的半固体状物，称为凝胶，形成凝胶的过程称为胶凝。凝胶有脆性与弹性两种，前者失去网状结构内部的水分后就变脆，易研磨成粉末；后者失去水分后不变脆，体积缩小而变得有弹性，如琼脂和明胶。有些高分子溶液，当温度升高时，高分子化合物中的亲水基团与水形成的氢键被破坏而降低其水化作用，形成凝胶分离出来；当温度下降至原来温度时，又重新胶溶成高分子溶液，如甲基纤维素、聚山梨酯类等即属于此类。

2. 高分子溶液在药物制剂中的应用

亲水性高分子溶液具有一定的黏稠性和保护作用，在药剂中应用较多，如混悬剂中的助悬剂、乳剂中的乳化剂、片剂的包衣材料、血液代用品、微囊、缓释制剂等都涉及高分子溶液。

一些亲水性高分子溶液，如明胶水溶液、琼脂水溶液，可以形成不流动半固体的凝胶。软胶囊剂中的囊壳即为这种凝胶。如凝胶失去网状结构中的水分子，则体积缩小，形成固体的干胶，如片剂薄膜衣、硬胶囊、微囊等均是干胶的存在形式。

（二）高分子溶液的制备

高分子化合物的制备均要首先经过溶胀过程。溶胀是指水分子渗入到高分子化合物分子间的空隙中，与高分子中的亲水基团发生水化作用，结果使高分子空隙间充满了水分子，体积膨胀，这个过程称有限溶胀。由于高分子空隙间存在水分子，降低了高分子化合物分子间的作用力（范德瓦耳斯力），使溶胀过程继续进行，最后高分子化合物完全分散在水中形成高分子溶液，这一过程称为无限溶胀。无限溶胀一般进行得很慢，常需搅拌或加热等才能完成。形成高分子溶液的这一过程称为胶溶。胶溶的快慢取决于高分子的性质及工艺条件。高分子溶液的制备方法主要有以下 3 种。

"羧甲基纤维素钠胶浆制备（高分子溶液剂）"微课

1. 溶解法

溶解法即取所需水量的 1/2～4/5，将高分子物质或其粉末分次撒在液面上或浸泡于水中，使其充分吸水膨胀胶溶，必要时略加搅拌。如羧甲基纤维素钠（CMC-Na）、胃蛋白酶等。

2. 醇分散法

醇分散法即取粉末状高分子原料置于干燥容器内，先加少量乙醇或甘油使其均匀润湿，然后加大量水振摇或搅拌使胶溶。如西黄蓍胶、白及胶等。

3. 热溶法

热溶法指片状、块状的高分子原料先加少量冷水放置浸泡一定时间，使其充分吸水膨胀，然后加足量的热水并加热使其胶溶。如明胶、琼脂等。

（三）高分子溶液举例

【例】 胃蛋白酶合剂

［处方］ 胃蛋白酶 20g

　　　橙皮酊 20ml

　　　稀盐酸 20ml

　　　单糖浆 100ml

　　　尼泊金乙酯醇溶液（5%） 10ml

　　　纯化水 加至 1000ml

［制法］ 取约 750ml 纯化水加稀盐酸、单糖浆搅匀，缓缓加入橙皮酊、尼泊金乙酯醇溶液，边加边搅拌，然后将胃蛋白酶撒在液面上，待其自然膨胀溶解后，再加纯化水配成 1000ml，轻轻搅匀即得。

六、溶胶剂

（一）溶胶剂概述

溶胶剂系指由多分子聚集体作为分散相的质点，分散在液体分散介质中形成的胶体分散体系。溶胶剂其外观与溶液一样为透明液体，但具有丁达尔效应，是一种高度分散的热力学不稳定体系。由于溶胶剂中质点小、分散度大，存在强烈的布朗运动，能克服重力作用而不下沉，因而具有动力学稳定性，但由于系统内粒子界面能大，促使质点聚集变大以降低界面能。当聚集质点的大小超出了胶体分散体系的范围时，质点本身的布朗运动不足以克服重力作用，而从分散介质中析出沉淀，这种现象称为聚沉。溶胶聚沉后往往不能恢复原态。

溶胶剂在制剂中目前直接应用较少，通常是使用经亲水胶体保护的溶胶制剂，如氧化银溶胶就是被蛋白质保护而制成的制剂，用作眼、鼻收敛杀菌药。

（二）溶胶剂的制备

溶胶剂可用分散法和凝聚法来制备。

1. 分散法

分散法是将药物的粗粒子分散，以达到溶胶粒子分散程度的方法。

（1）研磨法 用机械力粉碎脆性强而易碎的药物，对于柔韧的药物必须使其硬化后才能粉碎，常用的设备是胶体磨。

（2）超声分散法 利用超声波所产生的能量进行分散的方法。当超声波进入粗分散系统后，可产生相同频率的振动波，而使粗分散相粒子分散成胶体粒子。

（3）胶溶法 使新生的粗分散粒子重新分散的方法。如新生的氯化银根分散粒子加稳定

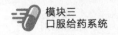

剂，经再分散可制得氯化银溶胶剂。

2. 凝聚法

药物在真溶液中可因物理条件的改变或化学反应而形成沉淀，若条件控制适度，使溶液有一个适当的过饱和度，就可以使形成的质点大小恰好符合溶胶分散相质点的要求。

(1) 化学凝聚法 是借助于氧化、还原、水解、复分解等化学反应制备溶胶。如硫代硫酸钠溶液与稀盐酸作用，产生新生态的硫分散于水中，形成溶胶。这种新生态的硫具有很强的杀菌作用。

(2) 物理凝聚法 常用更换溶剂法，即将药物先制成真溶液，再向真溶液中加入其他溶剂，使溶质的溶解度骤然降低聚结成胶粒。

七、混悬剂

(一) 混悬剂概述

混悬剂系指药物以固体微粒状态分散于分散介质中形成的非均相的液体制剂。混悬剂属于粗分散体系，分散相质点一般为 $0.5\sim10\mu m$，但凝聚体的粒子可小到 $0.1\mu m$、大到 $50\mu m$。多用水作分散介质，也可用植物油作分散介质。

凡超过药物溶解度的固体药物需制成液体剂型应用。例如，药物的用量超过了溶解度而不能制成溶液，两种药物混合时溶解度降低析出固体药物，使药物产生长效作用等情况，考虑将药物制成混悬剂。为安全起见，毒性药物或剂量小的药物不宜制成混悬剂。

混悬剂的质量应严格控制，对其质量要求包括如下几点。

① 药物本身的化学性质稳定，使用或贮存期间含量符合要求。

② 颗粒细腻均匀，大小符合该剂型要求。

③ 颗粒的沉降速度要慢，沉降后不应结块，经振摇后能均匀分散。

④ 黏稠度应符合要求，口服混悬剂的色、香、味应适宜，贮存期间不得霉败。

⑤ 外用者应均匀涂布，不易流散，能较快干燥，干燥后能留下不易擦掉的保护层。

混悬剂标签上应注明"用前摇匀"。

(二) 混悬剂的稳定性

混悬剂分散相（药物）的微粒大于胶粒，因此微粒的布朗运动不显著，易受重力作用而沉降，所以混悬剂是动力学不稳定体系。由于混悬剂微粒仍有较大的界面能，容易聚集，所以又是热力学不稳定体系。

1. 混悬微粒的沉降

混悬剂中的微粒由于受重力作用，静置时会自然沉降，沉降速率服从斯托克斯（Stokes）定律。

$$v=\frac{2r^2(\rho_1-\rho_2)g}{9\eta}$$

式中，v 为微粒沉降速率，cm/s；r 为微粒半径，cm；ρ_1 为微粒的密度，g/ml；ρ_2 为分散介质的密度，g/ml；g 为重力加速度，cm/s^2；η 为分散介质的黏度，mPa·s。

从公式可知，混悬微粒的粒径愈大，沉降速率愈快；混悬微粒与分散介质之间的密度差愈大，沉降速率愈快；分散介质的黏度愈小，沉降速率愈快。

混悬微粒沉降速度愈大，动力学稳定性就愈差。为了增加混悬剂的稳定性，减小沉降速率，最有效的方法就是尽量减少微粒半径，将药物粉碎得愈细愈好。

另一种方法就是增加分散介质的黏度，以减少固体微粒与分散介质间的密度差，这就要向混悬剂中加入高分子助悬剂。在增加分散介质黏度的同时，也减少了微粒与分散介质之间的密度差，同时微粒吸附助悬剂分子而增加亲水性，这是增加混悬剂稳定性应采取的重要措施。混悬微粒的沉降有两种情况，一是自由沉降，即大的微粒先沉降，小的微粒后沉降。该种沉降，小微粒填于大微粒之间，可结成相当牢固、即使振摇也不易再分散的饼状物。自由沉降没有明显的沉降面。另一种是絮凝沉降，即数个微粒聚结在一起沉降，沉降物比较疏松，经振摇可恢复均匀的混悬液。

2. 混着微粒的电荷与 ξ 电位

与胶体微粒相似，混悬微粒可因本身电离或吸附溶液中的离子（杂质或表面）活性剂等而带电荷。微粒表面的电荷与介质中相反离子之间可构成双电层，产生 ξ 电位。由于微粒表面带有电荷，水分子便在微粒周围定向排列形成水化膜，这种水化作用随双电层的厚薄而改变。

微粒的电荷与水化膜均能阻碍微粒的合并，增加了混悬剂的聚结稳定性。当向混悬剂中加入电解质时，由于 ξ 电位和水化膜的改变，可使其稳定性受到影响。因此，在向混悬剂中加入药物、表面活性剂、防腐剂、矫味剂及着色剂等时，必须考虑到对混悬剂微粒的电性是否有影响。疏水性药物微粒主要靠微粒带电而水化，这种水化作用对电解质很敏感，当加入定量的电解质时，可因中和电荷而产生沉淀。但亲水性药物微粒的水化作用很强时，其水化作用受电解质的影响较小。

3. 混悬微粒的润湿与水化

固体药物能否被水润湿，与混悬剂制备的难易、质量的好坏及稳定性大小关系很大。混悬微粒若为亲水性药物，即能被水润湿。与胶粒相似，润湿的混悬微粒可与水形成水化层，阻碍微粒的合并、凝聚、沉降。而疏水性药物不能被水润湿，故不能均匀地分散在水中。但若加入润湿剂（表面活性剂）后，降低固-液间的界面张力，改变了疏水性药物的润湿性，则可增加混悬剂的稳定性。

4. 混悬微粒的表面能与絮凝

由于混悬剂中微粒的分散度较大，因而具有较大的表面自由能，易发生粒子的合并。加入表面活性剂或润湿剂和助悬剂等可降低表面张力，因而有利于混悬剂的稳定。如果向混悬剂中加入适当电解质，使 ξ 电位降低到一定程度，混悬微粒就会变成疏松的絮状聚集体沉降，这个过程称为絮凝，加入的电解质称为絮凝剂。在絮凝过程中，微粒先絮凝成锁链状，再与其他絮凝粒子或单个粒子连接，形成网状结构而徐徐下沉，所以絮凝沉淀物体积较大，振荡后容易再分散成为均匀的混悬剂。但若电解质应用不当，使 ξ 电位降低到零时，微粒便因吸附作用而紧密结合成大粒子沉降并形成饼状，不易再分散。为了保证混悬剂的稳定性，一般可控制 ξ 电位在 20～25mV，使其恰能发生絮凝。

5. 微粒的增长与晶型的转变

在混悬剂中，结晶性药物微粒的大小往往不一致；微粒大小的不一致性，不仅表现在沉降速度不同，还会发生结晶增长现象，从而影响混悬剂的稳定性。溶液中小粒子的溶解度大于大粒子的溶解度，于是在溶解与结晶的平衡中，小粒子逐渐溶解变得越来越小，而大粒子变得越来越大。结果大粒子的数目不断增加，使沉降速度加快，混悬剂的稳定性降低。因此制备混悬剂时，不仅要考虑粒子大小，还应考虑粒子大小的一致性。

许多结晶性药物，都可能有几种晶型存在，称为同质多晶型，如巴比妥、黄体酮、可的松等。但在同一药物的多晶型中，只有一种晶型是最稳定的，称为稳定型；其他晶型都不稳定，但在一定时间后，就会转变为稳定型，这种热力学不稳定晶型，一般称为亚稳定晶型。

由于亚稳定晶型常有较大的溶解度和较高的溶解速度，在体内吸收也较快，所以在药剂中常选用亚稳定晶型以提高疗效。但在制剂的贮存或制备过程中，亚稳定型必然要向稳定型转变，这种转变的速度有快有慢，如果在混悬液制成到使用期间，不会引起晶型转变（因转

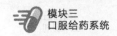

变速度很慢）则不会影响混悬剂的稳定性。但对转变速度快的亚稳定型，就可能因转变成稳定型后溶解度降低等而产生结块、沉淀或生物利用度降低。由于注射用混悬剂可能引起堵塞针头，对此一般可采用增加分散介质的黏度，如混悬剂中添加亲水性高分子化合物（如甲基纤维素、聚乙烯吡咯烷酮、阿拉伯胶）及表面活性剂（如聚山梨酯等），被微粒表面吸附可有效地延缓晶型的转变。

6. 分散相的浓度和温度

在同一分散介质中，分散相的浓度增加，微粒相互接触凝聚的机会也增多，因此混悬剂稳定性降低。

温度对混悬剂稳定性的影响很大，温度变化可改变药物的溶解度和溶解速度。温度升高微粒碰撞加剧，促进凝集，并使介质黏度降低而加大沉降速度，因此混悬剂一般应贮存于阴凉处。

（三）混悬剂的稳定剂

混悬剂为不稳定分散体系。为了增加其稳定性，以适应临床需要，可加入适当的稳定剂。常用稳定剂有以下几种。

1. 助悬剂

助悬剂的作用是增加混悬剂中分散介质的黏度，从而降低微粒的沉降速度。助悬剂可被吸附在微粒表面，形成机械性或电性的保护膜，增加微粒的亲水性，防止微粒间互相聚集或结晶的转型，从而增加混悬剂的稳定性。

理想的助悬剂助悬效果好、不黏壁、絮凝颗粒细腻、无药理作用。可根据混悬剂中药物微粒的性质与含量，选择不同的助悬剂。

（1）低分子物质　如甘油、糖浆、山梨醇等低分子溶液，可增加分散介质的黏度，也可增加微粒的亲水性。内服混悬剂应使用糖浆等，兼有矫味作用；外用制剂常使用甘油。亲水性物质宜少加，疏水性物质要多加。

（2）高分子物质

① 天然高分子物质。

A. 多糖类。常用阿拉伯胶、西黄蓍胶、桃胶、白及胶、果胶、海藻酸钠、淀粉浆等。阿拉伯胶、西黄蓍胶可用其粉末或胶浆，用量分别为 5%～15% 和 0.5%～1%。

B. 蛋白质类。常用琼脂、明胶等。在用天然高分子物质作助悬剂时，需要加防腐剂。

② 合成高分子物质。常用的有甲基纤维素、羧甲基纤维素钠、羟乙基纤维素、羟丙甲纤维素、聚维酮、聚乙烯醇等。它们的水溶液均透明，一般用量为 0.1%～1%，性质稳定，受 pH 的影响小，但应注意某些助悬剂可能与药物或其他附加剂有配伍作用。

③ 硅酸类。主要是硅藻土，为胶体水合硅酸铝，不溶于水，分散于水中可带负电荷，能吸收大量水而膨胀，体积增加约 10 倍，形成高黏度液体，防止微粒聚集合并，不需要加防腐剂。常用量为 2%，当混悬剂中含硅藻土 5% 以上时，具有显著的触变性。但遇酸或酸式盐能降低其水化性，在 pH 7 以上时，硅藻土的膨胀性更大，黏度更高，制成的混悬剂更稳定，如炉甘石洗剂中加有硅藻土，助悬效果极好。由于硅藻土有特殊的泥土味道，多用于外用制剂。

④ 触变胶。2% 硬脂酸铝在植物油中形成触变胶，常用作混悬型注射液、滴眼剂的助悬剂。

2. 润湿剂

润湿是指由固-气两相结合状态转变成固-液两相的结合状态。很多固体药物如硫黄、某些磺胺类药物等，其表面可吸附空气，此时由于固-气两相的界面张力小于固-液两相的界面张力，所以当与水振摇时，不能为水所润湿，称为疏水性药物；反之，能为水润湿，且在微粒周围形成水化膜的，称为亲水性药物。

用疏水性药物配制混悬剂时，必须加入润湿剂，以使药物能被水润湿。润湿剂应具有表面活性作用，HLB值一般在7～9，且有合适的溶解度。外用润湿剂可用肥皂、十二烷基硫酸钠、二辛酸酯磺酸钠、磺化蓖麻油、司盘类等；内服可用聚山梨酯类（如聚山梨酯20、聚山梨酯60、聚山梨酯80等）。甘油、乙醇等亦常用作润湿剂，但效果不强。

3. 絮凝剂与反絮凝剂

使混悬剂产生絮凝作用的附加剂称为絮凝剂，而产生反絮凝作用的附加剂称为反絮凝剂。制备混悬剂时加入絮凝剂，使混悬剂处于絮凝状态，以增加混悬剂的稳定性。

同一种电解质因用量不同，可以是絮凝剂，也可以是反絮凝剂。常用的有枸橼酸盐、酒石酸盐等。

（四）混悬剂的制备方法

制备混悬剂时应考虑尽可能使混悬剂微粒分散均匀，降低微粒的沉降速度，使混悬剂稳定。其制备方法有分散法和凝聚法。

1. 分散法

分散法即将药物粉碎成微粒，直接分散在液体分散介质中制成混悬剂。微粒大小应符合混悬剂要求的分散程度。小剂量制备时，可直接用研体研磨；大量制备时，可用乳匀机、胶体磨。操作要点如下。

"炉甘石洗剂的制备（混悬型液体制剂）"微课

① 对于氧化锌、炉甘石、碱式硝酸铋、碳酸钙、碳酸镁、磺胺类等亲水性药物，一般先干研到一定程度，再加液研磨到适宜分散度，最后加入处方中其余的液体至全量。加液研磨可使粉碎过程易于进行。加入的液体量一般为一份药物加0.4～0.6份液体，即能产生最大的分散效果。

② 疏水性药物如硫黄，其表面吸附大量空气，易漂浮在水面上，不能被水润湿，必须加入一定量的润湿剂，与药物研匀以驱逐微粒表面的空气，再加液体混合研匀。

③ 对于质重、硬度大的药物，可采用"水飞法"，使药物粉碎到极细的程度。

2. 凝聚法

凝聚法是通过化学或物理的方法，使分子或离子分散状态的药物溶液凝聚成不溶性的药物微粒制成混悬剂的方法。

（1）化学凝聚法 本法是两种化合物经化学反应生成不溶解的药物，悬浮于液体中制成混悬剂的一种方法。为使微粒细小均匀，化学反应应在稀溶液中进行，并应急速搅拌，如用于胃肠道透视的钡餐液就是用这种方法制成的。

（2）物理凝聚法 也称微粒结晶法。将药物制成热饱和溶液，在搅拌下加到另一种不同性质的冷溶剂中，使之快速结晶，可以得到 $10\mu m$ 以下（占80%～90%）的微粒，再将微粒分散于适宜介质中制成混悬剂。如醋酸可的松滴眼剂的制备。

（五）混悬剂的质量评价

混悬剂的质量优劣，应按质量要求进行评定。

1. 微粒大小的测定

混悬剂中微粒大小与混悬剂的质量、稳定性、生物利用度和药效有关。因此测定混悬剂中微粒的大小、分布情况，是对混悬剂进行质量评定的重要指标。可采用显微镜法、库尔特计数法、浊度法、光散射法、漫反射法等进行测定。

2. 沉降体积比的测定

混悬剂沉降体积比的测定，可通过比较两种混悬剂的稳定性，来评价稳定剂的效果及比较处方的优劣。沉降体积比是指沉降物的体积与沉降前混悬剂的体积之比。《中国药典》（2020年版）规定的沉降体积比检查法是：除另有规定外，用具塞量筒盛供试品50ml，密塞，用力振荡1min，记下混悬物开始高度 H_0，静置3h，记下混悬物的最终高度 H，沉降

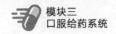
体积比 F 按下式计算。

$$F = \frac{H}{H_0}$$

F 值在 $0\sim1$ 之间，F 值愈大混悬剂愈稳定。沉降体积比 F 是时间的函数，以 F 为纵坐标，沉降时间 t 为横坐标，可得沉降曲线。曲线的起点为最高点 1，然后缓慢降低并最终与横坐标平行。沉降曲线若比较平和缓慢地降低，则可认为处方设计优良。《中国药典》（2020年版）规定，口服混悬剂（包括干混悬剂）沉降体积比应不低于 0.90。

3. 絮凝度的测定

絮凝度是比较混悬剂絮凝程度的重要参数，用以评价絮凝剂的效果，预测混悬剂的稳定性。絮凝度用下式计算。

$$\beta = \frac{F}{F_\infty} = \frac{H/H_0}{H_\infty/H_0} = \frac{H}{H_\infty}$$

式中，F 为絮凝混悬剂的沉降体积比；F_∞ 为去絮凝混悬剂的沉降体积比；β 表示由絮凝作用所引起的沉降体积增加的倍数。β 值愈大，絮凝效果愈好，则混悬剂稳定性愈好。例如，去絮凝混悬剂的 F_∞ 值为 0.15，絮凝混悬剂的 F 值为 0.90，则 $\beta = 6.0$，说明絮凝混悬剂沉降体积比是去絮凝混悬剂沉降体积比的 6 倍。用絮凝度评价絮凝剂的效果，预测混悬剂的稳定性，有重要价值。

4. 重新分散试验

优良的混悬剂经贮存后再经振摇，沉降物应能很快重新分散，如此才能保证服用时混悬剂的均匀性和药物剂量的准确性。重新分散试验的方法是将混悬剂置于带塞的 100ml 量筒中，密塞，放置沉降，然后以 20r/min 的转速转动。经一定时间旋转，量筒底部的沉降物应重新均匀分散，重新分散所需旋转次数愈少，表明混悬剂再分散性能愈良好。

5. 流变学测定

该测定采用旋转黏度计测定混悬剂的流动曲线，根据流动曲线的形态确定混悬剂的流动类型，用以评价混悬剂的流变学性质。如测定结果为触变流动、塑性触变流动和假塑性触变流动，就能有效地减慢混悬剂微粒的沉降速度。

6. ξ 电位测定

混悬剂中微粒具有双电层，即 ξ 电位。ξ 电位的大小可表明混悬剂的存在状态。一般 ξ 电位在 25mV 以下时，混悬剂呈絮凝状态；ξ 电位电位在 $50\sim60$mV 时，混悬剂呈反絮凝状态。

（六）混悬剂举例

【例】 磺胺嘧啶混悬液

［处方］磺胺嘧啶	100g
氢氧化钠	16g
枸橼酸钠	50g
枸橼酸	29g
单糖浆	400ml
14%羟苯乙酯乙醇溶液	10ml
纯化水	加至 1000ml

[制法]将磺胺嘧啶混悬于200ml纯化水中,将氢氧化钠加适量纯化水溶解后缓缓加入磺胺嘧啶混悬液中,边加边搅拌,使磺胺嘧啶与氢氧化钠反应生成磺胺嘧啶钠溶解。将枸橼酸与枸橼酸钠加适量纯化水溶解,过滤,缓缓加入磺胺嘧啶钠溶液中,不断搅拌,析出磺胺嘧啶,最后加入单糖浆和羟苯乙酯乙醇溶液,加纯化水至全量,搅匀,即得。

[注解]枸橼酸钠与枸橼酸组成缓冲液,调节混悬液的pH;单糖浆为矫味剂,并起助悬作用;羟苯乙酯为防腐剂,应在搅拌下缓慢加入,避免因溶媒变化析出结晶。

八、乳剂

(一)乳剂概述

乳剂系指两种互不相溶的液体混合,其中一种液体以细小液滴的形式分散在另一种液体中形成的非均相液体制剂,可供内服或外用。两种互不相溶的液体其中一种液体往往是水或水溶液,用"W"表示;另一种则是与水不相混溶的有机液体,统称为"油",用"O"表示。分散的液滴称为分散相、内相或不连续相,包在外面的液体称为分散介质、外相或连续相。一般分散相直径在0.1~100μm。

液体分散相分散在不相混溶的介质中形成乳剂的过程称为"乳化"。制备乳剂时,除需要油相与水相外,还需要加入一种物质,能够使分散相乳化,并能保持乳剂稳定,这种物质称为"乳化剂",故乳剂是由水相、油相和乳化剂三者组成。

"油"为分散相,分散在水中,称为水包油(O/W)型乳剂;水为分散相,分散在"油"中,称为油包水(W/O)型乳剂;也可制成复乳,如W/O/W型或O/W/O型。乳剂的类型,主要取决于乳化剂的类、性质及油水两相的相比例。乳剂类型的鉴别方法见表5-3。

表5-3 乳剂类型的鉴别方法

鉴别方法	O/W型	W/O型
外观	乳白色	与油颜色近似
稀释法	被水稀释	被油稀释
加入水性染料	外相染色	内相染色
加入油性染料	内相染色	外相染色
导电法	导电	几乎不导电
氯化钴试纸	粉红色	不变色

乳剂使用时有以下优点:油类和水不能混合,因此分剂量不准确,制成乳剂后可克服此缺点,且应用比较方便;水包油型乳剂可掩盖药物的不良臭味,并可加入矫味剂;外用乳剂能改善对皮肤、黏膜的渗透性,减少刺激性。

(二)乳剂形成的理论

要制成符合要求的稳定乳剂,必须借助机械力使分散相能够分散成微小的乳滴,还要提供使乳剂稳定的必要条件。

1. 降低表面张力

当水相和油相混合时,强力搅拌即可形成液滴大小不同的乳剂,但很快会合并分层,这是因为形成乳剂的两种液体之间存在界面张力,两相间的界面张力愈大,液滴的界面自由能也愈大,形成乳剂的能力就愈小,使分散的液滴又趋向于重新聚集合并,致使乳剂破坏。为保持乳剂的高度分散状态和稳定性,就必须加入乳化剂,降低两相液体间的界面张力。

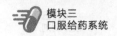

2. 形成牢固的乳化膜

乳化剂被吸附于乳滴周围,有规律地定向排列成膜,不仅可降低油、水间的界面张力和表面自由能,而且可阻止乳滴合并。在乳滴周围有规律地定向排列形成的一层乳化剂膜,称为乳化膜,乳化膜的形式有单分子乳化膜、多分子乳化膜、固体微粒乳化膜三种。

(1) 单分子乳化膜 表面活性剂类乳化剂被吸附于乳滴表面,有规律地定向排列成单分子乳化剂层,称为单分子乳化膜,增加了乳剂的稳定性。若乳化剂是离子表面活性剂,那么形成的单分子乳化膜是离子化的。乳化膜本身带有电荷,由于电荷互相排斥,阻止乳滴的合并,使乳剂更加稳定。

(2) 多分子乳化膜 亲水性高分子化合物类乳化剂,在乳剂形成时被吸附于乳滴的表面,形成多分子乳化剂,称为多分子乳化膜。强亲水性多分子乳化膜不仅阻止乳滴的合并,而且增加分散剂的黏度,使乳剂更加稳定。如阿拉伯胶作乳化剂就能形成多分子膜。

(3) 固体微粒乳化膜 作为乳化剂使用的固体微粒对水相和油相有不同的亲和力,因此对油、水两相表面张力有不同程度的降低。在乳化过程中,小固体微粒被吸附于乳滴的表面,在乳滴的表面上排列成固体微粒膜,起阻止乳滴合并的作用,增加了乳剂的稳定性。这样的固体微粒层称为固体微粒乳化膜。如硅藻土和氢氧化镁等,都可作为固体微粒乳化剂使用。

3. 加入适宜的乳化剂

基本的乳剂类型是 O/W 型和 W/O 型。决定乳剂类型的因素很多,但最主要的是乳化剂的性质和乳化剂的 HLB 值。乳化剂分子中含有亲水基和亲油基,形成乳剂时亲水基伸向水相,亲油基伸向油相。若亲水基大于亲油基,乳化剂伸向水相的部分较大,使水的表面张力降低很大,可形成 O/W 型乳剂;若亲油基大于亲水基,则形成 W/O 型乳剂。所以乳化剂的亲水、亲油性是决定乳剂类型的主要因素。

4. 有适当的相容积比

油、水两相的容积比简称相容积比。在制备乳剂时,分散相浓度一般在 10%~50%。分散相的浓度超过 50%时,乳滴之间的距离很近,乳滴易发生碰撞而合并或引起转相,使乳剂不稳定。所以制备乳剂时应考虑油、水两相的相容积比,以利于乳剂的形成和长期稳定。

(三) 乳化剂

1. 乳化剂的种类

乳化剂主要有天然乳化剂、表面活性剂、固体微粒乳化剂和辅助乳化剂四类。

(1) 天然乳化剂 多为高分子化合物,具有较强的亲水性,能形成 O/W 型乳剂。由于黏性较大,能增加乳剂的稳定性。但容易被微生物污染,故宜新鲜配制或加入适宜防腐剂。天然乳化剂主要包括以下几种。

① 阿拉伯胶。主要含阿拉伯胶酸的钾盐、钙盐、镁盐。适用于乳化植物油、挥发油,多用于内服乳剂。常用浓度为 10%~15%,pH 以 4~10 稳定。因含氧化酶,使用前应在 80℃加热 30min 使之破坏。阿拉伯胶乳化能力较弱,常与西黄蓍胶、果胶、琼脂、海藻酸钠等合用。

② 西黄蓍胶。为 O/W 型乳化剂,水溶液黏度大,pH 为 5 时黏度最大。但西黄蓍胶乳化能力较差,一般不单独作乳化剂,而与阿拉伯胶合并使用。

③ 明胶。为 O/W 型乳化剂,用量为油量的 1%~2%,常与阿拉伯胶合并使用。

④ 杏树胶。乳化能力和黏度都超过阿拉伯胶,用量为 2%~4%。

⑤ 磷脂。能显著降低油-水界面张力，乳化能力强，为 O/W 型乳化剂。可供内服或外用，精制品可供静脉注射用。常用量为 1%～3%。

⑥ 其他天然乳化剂。如白及胶、桃胶、海藻酸钠、琼脂、胆酸钠等。

（2）表面活性剂　此类乳化剂具有较强的表面活性，容易在乳滴周围形成单分子乳化膜，乳化能力强。常用 HLB 值 3～8 者为 W/O 型乳化剂，HLB 值 8～16 者为 O/W 型乳化剂。

（3）固体微粒乳化剂　不溶性固体微粒可聚集于液-液界面，形成固体微粒膜而起乳化作用。此类乳化剂形成的乳剂类型是由接触角 θ 决定的。当 $\theta < 90°$ 易被水润湿，则形成 O/W 型乳剂，如氢氧化镁、氢氧化铝、二氧化硅等；当 $\theta > 90°$ 易被油润湿，则形成 W/O 型乳剂，如氢氧化钙、氢氧化锌、硬脂酸镁等。固体微粒乳化剂不受电解质影响，若与非离子表面活性剂合用效果更好。

（4）辅助乳化剂　辅助乳化剂一般乳化能力很弱或无乳化能力，但能提高乳剂黏度，并能使乳化膜强度增大，防止乳剂合并，提高稳定性。增加水相黏度的辅助乳化剂有甲基纤维素、羧甲基纤维素钠、羟丙基纤维素、海藻酸钠、琼脂、西黄蓍胶、阿拉伯胶、果胶等；增加油相黏度的辅助乳化剂有鲸蜡醇、蜂蜡、单硬脂酸甘油酯、硬脂酸等。

2. 乳化剂的选择

乳化剂的种类很多，应根据乳剂的使用目的、药物性质、处方组成、乳剂类型、乳化方法等综合考虑，适当选择。

（1）根据乳剂的类型选择　乳剂处方设计已确定了乳剂的类型，如为 O/W 型乳剂应选择 O/W 型乳化剂，W/O 型乳剂则选择 W/O 型乳化剂。HLB 值可为选择乳化剂提供依据。

（2）根据乳剂的给药途径选择　主要考虑乳化剂的毒性、刺激性。如口服乳剂应选择无毒性的天然乳化剂或某些非离子型乳化剂；外用乳剂应选择无刺激性乳化剂，并要求长期应用无毒性；注射用乳剂则应选择磷脂、泊洛沙姆等。

（3）根据乳化剂性能选择　各种乳化剂的性能不同，应选择乳化能力强、性质稳定、受外界各种因素影响小、无毒、无刺激性的乳化剂。

（4）混合乳化剂的选择　各种油的介电常数不同，形成稳定乳剂所需要的 HLB 值也不同。乳化剂混合使用时，必须符合油相对 HLB 值的要求。将乳化剂混合使用可改变 HLB 值，使乳化剂的适应性增大，形成更为牢固的乳化膜，并增加乳剂的黏度，从而增强乳剂的稳定性。

常用油乳化所需的 HLB 值如表 5-4 所示。

表 5-4　常用油乳化所需的 HLB 值

油相	O/W 型	W/O 型	油相	O/W 型	W/O 型
蜂蜡	10～16	5	凡士林	9	4
鲸蜡醇	15		羊毛脂	15	8
硬脂醇	14		硬脂酸	15	
液体石蜡	10.5	4	挥发油	9～16	

（四）乳剂的制备及影响乳化的因素

乳剂的制备主要有机械法、新生皂法、胶乳法，以及微乳、复合乳剂等特殊乳剂的制备方法。乳剂制备的工艺流程如下。

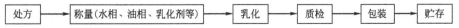

处方 ➡ 称量（水相、油相、乳化剂等）➡ 乳化 ➡ 质检 ➡ 包装 ➡ 贮存

1. 机械法

乳化机械主要有高速搅拌机、乳匀机、胶体磨、超声波乳化装置等。生产中常将油相、

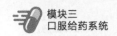
水相、乳化剂混合后，用乳化机械提供的能量制备乳剂，不考虑混合顺序。当乳化剂用量较多时，采用两相交替加入法，即向乳化剂中每次少量交替地加入水或油，边加边搅拌或研磨，至形成乳剂。

2. 新生皂法

本法是利用脂肪酸等有机酸，与加入的氢氧化钠、氢氧化钙、三乙醇胺等生成新生皂，作为乳化剂，经搅拌或振摇即制成乳剂。若生成钠皂、有机胺皂，为 O/W 型乳化剂；若生成钙皂，则为 W/O 型乳化剂。常用于乳膏剂的制备。

"石灰搽剂的
制备（乳剂）"
微课

3. 胶乳法

天然胶类乳化剂制备乳剂时常采用干胶法和湿胶法。本法是先制备初乳，在初乳中油、水、胶三者要有一定比例。如植物油的比例为 4∶2∶1，挥发油的比例为 2∶2∶1，液状石蜡的比例为 3∶2∶1。

（1）干胶法 又称油中乳化剂法，所用胶粉通常为阿拉伯胶或阿拉伯胶与西黄蓍胶的混合胶。本法先取油与胶粉的全量，置于干燥乳钵中，研匀。然后加入比例量的水，迅速沿同一方向研磨，至稠厚的乳白色初乳形成，再逐渐加水稀释至全量，研匀，即得。

（2）湿胶法 又称水中乳化剂法，是将胶（乳化剂）先溶于水，制成胶浆作为水相，再将油相分次加于水相中，油、水、胶的比例与干胶法相同。边加边研磨，直到生成初乳，再加水至全量研匀即得。

4. 特殊乳剂的制备

（1）微乳的制备 微乳除含油、水两相和乳化剂外，还含有辅助成分。乳化剂和辅助成分占乳剂的 12%～25%。乳化剂主要是界面活性剂，HLB 值应在 15～18，如聚山梨酯 60 和聚山梨酯 80 等。制备时取 1 份油加 5 份乳化剂混合均匀，加于水中制成澄明乳剂，如不能形成澄明乳剂，可适当增加乳化剂的用量。

（2）复合乳剂的制备 用二步乳化法。先将油、水、乳化剂制成一级乳，再以一级乳为分散相与含有乳化剂的分散介质（水或油）再乳化制成二级乳剂。

（五）乳剂的稳定性

乳剂属于热力学不稳定的非均相体系。它的不稳定性主要表现为转相、分层、絮凝、破裂及酸败等现象。

1. 转相

O/W 型转成 W/O 型乳剂或者相反的变化称为转相。转相的主要原因是乳化剂类型的转变。例如，钠肥皂可形成 O/W 型乳剂，但在该乳剂中加入足量的氯化钙溶液后，生成的钙肥皂可使其转变成 W/O 型。

转相具有一个转相临界点，在临界点时乳剂被破坏。在临界点之下，转相不会发生，只有在临界点之上才能发生转相。转相也可由相体积比造成，如 W/O 型乳剂，当水体积与油体积比例很小时，水仍然被分散在油中，加很多水时，可转变为 O/W 型乳剂。一般说，乳剂分散相的浓度在 50% 左右时最稳定，浓度在 25% 以下或 74% 以上则稳定性较差。

2. 分层

乳剂在放置过程中，体系中的分散相会逐渐上浮或下沉，这一现象称为分层，也称乳析。分层的乳剂没有被破坏，经过振摇后能很快均匀分散，但乳剂发生这种现象是不符合质量要求的。为避免乳剂分层现象的发生，减少内相的粒径、增加外相的黏度、降低分散相与连续相之间的密度差均能降低分层速度。其中最常用的方法是适当增加连续相的黏度。

3. 絮凝

乳剂中分散相液滴发生可逆的聚集成团现象称为絮凝。絮凝时聚集和分散是可逆的，但絮凝的出现，说明乳剂的稳定性已经降低，通常是乳剂破裂或转相的前奏。发生絮凝的主要原因是由于乳剂的液滴表面电荷被中和，因而分散相的小液滴发生絮凝。

4. 破裂

乳剂中分散相液滴合并，进而分成油、水两相的现象为破裂。破裂后经过振荡也不能恢复到原来的分散状态。破裂的原因主要有过冷、过热使乳化剂发生物理化学变化，失去乳化作用；添加相反类型的乳化剂，改变了两相的界面性质；添加电解质；离心力的作用；添加油、水两相都能溶解的溶剂等。破裂是不可逆的，破裂与分层可同时发生或发生在分层后。

5. 酸败

乳剂在放置过程中，受外界因素（光、热、空气等）及微生物的作用，使乳化剂发生变质的现象称为酸败。乳剂中添加抗氧剂或防腐剂可防止酸败。

（六）乳剂的质量评定

不同给药途径，乳剂的质量要求各不相同，很难制定统一的质量标准，但基本的质量评定方法有如下四种。

1. 乳剂粒径大小的测定

乳剂粒径大小是衡量乳剂质量的重要指标。不同用途的乳剂对粒径大小要求不同，如静脉注射乳剂的粒径应在 $0.5\mu m$ 以下。用光学显微镜可测定 $0.2\sim100\mu m$ 粒径范围的粒子，库尔特粒度仪可测定 $0.6\sim150\mu m$ 的粒子和粒度分布。激光散射光谱法可测定 $0.01\sim2\mu m$ 的粒子，适于静脉乳剂的测定。透射电镜可观察粒子形态，测定 $0.01\sim20\mu m$ 的粒子大小及分布。

2. 分层现象的观察

乳剂产生分层的快慢是衡量乳剂稳定性的重要指标。离心法可在短时间内观察乳剂的分层，用于比较乳剂的分层情况，以估计其稳定性。如 4000r/min 离心 15min 不分层，可认为乳剂质量稳定。置 10cm 离心管中以 3750r/min 离心 5h，相当于放置 1 年的自然分层效果。

3. 乳滴合并速度的测定

乳滴合并速度符合一级动力学规律：

$$lgN = lgN_0 - Kt/2.303$$

式中，N、N_0 分别为时间 t 和 t_0 的乳滴数；K 为合并速度常数；t 为时间。

测定随时间 t 变化的乳滴数 N，求出合并速度常数 K，估计乳滴合并速度，用以评价乳剂的稳定性。

4. 稳定常数的测定

乳剂离心前后，光密度变化百分率称为稳定常数，用 K_e 表示，是研究乳剂稳定性的定量方法。K_e 值愈小，乳剂愈稳定。K_e 的表达式如下：

$$K_e = (A_0 - A)/A \times 100\%$$

式中，A_0 为未离心乳剂稀释液的吸光度；A 为离心后乳剂稀释液的吸光度。

测定方法：取乳剂适于离心管中，以一定速度离心一定时间，从离心管底部取出少量乳剂，稀释一定倍数，以纯化水为对照，用比色法在可见光某波长下测定吸光度 A。同法测定原乳剂稀释液吸收度 A_0，计算 K_e。离心速度和波长的选择可通过试验加以确定。

（七）复合型乳剂

复合型乳剂简称复乳，是由 O/W 或 W/O 型的初乳（一级乳）作为分散相，进一步乳化形成的以油为连续相的乳剂（O/W/O 型）或以水为连续相的乳剂（W/O/W 型）。

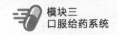
通常将 W/O 或 O/W 型乳剂称为一级乳。其进一步乳化，形成 W/O/W 或 O/W/O 型的复乳，也叫二级乳。形成的油滴中有一个或多个微水珠，水珠和油滴外都各有一层乳化剂膜。

$W_1/O/W_2$ 依次称为内水相、油相、外水相，内外水相的组成可以相同。若 $W_1 = W_2$，称二组分二级乳，可用 W/O/W 表示；若 $W_1 \neq W_2$，则称为三组分二级乳。

复合型乳剂的制备方法有一步乳化法和二步乳化法。

(八) 乳剂举例

【例】 鱼肝油乳

[处方] 鱼肝油 368ml
聚山梨酯 80 12.5g
西黄蓍胶 9g
甘油 9g
苯甲酸 1.5g
糖精 0.3g
杏仁油香精 2.8g
香蕉油香精 0.9g
纯化水 加至 1000ml

[制法] 将糖精溶解于水，加甘油混合，加入粗乳机内，搅拌 5min。用少量鱼肝油将苯甲酸、西黄蓍胶润匀后加入粗乳机内，搅拌 5min，加入聚山梨酯 80，搅拌 20min，缓慢均匀地加入鱼肝油，搅拌 80min，加入香蕉油香精、杏仁油香精，搅拌 10min 后粗乳液即成。将粗乳液缓慢均匀地加入胶体磨中，重复研磨 2~3 次，得细腻的乳液，用两层纱布过滤，并静置脱泡，即得。

[注解] 处方中鱼肝油为主药，聚山梨酯 80 为乳化剂，西黄蓍胶为辅助乳化剂，甘油为稳定剂，苯甲酸为防腐剂，糖精为甜味剂，杏仁油香精、香蕉油香精为芳香剂。

九、液体制剂的矫味与着色

(一) 液体制剂概述

药物制剂除了保证其应有的疗效和稳定性外，还应注意其味道可口和外观美好。许多药物具有不良臭味，往往在下咽时引起患者恶心和呕吐，特别是儿童往往拒绝服用，不仅延误了最佳治疗时间，而且还浪费了药物。对于慢性患者，由于长期服用同一药剂，往往也会引起厌恶，因此使用适宜的矫味剂与着色剂，在一定程度上可以掩盖与矫正药物的异味与美化药物的外观，使患者乐于服用。

(二) 矫味剂

矫味剂亦称调味剂，是一种能改变味觉的物质。药剂中常用来掩盖药物的异味，也可用来改进药剂的味道。有些矫味剂同时兼有矫臭作用，而有些则需加芳香剂矫臭。选用矫味剂必须通过小量试验，不要过于特殊，以免产生厌恶感。药剂中常用的矫味剂有甜剂、芳香剂、胶浆剂及泡腾剂等。

1. 甜剂

常用的甜剂有蔗糖、单糖浆及各种芳香糖浆，如橙皮糖浆、枸橼酸、糖浆等。它们不仅可矫味，也可矫臭。在应用单糖浆时，往往加入适量山梨醇、甘油或其他多元醇，可防止蔗糖结晶析出。

天然甜菊苷作为甜剂，是从甜叶菊中提取精制而得，为微黄白色粉末，无臭，有清凉甜味，其甜度比蔗糖大约 300 倍，在水中溶解度为 1∶10（25℃），pH 4～10 时加热也不被水解。常用量为 0.025%～0.05%。本品甜味持久且易被吸收，但甜中带苦，故常与蔗糖或糖精钠合用。

人工甜剂常用的为糖精钠，甜度比蔗糖大 200～700 倍，常用量为 0.03%，在水溶液长时间放置，甜味可降低。

2. 芳香剂

常用的天然芳香性挥发油如薄荷油、橙皮油、复方橙皮酊等。天然芳香性挥发油多为芳香族有机化合物。根据天然芳香剂的组成，由人工合成制得的芳香性物质一般称为香精，如香蕉香精、橘子香精等。通常一种香精是由很多种成分组成的。目前在液体制剂中，以水果味的香精最为常用，其香气浓郁且稳定。

3. 胶浆剂

胶浆剂具有黏稠、缓和的性质，可以干扰味蕾的味觉而矫味，并可减轻刺激性药物的刺激作用，对涩味亦有矫正作用。常用的胶浆剂有淀粉浆、阿拉伯胶浆、西黄蓍胶浆、羧甲基纤维素钠、甲基纤维素、海藻酸钠等。

4. 泡腾剂

在制剂中加有碳酸氢钠和有机酸（如酒石酸等），可产生二氧化碳，而二氧化碳溶于水呈酸性，能麻痹味蕾而矫味。常用于苦味制剂中，有时与甜味剂、芳香剂合用，可得到清凉饮料类的佳味。

（三）着色剂

应用着色剂改善药物制剂的颜色，可用于识别药物的浓度或区分应用方法，也可改变制剂的外观，减少患者对服药的厌恶感。尤其是选用的颜色与矫味剂能够配合协调，更易为患者接受。

用作着色剂的色素可分为天然与人工合成两类。

1. 天然色素

植物性的如焦糖与叶绿素。焦糖亦称糖色，是由蔗糖加热至 180～220℃，使糖熔化，继续加热 1～1.5h，熔化的糖液逐渐增稠，变色，失去两分子水而变为深棕色稠膏状物即焦糖。可与水任意混合。

2. 人工合成色素

目前我国允许使用的人工合成色素有苋菜红、胭脂红、柠檬黄、靛蓝、日落黄、姜黄及亮蓝。液体制剂中用量一般为 0.0005%～0.001%，常配成 1% 贮备液使用。

市售食用色素一般含有稀释剂食盐，在使用前应先脱盐（常用透析法）。外用液体制剂中常用的着色剂有伊红（亦称曙红，适用于中性或弱碱性溶液）、品红（适用于中性、弱酸性溶液）以及美蓝（亦称亚甲蓝，适用于中性溶液）等。

十、液体制剂的防腐

（一）防腐的重要性

液体制剂易为微生物所污染，尤其是含有营养物质如糖类、蛋白质等时，微生物更易滋生与繁殖，即使是抗生素和一些化学合成的消毒防腐药的液体制剂，有时也会染菌生霉。这是因为抗菌药物对本身抗菌谱以外的微生物不起作用所致。

目前对液体制剂已规定了染菌数的限量要求，即在每 1g 或每 1ml 内不得超过 100 个，

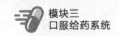
并不得检出大肠埃希菌、沙门菌、痢疾杆菌、金黄色葡萄球菌、铜绿假单胞菌等；用于烧伤、溃疡及无菌体腔的制剂，则不得含有活的微生物。

（二）防腐措施

1. 防止微生物污染

防止微生物污染是防腐的重要措施，特别是容易引起发霉的一些霉菌，如青霉菌、酵母菌等。在尘土和空气中，常引起污染的细菌有枯草杆菌、产气杆菌。为了防止微生物污染，在制剂的整个配制过程中，应尽量注意避免或减少污染微生物的机会。例如，缩短生产周期和暴露时间，缩小与空气的接触面积；加防腐剂前不宜久存，用具容器最好进行灭菌处理，瓶盖、瓶塞可用水煮沸 15min 后使用；还应加强制剂室环境卫生和操作者的个人卫生；成品应在阴凉、干燥处贮存，以防长菌变质。

2. 添加防腐剂

尽管在配制过程中，注意了防菌，但并不能完全保证不受细菌的污染，因此加入适量防腐剂用以抑制微生物的生长繁殖，甚至杀灭已经存在的微生物，也是有效的防腐措施之一。

防腐剂本身应无毒、无刺激性；能溶解，达到有效的浓度时，不改变药物的作用，也不受药物的影响而降低防腐作用；不影响药剂的色、香、味等。

同一种防腐剂在不同溶液中或不同防腐剂在同一种溶液中，其防腐作用的强弱和防腐浓度都有很大差别。所以在实际应用时，必须根据制剂的品种和性质来选择不同的防腐剂和不同的浓度。防腐剂的用量因季节亦有不同，在乳剂中使用的防腐剂还应考虑到防腐剂的油、水分配系数，避免防腐剂集中分散在油相中而不足以防止水相中微生物的繁殖。

十一、液体制剂的包装与贮存

（一）液体制剂的包装

液体制剂的包装关系到成品的质量、运输和贮存。液体制剂体积大、稳定性较其他制剂差。即使产品符合质量标准，但如果包装不当，在运输和贮存过程中也会发生变质。因此包装容器的材料选择、种类、形状以及封闭的严密性等都极为重要。

液体制剂的包装材料应符合下列要求：符合药用要求，对人体安全、无害、无毒；不与药物发生作用，不改变药物的理化性质和疗效；能防止和杜绝外界不利因素的影响；坚固耐用、体轻、形状适宜、美观，便于运输、携带和使用；不吸收、不沾留药物。

液体制剂的包装材料包括：容器（玻璃瓶、塑料瓶等）、瓶塞（橡胶塞、塑料塞等）、瓶盖（塑料盖、金属盖等）、标签、说明书、塑料盒、纸盒、纸箱、木箱等。在使用塑料瓶时，应注意塑料的透气性及对防腐剂的吸附作用。

液体制剂包装上必须按照规定印有或贴有标签并附说明书。标签及说明书内容必须规范、齐全。

特殊管理的药品、外用药品和非处方药，以及有关规定要求使用指定标志（如国家发放的免费疫苗）的标签，必须印有规定的标志。

> **1＋X 知识链接**（药物制剂生产职业技能等级证书）
> **DGZ4 口服液灌轧一体机标准操作规程**
>
> 1. 开机前准备
> 1.1 确认电源合格，确认设备有"完好，已清洁"标示，并在有效期内。
> 1.2 根据情况对设备活动部位添加润滑油。

1.3 消毒：用沾有 75％乙醇的清洁布（不能脱落纤维）擦拭（3 次）设备内外表面（瓶斗内直接接触瓶子的表面、进瓶螺杆、拨瓶轮、理盖机、灌装头及所有直接接触物料的部位）进行消毒。

1.4 打开空压机开关，设备电源开关。

1.5 点击操作面板，空机自动运行，观察设备有无异响或其他异常。若有异响或异常应立即停机检查并排除。

2. 开机操作

2.1 在已经消毒后的瓶斗内放入玻璃瓶，理盖机内放入铝塑复合盖。

2.2 各计量泵和管道内的空气人工排尽。

2.3 打开主机点手动界面，点击灌装，不要打开轧盖，先调整装量至合格。

2.4 打开理盖振荡，使铝塑复合盖充满下盖轨道。

2.5 点击操作屏幕上的自动运行。此时开始灌装、理盖、轧盖，调节主机转速至生产需要。

3. 停机

3.1 生产结束后应将主机转速调至零。

3.2 按照设备清洁 SOP 完成清洁和清场并填写相关记录。

4. 维护与保养

4.1 有加油孔的位置应定期添加润滑油。

4.2 生产结束后必须清洁机器，保持机器外观整洁干净。

4.3 易损件磨损后应及时更换。

（二）液体制剂的贮存

液体制剂特别是以水为分散介质者，在贮存期间易发生水解、氧化、聚合、分解等化学反应，或被微生物污染而出现沉淀、变质或霉败等现象，因此生产与销售时应"先产先出"，防止久存变质。医院自制液体制剂应尽量小批量生产，缩短存放时间，有利于保证液体制剂的质量。

液体制剂一般应密闭避光保存，贮存于阴凉、干燥处。液体制剂大部分为玻璃瓶包装，贮存运输时需轻拿轻放，以免破损。

实训 4-1　溶液型液体制剂的制备

【实训目的】

1. 通过典型溶液型液体制剂的配制实验，掌握溶液型液体制剂的制备原理、配制方法、操作规范、贮存及保管；学会溶解、过滤、加量等基本操作和外观质量检查。

2. 认识本工作中涉及的仪器、设备，并能规范使用。

【实训条件】

1. 实训场地

溶液型液体制剂实训车间（包括配液、洗瓶、灌封、灭菌、贴签、包装等设备）。

2. 处方及制法

以枸橼酸哌嗪糖浆为例。

【处方】枸橼酸哌嗪　　　　　　　　1.6kg

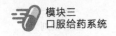

蔗糖	6.5kg
尼泊金乙酯	0.05kg
矫味剂	适量
纯化水	加至 100L

【制法】取纯化水 50L，煮沸，加入蔗糖与尼泊金乙酯，搅拌溶解后，滤过。滤液中加入枸橼酸哌嗪，搅拌溶解，放冷。加矫味剂与适量纯化水，使全量为 100L，搅匀，即得。

【实训内容】

岗位一　配　　液

1. 生产前准备

(1) 检查是否有清场合格证，并确定有效期；检查设备、容器、场地清洁是否符合要求（若不符合要求，需重新清场或清洁，并请 QA 人员填写清场合格证或检查后，才能进入下一步生产）。

(2) 检查电、水、气是否正常。

(3) 检查设备是否有"合格"标牌、"已清洁"标牌。

(4) 检查设备状况是否正常（如检查气封圈是否完好；打开电源，检查各指示灯指示是否正常；开机观察空机运行过程中，是否有异常声音等）。

(5) 按生产指令领取物料，并确保物料的品名、批号、规格、数量、质量符合要求。

(6) 装好过滤器的滤纸、滤布，并按设备与用具的消毒规程对设备与用具进行消毒。

2. 生产操作

(1) 按生产工艺要求，计算出纯化水的用量。并在化糖罐内加入纯化水，打开化糖罐加热蒸汽阀门。

(2) 将生产指令中规定的蔗糖量加入化糖罐内，打开搅拌器搅拌，开启罐底阀门，将沉底未溶解的蔗糖随纯化水放入不锈钢板内，重新抽入化糖罐。重复操作两次。

(3) 待蔗糖溶化后停止搅拌，煮沸，调节蒸汽阀门，制成所需糖浆。

(4) 打开煮药罐输药液的进料阀，保持微沸 30min，关闭蒸汽阀、关闭出料口，打开液体制冷贮藏罐输药管路出料口。启动离心泵打入合格的药液稀释液后关闭离心泵，关闭煮药罐的进料口，打开搅拌器和蒸汽阀，注意蒸汽压力。药液沸腾后，关闭搅拌器，调节蒸汽阀门，使药液微沸 30min，关闭蒸汽阀门。

(5) 开搅拌器和降温水阀，使药液降温至 40℃左右，加入处方量的药物，混匀后停止搅拌。

(6) 打开液体制冷贮藏罐输药管路和煮药罐输药管路的出料阀门，用离心泵将药液打入液体制冷贮藏罐内，关闭液体制冷贮藏罐的进料口阀门。药液温度降至 0～5℃，冷藏至规定的时间。

(7) 开真空阀，将冷藏好的药液过滤至液体制冷贮藏罐中。将化好的糖浆稍冷，趁热将糖溶液过滤至盛药液的液体制冷贮藏罐中，开启搅拌器搅拌均匀。

3. 清场

(1) 按清场程序和设备清洁规程清理工作场所、工具、容器具、设备，并请 QA 人员检查，合格后发给清场合格证。

(2) 撤掉"运行"状态标志，挂"清场"合格标志。

(3) 连续生产同一品种中的暂停，要将设备清理干净。

(4) 换品种或停产 2 天以上时，要按清洁程序清理现场。

4. 结束并记录

及时填写批生产记录、设备运行记录、交接班记录等。关好水、电及门，按进入程序的相反程序退出。

5. 质量控制要点

质量控制要点主要包括 pH、相对密度、澄清度。

岗位二　洗　瓶

1. 生产前准备

（1）检查操作间是否有清场合格标志，并在有效期内。否则需按清场标准操作规程清场，并经 QA 人员检查合格后，填写清场合格证，才能进行下一步操作。

（2）检查设备是否有"合格""已清洁"标牌，并对设备进行检查，确认设备正常，方可使用。

（3）检查饮用水、纯化水、蒸汽是否在可供状态，压力表、过滤器、电磁阀、阀门是否正常。

（4）检查每个润滑点的润滑情况。

（5）查主机、理瓶机、输送带电源是否正常。

（6）开饮用水阀门，将超声波水槽加水至水位超过超声波换能器（以浮子开关为准），并检查瓶托与喷射管中心线是否在一条线上。

（7）开电源开关，电源指示灯亮后开启加热旋钮，打开蒸汽阀门至操作面板上温度显示器显示 40～50℃为止，并保持 40～50℃。

（8）根据生产指令填写领料单，并领取玻璃瓶。

（9）挂"运行"状态标志，进入操作。

2. 生产操作

（1）开纯化水进水阀门、内外冲洗管道阀门，打开预冲洗管道阀门，然后先后打开粗洗开关、精洗开关、超声波发生器开关，最后打开变频调速开关。

（2）变频调速器的"＋"或"－"键（加速时按"＋"，减速时按"－"），待频率显示相应值与产量相符时停止调速。

（3）据每分钟产量调整输送带速度。

（4）按开机相反的顺序停机。放尽各水槽里的水，清洗设备（提示操作面板不能用水冲洗）。定期对设备进行润滑保养。

3. 清场

按《岗位清洁 SOP》进行清场。清场完毕后，填写清场记录并上报 QA 人员。经 QA 人员检查发放清场合格证后，本岗位挂"清场合格"状态标志。

4. 结束并记录

及时填写批生产记录、设备运行记录、交接班记录等。关好水、电及门。

5. 质量控制要点

质量控制要点主要包括清洁度和残留水量。

岗位三　灌　封

1. 生产前操作

（1）检查主机、输送带电源是否正常。

（2）检查各润滑点的润滑状况。

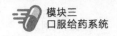
（3）检查药液管道阀门开启是否灵敏、可靠，各连接处有无泄漏情况。

2. 生产操作

（1）打开电源开关，待电源指示灯亮后，开输送轨道、主机、变频调速器，最后开启药液管道阀门。

（2）按变频调速器的"＋"或"－"键（加速时按"＋"，减速时按"－"），待相应值与产量相符时停止调速。

（3）根据每分钟产量调整输送带速度；调节进药液阀门，调整灌装量，达到标准装量。停机时先关进药液阀门，后关变频调速器、主机、输送带。

（4）加塞。检查拨瓶机构是否平稳（手动），检查气动夹瓶位置是否准确（手动），检查压缩空气是否正常，检查电源是否正常；打开总电源；启动真空泵、检查真空值应为－0.5～－0.1MPa；打开振荡开关，调节圆周及纵向振荡幅度，使胶塞布满轨道，按下真空开关，接通压缩空气，开启输液瓶转送带，启动主机正常运行；停机后关闭压缩空气及电源；取尽胶塞振荡器及胶塞轨道上的全部胶塞，放入专用容器；清洁并保养设备。

（5）轧盖。检查电源应正常，检查设备润滑部分润滑是否正常；打开电源开关；在振动盘内加入铝盖，约到振动盘的1/4高处；调节振荡幅度；检查轧盖情况，调节轧头力度及轧刀位置；停车可用紧急停车键，可单独停车。

（6）生产结束后，将振荡盘内所有铝盖取出，并关闭好水、电、气开关。

3. 清场

按《岗位清洁SOP》进行清场。清场完毕后，填写清场记录并上报QA人员。经QA人员检查发放清场合格证后，本岗位挂"清场合格"状态标志。

4. 结束并记录

及时填写批生产记录、设备运行记录、交接班记录等，关好水、电及门。

5. 质量控制要点

质量控制要点主要包括装量和异物。

岗位四　灭　菌

1. 生产前控制

（1）检查生产岗位、设备、容器、工具的清洁状况，检查清场合格证，核对有效期，使用清洁合格的设备、容器及工具。

（2）检查、核对所灭菌产品的品名、数量与生产指令、质量报告是否相符合。

（3）按生产指令填写工作状态，挂好各种生产状态标识。

（4）检查灭菌柜上的各种仪表、阀门是否正常。

2. 生产操作

（1）选择灭菌程序，设置灭菌参数。

（2）将待灭菌产品由上而下放入灭菌柜的消毒车上。

（3）打开灭菌柜密封门，将消毒车推入灭菌柜内，关闭密封门。

（4）打开蒸汽阀门，启动灭菌程序，达到灭菌所需温度时，每10min检查一次温度及蒸汽压力，及时记在记录上。

（5）灭菌完毕后，由灭菌柜自动操作，检漏、清洗已灭菌的药品。

（6）待灭菌柜内气压为"零"，并稍待片刻，打开柜门，将消毒车拉出灭菌柜稍冷。

（7）将灭菌后的药品在指定位置摆放整齐。

3. 清场

按《岗位清洁SOP》进行清场。清场完毕后，填写清场记录并上报QA人员。经QA

人员检查发放清场合格证后，本岗位挂"清场合格"状态标志。

4. 结束并记录

及时填写批生产记录、设备运行记录、交接班记录等。关好水、电及门。

岗 位 五 贴 签 包 装

1. 生产前准备

（1）检查操作间是否有"清场合格"标志，并在有效期内。否则按清场标准操作规程清场并经 QA 人员检查合格后，填写清场合格证，才能进行下一步操作。

（2）检查设备是否有"合格""已清洁"标牌，并对设备进行检查，确认设备正常，方可使用。

（3）检查上一工序蜡封交来半成品的品名、规格、批号与生产通知单安排的产品是否相符。

2. 生产操作

（1）贴瓶签要求端正、适中、一致、牢固、洁净，糨糊要用得均匀，不歪斜不翘角。

（2）对品名、规格、批号核对确认无误，才能敲打上批号，要求字迹清晰、端正。位置一致，不漏敲。

（3）装盒时要注意瓶签，不能弄斜或脱落，纸盒折叠成形端正，不得少支，按工艺规定放进说明书及服用吸管，不得缺漏。

（4）装箱前要核对纸箱、纸盒与装箱单上的品名、规格、批号是否相符，确认无误才能敲打批号、进行装箱。要求数量正确、封箱严密、打包牢固。

（5）开出请检单，通知质检科检验。

（6）换批号、换产品要按规定进行认真清场，经检查取得合格证后，才能调换。

（7）每批包装结束后，要准确统计各种包装的耗用数及剩余数，按标签管理办法处理破损标签及剩余标签。

（8）搬运成品纸箱要轻拿轻放，按品名、规格、批号清点登记，堆放整齐。每批完成后，及时把准确数量报告组长、管理员，填写入库单。

（9）必须穿戴本岗位规定的工作服装才能进入生产区。

3. 清场

按《岗位清洁 SOP》进行清场。清场完毕后，填写清场记录并上报 QA 人员。经 QA 人员检查发放清场合格证后，本岗位挂"清场合格"状态标志。

4. 结束并记录

及时填写批生产记录、设备运行记录、交接班记录等。关好水、电及门。

实训 4-2 乳剂的制备

【实训目的】

1. 通过典型乳剂的配制实验，学会研磨、乳化、加量等药物制剂基本操作；掌握乳剂制备的操作规范。

2. 认识本工作中使用到的仪器、设备，并能规范使用。

【实训条件】

1. 实训场地

溶液型液体制剂实训车间（包括乳化设备等）。

2. 处方及制法

以丝裂霉素 C 复合乳剂为例。

【处方】

丝裂霉素 C	50g
单硬脂酸铝	10g
精制麻油	80ml
司盘 80	10g
吐温 80	适量

【制法】将单硬脂酸铝加热溶于精制麻油中，加司盘 80 混匀，然后加丝裂霉素 C 水溶液（丝裂霉素 C 溶于 100ml 纯化水制得），搅拌乳化，使成 W/O 型乳剂。另取 2% 吐温 80 水溶液加入上述 W/O 型乳剂中，边加、边搅拌，最后通过乳匀机匀化得 W/O/W 型复合乳剂。

【实训内容】

1. 生产前准备

（1）检查操作间、盛装物料的容器及盛料勺、设备等是否有"清场合格"标志，并核对是否在有效期内，否则按《岗位清洁 SOP》进行清场并经 QA 人员检查发放清场合格证后，方可进行生产。

（2）检查胶体磨的清洁情况，设备要有"合格""已清洁"状态标志。对设备状况、各部件的完整性进行检查，确认设备运行正常后方可使用。检查水、电供应正常。

2. 生产操作（以胶体磨为例）

（1）胶体磨安装　安装转齿于磨座槽内，并用紧固螺栓紧固于转动主轴上；将定齿及间隙调节套安装于转齿上，安装进料斗；安装出料管及出料口。

（2）研磨操作　用随机扳手顺时针（俯视）缓慢旋转间隙调节套，听到定齿与转齿有轻微摩擦时，即设为"0"点，这时定齿与转齿的间隙为零。用随机扳手逆时针（俯视）转动间隙调节套，确认转齿与定齿无接触。按启动键，俯视观察转子的旋转方向应为顺时针。用注射用水或 0.9% 氯化钠溶液冲洗 1 遍。以少量的待研磨的物料倒入装料斗内，调节间隙调节套，确定最佳研磨间隙。调好间隙后，拧紧扳手，锁紧间隙调节套。将待研磨的物料缓慢地投入装料斗内，正式研磨，研磨后的物料装入洁净物料桶内。研磨结束后，应用纯化水或清洁剂冲洗，待物料残余物及清洁剂排尽后，方可停机、切断电源。

（3）停机　拆卸进料斗，拆卸出料口及出料管。拧松随机扳手，逆时针旋转间隙调节套，将定齿及间隙调节套拆卸下来。松开转动主轴上的固定螺栓，将转齿由转动主轴上拆卸下来。

3. 清场

按《操作间清洁标准操作规程》《胶体磨清洁标准操作规程》对场地、设备、用具、容器进行清洁消毒，经 QA 人员检查后发清场合格证。

4. 结束并记录

及时规范地填写生产记录、清场记录。关好水、电及门。

5. 质量控制要点

质量控制要点主要包括外观和分层。

? 思考题

1. 简述优良表面活性剂应具备的性质。

2. 根据极性基团的解离性质及所带电荷，表面活性剂有哪些类型？各举一例。

3. 什么是液体制剂？有何特点？

4. 液体制剂分哪几类？

5. 高分子溶液的制备过程是什么？如何快速配制高分子溶液？

6. 简述混悬剂对药物的基本要求。

7. 絮凝剂与反絮凝剂对混悬剂的稳定性有何意义？

8. 简述表面活性剂在药剂学中的应用。

9. 增加难溶性药物溶解度常用的方法有哪些？请举例说明。

10. 在乳剂制备中，选择乳化剂的原则是什么？

11. 简述混悬剂中稳定剂的类型、在制剂中的作用及常用的稳定剂。

项目六　散　剂

学习目标

◎ 掌握散剂的特点、类型及其处方组成。
◎ 掌握散剂的制备工艺（粉碎、筛分、混合、分剂量、包装和贮存）和质量检查。
◎ 学会典型散剂的处方及工艺分析。
◎ 具有综合应用知识分析解决散剂制剂技能。

一、散剂概述

1. 散剂的概念

散剂系指原料药物或与适宜的辅料经粉碎、均匀混合制成的干燥粉末状制剂。散剂可外用也可内服，虽然在化学药品（西药）中的应用不多，但在中药制剂中有一定的应用，仍是临床上不可缺少的剂型。散剂除了作为药物剂型直接应用于患者外，制备散剂的粉碎、过筛、混合等单元操作也是其他剂型（如颗粒剂、片剂、胶囊剂、混悬剂及丸剂等）制备的基本技术，因此散剂的制备在制剂上具有普遍意义。

散剂按药味组成可分为单散剂与复散剂；按剂量情况可分为分剂量散与不分剂量散；按用途可分为溶液散、煮散、吹散、内服散、外用散等。例如，痱子粉是一种外用散剂，而小儿清肺散则是内服散。

2. 散剂的特点

散剂的主要特点有：粉碎程度大，比表面积大、易于分散、起效快；外用覆盖面积大，可以同时发挥保护和收敛等作用；贮存、运输、携带比较方便；制备工艺简单，剂量便于调整。

由于散剂不含液体，故较液体制剂稳定。但由于药物粉碎后比表面积增大，其臭味、刺激性及化学活性也相应增加，且某些挥发性成分易散失。所以，一些腐蚀性较强、遇光、湿、热容易变质的药物一般不宜制成散剂。一些剂量较大的散剂，不如丸剂、片剂或胶囊剂等剂型容易服用。

3. 散剂的处方

毒剧药物或药理作用很强的药物，其剂量小，常需加一定比例量的稀释剂制成稀释散或倍散，以利临时配方。常用的有五倍散、十倍散，亦有百倍散、千倍散。稀释剂应为惰性物质，常用的有乳糖、淀粉、糊精、蔗糖、葡萄糖，以及一些无机物如沉降碳酸钙、沉降磷酸钙等。处方中若含有小量的液体成分，如挥发油、酊剂、流浸膏等，可利用处方中其他成分吸收。如含量较多时，可另加适量的吸收剂至不显潮湿为度，常用的吸收剂有磷酸钙、蔗糖、葡萄糖等。

二、散剂的制备

散剂制备工艺的流程见图6-1。

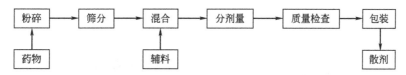

图 6-1 散剂制备工艺流程

一般情况下，将固体物料进行粉碎前对物料进行前处理，即将物料加工成符合粉碎所要求的粒度和干燥程度等。个别散剂因成分或数量的不同，可将其中的几步操作结合进行。生产散剂时，分装室的相对湿度应控制在药物混合物的临界相对湿度（CRH）值以下，以免吸湿而降低药物粉末的流动性，影响分剂量与产品质量。

（一）粉碎

借助机械力将大块固体物料破碎成小块或粉末的过程称为粉碎。通常把粉碎前的粒度 D_1 与粉碎后的粒度 D_2 之比称为粉碎度或粉碎比。粉碎度越大，颗粒越细。制备散剂用的固体原料药，除细度已达到药典要求外，均需进行粉碎，目的是调节药物粉末的流动性，改善不同药物粉末混合的均匀性，降低药物粉末对胃肠道创面的机械刺激性，且减小药物的粒径，可增加药物的比表面积，提高生物利用度。所以散剂中药物都应有适宜的粉碎度，这不仅关系到它的外观、均匀性、流动性等性质，还可直接影响它的疗效。

> **知识拓展**
>
> **散剂中药物的粉碎细度**
>
> 散剂中，易溶于水的药物可不必粉碎得太细，如水杨酸钠等。对于难溶性药物如布洛芬，为了加速其溶解和吸收，应粉碎得细些。不溶性药物（如次碳酸镁、氢氧化铅等）用于治疗胃溃疡时，必须制成最细粉，以利于发挥其保护作用。对于有不良臭味、刺激性、易分解的药物制成散剂时，不宜粉碎太细，以免增加比表面积而加剧其臭味、刺激性及分解，如呋喃妥因等。红霉素在胃中不稳定，增加细度则加速其在胃液中降解，降低其疗效，故不宜过细。一般的散剂能通过 6 号筛（100 目，150μm）的细粉含量不少于 95%；难溶性药物、收敛剂、吸附剂、儿科或外用散能通过 7 号筛（120 目，125μm）的细粉含量不少于 95%；眼用散应全部通过 9 号筛（200 目，75μm）等。

1. 常用的粉碎设备

（1）研钵 有瓷、玻璃、玛瑙、铁或铜制品。玻璃研钵不易吸附药物，易清洗，宜用于粉碎小剂量（毒、剧、贵重）药物；铁及铜制品应注意与药物可能发生作用。

（2）球磨机 球磨机结构简单，密闭操作，常用于毒、剧或贵重药物，以及吸湿性或刺激性强的药物（图 6-2）。对结晶性药物、硬而脆的药物进行细粉碎的效果好。易氧化药物，可在惰性气体条件下密闭粉碎。

"球磨机"
微课

（3）流能磨 系利用高压气流（空气、蒸汽或惰性气体）使药物的颗粒之间及颗粒与室壁之间碰撞，而产生强烈的粉碎作用（图 6-3）。在粉碎过程中，被压缩的气流在粉碎室中膨胀产生的冷却效应与研磨产生的热相互抵消，故被粉碎药物温度不升高，适用于抗生素、酶、低熔点或热敏感药物的粉碎。而且在粉碎的同时进行了分级，可得到 5μm 以下的微粉。

"万能粉碎机"
微课

（4）冲击式粉碎机 适用于脆性、韧性物料，以及中碎、细碎、超细碎等，有"万能粉碎机"之称，粉碎结构有锤击式和冲击柱式（也叫

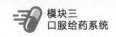
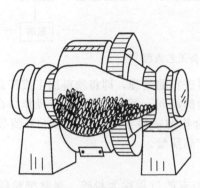

图 6-2　球磨机结构

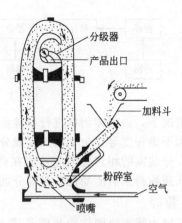

图 6-3　轮胎形流能磨结构

转盘式粉碎机）。冲击式粉碎机采用冲击式破碎方法，物料进入粉碎室后，受到高速回转的六只活动锤体冲击，经齿圈和物料相互撞击而粉碎（图 6-4）。被粉碎的物料在气流的帮助下，通过筛孔进入盛粉袋，不留残渣。具有效率高、低噪声、工作性能和产品质量可靠、操作安全、药物卫生和损耗小等优点。

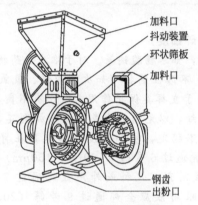

图 6-4　冲击式粉碎机结构

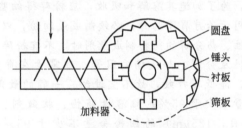

图 6-5　锤击式粉碎机结构

(5) 锤击式粉碎机　采用冲击式粉碎方法，利用内部六只高速运转的活动锤体和四周固定齿圈的相对运动，使物料经锤齿冲撞、摩擦，彼此间冲击而获得粉碎（图 6-5）。粉碎好的物料经旋转离心力作用，通过筛孔筛选后进入捕集袋。

2. 粉碎的注意事项

(1) 选择适宜的粉碎器械　根据物料的性质、物料被粉碎的程度、粉碎量的多少等来选择。粉碎过程常用的机械力有冲击力、压缩力、剪切力、弯曲力、研磨力等。根据需处理物料的性质、粉碎程度的不同，选择不同的外力。

(2) 选用适宜的粉碎方法　干法粉碎对平衡水分含量较高的物料易引起黏附作用，影响粉碎的进行，故粉碎前应进行干燥。在空气中干法粉碎时有可能引起氧化或爆炸的药品，应在惰性气体或真空状态中进行粉碎。干法粉碎时，当物料粉碎至一定粒度以下，某些粉碎机的粉碎效能会降低，如球磨机内壁及球的表面会黏附一层细粉，起缓冲作用，减少粉碎的冲击力。

湿法粉碎是在药物中加入适量的水或其他液体再研磨粉碎的方法（即加液研磨法），可防止在粉碎过程中粒子产生凝聚作用，对于药物要求特别细度，或者有刺激性、毒性者，宜用湿法粉碎。对某些难溶于水的药物可采用"水飞法"，即将药物与水一起研磨，使细粉末漂浮于液面或混悬于水中，然后将混悬液倾出，余下的粗粒加水反复操作，至全部药物研磨完毕。所得混悬液合并，沉降，倾去上层清液，将湿粉干燥，可得极细粉末。水飞法流程见图 6-6。

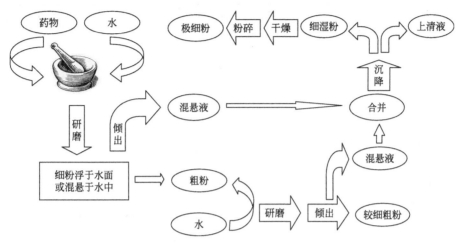

图 6-6　水飞法流程

将药物与辅料混合在一起粉碎称混合粉碎法，此时辅料细粉末能饱和药物粉末的表面能而阻止其聚结，有利于粉碎，可得到更细的粉末。此外，两种物质的混合，彼此也有稀释作用，从而减少热的影响，可缩短混合时间。欲获得 $10\mu m$ 以下的微粉，可采用流能粉碎或选用微晶结晶法，即将药物的过饱和溶液，在急速搅拌下骤然降低温度快速结晶，制得微粉。

(3) 及时筛去细粉　药物只粉碎至所需的粉碎度，粉碎前和粉碎中应及时筛分，以免药物过度粉碎，以节省功率的消耗和减少粉碎过程中药物的损失。

(4) 中药的药用部位必须全部粉碎应用　一般较难粉碎的叶脉和纤维等不应随意丢弃，以免损失有效部分或使药粉的含量相应增高。

(5) 粉碎毒药或刺激性较强的药物时，应注意劳动防护，并避免交叉污染

(二) 筛分

筛分是医药工业中应用广泛的分级操作，是借助筛网孔径大小将物料进行分离的方法，目的是为了获得较均匀的粒子群。如筛除粗粉取细粉、筛除细粉取粗粉、筛除粗粉和细粉取中粉等。这在混合、制粒、压片等单元操作中，对混合度、粒子流动性、充填性、片重差异、片剂硬度、裂片等具有显著的影响，对药品质量以及制剂生产的顺利进行有重要的意义。

"中药粉碎机"
微课

1. 筛分的设备

筛分用的药筛分为冲眼筛和编织筛两种。冲眼筛系在金属板上冲出圆形的筛孔而成，其筛孔坚固，不易变形，多用于高速旋转粉碎机的筛板及药丸等粗颗粒的筛分。编织筛是具有一定机械强度的金属丝（如不锈钢、铜丝、铁丝等），或其他非金属丝（如丝、尼龙丝、绢丝等）编织而成，优点是单位面积上的筛孔多、筛分效率高，可用于细粉的筛选。用非金属制成的筛网具有一定弹性。尼龙丝对一般药物较稳定，在制剂生产中应用较多。但编织筛线

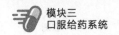

易于移位，致使筛孔变形、分离效率下降。

药筛的孔径大小用筛号表示（表6-1）。筛的孔径规格我国有药典标准和工业标准。《中国药典》把固体粉末分为最粗粉、粗粉、中粉、细粉、最细粉和极细粉六级（表6-2）。

表6-1 《中国药典》标准筛规格与工业筛目对照表

筛号	筛孔平均内径/μm	目号
一号筛	2000±70	10
二号筛	850±29	24
三号筛	355±13	50
四号筛	250±9.9	65
五号筛	180±7.6	80
六号筛	150±6.6	100
七号筛	125±5.8	120
八号筛	90±4.6	150
九号筛	75±4.1	200

表6-2 粉末的分等标准

等级	分等标准
最粗粉	指能全部通过一号筛，但混有能通过三号筛不超过20%的粉末
粗 粉	指能全部通过二号筛，但混有能通过四号筛不超过40%的粉末
中 粉	指能全部通过四号筛，但混有能通过五号筛不超过60%的粉末
细 粉	指能全部通过五号筛，并含能通过六号筛不少于95%的粉末
最细粉	指能全部通过六号筛，并含能通过七号筛不少于95%的粉末
极细粉	指能全部通过八号筛，并含能通过九号筛不少于95%的粉末

工业用标准筛常用"目"数表示筛号，即以每英寸（25.4mm）长度上的筛孔数目表示；孔径大小，常用微米表示。筛分设备有振动筛、滚筒筛、多用振动筛等（图6-7、图6-8）。振动筛是常用的筛，根据运动方式分为摇动筛和振荡筛。

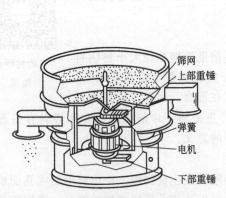

图6-7 圆形振动筛粉机结构示意

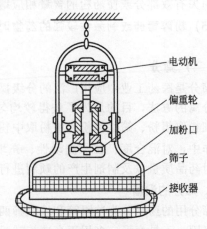

图6-8 悬挂式偏重筛粉机结构

（1）摇动筛 根据药典规定的筛序，按孔径大小从上到下排列，最上为筛盖，最下为接收器。把物料放入最上部的筛上，盖上盖，进行摇动和振荡，即可完成对物料的分级。常用于测定粒度分布或少量剧毒药、刺激性药物的筛分。

（2）振荡筛　筛网的振荡方向有三维性，物料加在筛网中心部位，筛网上的粗料由上部排出口排出，筛分的细料由下部的排出口排出。振荡筛具有分离效率高、单位筛面处理能力大、维修费用低、占地面积小、重量轻等优点。

1＋X 知识链接（药物制剂生产职业技能等级证书）

ZS-400 振荡筛标准操作规程

1．开机前准备工作

1.1　检查机器各部分是否正常，机器是否清洁。清查内部有无铁屑、杂物等落入，如发现应立即取出。

1.2　确认设备水平放置，若振荡筛固定在某一位置工作时，应用垫块将底座托起（四个滚轮离开地面），保证整粒机在高速运转状态时工作平稳。

1.3　按照《压片岗位标准操作规程》正确领取所需要规格的筛网。

1.4　消毒：用沾有75％乙醇的清洁布（不能脱落纤维）擦拭（3次）设备内外表面进行消毒。

1.5　筛网安装

1.5.1　先把束环螺丝松开卸下上、下框，把细网平铺在粗网上，重新把上框放回原位，在四周用手把细网拉紧，在机身对边两端上框与下框的框缘处，各用一把万能钳，把上框与下框夹紧。

1.5.2　把四周突出框缘外的细网除预留约两公分外，其余全部剪掉。

1.5.3　束环重新套上，松掉万能钳，把束环螺丝锁紧。用软锤子均匀敲打束环四周，再将铜螺母锁紧，筛网安装即告完成。

2．开机与调节

2.1　预开机：试车前，先接通电源，空转2～3min，无异常现象才可进入正常运行。

2.2　正式开机：连接好吸尘接口，开启吸尘器开关，启动吸尘器。

2.3　正式生产操作详见《整粒岗位操作规程》。

3．操作结束

筛分完毕后，关闭主电机电源、总电源开关。

4．清洁

4.1　预清洗饮用水、纯化水水温控制在10～50℃；采用冲洗的方式进行，对可拆卸部件进行离线冲洗，对不可拆卸部件进行在线擦拭，对部分顽固性团块先润湿后，再用刷子清洗。

4.2　清洗方式：对可拆卸部件先用饮用水冲洗至目测无可见残留物，再用纯化水冲洗3遍，最后用乙醇擦拭3遍。对不可拆卸部件进行在线擦拭至设备内外表面目测无可见残留物，再用纯化水擦拭3遍，最后用乙醇擦拭3遍。

2．筛分的注意事项

（1）药粉的运动方式与运动速度　在静止情况下，由于药粉相互摩擦和表面能的影响，往往形成粉堆，不易通过筛孔。粉末在振动情况下产生滑动和跳动，滑动增加粉末与筛孔接触的机会，跳动可增加粉末的间距，且粉末的运动方式与筛孔成直角，使筛孔暴露易于通过筛孔，小于筛孔的粉末可通过筛孔。但运动速度不宜过快，否则粉末来不及与筛孔接触而混在不可过筛的粉末之中；运动速度过慢，则降低过筛的生产效率。

"圆形振动筛"
微课

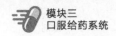

（2）药粉厚度 药筛内的药粉不宜堆积过厚，否则上层小粒径的物料来不及与筛孔接触，而混在不可过筛的粉末之中；药粉堆积过薄，影响过筛效率。

（3）粉末干燥程度 药粉的湿度及油脂量太大，较细粉末愈易黏结成团，所以药粉中水分含量较高时，应充分干燥后再筛选。富含油脂的药粉，应先行脱脂，或掺入其他药粉一起过筛。

（三）混合

混合是制剂工艺中的基本操作。混合均匀与否，对散剂的外观和疗效有直接的影响，特别是含剧毒药物的散剂。小量散剂常用搅拌和研磨混合；大量生产常用搅拌和过筛混合，特殊品种亦采用研磨和过筛相结合的方法。

1. 常用的混合设备

在大批量生产中，混合方式多采用搅拌或容器旋转方式，使物料产生整体或局部的移动，而达到均匀混合的目的。目前，固体的混合设备大致分为两大类，即容器旋转型和容器固定型。

（1）容器旋转型混合机 是靠容器本身的旋转作用带动物料上下运动而使物料混合的设备。一般装在水平轴上，并有支架以便由转动装置带动绕轴旋转。

① V型混合机。是由两个圆柱形筒经一定角度相交成一个尖角状，并安装在一个与两筒体对称线垂直的圆轴上（图6-9）。两个圆柱筒一长一短，圆口经盖封闭。使用时是先将物料放入混合筒，而V型混合机在旋转混合时，圆柱形筒围绕轴旋转带动物料向上运动，物料在重力作用下往下滑落进行混合。容器内的物料一分一合，容器不停转动时物料经多次分开、掺和，能在较短的时间内混合均匀。V型混合机适用于密度相近的组分混合，混合效率高、能耗低、应用广泛。

② 三维运动混合机。为两端锥形的圆筒混合容器，筒身被两个带有万向节的轴连接，其中一个轴为主动轴，另一个轴为从动轴（图6-10）。当主动轴旋转时，由于两个万向节的夹持，混合容器在空间既有公转又有自转和翻转，做复杂的空间运动。因此物料在容器内除被抛落、平移外还做翻倒运动，进行着有效的对流混合、剪切混合和扩散混合，使混合在没有离心力的作用下进行。

三维运动混合机混合均匀度高，物料装载系数大，特别是在物料的密度、形状、粒径差异较大时，可得到很好的混合效果，而且加料和出料方便，在制药工业得到广泛的应用。

（2）容器固定型混合机 是物料在容器内靠叶片、螺旋或气流的搅拌作用进行混合的设备。

① 槽型混合机。是由U型固定混合槽、螺旋形搅拌桨等部分构成，混合槽上有盖并可以绕水平轴转动以便于卸料（图6-11）。操作时物料加入混合槽，混合槽不动，物料在搅拌桨的作用下不停地上下、左右、内外各方向运动，从而达到均匀混合。

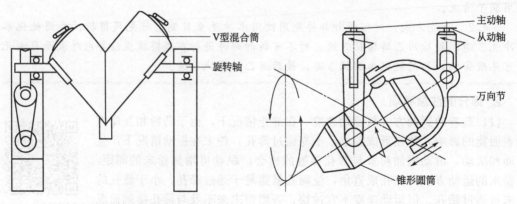

图6-9　V型混合机结构　　　　图6-10　三维运动混合机结构示意

"V型混合机"微课   "三维运动混合机"微课

该机不仅可用于混合粉料，还可以用于制粒前软材、丸块及软膏剂等的混合操作，但所用搅拌桨的形状、搅拌强度各有所区别。该机混合效率低、混合时间长，但操作简便，易于维修，对一般均匀度要求不高的药物仍得到广泛的应用。

② 双螺旋锥型混合机。主要由锥体、螺旋杆、转臂、转动部分等组成（图6-12）。操作时由锥体上部加料口加料，由于双螺旋的自转将药物自下而上提升，形成两股对称的、沿臂上升的螺旋柱物料流，转臂带动螺旋杆公转，使螺柱形外的药物相应地混入螺柱形药物内，以使锥体内药物不断地混渗错位，最后由锥体中心汇合后向下流动，使药物在短时间内即可达到混合均匀。该机混合效率高、无粉尘、清理方便，是目前较好的一种混合设备。

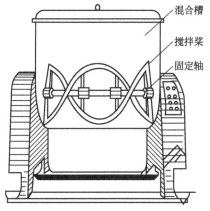

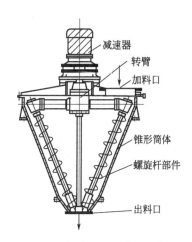

"槽型混合机"微课

图 6-11　槽型混合机结构　　　图 6-12　双螺旋锥型混合机结构示意

2. 混合的注意事项

（1）组分的比例量　两种物理状态和粉末粗细相似的等量药物混合时，一般容易混合均匀。若组分比例量相差悬殊时，则不易混合均匀。此时应采用"等量递加"的方法，即将量大的药物先研细，然后取出一部分与量小的药物等量混合研匀，如此倍增至量大的药物全部混匀。此法又称"逐级稀释法"，习称"配研法"。贵重药物也应按此法混合，以利于混合均匀。生产中多采用搅拌或容器旋转方式，使物料产生整体或局部的移动，而达到均匀混合的目的。

（2）组分的堆密度　一般先加入堆密度小的药物，后加入堆密度大的药物。避免堆密度小的药物浮于上部或飞扬，而堆密度大的药物则沉于底部、不易混匀。如轻度碳酸镁、轻质氧化镁等与其他药物混合时，将前者先放入容器中。

（3）混合器械的吸附性　如将量小的药物先置器械内，会被器壁吸附造成损失，故应先取少部分量大的药物或辅料先于器械内研磨，以饱和器壁的表面。

（4）混合时间　一般来说，混合的时间越长越均匀。但实际所需的混合时间应由混合药物的量及使用器械的性能所决定。一般小量混合时，应不少于5min。

（5）混合粉末的带电性　药物粉末的表面一般不带电，但在混合摩擦时往往产生表面电

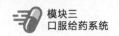

荷而阻碍粉末的混匀。

（6）含液体或结晶水的药物 含有挥发油、酊剂、流浸膏等少量液体成分的散剂，可利用处方中其他成分吸收，如含量较多时，可另加适量的吸收剂至不显潮湿为度；含有结晶水的药物（如硫酸钠或硫酸镁结晶等），研磨后可释出水分，用等物质的量的无水物代替。吸湿性强的药物（如氯化镁等）应在干燥环境下迅速操作，并且密封包装防潮。有的药物本身虽不吸潮，但相互混合后易于吸潮（如对氨基苯甲酸钠与苯甲酸钠、氯化钠与氯化钾等），应分别包装。

（7）共熔成分的混合 可低共熔的药物混合后，如熔点降至室温附近，易出现润湿或液化。混合物润湿或液化的程度主要取决于混合物的组成及温度。对于含低共熔成分的散剂，应根据共熔后对药理作用的影响、组分数量而采取相应的措施。

① 共熔后药理作用较单独混合者增强，则宜采用共熔法。

② 共熔后药理作用几乎无变化，且处方中固体组分较多时，可将共熔组分先共熔，再与其他组分混合，使分散均匀。

③ 含有挥发油或其他足以溶解共熔组分的液体时，可先将共熔组分溶解，然后借喷雾法或一般混合法与其他固体组分混匀。

④ 共熔后药理作用减弱者，应分别用其他组分（如辅料）稀释，避免出现低共熔现象。

（四）分剂量

分剂量是将混合均匀的散剂按需要的剂量分成等重份数，常用的方法有目测法（又称估分法）、重量法和容量法。

1. 目测法

本法（又称估分法）系称取总量的散剂，以目测分成若干等份的方法。此法操作简便，但准确性差。药房临时调配少量普通药物散剂时可用此方法。

2. 容量法

本法系用固定容量的容器进行分剂量的方法。如药房大量配制普通散剂所用的分量器、药厂使用的自动分包机、分量机等（图 6-13）。此法效率较高，但准确性不如重量法。药

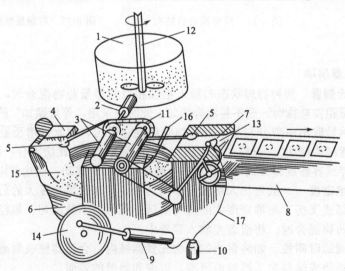

图 6-13 散剂定量分包机示意

1—贮粉器；2—螺旋输粉器；3—轴承；4—刮板；5—抄粉匙；6—旋转盆；7—空气吸纸器；8—传送带；9—空气唧筒；10—安全瓶；11—链带；12—搅拌器；13—纸；14—偏心轮；15—搅拌铲；16—横杆；17—通气管

物、混合物的性质（如流动性、堆密度、吸湿性）及分剂量的速度均能影响其准确性，分剂量时应注意及时检查并加以调整。

3. 重量法

本法系用衡器（主要是天平）逐份称重的方法。此法分剂量准确，但操作效率低，主要用于含毒剧药物、贵重药物散剂的分剂量。

（五）包装与贮存

散剂的比表面积一般较大，吸湿性或风化性较显著。散剂吸湿后可发生很多变化，如润湿、结块、失去流动性等物理变化，变色、分解或效价降低等化学变化及微生物污染等生物变化。所以防潮是保证散剂质量的重要措施，选用适宜的包装材料和贮存条件可延缓散剂的吸湿。

未规定用量的非单剂量的散剂，大规格的可用塑料袋、纸盒或玻璃瓶包装。玻璃瓶装时，可加塑料内盖。用塑料袋包装应热封严密。有时在大包装中装入干燥剂如硅胶等。复方散剂用瓶装时，瓶内药物应填满、压紧，否则在运输过程中由于成分密度的不同而分层，易破坏散剂的均匀性。

散剂在贮存过程中，温度、湿度、微生物及紫外线照射等对散剂质量均有一定影响。贮存前须测定存放场所的相对湿度，以便考虑贮藏条件及包装材料等。一般散剂应密闭贮藏，含挥发性或易吸湿药物的散剂，应密封贮藏。

三、散剂的质量检查

1. 外观均匀度检查

（1）目测检查法 取散剂适量置光滑纸上，平铺约 $5cm^2$，将其表面压平，在光亮处观察，应呈现均匀的色泽，无花纹与色斑等异常现象。

（2）含量测定法 从散剂不同部位取样，测定含量，与规定含量比较，可较准确地得知混合均匀的程度。此法适用于已知成分的散剂。

2. 粒度检查

由于粉末粒度均具有不同的大小、形状，密度也可能不同，并具有多孔性，测定粉末粒度的方法也很多，测得的数值取决于测定方法和表示粉末大小的标准。粉末的直径可以直接观察或从粉末的体积、粉末的表面积来计算。通常的粒度检查，常用的方法是过筛法和光学显微镜法。

《中国药典》粒度测定法检查，系称取散剂 10g 置七号筛，筛上加盖，筛下配有密合的接收容器，通过筛网的粉末重量不应低于95％。

3. 干燥失重

除另有规定外，取供试品按干燥失重测试法测定。在 105℃ 干燥至恒重，减失重量不得超过 2.0％。

4. 无菌

用于烧伤 [除程度较轻的烧伤（Ⅰ°或浅Ⅱ°外）]、严重创伤或临床必须无菌的局部用散剂，照无菌检查法（通则 1101）检查，应符合规定。

5. 装量差异限度检查

2020 年版《中国药典》规定，单剂量及一日剂量包装的散剂，均应检查其装量差异，并不得超过规定（表 6-3）。方法是：取散剂 10 袋（瓶），除去包装，分别称定每袋（瓶）的

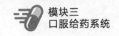
重量，每袋（瓶）内容物重量与标示装量相比较，超过重量差异限度的不得多于2袋（瓶），并不得有1袋（瓶）超出限度的一倍。

表 6-3　散剂装量差异限度的规定

平均装量或标示装量	装量差异限度（中药、化学药）	装量差异限度（生物制品）
0.1g 及 0.1g 以下	±15%	±15%
0.1g 以上至 0.5g	±10%	±10%
0.5g 以上至 1.5g	±8%	±7.5%
1.5g 以上至 6.0g	±7%	±5%
6.0g 以上	±5%	±3%

知识链接

分析冰硼散的处方和制法，以及如何使本品混合均匀

朱砂主含硫化汞，为粒状或块状集合体，色鲜红或暗红，具光泽，质重而脆，水飞法可获极细粉。朱砂有色，易于观察混合的均匀性。玄明粉系芒硝经风化干燥而得，含硫酸钠不少于99%。

四、散剂举例

【例1】　痱子粉

[处方]　薄荷脑　　　　　　　　6.0g

　　　　樟脑　　　　　　　　　6.0g

　　　　麝香草酚　　　　　　　6.0g

　　　　薄荷油　　　　　　　　6.0ml

　　　　水杨酸　　　　　　　　11.4g

　　　　硼酸　　　　　　　　　85.0g

　　　　升华硫　　　　　　　　40.0g

　　　　氧化锌　　　　　　　　60.0g

　　　　淀粉　　　　　　　　　100.0g

　　　　滑石粉　　　　　　　　加至1000.0g

[制法]　取薄荷脑、樟脑、麝香草酚研磨至全部液化，并与薄荷油混合。另将升华硫、水杨酸、硼酸、氧化锌、淀粉、滑石粉研磨混合均匀，过120目筛。然后将共溶混合物与混合的细粉研磨混匀或将共溶混合物喷入细粉中，过筛，即得。

[注解]　①处方中麝香草酚、薄荷脑、樟脑为共溶组分，研磨混合时形成共溶混合物并产生液化现象。共溶成分在全部液化后，再用混合粉末或滑石粉吸收，并通过筛2～3次，检查均匀度。

②局部用散剂应为极细粉，一般以能通过八号至九号筛为宜。

③敷于创面及黏膜的散剂应经灭菌处理。

[用途]　用于汗疹、痱毒、湿疮痛痒等。

【例2】 七厘散

[处方] 血竭   500g

乳香（制）   75g

没药（制）   75g

红花   75g

儿茶   120g

冰片   6g

麝香   6g

朱砂   60g

[制法] 以上八味，除麝香、冰片外，朱砂水飞成极细粉；其余血竭等五味粉碎成细粉；将麝香、冰片研细，与上述粉末配研，过筛，混匀，即得。

[注解] 外用，调敷患处。

[用途] 用于跌扑损伤，血瘀疼痛，外伤出血。

实训5 散剂的制备

【实训目的】

1. 通过典型散剂的制备，掌握散剂的工艺流程及粉碎、过筛、混合、分剂量、包装和质量检查等操作。

2. 认识本工作中使用到的仪器、设备，并能规范使用。

【实训条件】

1. 实训场地

散剂实训车间（包括粉碎、过筛、混合、分剂量、包装设备等）。

2. 处方及制法

（1）脚气粉

【处方】樟脑   2.0g

薄荷脑   1.0g

水杨酸   5.0g

硼酸   10.0g

氧化锌   10.0g

滑石粉   加至100.0g

【制法】先将樟脑与薄荷脑研磨液化后，加少量滑石粉研匀，再分次将已粉碎过筛的水杨酸、硼酸及氧化锌加入研合均匀，最后逐次加入滑石粉至100g，过筛混匀即得。

（2）硫酸阿托品千倍散

【处方】硫酸阿托品百倍散   0.5g

胭脂红乳糖   适量

乳糖   适量

【制法】称取乳糖4.5g，研磨，使研钵内壁饱和后倾出。将硫酸阿托品和胭脂红乳糖置研钵中研合均匀，再按等量递加混合法逐渐加入所需要的乳糖，充分研合，待全部色泽均匀即得。以重量法分剂量，包成10包。

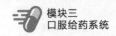
【注解】为防止乳钵吸附主药，应选用玻璃乳钵，并先研磨乳糖以使乳钵壁饱和。主药硫酸阿托品是毒性药品，剂量要求严格，分剂量时应选用重量法。用过的乳钵应清洗干净，以免污染其他药品。

（3）复方颠茄浸膏散

【处方】颠茄浸膏　　　　　　0.05g
碳酸氢钠　　　　　　1.67g
碳酸钙　　　　　　　1.67g
氧化镁　　　　　　　1.1g
苯巴比妥　　　　　　0.05g
薄荷油　　　　　　　2滴

【制法】分别将碳酸氢钠、碳酸钙与氧化镁，苯巴比妥与颠茄浸膏研磨、混匀，再按等量递加法混合。加入薄荷油研匀，过筛。分成9包。

【注解】取适宜大小的滤纸，称取颠茄浸膏后黏附于杵棒末端，在滤纸背面加适量乙醇浸透滤纸，使浸膏自滤纸上脱落而留在杵棒末端，将浸膏移至乳钵中加适量乙醇研合，再逐渐加入苯巴比妥混合均匀，水浴加热干燥，研细，过筛，即得。

【用途】本品用于胃及十二指肠溃疡，胃肠道、肾、胆绞痛等。

【实训内容】

岗位一　粉碎

1. 生产前准备

（1）操作人员按一般生产区人员进入标准操作程序，进行更衣，进入操作间。

（2）检查工作场所、设备、工具、容器是否有"清场合格"标志，并核对其有效期，否则，按清场程序清场。并请QA人员检查合格后，将清场合格证附于本批生产记录内，进入下一步操作。

（3）检查粉碎设备是否具有"完好"标志及"已清洁"标志。检查设备是否正常，若一般故障自己排除，自己不能排除的通知维修人员，正常后方可运行。

（4）检查粉碎设备筛网目数是否符合工艺要求。

（5）检查计量器具，要求完好，性能与称量要求相符，有检定"合格证"，并在检定有效期内。正常后进行下一步操作。

（6）根据生产指令填写领料单，向仓库领取需要粉碎药材、辅料，摆放在粉碎机旁。核对粉碎药材名称、批号、数量、质量，无误后进行下一步操作。

（7）按《粉碎机清洁、消毒标准操作规程》对设备及所需容器、工具进行消毒。

2. 生产操作（以30B型万能粉碎机为例）

（1）取下"已清洁"状态标志牌，换设备"进行"状态标志牌。

（2）在接料口绑扎好接料袋。

（3）按粉碎机标准操作规程启动粉碎机进行粉碎。

（4）在粉碎机料斗内加入待粉碎物料，加入量不超过料斗容量的2/3。

（5）粉碎过程中严格监控粉碎机电流，不得超过设备要求，粉碎机壳温度不得超过60℃，如有超温现象应立即停机，待冷却后，再次启动粉碎机。

（6）完成粉碎任务后，按粉碎机标准操作规程关停粉碎机。

（7）打开接料口，将料装入清洁的塑料袋内，再装入洁净的盛装容器内，容器内、外贴上标签，注明物料的品名、规格、批号、数量、日期和操作者的姓名，称量后转交中间站管理员，存放于物料贮存间，填写"请验单"请验。

（8）将生产所剩的尾料收集，标明状态，交中间站，并填写好记录。

（9）有异常情况应及时报告技术人员，并协商解决。

3. 清场

按《岗位清洁 SOP》进行清场。清场完毕后，填写清场记录并上报 QA 人员，经 QA 人员检查发放清场合格证后，本岗位挂"清场合格"状态标志。

4. 结束并记录

及时填写批生产记录、设备运行记录、交接班记录等。关好水、电及门。

5. 质量控制要点

质量控制要点有原辅料的洁净程度、粉碎机粉碎的速度、筛网孔径的大小，以及产品的性状、水分、细度等。

岗位二 过 筛

1. 生产前准备

（1）检查是否有清场合格证，并确定有效期；检查设备、容器、场地清洁是否符合要求。

（2）检查电、水、气是否正常。

（3）检查设备是否有"合格"标牌、"已清洁"标牌。

（4）检查设备状况是否正常（如机器所有紧固螺栓是否全部拧紧；筛网规格是否符合要求、筛网有无破损；筛网是否锁紧，是否依次装好橡皮垫圈、钢套圈、筛网、筛盖；开机观察空机运行过程中，是否有异常声音、机器运转是否平稳等）。

（5）按生产指令领取物料，并确保物料的品名、批号、规格、数量、质量符合要求。

（6）按设备与用具的消毒规程对设备、用具进行消毒。

（7）挂本次"运行"状态标志，进入生产操作。

2. 生产操作

（1）根据药材性质及过筛要求选用适当过筛设备，按安全操作程序操作。

（2）根据产品工艺要求选用筛子，并仔细检查是否有破损。

（3）按《ZS 型振荡筛安全操作规程》将筛子安装好，试开空机，听其声音是否正常。如有尖叫声，则迅速停机检查；若不能排除，则请机修人员来检查。

（4）筛粉前仔细检查物料有无黑杂点，色泽是否有变。筛粉过程中也应随时检查，发现有玻璃屑、金属、黑杂质或变色应停机，向班组长或技术员汇报，妥善处理。

（5）操作完毕，将筛选好的药材装入清洁的盛装容器内，容器内外贴上标签，注明物料品名、规格、批号、数量日期和操作者的姓名，交中间站或下一工序。填写"请验单"请验。

（6）将生产所剩的尾料收集，标明状态，交中间站，并填写好记录。

（7）有异常情况，应及时报告技术人员，并协商解决。

3. 清场

按《岗位清洁 SOP》进行清场。清场完毕后，填写清场记录并上报 QA 人员，经 QA 人员检查发放清场合格证后，本岗位挂"清场合格"状态标志。

4. 结束并记录

及时填写批生产记录、设备运行记录、交接班记录等。关好水、电及门。

5. 质量控制要点

质量控制要点有外观色泽、粉体粒度。

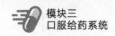
岗位三 混 合

1. 生产前准备

（1）检查操作间、器具及设备等是否有"清场合格"标志，并确定在有效期内。否则按《岗位清洁 SOP》进行清场并经 QA 人员检查发放清场合格证后，方可进行生产。

（2）根据要求选择适宜混合设备，设备要有"合格""已清洁"状态标志，并对设备状况进行检查，确认设备运行正常后方可使用。

（3）根据生产指令填写"领料单"，并向中间站领取物料。注意核对品名、批号、规格、数量，无误后进行下一步操作。

（4）挂本次"运行"状态标志，进入操作。

2. 生产操作（以 SYH 系列三维混合机为例）

（1）检查工作室内设备、物料及辅助工器具是否已定位摆放。

（2）执行《混合岗位标准操作规程》，合上电源开关，使设备加料口处于合适的加料位置后，加料口处于最上部位置，闭电源开关。

（3）打开加料口盖，将配料倾入混合桶内，按料筒容积的 70%～75% 进行加料，合上桶盖。

（4）按要求设定混合时间，启动运转开关。

（5）混合时间达到后，关闭开机控制键，准备出料，如果料口位置不理想，可再次按操作程序开机，使其出料口调整到最佳位置，出料口处于最低位置。

（6）待混合筒停稳后，关上电源开关，打开混合桶盖，转动蝶阀自动出料。

【提示】本机是三维空间的混合，故在料筒的有效运转范围内应加安全防护栏，以免发生事故。在装、卸料时必须停机，以防电器失灵，造成事故。设备在运转过程中，操作人员务必离开现场。如出现异常声音，应停机检查，待排除事故隐患后方可开机。控制面板上的按钮不得随意变动，出厂前已校核好。

3. 清场

按《岗位清洁 SOP》进行清场。清场完毕后，填写清场记录并上报 QA 人员，经 QA 人员检查发放清场合格证后，本岗位挂"清场合格"状态标志。

4. 结束并记录

及时填写批生产记录、设备运行记录、交接班记录等。关好水、电及门。

5. 质量控制要点

质量控制要点为混合均匀度。

岗位四 分剂量、包装

1. 生产前准备

（1）检查工房、设备的清洁状况，检查清场合格证，核对其有效期，取下标示牌，按生产部门标识管理规定定置管理。

（2）根据要求选择适宜混合设备，设备要有"合格""已清洁"状态标志，并对设备状况进行检查，确认设备运行正常后方可使用。

（3）配制班长按生产指令填写工作状态，挂"生产"标示牌于指定位置。

（4）用 75% 乙醇擦拭分装机加料斗、模圈、机台表面、输送带及所用的器具等，并擦干。

（5）调节好电子天平的零点，并检查其灵敏度。

（6）开动粉末分装机，检查其运行是否正常。

（7）自中间站领取需分装的粉末，核对品名、规格、批号、重量；领取分装用铝箔袋，检查其外观质量。

2. 生产操作

（1）严格按工艺规程和《LFG 系列散剂分装机操作规程》进行操作。安装好分装用铝箔，开机调试，直至剪出合格的铝箔袋。

（2）在加料斗中加放需分装的粉末，根据应填装量范围，调节分装机的分装量，开机试包。通过不断测试和调节，直至分装出合格装量，才可正式进行分装生产。

（3）分装过程中，要按规定检查装量、装量差异、外观质量、气密性等。发现问题，及时调节处理。

（4）将分装完后的中间产品统计数量，交中间站按程序办理交接，做好交接记录。中间站管理员填写"请检单"，送质监科请检。

3. 清场

按《岗位清洁 SOP》进行清场。清场完毕后，填写清场记录并上报 QA 人员，经 QA 人员检查发放清场合格证后，本岗位挂"清场合格"状态标志。

4. 结束并记录

及时填写批生产记录、设备运行记录、交接班记录等。关好水、电及门。

5. 质量控制要点

（1）外观　置光亮处观察，应色泽均匀，无花纹、色斑。

（2）细度、均匀度和装量差异　按药典规定进行。

? 思考题

1. 简述散剂的主要特点。
2. 简述散剂制备工艺的流程。
3. 简述冲击式粉碎机的工作原理。
4. 简述三维运动混合机的特点。
5. 简述分剂量的方法。
6. 简述挤压制粒过程中易出现的问题及原因。

项目七　颗粒剂

学习目标

◎ 掌握颗粒剂的特点、类型及其处方组成。

◎ 掌握颗粒剂的制备工艺（制软材、制湿颗粒、干燥、整粒与分级、分剂量、包装和贮存）和质量检查。

◎ 学会典型颗粒剂的处方及工艺分析。

◎ 具有综合应用知识分析解决颗粒剂制剂的技能。

一、颗粒剂概述

1. 颗粒剂的概念

颗粒剂系指由药物与适宜辅料制成的具有一定粒度的干燥颗粒状制剂，供口服用，分为可溶颗粒（通称为颗粒）、混悬颗粒、泡腾颗粒、肠溶颗粒、缓释颗粒和控释颗粒等。其中，粒径范围在 $105 \sim 500 \mu m$ 的颗粒剂又称细（颗）粒剂。

2. 颗粒剂的特点

颗粒剂与散剂相比，飞散性、附着性、团聚性、吸湿性等均较少；服用方便，根据需要可制成色、香、味俱全的颗粒剂；必要时，对颗粒进行包衣，根据包衣材料的性质可使颗粒具有防潮性、缓释性或肠溶性等，但包衣时需注意颗粒大小的均匀性及表面光洁度，以保证包衣的均匀性。但多种颗粒的混合物，如各种颗粒的大小或粒密度差异较大时，易产生离析现象，会导致剂量不准确。另外，颗粒剂在贮存与运输过程中也容易吸潮。

3. 颗粒剂的处方

颗粒剂中的辅料主要有填充剂、黏合剂与润湿剂，根据需要可加入适宜的矫味剂、芳香剂、着色剂、分散剂和防腐剂等添加剂。制粒辅料的选用应根据药物性质、制备工艺、辅料的价格等因素来确定。

(1) 填充剂　主要作用是用来增加制剂的重量或体积，有利于制剂成形。常用的有淀粉、糖粉、乳糖、微晶纤维素、无机盐类等。

(2) 润湿剂　是指本身没有黏性，但能诱发待制粒物料的黏性，以利于制粒的液体。常用润湿剂有纯化水和乙醇。

(3) 黏合剂　是指本身具有黏性，并能增加无黏性或黏性不足物料的黏性，从而有利于制粒的物质。常用作黏合剂的有淀粉浆，常用浓度为 $5\% \sim 10\%$，主要有煮浆和冲浆两种制法；纤维素衍生物，如羧甲基纤维素钠（CMC-Na）、羟丙基纤维素（HPC）、羟丙基甲基纤维素（HPMC）、甲基纤维素（MC）。此外，聚维酮 K30（PVP）、聚乙二醇（PEG）、$2\% \sim 10\%$ 明胶溶液、$50\% \sim 70\%$ 蔗糖溶液等也较常用。

二、颗粒剂的制备

制粒是药物制剂生产的重要技术之一，分为湿法制粒和干法制粒两大类。湿法制粒是指将物料加入润湿剂或液态黏合剂进行制粒的方法，目前应用广泛；干法制粒是将物料混合均匀，压缩成大片或板状后，粉碎成所需大小颗粒的方法，常用于热敏性物料、遇水易分解的药物及易压缩成型的药物制粒。

不同的制粒技术所制得颗粒的形状、大小等均有所差异，应根据制粒目的、物料性质等来选择。这里介绍的湿法制粒，主要有挤压制粒、高速混合制粒、流化床（沸腾）制粒、喷雾干燥制粒等方法。

颗粒剂的生产中，药物与辅料应均匀混合；挥发性药物或遇热不稳定的药物，应注意控制适宜的温度；遇光不稳定的药物应遮光操作。颗粒剂湿法制粒的工艺流程如图 7-1 所示。

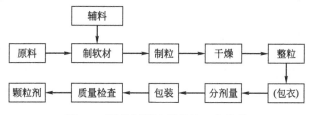

图 7-1　颗粒剂湿法制粒的工艺流程

（一）制软材

将药物与适当的稀释剂（如淀粉、蔗糖或乳糖等）、崩解剂（如淀粉、纤维素衍生物等）充分混匀，加入适量的水或其他黏合剂制软材，像这种大量固体粉末和少量液体的混合过程称捏合。淀粉、纤维素衍生物兼具黏合和崩解两种作用，是常用的颗粒剂黏合剂。

制软材是传统湿法挤压制粒的关键技术。首先应根据物料的性质选择适当的黏合剂或润湿剂，以能制成适宜软材最小用量为原则。其次选择适当的糅混强度、混合时间、黏合剂温度。制软材时的糅混强度越大、混合时间越长，物料的黏性越大，制成的颗粒越硬。黏合剂的温度高时，黏合剂用量可酌情减少，反之可适量增加。软材的质量往往靠经验来控制，即"轻握成团，轻压即散"，可靠性与重现性较差。但这种制粒方法简单，使用历史悠久。

（二）制湿颗粒

1. 挤压制粒

挤压制粒是先将处方中原辅料混合均匀后加入黏合剂制软材，然后将软材用强制挤压的方式，通过具有一定大小的筛孔而制粒的方法。常用的制粒设备分螺旋挤压式、旋转挤压式、摇摆挤压式等。颗粒大小由筛网的孔径大小调节，粒径范围在 0.3～30mm，粒子形状多为圆柱状、角柱状。颗粒的松软程度可用不同黏合剂及其加入量调节。但制粒前必须经过混合、制软材等工序，劳动强度大。制备小粒径颗粒时，筛网的寿命短。

挤压制粒过程中，易出现的问题及原因如下。

① 颗粒过粗、过细，粒度分布范围过大。主要原因是筛网选择不当等。

② 颗粒过硬。主要原因是黏合剂黏性过强或用量过多等。

③ 色泽不均匀。主要原因是物料混合不匀或干燥时有色成分的迁移等。

④ 颗粒流动性差。主要原因有黏合剂或润滑剂的选择不当、颗粒中细粉太多或颗粒含水量过高等。

"手动制颗粒之
软材"微课

⑤ 筛网"疙瘩"现象。主要原因是黏合剂的黏性太强、用量过大等。

挤压制粒机原理如图 7-2 所示。

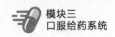
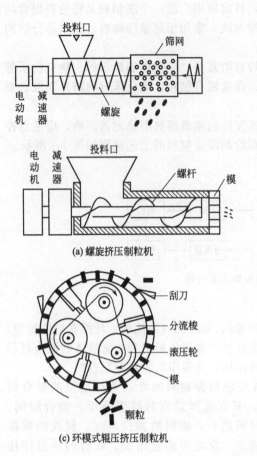

(a) 螺旋挤压制粒机

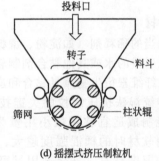

(b) 篮式叶片挤压制粒机

(c) 环模式辊压挤压制粒机

(d) 摇摆式挤压制粒机

图 7-2 挤压制粒机原理

"摇摆式挤压
制粒机"微课

2. 转动制粒

在药物粉末中加入一定量的黏合剂，于转动、摇动、搅拌等作用下使粉末结聚成球形粒子的方法称为转动制粒。转动制粒过程包括母核形成、母核成长、压实三个阶段。

(1) 母核形成阶段 在粉末中喷入少量液体使其润湿，在滚动和搓动作用下使粉末聚集在一起形成母核，于中药生产中称为起模。

(2) 母核成长阶段 在转动过程中向母核表面均匀喷撒一定量的水和药粉，使药粉层积于母核表面，如此反复，可得一定大小的药丸，在中药生产中称为泛制。

(3) 压实阶段 停止加入液体和药粉，在继续转动过程中，颗粒被压实而具有一定的机械强度。

转动制粒机可用于制备 2~3mm 大小的药丸。

3. 高速混合制粒

高速混合制粒系将物料加入高速搅拌制粒机的容器内，搅拌混匀后加入黏合剂或润湿剂高速搅拌制粒的方法。它是在一个容器内进行混合、捏合、制粒的过程。与挤压制粒相比，具有省工序、操作简单、快速等优点，可制备致密、高强度的适于胶囊剂的颗粒，也可制备松软的、适合压片的颗粒，因此在制药工业中应用广泛。

常用的高速搅拌制粒机分为卧式和立式两种，虽然搅拌器的形状多种多样，但结构主要由容器、搅拌桨、切割刀所组成。高速混合制粒机原理如图 7-3 所示。

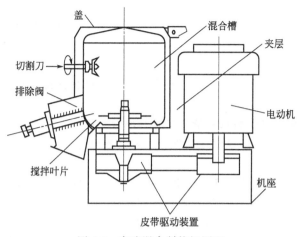

图 7-3　高速混合制粒机原理

"高效湿法制粒机"
微课

影响粒径大小与致密性的主要因素：黏合剂的种类、加入量、加入方式，原料粉末的粒度（粒度越小、越有利于制粒），搅拌速度，搅拌器的形状与角度、切割刀的位置等。

1＋X 知识链接（药物制剂生产职业技能等级证书）
SMG3/6/10 高效湿法制粒机标准操作规程
1．开机前准备

1.1　查看设备的使用记录，了解设备的运行情况，确认设备能正常运行。

1.2　检查设备的清洁情况，并进行必要的清洁。

1.3　检查各机械部分、电气按钮、开关各部分是否正常。

1.4　开启压缩空气，待压力范围稳定在 0.6～0.7MPa。

1.5　打开压缩空气阀门，打开面板，将玻璃转子流量计流量调节到适当的位置，调节进气压力，观察压力表压力显示范围在 0.3～0.6MPa，关上面板。

1.6　关闭容器密封盖及出料口，系紧除尘袋。

2．开机运行

2.1　按下绿色开机按钮，等待 5s，进入主界面。

2.2　检查主界面报警指示数字应为 "0"，若不为 "0"，点击报警指示，并按指示检查并排除报警信息，若不能排除，应立即与设备管理人员联系，待报警排除后方能进行后续操作。

2.3　在登录框用户名输入 "123"，密码输入 "123"，进入系统，点击 "操作"，进入操作界面。

2.4　设定制粒参数：搅拌 300r/min，切刀 1500r/min，时间 2min，点击 "容器密封"，待密封完成，点击 "制粒"，空转，检查设备能否正常运行。

2.5　按工艺要求设定搅拌、制粒、出料的工艺参数。

2.6　按工艺规定加入定量的物料，上料完毕后应清洁台面，最后关好上盖，先点击 "容器密封"，再点击 "搅拌" 按钮。

2.7　混合结束，关闭 "容器密封"，从漏斗加入处方量的润湿剂或黏合剂。

2.8　先点击 "容器密封"，再点击 "制粒" 按钮。

2.9　打开上盖，检查制成的颗粒是否符合工艺要求。

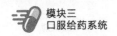
2.10 关闭上盖，打开出料门，在容器密封状态下，点击"出料"或"点动出料"，搅拌桨停止转动约20s方能开启上盖。

2.11 出料完毕后，关闭出料口。

2.12 按要求准确及时填写设备使用记录。生产过程中随时保持设备的清洁。

3. 生产完毕

3.1 按《SMG3/6/10高效湿法制粒机清洁消毒标准操作规程》清洁设备。

3.2 生产结束后关闭总电源、压缩空气总阀，做好设备的清洁及环境卫生。

4. 安全注意事项

4.1 应用手指指腹（或钝尖软笔）点压触控按钮直至触摸屏发出"滴"声，不能用金属物品点击触控面板，也不能使劲按压或敲击触控按钮。

4.2 搅拌、混合、制粒操作时，必须将容器盖锁紧。

4.3 加入黏合剂时，应以黏合剂密封加料漏斗，防止粉尘飞扬，黏合剂加入时间在5min左右。

4.4 如有意外情况发生按紧急按钮，停止全机操作。

4.5 在清洗设备时，严禁将水溅到电器设备上，严防电器元件受潮。

4.6 设备上应无工具、用具，以免发生设备人身事故。

4.7 清除排料口物料时，一定要在主传动完全停止后，方可清除。

4.8 二人同操作一台设备，开、停机要互相打招呼。

4. 流化床制粒

流化床制粒是利用气流作用，使容器内物料粉末保持悬浮状态时，将润湿剂或液体黏合剂向流化床喷入，使粉末聚结成颗粒的方法。可在一台机器内完成混合、制粒、干燥，甚至包衣等操作，具有简化工艺、节约时间、劳动强度低等特点，因此称为"一步制粒法"。制得的颗粒松散、密度小、强度小、粒度分布均匀、流动性与可压性好。常用的设备是流化床制粒机。

流化床制粒机的主要结构由容器、气体分布装置（如筛板等）、喷嘴、气-固分离装置（袋滤器）、空气进口和出口、物料排出口等组成。操作时，把药物粉末与各种辅料装入容器中，从床层下部通过筛板吹入适宜温度的气流，使物料在流化状态下混合均匀。然后开始均匀喷入液体黏合剂，粉末开始聚结成粒。经过反复的喷雾和干燥，当颗粒的大小符合要求时停止喷雾，形成的颗粒继续在床层内送热风干燥，出料送至下一步工序。

控制干燥速度和喷雾速度是流化床制粒操作的关键。进风量与进风温度影响干燥速度，一般进风量大、进风温度高，干燥速度快、颗粒粒径小、易碎；但进风量太小、进风温度太低，物料易过湿结块，使物料不能成流化状态。故应根据溶剂的种类（水或有机溶剂）和物料对热敏感程度选择适当的进风量与进风温度。

喷雾速度太快，物料不能及时干燥，使物料不能成流化状态；喷雾速度过慢，颗粒粒径小，细粉多，而且雾滴粒径的大小也会影响颗粒的质量，故除选择适当喷雾速度外，还应使雾滴粒径大小适中。

流化床制粒机原理如图7-4所示。

5. 喷雾干燥制粒

喷雾干燥制粒是将物料溶液或混悬液喷雾于干燥室内，在热气流的作用下，使雾滴中的水分迅速蒸发，以直接获得球状干燥细颗粒的方法。喷雾制粒法的原料液含水量可达70%～80%或以上，可由液体原料直接干燥得到粉状固体颗粒，干燥速度非常快（通常只需数秒至数十秒），物料的受热时间极短，适合于热敏性物料的处理。如以干燥为目的时，称为喷雾

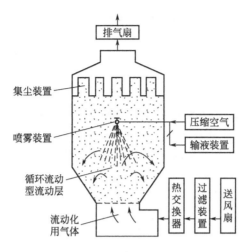

图 7-4　流化床制粒机原理

干燥；以制粒为目的时，称为喷雾制粒。

喷雾干燥制粒能连续操作，所得颗粒多为中空球状粒子，具有良好的溶解性、分散性和流动性。但设备高大、汽化大量液体，设备费用高。能量消耗大，操作费用高。黏性较大料液易黏壁，需用特殊喷雾干燥设备。

喷雾制粒的原料液由贮槽进入雾化器，喷成液滴分散于热气流中。空气经蒸气加热器及电加热器加热后，沿切线方向进入干燥室与液滴接触。液滴中的水分迅速蒸发，液滴经干燥后形成固体粉末落于器底，干品可连续或间歇出料，废气由干燥室下方的出口流入旋风分离器，进一步分离固体粉末，然后经风机和袋滤器后放空。

（三）颗粒的干燥

除了流化（或喷雾）制粒法制得的颗粒已被干燥以外，其他方法制得的颗粒需再用适宜的方法加以干燥，以除去水分，防止结块或受压变形。干燥的温度和程度应根据药物的性质而定。一般应在 60～80℃ 内进行干燥，含淀粉量大时应于 60℃ 以下干燥。

干燥的设备种类很多，生产中常用的有箱式（如烘房、烘箱）干燥器、沸腾干燥器、微波干燥或远红外干燥等加热干燥设备。干燥时温度应逐渐升高，否则颗粒表面干燥后，会结成一层硬壳而影响内部水分的蒸发。颗粒中如有淀粉或糖粉，骤遇高温时能引起糊化或熔化，使颗粒变硬，不易崩解。

"热风循环干燥箱"
微课

（四）整粒与分级

在干燥过程中，某些颗粒可能发生粘连，甚至结块。因此，要对干燥后的颗粒给予适当整理，以使结块、粘连的颗粒散开，获得具有一定粒度的均匀颗粒，这就是整粒的过程。一般采用过筛的办法整粒和分级。

"快速整粒机"
微课

1＋X 知识链接（药物制剂生产职业技能等级证书）
整粒机标准操作规程

1. 开机前准备

1.1　检查设备是否有"完好"标志，"已清洁"标志，且在有效期内。

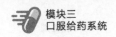
1.2 接通电源，指示灯亮，按绿色"启动"按钮，再按"向下"按钮，使显示屏显示数字。

1.3 旋转调节旋钮，将数字调节至30~40，点击"Run"按钮，检查机器运转是否正常，有无杂音，无误后方可使用。

2. 操作过程

2.1 逆时针旋转整粒机料斗盖上的紧固螺栓，打开整粒机料斗盖，将制备好的湿颗粒放入整粒机料斗内。并放不锈钢桶于出料口下方。

2.2 根据工艺规程要求旋转调节旋钮至所需数值。一般颗粒较大或结块时启动高速按钮。

2.3 待整粒结束后，按下红色的"停止"按钮，然后将"停止"按钮顺时针旋转到底，机器停止运转。

2.4 按要求准确及时填写设备使用记录。生产过程中随时保持设备的清洁。

3. 生产完毕

3.1 生产结束后关闭总电源。

3.2 将整粒机筛网筒内不能通过筛网的颗粒取出放入不锈钢桶内。按尾料进行处理。

3.3 按《整粒机标准清洁规程》进行清洁处理，做好环境卫生。

（五）分剂量

分剂量是指将制得的颗粒进行含量检查与粒度测定等，按剂量装入适宜袋中。颗粒剂的贮存基本与散剂相同，但应注意均匀性，防止多组分颗粒的分层，防止吸潮。

三、颗粒剂的质量检查

颗粒剂的质量检查，除含量外，《中国药典》（2020年版）还规定了粒度、干燥失重、溶化性及装量差异等检查项目。

1. 外观

颗粒应干燥、颗粒均匀、色泽一致，无吸潮、软化、结块、潮解等现象。

2. 粒度

颗粒不能通过一号筛（2000μm）与能通过五号筛（180μm）的总和不得超过15%。

3. 干燥失重

颗粒于105℃干燥（含糖颗粒应在80℃减压干燥）至恒重，减失重量不得超过2.0%。

4. 溶化性

除另有规定外，可溶颗粒和泡腾颗粒照下述方法检查，溶化性应符合规定。

（1）可溶颗粒 取供试品10g，加热水200ml，搅拌5min，立即观察，可溶颗粒应全部溶化或轻微混浊。

（2）泡腾颗粒 取单剂量包装的泡腾颗粒3袋，分别置盛有200ml水的烧杯中，水温为15~25℃，应迅速产生气体而呈泡腾状，5min内3袋颗粒均应完全分散或溶解在水中。

混悬颗粒或已规定检查溶出度或释放度的颗粒剂，可不进行溶化性检查。

5. 装量差异

单剂量包装的颗粒剂按下述方法检查，应符合规定。

取供试品10袋（瓶），除去包装，分别精密称定每袋（瓶）内容物的重量，求出每袋（瓶）内容物的装量与平均装量。每袋（瓶）装量与平均装量相比较［凡无含量测定的颗粒剂，每袋（瓶）装量应与标示装量比较］，超出装量差异限度的颗粒剂不得多于 2 袋（瓶），并不得有 1 袋（瓶）超出装量差异限度 1 倍。颗粒剂装量差异限度要求见表 7-1。

表 7-1　颗粒剂装量差异限度要求

平均装量或标示装量	装量差异限度
1.0g 或 1.0g 以下	±10.0%
1.0g 以上至 1.5g	±8.0%
1.5g 以上至 6.0g	±7.0%
6.0g 以上	±5.0%

6. 装量

多剂量包装的颗粒剂，照药典最低装量检查法检查，应符合规定。

另外，颗粒剂的溶出度、释放度、含量均匀度、微生物限度等应符合要求。必要时，包衣颗粒剂应检查残留溶剂。除另有规定外，颗粒剂应密封，置干燥处贮存，防止受潮。单剂量包装的颗粒剂在标签上要标明每个袋（瓶）中活性成分的名称及含量。多剂量包装的颗粒剂除应有确切的分剂量方法外，在标签上要标明颗粒中活性成分的名称和重量。

四、颗粒剂的包装与贮存

颗粒剂的包装和贮存重点在于防潮，颗粒剂的比表面积较大，其吸湿性与风化性都比较显著，若由于包装与贮存不当而吸湿，则极易出现潮解、结块、变色、分解、霉变等一系列不稳定现象，严重影响制剂的质量及用药的安全性。另外应注意保持其均匀性。宜密封包装，并保存于干燥处，防止受潮变质。在包装和贮存中应解决好防潮问题。包装时应注意选择包装材料和方法，贮存中应注意选择适宜的贮存条件。

"颗粒包装机"微课

1＋X 知识链接（药物制剂生产职业技能等级证书）
ZDZ-220 颗粒包装机标准操作规程

1. 开机前准备工作

1.1　按照《颗粒填充岗位标准操作规程》正确领取内包材与配件。

1.2　检查设备各部位是否正常，电源是否接通，检查内包材是否有裂缝、变形情况。

1.3　消毒：用沾有 75% 乙醇的清洁布（不能脱落纤维）擦拭（3 次）设备内外表面（加料斗内壁、下料斗及所有直接接触物料的部位）进行消毒。

1.4　包装膜安装：将包装膜固定在支撑杆上，并接到成型器里，测试。

2. 开机与调节

2.1　首先开启总电源，电源指示灯亮，电源开关接通后，纵封和横封辊加热器通电。

2.2　在封口控制仪表设置纵封横封温度控制器至所需温度以及包装的长度，温度的调整视所需包材而定，一般在 130～150℃，纵封和横封的温度可分别调节，使用时，根据封合情况自行调整。

2.3　在分装控制仪表设置分装机定量克数。

2.4 将需分装的物料放入下料斗，并按开始键。

2.5 机器自动包装，下料，封口，包装一次成型。

2.6 正式生产操作详见《颗粒填充岗位操作规程》。

3. 操作结束

3.1 操作结束，按下"停止"按钮。

3.2 切断电源开关。

4. 清洁

4.1 预清洗饮用水、纯化水水温控制在 10~50℃；采用冲洗的方式进行，对可拆卸部件进行离线冲洗，对不可拆卸部件进行在线擦拭，对部分顽固性团块先润湿后，再用刷子清洗。

4.2 清洗方式：对可拆卸部件先用饮用水冲洗至目测无可见残留物，再用纯化水冲洗 3 遍，最后用乙醇擦拭 3 遍。对不可拆卸部件进行在线擦拭至设备内外表面目测无可见残留物，再用纯化水擦拭 3 遍，最后用乙醇擦拭 3 遍。

五、颗粒剂举例

【例】 复方维生素颗粒剂

[处方]

盐酸硫胺	1.20g
苯甲酸钠	4.0g
核黄素	0.24g
枸橼酸	2.0g
盐酸吡多辛（维生素 B_6）	0.36g
橙皮酊	4.76g
烟酰胺	1.20g
蔗糖粉	986g
混旋泛酸钙	0.24g

[制法] 将核黄素加蔗糖混合粉碎 3 次，过 80 目筛；将盐酸吡多辛、混旋泛酸钙、橙皮酊、枸橼酸溶于纯化水中作润湿剂；另将盐酸硫胺、烟酰胺等与上述稀释的核黄素拌和均匀后制粒，60~65℃干燥，整粒，分级即得。

本品用于营养不良、厌食、维生素 B_1 缺乏症及其他因缺乏维生素 B 所致疾患的辅助治疗。

实训 6　空白颗粒剂的制备

【实训目的】

1. 通过空白颗粒剂的制备，掌握颗粒剂的工艺流程、制粒、过筛、干燥、包装和质量检查等操作。

2. 认识本工作中使用到的仪器、设备，并能规范使用。

【实训条件】

1. 实训场地

颗粒剂实训车间（包括制粒、过筛、干燥、包装设备等）。

2. 处方及制法

【处方】蓝淀粉　　　　　　　　　　10g
　　　　淀粉　　　　　　　　　　　50g
　　　　糖粉　　　　　　　　　　　25g
　　　　50%乙醇　　　　　　　　　适量

【制法一】称取处方量蓝淀粉、淀粉、糖粉，混合均匀后，加入适量50%乙醇制软材，过14目筛制湿颗粒，60℃干燥、过10目筛，包装即得。

【制法二】称取处方量蓝淀粉、淀粉、糖粉置于高速制粒机中，加入适量50%乙醇，用适当的转速和搅拌速度制湿颗粒，以沸腾干燥器干燥，过筛整粒即得。

【注解】蓝淀粉的用量小，应采取等量递加法将其与辅料混合均匀。

【实训内容】

岗位一　制　粒

1. 生产前准备

（1）检查是否有清场合格证，并确定有效期；检查设备、容器、场地清洁是否符合要求。若有不符合要求的，需重新清场或清洁，并请QA人员填写清场合格证或检查后，进入下一步生产。

（2）检查电、水、气是否正常。

（3）检查设备是否有"合格"标牌、"已清洁"标牌。

（4）检查设备状况是否正常（如检查控制开关、出料开关按钮、出料塞的进退是否灵活；打开电源，检查各指示灯是否正常；安全连锁装置是否可靠；启动设备，检查搅拌桨、制粒刀运转有无刮器壁；开机观察空机运行过程中是否有异常声音等）。

（5）按生产指令领取物料，并确保物料的品名、批号、规格、数量、质量符合要求。

（6）按设备与用具的消毒规程对设备、用具进行消毒。

（7）挂本次"运行"状态标志，进入生产操作。

2. 生产操作

（1）根据物料性质设定机器温度。

（2）若物料在搅拌时需冷却，则设定温度后，在启动制粒刀时把进水、出水阀打开。

（3）打开物料缸盖，将称好的物料投入缸内，然后关闭缸盖。

（4）把操作台下的三通旋钮旋至进气位置。

（5）启动搅拌桨，调至合适的转速，混合3min左右。

（6）以一定速度加入适量黏合剂后，启动制粒刀，调至合适的转速，制粒5min左右。

（7）制粒完成后，将料车放在出料口，按出料按钮出料（出料时黄灯亮）。

（8）出料时搅拌桨、制粒刀继续转动，待物料排尽后，再关闭制粒刀、搅拌桨；然后将制好的颗粒送入干燥岗位。

3. 清场

按《岗位清洁SOP》进行清场。清场完毕后，填写清场记录并上报QA人员，经QA人员检查发放清场合格证后，本岗位挂"清场合格"状态标志。

4. 结束并记录

及时填写批生产记录、设备运行记录、交接班记录等。关好水、电及门。

5. 质量控制要点

质量控制要点有颗粒的大小、粒度均匀性。

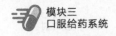
岗位二 干 燥

1. 生产前准备

（1）检查是否有清场合格证，并确定有效期；检查设备、容器、场地清洁是否符合要求。若不符合要求，需重新清场或清洁，并请QA人员填写清场合格证或检查后，才能进入下一步生产。

（2）检查电、水、气是否正常。

（3）检查设备是否有"合格"标牌、"已清洁"标牌。

（4）检查设备状况是否正常（如检查气封圈是否完好；打开电源，检查各指示灯指示是否正常；开机观察空机运行过程中是否有异常声音）。

（5）按生产指令领取物料，并确保物料的品名、批号、规格、数量、质量符合要求。

（6）按设备与用具的消毒规程对设备与用具进行消毒。

2. 生产操作

（1）将捕集袋套在袋架上，放入清洁的上气室内，松开定位手柄后摇动手柄使吊杆放下，然后用环螺母将袋架固定在吊杆上，摇动手柄升高至尽头，将袋口边缘四周翻出密封槽外侧，勒紧绳索，打结。

（2）将物料放入沸腾器内。

（3）将沸腾器推入下气室，就位后沸腾器应与密封槽基本同心（推入前应先检查密封圈内空气是否排空，排空后方可推入）。

（4）接通压缩空气、打开电源。

（5）设定进风温度和出风温度。

（6）选择"自动/手动"工作状态。

（7）合上"气封"开关。

（8）启动风机，然后启动电加热，加热约半分钟后，再启动搅拌。

（9）检查物料干燥程度，可在取样口取样确定，以物料放在手上搓捏后能流动、不黏手为度。

（10）干燥结束，先关电加热，然后关搅拌桨，当出风口温度与室温相近时，再关闭风机；关风机约1min后，再按"点动"按钮，使捕集袋内的物料掉入沸腾器内（按"点动"按钮前最好打开风门，这样捕集袋内的物料更容易掉出）；最后关"气封"，当密封圈完全复原后，拉出沸腾器卸料，将干燥好的颗粒送到整粒岗位。

3. 清场

按《岗位清洁SOP》进行清场。清场完毕后，填写清场记录并上报QA人员，经QA人员检查发放清场合格证后，本岗位挂"清场合格"状态标志。

4. 结束并记录

及时填写批生产记录、设备运行记录、交接班记录等。关好水、电及门。

5. 质量控制要点

质量控制要点为外观、物料含水量。

岗位三 整 粒

1. 生产前准备

（1）检查工房、设备及容器的清洁状态，检查清场合格证，核对其有效期，取下标示牌，按生产部门标识管理规定进行定置管理。

（2）配制班长按生产指令填写工作状态，挂"生产"标示牌于指定位置。

（3）检查设备状况是否正常（如气封圈是否完好；打开电源，检查各指示灯指示是否正常；开机观察空机运行过程中是否有异常声音）。

（4）按生产指令领取物料，并确保物料的品名、批号、规格、数量、质量符合要求。

（5）所需用到的设备、筛网和容器具用75％乙醇擦拭消毒。

2. 生产操作

（1）根据产品工艺规程要求选用规定目数的筛网并装好。

（2）制粒岗位移交来的干粒经确认无误后，加入料斗中，按整粒粉碎机标准操作规程进行整粒粉碎。整好的颗粒放入已清洁过的衬袋桶内。

（3）整粒粉碎过程中，必须严格检查颗粒粒度分布情况，将颗粒粒度控制在合格范围之内。

（4）操作完毕，将物料称重、记录，桶内、外各附"在产物品"标签一张，盖上桶盖，将颗粒移交中间站，按中间站产品交接程序办理交接。中间站管理员填写"请检单"，送质检科请检。

（5）生产完毕，取下"生产"状态标示牌。

3. 清场

按清场标准操作程序、洁净区清洁操作程序、整粒粉碎机清洁标准操作程序、生产用容器具清洁标准操作程序进行清场、清洁。清场完毕，报质检员检查。检查合格，发清场合格证，挂"已清场"标示牌。

4. 结束并记录

及时填写批生产记录、设备运行记录、交接班记录等。关好水、电及门。

5. 质量控制要点

质量控制要点有外观、细度、均匀度、装量差异。

？ 思考题

1. 简述颗粒剂的特点。
2. 简述颗粒剂湿法制粒的工艺流程。
3. 简述颗粒剂的包装与贮存的注意事项。
4. 论述挤压制粒过程中易出现的问题及原因。

项目八　胶囊剂

学习目标

◎ 掌握胶囊剂的类型、内容物的形式、辅料的选择；熟悉药物制成胶囊剂的主要目的；了解空心胶囊的规格、质量要求和选用方法。
◎ 掌握胶囊剂生产工艺；学会硬胶囊剂、软胶囊剂的制备、装量差异、崩解时限等质量检查，能进行胶囊剂合格品的判断。
◎ 学会典型胶囊剂的处方及工艺分析。

一、胶囊剂概述

（一）胶囊剂的概念和特点

1. 胶囊剂的概念

胶囊剂系指原料药物或与适应辅料充填于空心胶囊或密封于软质囊材中制成的固体制剂。可分为硬胶囊、软胶囊（胶丸）、缓释胶囊、控释胶囊和肠溶胶囊，主要供口服，也有用于其他部位的，如直肠、阴道、植入等。上述硬质或软质胶囊壳多以明胶为原料制成，现也用甲基纤维素、海藻酸钙（或钠盐）、聚乙烯醇、变性明胶及其他高分子材料，以改变胶囊剂的溶解性能。

2. 胶囊剂的特点

（1）能掩盖药物不良嗅味或提高药物稳定性　因药物装在胶囊壳中与外界隔离，避开了水分、空气、光线的影响，对具不良嗅味或不稳定的药物有一定程度上的遮蔽、保护与稳定作用。

（2）药物的生物利用度较高　胶囊剂中的药物是以粉末或颗粒状态直接填装于囊壳中，不受压力等因素的影响，所以在胃肠道中迅速分散、溶出和吸收，其生物利用度将高于丸剂、片剂等剂型。一般胶囊的崩解时间是 30min 以内，片剂、丸剂是 1h 以内。

（3）可弥补其他固体剂型的不足　含油量高的药物或液态药物难以制成丸剂、片剂等，但可制成胶囊剂。

（4）可延缓药物的释放和定位释药　可将药物按需要制成缓释颗粒装入胶囊中，达到缓释延效作用。

胶囊剂虽有较多优点，但下列情况不适宜制成胶囊剂：能使胶囊壁溶解的液体制剂，如药物的水溶液或乙醇溶液；易溶性及小剂量的刺激性药物，因其在胃中溶解后局部浓度过高会刺激胃黏膜；容易风化的药物，可使胶囊壁变软；吸湿性强的药物，可使胶囊壁变脆。

（二）胶囊剂的分类

1. 硬胶囊

硬胶囊，通称为胶囊，系指采用适宜的制剂技术，将原料药物或加适宜辅料制成的均匀粉末、颗粒、小片、小丸、半固体或液体等，充填于空心胶囊中的胶囊剂。

将固体和半固体药物填充于硬胶囊中而制成的胶囊剂，应用较为广泛。根据药物剂量的大小，可选用规格为 000、00、0、1、2、3、4、5 共 8 种硬胶囊。硬胶囊剂的溶解时限优于丸剂、片剂，并可通过选用不同特性的囊材以达到定位、定时、定量释放药物的目的，如肠溶胶囊、直肠用胶囊、阴道用胶囊等。

2. 软胶囊

软胶囊系指将一定量的液体原料药物直接密封，或将固体药物溶解或分散在适宜的辅料中制备成溶液、混悬液、乳状液或半固体，密封于软质囊材中的胶囊剂。可用滴制法或压制法制备。软质囊材一般是由胶囊用明胶、甘油或其他适宜的药用材料单独或混合制成。

将油类或对明胶等囊材无溶解作用的液体药物或混悬液封闭于软胶囊内而制成的胶囊剂，又称胶丸剂。用压制法制成的，中间往往有压缝，称为有缝胶丸；用滴制法制成的，呈圆球形而无缝，称为无缝胶丸。软胶囊剂服用方便、起效迅速、服量少，适用于多种病症，如鱼肝油软胶囊等。

3. 肠溶胶囊

肠溶胶囊系指用肠溶材料包衣的颗粒或小丸充填于胶囊而制成的硬胶囊，或用适宜的肠溶材料制备而得的硬胶囊或软胶囊。肠溶胶囊不溶于胃液，但能在肠液中崩解而释放活性成分。除另有规定外，照释放度检查法（通则 0931）检查，应符合规定。

二、胶囊剂的制备

（一）硬胶囊剂的制备

硬胶囊剂制备流程见图 8-1。

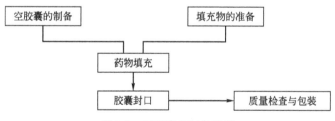

图 8-1　硬胶囊剂制备流程

1. 空胶囊的制备

（1）原材料的要求　明胶是空胶囊的主要成囊材料。除符合《中国药典》（2020 年版）规定外，还应具有一定的黏度、胶冻力和 pH 等。

明胶的性质并不完全符合要求，既易吸湿又易脱水，故一般需向制备空胶囊的胶液中加入适当的辅料。为增加韧性和可塑性，一般加入增塑剂，如甘油、山梨醇、羧甲基纤维素钠（CMC-Na）、油酸酰胺磺酸钠等；为减小流动性、增加胶冻力，可加入增稠剂琼脂等；对光敏感的药物，可加遮光剂二氧化钛（2%～3%）；为美观和便于识别，加食用色素等着色剂；为防止霉变，可加防腐剂尼泊金等。以上组分并不是任一空胶囊都必备，而应根据具体情况加以选择。

（2）空胶囊的制备　空胶囊系由囊体和囊帽组成，其主要制备流程包括溶胶、蘸胶（制坯）、干燥、拔壳、截割、整理六个工序，一般由自动化生产线完成。操作环境的温度在 10～25℃，相对湿度为 35%～45%。为便于识别，空胶囊壳上还可用食用油墨印字。空胶囊的制备工艺流程见图 8-2。

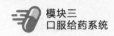

10000级，温度10～25℃，RH 35%～45%

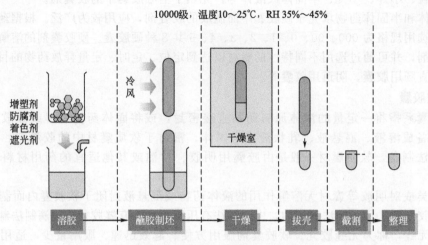

图 8-2　空胶囊的制备工艺流程

(3) 空胶囊的规格和质量要求　空胶囊的规格由大到小分为 000 号、00 号、0 号、1 号、2 号、3 号、4 号、5 号共 8 种，但常用的为 0～5 号，随着号数由小到大，容积由大到小。硬空胶囊的囊号与填充质量的关系见图 8-3。

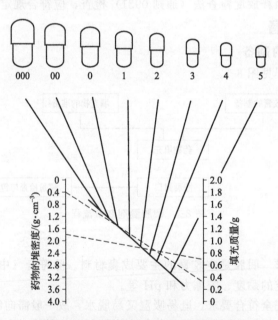

图 8-3　硬空胶囊的囊号与填充质量的关系

空胶囊成品，应检查如下事项。

① 外观。色泽鲜艳，色度均匀。囊壳光洁，无黑点，无异物，无纹痕；应完整不破，无沙眼、气泡、软瘪变形；切口应平整、圆滑，无毛缺。

② 长度和厚度。全囊长度偏差在 ±0.50mm 以内，囊帽、囊体的长度偏差分别在 ±0.30mm 以内。囊壳厚度应均匀，囊帽与囊体套合时囊壳间距离（间隙，又称松紧度）应在 0.04～0.05mm。

③ 应无臭、无味。

④ 含水量。应在 12%～15%。

⑤ 脆碎度。应有一定的强度和弹性,轻捏囊帽,囊体切口使成合缝应不破碎。

⑥ 溶化时限。于 37℃水中振摇 15min,应全部溶散。

⑦ 炽灼残渣。不同品种空胶囊有不同要求。透明空胶囊灰分不得超过 2.0%,半透明空胶囊灰分不得超过 3.0%,不透明空胶囊灰分不得超过 5.0%。

⑧ 卫生学检查。不得检出大肠埃希菌等致病菌和活螨。

2. 药物的填充

(1) 空胶囊的选择　购进或制成的空胶囊,为了保证质量,须做质量检查。应检查空胶囊的外观、弹性(轻捏囊帽,囊体不破裂)、溶解时间(37℃,30min)、水分(10%～15%)、胶囊壁的厚度与均匀度,以及微生物等均应符合有关规定。检查合格后,将上、下两节胶囊套合,装入密闭的容器中,严防吸潮,贮于阴凉处备用。

国家标准将空心胶囊划分为三个等级,即优等品(指机制空胶囊)、一等品(指适用于机装的空胶囊)和合格品(指适用于手工填充的空胶囊)。每个级别都有相应的标准及允许偏差值,并对外观、理化性状、菌检标准等做了具体规定。

常用各号空胶囊的容积与几种药物的填充质量见表 8-1。

表 8-1　各号空胶囊的容积与几种药物的填充质量

空胶囊规格	近似容积 /ml	硫酸奎宁 /g	碳酸氢钠 /g	阿司匹林 /g	碱式硝酸铋 /g
000	1.37	0.65	1.50	1.10	1.75
00	0.95	0.40	1.00	0.65	1.20
0	0.68	0.33	0.68	0.55	0.89
1	0.50	0.23	0.55	0.33	0.65
2	0.37	0.20	0.40	0.25	0.55
3	0.30	0.12	0.33	0.20	0.40
4	0.21	0.10	0.25	0.15	0.25
5	0.13	0.07	0.12	0.10	0.21

应根据药物的填充量选择空胶囊的规格,首先按药物的规定剂量所占容积来选择最小空胶囊,可根据经验试装后决定。但常用的方法是先测定待填充物料的堆密度,然后根据应装剂量计算该物料的容积,以决定应选胶囊的号数。

(2) 药物的处理　硬胶囊中填充的药物,除特殊规定外,一般是粉状或颗粒状的药物。对于需填充的药物应根据药物的性质、用量及治疗需求作适当处理。

处方中贵重药物及剂量不大的药物可直接粉碎成细粉,经过筛混合均匀后填充。处方中剂量较大的药物,可将部分易于粉碎者粉碎成细粉,其余药物经适当提取后浓缩成稠膏,再与上述药物细粉混合均匀。然后干燥,研细,过筛,混匀后填充。将处方中全部药物提取,浓缩成稠膏,加适量的吸收剂,搓匀,干燥,粉碎,过筛,混匀后填充。已明确有效成分的药物,可用适当方法提取其有效成分,干燥,粉碎,过筛,混合均匀。

处方组分中含有结晶性药物的应先研成细粉再与其他药物细粉混匀后填充。麻醉药、毒剧药物,应先用适当的稀释剂(如乳糖、淀粉等)稀释成一定的倍数,混匀后填充。挥发油应先用吸收剂(如碳酸钙、磷酸氢钙、轻质氧化镁等)或处方中其他药物细粉吸收后再填

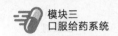

充。易吸湿或混合后发生共溶的药物，可分别加适量的稀释剂（如碳酸镁、氧化镁等）混匀后填充。疏松性药物可加适量乙醇或液体石蜡混匀后填充。中药浸膏粉，应保持干燥，添加适当辅料混匀后填充。

（3）药物填充方法 一般小量制备时，可用手工填充法。先将药粉放于洁净纸上或玻璃板上，铺成一层，并用药刀轻轻压紧，其厚度约为下节囊身高度的 1/4～1/3。然后手持囊身，囊口向下插入药粉中，反复数次至填满，称重，如重量符合，即将囊帽套上。填充好的硬胶囊，可用灭菌的纱布或毛巾包起，轻加搓拭，除去黏附的药粉。为提高填充效率，也可采用硬胶囊分装器填充。

硬胶囊分装器的面板上具有比下节囊身直径稍大一些的无数圆孔，使用时可将底板两侧活动槽向里移，盖上面板。将下节囊身插入面板的模孔中，其囊口与面板模孔保持平齐。然后将药粉分布于所有囊口上，并手持分装器左右摇摆振荡，待药粉填满囊身后，扫出多余药粉，将两侧的活动槽向外移，使面板落在底板上，底板将囊身顶出，套上囊帽。把装好的胶囊倒在筛里，筛出多余药粉，拭净即得。

对剧毒药粉的填充，不管用硬胶囊分装器或手工填充，都须逐个称量后再装入胶囊中，以保证其剂量准确。

大量生产时，一般采用胶囊自动填充机。目前胶囊填充机的型号有很多，其工作原理基本相似，主要流程是：空胶囊供给→排列→校正方向→空胶囊帽体分开→药物填入→剔废→帽体套合→成品排出，如图 8-4 所示。

"空胶囊定向排列装置的结构与工作原理"微课

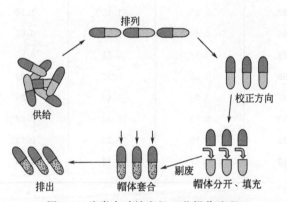

图 8-4 胶囊自动填充机工艺操作流程

根据各种胶囊填充机填充方式的不同，可将填充机归纳为 A、B、C、D、E 五种类型（图 8-5）。

上述 5 种类型的填充机，主要根据药物的物理性质，在制备时选用。A、B 型适用于具有较好流动性的药物；C 型适用于自由流动性好的药粉，药粉中可添加 2% 以下的润滑剂（如滑石粉、硬脂酸镁、羟乙基纤维素及淀粉等）防止分层；D 型适用于聚集性较强的药粉和易吸湿的药物，先加适量黏合剂压成小圆柱，然后填充于胶囊中；E 型适用于各种类型的药物，对于可单独填充的药物，无需加入润滑剂。

硬胶囊剂的药物填充时应注意如下事项。

① 定量药粉在填充时常发生小量的损失而使最后的含量不足，配方时应按实际需要量多准备几粒的分量。待全部填充后将多余部分弃去。但麻醉、毒性药品不按此法处理。

② 填充小剂量药粉，尤其是麻醉、毒性药物，应先用适宜的稀释剂稀释一定的倍数，混匀后填充。

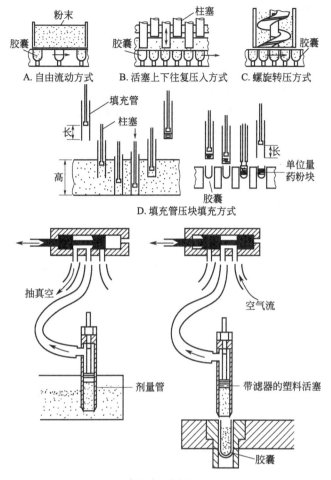

图 8-5　硬胶囊药物填充机的类型

③ 易引湿或混合后发生共熔的药物，可根据情况分别加入适量的稀释剂，混匀后填充。
④ 小量填充疏松性药物时，可加适量乙醇或液体石蜡混合均匀后填充。
⑤ 中药浸膏粉应保持干燥，添加适当辅料均匀后填充。

3. 胶囊的封口

空胶囊的套合方式有平口和锁口两种。生产中一般使用锁口胶囊。药物填充后，为了防止泄漏，封口是一道重要工序。

（1）平口型　用制备空胶囊时相同浓度的胶液，保持胶液 50℃，于囊帽、囊体套合处封上一条胶液，烘干即可。

（2）锁口型　药物填充后，囊身、囊帽套上即咬合封口，药物不易泄漏，空气也不易在缝间流通，故不需另封口。

硬胶囊剂封口后，必要时应进行除粉和打光处理。

4. 制备过程中容易出现的质量问题

（1）装量差异超限　主要有囊壳因素、药物因素、填充设备因素等。对此，解决方法为选用合格胶囊、改善药物流动性和设备等。

（2）吸潮　解决方法为采用防潮包衣、玻璃瓶、铝塑包装、双铝箔包装等。

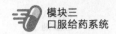
（二）软胶囊剂的制备

1. 软胶囊的囊材

软胶囊剂的囊材主要由胶料、增塑剂、附加剂和水组成。软胶囊剂的主要特点是可塑性强、弹性大。

（1）胶料 一般为明胶、阿拉伯胶。

（2）增塑剂 常用甘油、山梨醇，单独或混合使用均可。

（3）附加剂 防腐剂常用对羟基苯甲酸甲酯 4 份、对羟基苯甲酸丙酯 1 份的混合物，为明胶量的 $0.2\%\sim0.3\%$；色素常用食用规格的水溶性染料；香料常用 0.1% 的乙基香兰醛或 2% 的香精；遮光剂常用二氧化钛，每 1kg 明胶原料用 $2\sim12g$。此外，还可加 1% 的富马酸以增加胶囊的溶解性。

胶料、增塑剂、水三者的比例是软胶囊能否成型的关键。增塑剂用量过高则囊壁过软，用量过低则囊壁过硬。

2. 软胶囊大小的选择

软胶囊的形状有球形、椭圆形、管形等多种。在保证药物达到治疗量的前提下，软胶囊的容积要求尽可能小，填充的药物一般为一个剂量。

当混悬液制成软胶囊时，所需软胶囊的大小可用基质吸附率来表示。基质吸附率是指 1g 固体药物制成填充胶囊的混悬液所需液体基质的克数。影响固体药物基质吸附率的因素有固体颗粒的大小、形状、物理状态（纤维状、无定型、结晶状）、密度、含湿量及亲油性与亲水性等。

3. 软胶囊内填充物的要求

软胶囊可以填充各种油类或对明胶无溶解作用的液态药物或混悬液，也可填充固体药物。液体药物若含 5% 水或为水溶性、挥发性、小分子有机物，均不宜制成软胶囊，如乙醇、酮、酸、酯等，因能使囊材软化或溶解；醛可使明胶变性。液体药物 pH 以 $4.5\sim7.5$ 为宜，酸性太强，明胶水解药物泄漏；碱使明胶变性，可选用磷酸盐、乳酸盐等缓冲液调整。软胶囊中填充混悬液时，分散介质常为植物油或 PEG 400 等；对于油状基质，通常使用的助悬剂为 $10\%\sim30\%$ 的油蜡混合物。

4. 软胶囊剂的制法

软胶囊的制法可分为压制法和滴制法两种。

（1）压制法 本法可制成中间有压缝的有缝胶丸，是将胶液制成胶片，再将药液置于两个胶片之间，用钢板模或旋转模压制软胶囊的一种方法。目前生产上主要采用旋转模压法。

"软胶囊生产机"
微课

第一步制胶片

① 配制囊材胶液。按囊材处方，取明胶和阿拉伯胶，加蒸馏水使之膨胀，溶解成胶浆后将其他附加剂加入，搅拌混匀即得。国内、外囊材处方举例见表 8-2。

表 8-2 国内、外囊材处方举例

物料	我国某厂	英国某厂	美国某厂
明胶	1.00kg	13.6kg	10 份
阿拉伯胶	0.25kg	2.60kg	1 份
甘油	0.75kg	6.80L	10.4 份
糖浆	0.15kg	5.90L	—
蒸馏水	1.50kg	2.27L	16.1 份

② 制胶片。取配好的囊材胶液，涂于平坦的钢板上，使厚薄均匀，然后以 90℃左右的

温度使表面水分蒸发至形成具有一定弹性的软胶片。

第二步配制药液 将药物制成油溶液或油混悬液等。

第三步压制软胶囊 日常生产中，常采用自动旋转轧囊机生产软胶囊。此机各部分均自动连续操作，其工作原理如图 8-6 所示。生产时，机器自动制成两条胶片，以连续不断的形式向相反方向移动，到达旋转模之前逐渐接近，相对地进入两个轮状模子的夹缝处，此时药液从填充泵经导管由楔形注入器注入两胶片之间。由于旋转的轮状模不停转动，将胶片与药液压入模的凹槽中，使胶片呈两个半球形，将药液包裹成胶丸，剩余的胶片自动切割分离。填充的药液量由填充泵准确控制。

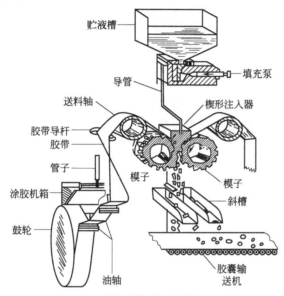

图 8-6 自动旋转轧囊机旋转模压示意

（2）滴制法 本法可制成中间无缝的无缝胶丸，由具双层滴头的滴丸机完成，如图 8-7

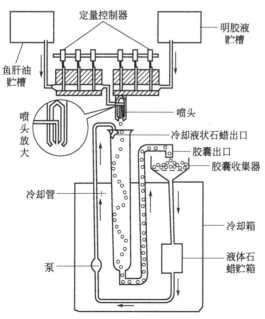

图 8-7 软胶囊（胶丸）滴制法生产过程示意

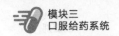
所示。以明胶为主的软质囊材（胶液）与被包药液分别在双层喷头的外层与内层以不同速度喷出，使定量的胶液将定量的药液包裹后，滴入与胶液不相混溶的冷却液中，由于表面张力作用使之形成球形，并逐渐冷却、凝固成软胶囊。

影响滴制法制胶丸的因素：明胶处方组成；胶液黏度；药液、胶液及冷却；药液、胶液及冷却液温度；软胶囊剂的干燥温度。

（三）肠溶胶囊剂的制备

药物如有刺激性、腥臭味或遇酸不稳定，或需在肠内溶解吸收发挥疗效的，均宜制成在胃内不溶解而到肠内崩解、溶化的肠溶胶囊。

一般用明胶（或海藻酸钠）先制成空胶囊，再用包衣法涂上肠溶材料（如邻苯二甲酸醋酸纤维素、虫胶等），然后填充药物，并用肠溶性胶液封口制得。此外，肠溶胶囊剂亦可采用甲醛明胶浸渍法制备。明胶经甲醛处理，发生胺缩醛反应，使明胶分子互相交联，形成甲醛明胶。

在甲醛明胶中已无氨基，失去与酸结合的能力，故不溶于胃的酸性介质中，但由于仍含有羧基，故能在肠液的碱性介质中溶解并释放药物。此种肠溶胶囊的肠溶性很不稳定，与甲醛的浓度、甲醛与胶囊的接触时间、成品贮存时间等因素有关。贮存时间较长可发生聚合作用而改变溶解性能，甚至在肠液中也不崩解、溶化。因此，这类产品应经常检查崩解时限，以保证其质量。

（四）胶囊剂举例

【例1】 速效感冒胶囊（硬胶囊）

[处方]

对乙酰氨基酚	300g
维生素C	100g
胆汁粉	100g
咖啡因	3g
马来酸氯苯那敏	3g
10%淀粉浆	适量
食用色素	适量

[制法]

1. 上述各药物，分别粉碎，过80目筛。

2. 将10%淀粉浆分为A、B、C三份，A加入少量食用胭脂红制成红糊，B加入少量食用橘黄（最大用量为万分之一）制成黄糊，C不加色素为白糊。

3. 将对乙酰氨基酚分为三份，一份与马来酸氯苯那敏混合后加入红糊，一份与胆汁粉、维生素C混匀后加入黄糊，一份与咖啡因混匀后加入白糊，分别制成软材后过14目尼龙筛制粒，于70℃干燥至含水量3%以下。

4. 将上述三种颜色的颗粒混合均匀后，填入空胶囊中。制成硬胶囊1000粒，即得。

[注解] 本品种为复方制剂，各成分的性质、数量各不相同，为保证混合和填充均匀，采用适宜方法制得相同大小的颗粒，经混合均匀后再进行填充；另外，加入食用色素使颗粒呈现不同的颜色，可直接观察混合的均匀程度。若选用透明胶囊壳，还可使制剂看上去比较美观。

【例2】 十滴水软胶囊（软胶囊）

[处方] 樟脑　　　　　　　　62.5g

干姜	2.5g
大黄	50g
小茴香	25g
肉桂	25g
辣椒	12.5g
桉油	31.25ml

[制法] 依照渗漉法，上七味，大黄、辣椒粉碎成粗粉，干姜、小茴香、肉桂提取挥发油，备用。药渣与大黄、辣椒粉照渗漉法，用80％乙醇作溶剂，浸渍24h后，续加70％乙醇进行渗漉。收集渗漉液，回收乙醇至无醇味，药液浓缩至相对密度为1.30（50℃）的清膏。减压干燥，粉碎，加入植物油适量，与上述挥发油及樟脑、桉油混匀。制成软胶囊1000粒，即得。

[注解] 制备胶液后，可采取适当的、抽真空的方法，以便尽快除去胶液中的气泡和泡沫。制备过程中，应注意胶液温度和黏度、车间温度、湿度等，以使胶丸成型合格。

三、胶囊剂的质量检查与包装贮存

（一）胶囊剂的质量检查

1. 外观

胶囊剂应整洁，不得有黏结、变形或破裂现象，并应无异臭。硬胶囊剂的内容物应干燥、疏松、混合均匀。

2. 水分

中药硬胶囊剂应进行水分检查。

取供试品内容物，照水分测定法（通则0832）测定。除另有规定外，不得过9.0％。硬胶囊内容物为液体或半固体者不检查水分。

3. 装量差异

除另有规定外，取供试品20粒（中药取10粒），分别精密称定重量，倾出内容物（不得损失囊壳）。硬胶囊囊壳用小刷或其他适宜的用具拭净；软胶囊或内容物为半固体或液体的硬胶囊囊壳用乙醚等易挥发溶剂洗净，置通风处使溶剂挥尽。再分别精密称定囊壳重量，求出每粒内容物的装量与平均装量。每粒装量与平均装量相比较（有标示装量的胶囊剂，每粒装量应与标示装量比较），超出装量差异限度的不得多于2粒，并不得有1粒超出限度1倍。胶囊剂装量差异限度见表8-3。

表8-3　胶囊剂装量差异限度

平均装量或标示装量	装量差异限度/％
0.30g 以下	±10
0.30g 或 0.30g 以上	±7.5(中药±10)

凡规定检查含量均匀度的胶囊剂，一般不再进行装量差异的检查。

4. 崩解时限

除另有规定外，照崩解时限检查法（通则0921）检查，均应符合规定。

凡规定检查溶出度或释放度的胶囊剂，不再进行崩解时限的检查。

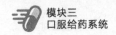

5. 微生物限度

以动物、植物、矿物来源的非单体成分制成的胶囊剂、生物制品胶囊剂，照非无菌产品微生物限度检查：微生物计数法（通则1105）、控制菌检查（通则1106）及非无菌药品微生物限度标准（通则1107）检查，应符合规定。规定检查杂菌的生物制品胶囊剂，可不进行微生物限度检查。

（二）胶囊剂的包装贮存

包装材料由胶囊剂的囊材性质所决定。一般应选用密闭性能良好的玻璃容器、透湿系数小的塑料容器和泡罩式包装。

贮存在温度不高于30℃、相对湿度不超过45％的干燥阴凉处，密闭贮藏。

实训 7 胶囊剂的制备

【实训目的】

1. 掌握硬胶囊剂的制备过程及手工填充硬胶囊的方法。
2. 能进行硬胶囊剂的装量差异检查。

【实训条件】

1. 实训场地

GMP 车间硬胶囊、软胶囊的工位。

2. 实训材料

（1）材料　药物粉末、液体石蜡。

（2）仪器、用品　空胶囊、白纸或玻璃板、天平、洁净的纱布、刀、指套、称量纸、药匙、废物缸、酒精棉球。

3. 实训原理

胶囊剂系指药物或加有辅料充填于空心胶囊或密封于软质囊材中制成的固体制剂。主要供口服，也可用于直肠、阴道等。空胶囊的主要材料为明胶，也可用甲基纤维素、海藻酸盐类、聚乙烯醇、变性明胶及其他高分子化合物，以改变胶囊的溶解性或达到肠溶的目的。

根据胶囊剂的硬度与溶解和释放特性，胶囊剂可分为硬胶囊与软胶囊、肠溶胶囊和缓释胶囊。硬胶囊剂的一般制备工艺流程如下。

（1）空胶囊与内容物准备　空胶囊分上、下两节，分别称为囊帽与囊体。空胶囊根据有无颜色，分为无色透明、有色透明与不透明三种类型；根据锁扣类型，分为普通型与锁口型两类；根据大小，分为000号、00号、0号、1号、2号、3号、4号、5号八种规格，其中000号最大、5号最小。

内容物可根据药物性质和临床需要制备成不同形式，主要有粉末、颗粒和微丸三种形式。

（2）充填空胶囊　大量生产可用全自动胶囊充填机充填药物，充填好的胶囊使用胶囊抛光机清除吸附在胶囊外壁上的细粉，使胶囊光洁。

小量试制可用胶囊充填板或手工充填药物，充填好的胶囊用洁净的纱布包起，轻轻搓滚，使胶囊光亮。

（3）质量检查　充填的胶囊进行含量测定、崩解时限、装量差异、水分、微生物限度等项目的检查。

胶囊剂的装量差异检查方法：取供试品20粒，分别精密称定重量后，倾出内容物，硬胶囊用小刷或其他适宜的用具拭净；再分别精密称定囊壳重量，求出每粒内容物的装量与平均装量。

按规定，超出装量差异限度的不得多于 2 粒，并不得有 1 粒超出限度 1 倍。

（4）包装及贴标签　质量检查合格后，定量分装于适当的洁净容器中，加贴符合要求的标签。

【实训内容】

1. 硬胶囊填充

（1）手工操作法

① 操作步骤。将药物粉末置于白纸或洁净的玻璃板上，用药匙铺平并压紧，厚度约为胶囊体高度的 1/4 或 1/3。手持胶囊体，口垂直向下插入药物粉末，使药粉压入胶囊内。同法操作数次，至胶囊被填满，使其达到规定的重量后，套上胶囊帽。

② 注意事项。填充过程中所施压力应均匀，还应随时称重，以使每粒胶囊的装量准确。为使填充好的胶囊剂外形美观、光亮，可用喷有少许液体石蜡的洁净纱布轻轻滚搓，擦去胶囊剂外面黏附的药粉。

（2）板装法　将胶囊体插入胶囊板中，将药粉置于胶囊板上，轻轻敲动胶囊板，使药粉落入胶囊壳中，至全部胶囊壳中都装满药粉后，套上胶囊帽。

（3）机械填充法

以速效感冒胶囊为例。

【处方】对乙酰氨基酚　　　　　　300g

维生素 C　　　　　　　　100g

胆汁粉　　　　　　　　　100g

咖啡因　　　　　　　　　3g

马来酸氯苯那敏　　　　　3g

10％淀粉浆　　　　　　　适量

食用色素　　　　　　　　适量

【制法】取上述各药物，分别粉碎，过 80 目筛。将 10％淀粉浆分为 A、B、C 三份，A 加入少量食用胭脂红制成红糊，B 加入少量食用橘黄（最大用量为万分之一）制成黄糊，C 不加色素为白糊。

将对乙酰氨基酚分为三份，一份与马来酸氯苯那敏混匀后加入红糊，一份与胆汁粉、维生素 C 混匀后加入黄糊，一份与咖啡因混匀后加入白糊，分别制成软材后过 14 目尼龙筛制粒，于 70℃干燥至水分达 3％以下。将上述三种颜色的颗粒混合均匀后，填入空胶囊中。制成硬胶囊剂 1000 粒，即得。

2. 装量差异检查

（1）操作步骤　先将 20 粒胶囊分别精密称定重量；再将内容物完全倾出，分别精密称定囊壳重量；求出每粒内容物的装量与平均装量。将每粒装量与平均装量进行比较，超出装量差异限度的不得多于 2 粒，并不得有 1 粒超出装量差异限度的 1 倍。如符合，则装量差异检查合格。

（2）注意事项　倾出内容物时必须倒干净，以减小误差。

❓ 思考题

1. 胶囊剂的主要特点有哪些？

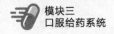

2. 填充硬胶囊剂时应注意哪些问题？

3. 哪些性质的药物不能制胶囊剂？

4. 简述空胶囊的制备工艺过程。

5. 简述硬胶囊剂制备的工艺流程。

6. 自动胶囊填充机工作，由哪几个工序组成？

7. 药物填入胶囊的方式主要有哪几种？

8. 软胶囊的制备方法有哪几种？

9. 软胶囊的制备工艺有哪些类型？简述滚模压制法的工艺过程。

10. 简述胶囊剂的质量要求与检查项目。

项目九　片　剂

学习目标

◎ 掌握片剂的类型及其处方组成、常用辅料的作用、种类及选用原则。
◎ 掌握片剂的包衣的目的和质量要求，掌握片剂包衣的材料与工艺。
◎ 掌握片剂的生产工艺，学会片剂的制粒、片重计算、压片、质量检查、包装与贮存。
◎ 学会包衣的方法和对包衣的质量评价，知道包衣过程中可能出现的问题与解决办法。
◎ 学会典型片剂的处方及工艺分析。
◎ 具有综合应用知识分析解决片剂压片和包衣过程中可能出现的问题的能力。

一、片剂概述

片剂系指原料药物或与适宜的辅料制成的圆形或异形的片状固体制剂。片剂创用于19世纪40年代。20世纪60年代以来，其生产技术、设备有很大发展，因密度较高，体积较小，质量稳定，剂量准确，携带、运输、贮存、使用方便，成为应用最广泛的剂型。根据其使用目的和制备方法，可改变大小、形状、片重、硬度、厚度、崩解和溶出及其他特性。

片剂生产机械化、自动化程度高，成本较低，可以制成各种类型，如分散（速效）片、控释（长效）片、肠溶包衣片、咀嚼片及口含片等，从而满足临床医疗或预防的不同需要。但也存在婴幼儿和昏迷患者服用困难的缺点，处方和工艺设计不妥时容易出现溶出和吸收等方面的问题。

（一）片剂的种类

按用途，结合制备方法和作用，片剂可分为下列几类。

1. 普通压制片

普通压制片指功效成分与辅料混匀后，压制而成的片剂，又称素片一般不包衣的片剂多属此类，其重量一般为0.1～0.5g，服用时用水送下，进入胃肠道而吸收。其外观有圆形的，也有异形的，应用最广，如维生素C片等。

2. 包衣片剂

包衣片剂指在普通压制片外面有保护膜层的片剂。包衣的目的是增强功效成分的稳定性、掩盖不良气味、减少功效成分对胃的刺激、改善片剂的外观等。

> **知识链接**
>
> **包衣片剂的分类**
>
> 按照包衣方法与包衣材料或作用不同，包衣片剂又可分为以下几种。

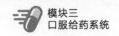
1. 糖衣片

该类指外包糖衣（主要包衣材料是蔗糖）的片剂。如复方丹参片、盐酸地芬尼多片、盐酸四环素片等。

2. 肠溶片

该类指在片剂表面外包一层不溶于胃液，可溶于肠液物料的片剂。片剂包肠溶衣可避免功效成分刺激胃黏膜或被胃液破坏，如胰酶片等。

3. 薄膜衣片

该类指在压制片外包一层高分子材料（如羟丙基甲基纤维素）薄膜的片剂，如马来酸氯苯那敏片、氧氟沙星片等。

3. 咀嚼片

咀嚼片系指于口腔中咀嚼后吞服的片剂。这类片剂较适合小儿，因为小儿通常不会或不愿吞服药片。因此，这类片剂中常加入适宜的甜味剂和香料，如蔗糖、甘露醇、薄荷油等。崩解困难的药物（如氢氧化铝等）制成咀嚼片还可加速崩解，提高疗效。咀嚼片常用的有维生素类、钙片类等，如维生素 C 咀嚼片、维生素 D 咀嚼片等。

4. 泡腾片

这类片剂是指含有碳酸氢钠和有机酸，遇水可产生气体而呈泡腾状的片剂。多用于可溶性功效成分。片中含有遇水可产生气体的物质。应用时将其投入水中，待气体产生完毕（同时片剂也崩解完毕）后饮下。这种剂型非常适合儿童，同时也为那些吞服片剂有困难的患者带来了很大方便，如维生素 C 泡腾片、阿司匹林泡腾片等。

5. 含片

含片指含于口腔中缓缓溶化，产生持久、局部或全身作用的片剂。其硬度一般较大，多用于口腔及咽喉疾患，如复方草珊瑚含片、薄荷喉片等。

（二）片剂的特点与质量要求

1. 片剂的特点

片剂是目前临床应用最广泛的剂型之一，主要具有以下优点。

（1）质量稳定　为干燥致密的固体制剂，致密，受外界空气、水分、光线等因素的影响较小，必要时还可通过包衣加以保护，以增加其稳定性。

（2）剂量准确　以片数作为计量单位，每片含量均匀、片重差异小，在药片表面还可压上凹纹，便于分取较少剂量而不失其准确性。

（3）成本低廉　生产机械化、自动化程度高，易于达到 GMP 的生产质量要求，产量大、成本较低。

（4）服用方便　片剂体积小，有一定的机械强度，携带、运输和服用方便。

（5）可满足临床用药的不同需求　可通过各种制剂技术制成各种类型的片剂，如包衣片、分散片、缓释片、控释片、多层片等，以达到速效、长效、控释、肠溶等目的。

（6）便于识别　片剂上可以压有主药名称和含量标记，也可着不同的颜色便于识别或增加美观。

但片剂也存在以下缺点：婴幼儿和昏迷患者不易吞服；辅料选用不当、压力不当或贮存不当时，常出现崩解度、溶出度和生物利用度等方面问题；含挥发性成分的片剂，长期贮存含量会有所降低。

2. 片剂的质量要求

根据《中国药典》（2020 年版）的相关要求，片剂在生产与贮藏期间应符合下列规定。

① 原料药物与辅料应混合均匀。含药量小或含毒剧药物的片剂，应根据药物的性质采用适宜方法使药物分散均匀。

② 凡属挥发性或对光、热不稳定的药物，在制片过程中应采取遮光、避热等适宜方法，以避免成分损失或失效。

③ 压片前的物料、颗粒或半成品应控制水分，以适应制片工艺的需要，防止片剂在贮存期间发霉、变质。

④ 根据需要，片剂中可加入矫味剂、芳香剂和着色剂等。

⑤ 为增加稳定性、掩盖药物不良臭味、改善片剂外观等，可对制成的药片包糖衣或薄膜衣。对一些遇胃液易破坏、刺激胃黏膜或需要在肠道内释放的口服药片，可包肠溶衣。必要时，薄膜包衣片剂应检查残留溶剂。

⑥ 片剂外观应完整光洁，色泽均匀，有适宜的硬度和耐磨性，以免包装、运输过程中发生磨损或破碎。除另有规定外，非包衣片应符合片剂脆碎度检查法的要求。

⑦ 片剂的微生物限度应符合要求。

⑧ 根据药物和制剂的特性，溶出度、释放度、含量均匀度等应符合要求。

⑨ 除另有规定外，片剂应密封贮存。

二、片剂的辅料

片剂处方由药物和辅料组成。辅料系指片剂内除药物以外的一切附加物料的总称，亦称赋形剂，可提供填充作用、黏合作用、吸附作用、崩解作用和润滑作用等，根据需要亦可加入着色剂、矫味剂等。

（一）稀释剂（填充剂）

稀释剂的主要作用是增加片剂的重量或体积，亦称填充剂。片剂直径一般大于 6mm，片重多在 100mg 以上。稀释剂的加入不仅可保证片剂一定的体积大小，而且还可减少主药成分的剂量偏差，改善药物的压缩成形性。主要有以下几种。

1. 淀粉

淀粉有玉米淀粉、马铃薯淀粉、小麦淀粉，常用的是玉米淀粉。淀粉的性质稳定，可与大多数药物配伍，吸湿性小，外观色泽好，价格便宜，但可压性差，因此常与可压性较好的糖粉、糊精、乳糖等混合使用。

2. 糖粉

糖粉系指结晶性蔗糖经低温干燥、粉碎而成的白色粉末。黏合力强，可用来增加片剂的硬度，使片剂的表面光滑美观。但其吸湿性较强，长期贮存，会使片剂的硬度过大，崩解或溶出困难。除口含片或可溶性片剂外，一般不单独使用，常与糊精、淀粉配合使用。

3. 糊精

糊精是淀粉水解的中间产物，在冷水中溶解较慢，较易溶于热水，不溶于乙醇。具有较强的黏结性，使用不当会使片面出现麻点、水印及造成片剂崩解或溶出迟缓。如果在含量测定时粉碎与提取不充分，将会影响测定结果的准确性和重现性，所以常与糖粉、淀粉配合使用。

4. 乳糖

本品为白色结晶性粉末，带甜味，易溶于水。常用的乳糖含有一分子结晶水（α-乳糖），无吸湿性，可压性好，压成的药片光洁美观、性质稳定，可与大多数药物配伍。由喷雾干燥法制得的乳糖为非结晶性球形乳糖，流动性、可压性良好，可供粉末直接压片。

5. 可压性淀粉

可压性淀粉亦称为预胶化淀粉，又称 α-淀粉。国产的可压性淀粉是部分预胶化淀粉。

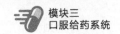
本品具有良好的流动性、可压性、自身润滑性和干黏合性，并有较好的崩解作用。作为多功能辅料，常用于粉末直接压片。

6. 微晶纤维素

微晶纤维素是由纤维素部分水解而制得的结晶性粉末，具有较强的结合力与良好的可压性，亦有"干黏合剂"之称，可用作粉末直接压片。

7. 无机盐类

本品主要是一些无机钙盐，如硫酸钙、磷酸氢钙及碳酸钙等。其中二水硫酸钙较为常用，性质稳定，无臭无味，微溶于水，制成的片剂外观光洁，硬度、崩解均好，对药物也无吸附作用。但钙盐对四环素类药物不宜使用。

8. 糖醇类

甘露醇、山梨醇呈颗粒或粉末状，具有一定的甜味，在口中溶解时吸热，有凉爽感，较适于咀嚼片，常与蔗糖配合使用。赤鲜糖溶解速度快、有较强的凉爽感，口服后不产生热能，在口腔内 pH 不下降（有利于牙齿的保护）等，是制备口腔速溶片的辅料。

（二）润湿剂与黏合剂

润湿剂系指本身没有黏性，但能诱发待制粒物料的黏性，以利于制粒的液体。黏合剂系指对无黏性或黏性不足的物料粉末给予黏性，从而使物料聚结成颗粒的辅料。在制粒过程中常用的润湿剂、黏合剂有如下几种。

1. 纯化水

纯化水是制粒中最常用的润湿剂，但干燥温度高、干燥时间长，对于水敏感的药物不利。水溶性成分较多时，可能出现发黏、结块、湿润不均匀、干燥后颗粒发硬等现象，可选择适当浓度的乙醇水溶液，以克服上述不足。

2. 乙醇

乙醇可用于遇水易分解的药物或遇水黏性太大的药物。中药浸膏的制粒常用乙醇水溶液作润湿剂，随着乙醇浓度的增大，润湿后所产生的黏性降低，常用浓度为 30%～70%。

3. 淀粉浆

淀粉浆的常用浓度为 8%～15%。若物料的可压性较差，其浓度可提高到 20%。淀粉浆的制法主要有煮浆法和冲浆法。冲浆法是将淀粉混悬于少量（1～1.5 倍）水中，然后根据浓度要求冲入一定量的沸水，不断搅拌糊化而成；煮浆法是将淀粉混悬于全部水中，在夹层容器中加热并不断搅拌，直至糊化。由于淀粉价廉易得，且黏合性良好，因此是制粒中首选的黏合剂。

4. 纤维素衍生物

天然的纤维素经处理后可制成各种纤维素的衍生物。

（1）甲基纤维素 具有良好的水溶性，可形成黏稠的胶体溶液，应用于水溶性及水不溶性物料的制粒中，颗粒的压缩成形性好且不随时间变硬。

（2）羟丙基纤维素 易溶于冷水，加热至 50℃发生胶化或溶胀现象。可溶于甲醇、乙醇、异丙醇和丙二醇。本品既可作湿法制粒的黏合剂，也可作粉末直接压片的干黏合剂。

（3）羟丙基甲基纤维素 羟丙基甲基纤维素（HPMC）易溶于冷水，不溶于热水。制备 HPMC 水溶液时，加入总体积 1/5～1/3 的热水（80～90℃），充分分散与水化，然后降温，不断搅拌使溶解，加冷水至总体积即得。

（4）羧甲基纤维素钠 本品在水中先在粒子表面膨化，然后慢慢地浸透到内部，逐渐溶解而成为透明的溶液。如果在初步膨化和溶胀后加热至 60～70℃，可加快其溶解过程。但制成片剂的崩解时间长，且随时间变硬，常用于可压性较差的药物。

（5）**乙基纤维素**　不溶于水，溶于乙醇等有机溶剂，可作对水敏感性药物的黏合剂。本品的黏性较强，且在胃肠液中不溶解，会对片剂的崩解及药物的释放产生阻滞作用。目前常用作缓、控释制剂的包衣材料。

5. 聚维酮

本品根据分子量不同分为多种规格，其中最常用的型号是 K_{30}（分子量 6 万）。聚维酮既溶于水，又溶于乙醇，因此可用于水溶性或水不溶性物料及对水敏感性药物的制粒，还可用作直接压片的干黏合剂。常用于泡腾片及咀嚼片的制粒中，但吸湿性强。

6. 明胶

本品溶于水形成胶浆，黏性较大，制粒时明胶溶液应保持较高温度，以防止胶凝。缺点是制粒物随放置时间变硬。适用于松散且不易制粒的药物及在水中不需崩解或延长作用时间的口含片等。

7. 聚乙二醇

本品根据分子量不同有多种规格，其中 PEG 4000、PEG 6000 常用于黏合剂。PEG 溶于水和乙醇中，制得的颗粒压缩成形性好，片剂不变硬，适用于水溶性与水不溶性物料的制粒。

8. 其他黏合剂

其他黏合剂有 50％～70％的蔗糖溶液、海藻酸钠溶液等。制粒时主要根据物料的性质及实践经验选择适宜的黏合剂、浓度及其用量等，以确保颗粒与片剂的质量。

（三）崩解剂

崩解剂是加入处方中促使制剂迅速崩解成小单元并使药物更快溶解的功能性成分。除了缓控释片、口含片、咀嚼片、舌下片、植入片等有特殊要求的片剂外，一般均需加入崩解剂。特别是难溶性药物的溶出，是药物在体内吸收的限速阶段，其片剂的快速崩解更具意义。

崩解剂总量一般为片重的 5％～20％，加入方法有以下几种。

① 外加法。是将崩解剂加于压片之前的干颗粒中，片剂的崩解将发生在颗粒之间。

② 内加法。是将崩解剂加于制粒过程中，片剂的崩解将发生在颗粒内部。

③ 内外加法。是内加一部分（通常为 50％～75％），外加一部分（通常为 25％～50％），可使片剂的崩解既发生在颗粒内部又发生在颗粒之间，从而达到良好的崩解效果。

常用的崩解剂如下。

1. 干淀粉

本品在 100～105℃下干燥 1h，含水量在 8％以下。干淀粉的吸水性较强，吸水膨胀率为 186％左右。干淀粉适用于水不溶性或微溶性药物的片剂，而对易溶性药物的崩解作用较差。

2. 羧甲基淀粉钠

本品吸水膨胀作用非常显著，吸水后膨胀率为原体积的 300 倍，是一种性能优良的崩解剂。

3. 低取代羟丙基纤维素

本品是应用较多的一种崩解剂。具有很大的表面积和孔隙率，有很好的吸水速度和吸水量，吸水膨胀率为 500％～700％。

4. 交联羧甲基纤维素钠

本品由于交联键的存在不溶于水，能吸收数倍于本身重量的水而膨胀，所以具有较

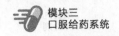
好的崩解作用；当与羧甲基淀粉钠合用时，崩解效果更好，但与干淀粉合用时崩解作用会降低。

5. 交联聚维酮（亦称交联 PVPP）

本品是流动性良好的白色粉末；在水、有机溶剂及强酸强碱溶液中均不溶解，但在水中可迅速溶胀，无黏性，崩解性能优越。

6. 泡腾崩解剂

本品是用于泡腾片的特殊崩解剂，常由碳酸氢钠与枸橼酸组成。遇水时产生二氧化碳气体，使片剂在几分钟之内迅速崩解。含有这种崩解剂的片剂，应妥善包装，避免受潮造成崩解剂失效。

> **知识拓展**
> ### 崩解剂的作用机制
> 崩解剂的主要作用是消除因黏合剂或高度压缩而产生的结合力，使片剂在水中瓦解。片剂的崩解经历润湿、虹吸、破碎等过程。崩解剂的作用机制具体如下。
> ① 毛细管作用。崩解剂在片剂中形成易于润湿的毛细管通道，水能迅速地随毛细管进入片剂内部，使整个片剂润湿而瓦解。淀粉及其衍生物、纤维素衍生物属于此类崩解剂。
> ② 膨胀作用。自身具有很强的吸水膨胀性，从而瓦解片剂的结合力。
> ③ 润湿热。有些药物在水中溶解时产生热，使片剂内部残存的空气膨胀，促使片剂崩解。
> ④ 产气作用。如泡腾片中加入的枸橼酸或酒石酸与碳酸钠或碳酸氢钠遇水产生二氧化碳气体，是借助气体的膨胀而使片剂崩解。

（四）润滑剂

润滑剂是指固体制剂制备中的润滑性辅料，其作用为减小颗粒间、颗粒和固体制剂生产设备金属接触面之间（如压片机冲头和冲模）的摩擦力。广义的润滑剂包括助流剂、抗黏剂和润滑剂（狭义）。助流剂，可降低颗粒之间摩擦力，从而改善粉体流动性，减少重量差异；抗黏剂，防止压片时物料黏着于冲头与冲模表面，以保证压片操作的顺利进行及片剂表面光洁；润滑剂，可降低压片和推出片时药片与冲模壁之间的摩擦力，以保证压片时应力分布均匀，防止裂片等。实际应用时应明确区分各种辅料的不同功能，以解决实际存在的问题。

1. 硬脂酸镁

本品易与颗粒混匀，减少颗粒与冲模之间的摩擦力，压片后片面光洁美观，用量一般为 0.1%～1%。用量过大时，由于其疏水性，会使片剂的崩解（或溶出）迟缓。另外，镁离子影响某些药物的稳定性。

2. 微粉硅胶

本品为优良的助流剂，可用作粉末直接压片的助流剂。其性状为轻质白色无水粉末，无臭无味，比表面积大，常用量为 0.1%～0.3%。

3. 滑石粉

本品为优良的助流剂，常用量为 0.1%～3%，不超过 5%。

4. 氢化植物油

本品以喷雾干燥法制得。应用时，将其溶于轻质液体石蜡或己烷中，然后将此溶液边喷于干颗粒表面、边混合以利于均匀分布。

5. 聚乙二醇类（PEG 4000、PEG 6000）

本品具有良好的润滑效果，不影响片剂的崩解与溶出。

6. 十二烷基硫酸钠（镁）

本品是水溶性表面活性剂，具有良好的润滑效果，不仅能增强片剂的强度，而且可促进片剂的崩解和药物的溶出。

（五）其他辅料

片剂中还加入一些着色剂、矫味剂等辅料以改善口味和外观。口服制剂所用色素必须是药用级或食用级，色素的最大用量一般不超过 0.05%。注意色素与药物的反应及干燥中颜色的迁移。香精常用的加入方法是将香精溶解于乙醇中，均匀喷洒在已干燥的颗粒上。微囊化固体香精可直接混合于已干燥的颗粒中压片。

三、片剂的制备

压片的三大要素是流动性、压缩成形性和润滑性。

① 流动性好。使流动、充填等粉体操作顺利进行，可减小片重差异。

② 压缩成形性好。不出现裂片、松片等不良现象。

③ 润滑性好。片剂不黏冲，可得到完整、光洁的片剂。

片剂的制备方法有制粒压片法和粉末直接压片法，其中制粒又分湿法制粒和干法制粒。片剂的生产洁净区域划分及工艺流程参见模块一项目三。这里重点讨论湿法制粒压片。

（一）压片方法

1. 湿法制粒压片法

湿法制粒是将药物和辅料的粉末混合均匀后加入液体黏合剂制备颗粒的方法。湿法制粒的颗粒具有外形美观、流动性好、耐磨性较强、压缩成形性好等优点，但对热敏性、湿敏性、极易溶性等物料可采用其他方法制粒压片。湿法制粒压片的工艺流程如图 9-1 所示。

图 9-1　湿法制粒压片的工艺流程

（1）原辅料的准备和处理　湿法制粒压片用的原料药及辅料，在使用前必须经过鉴定、含量测定、干燥、粉碎、过筛等处理。其细度以通过 80～100 目筛为宜，对毒性药、贵重药和有色原辅料宜更细一些，便于混合均匀，含量准确，并可避免压片时出现裂片、黏冲和花斑等现象。有些原、辅料贮存时易受潮发生结块，必须经过干燥处理后再粉碎过筛。然后按照处方称取药物和辅料（要求复核），做好制粒前准备工作。

（2）粉碎、过筛、混合、制软材　参见散剂、颗粒剂的有关部分。

（3）制颗粒　颗粒的制备常采用挤压制粒、转动制粒、高速混合制粒、流化（沸腾）制粒、喷雾干燥制粒等方法。参见颗粒剂的有关部分。

（4）颗粒的干燥　制成湿颗粒后应立即干燥，以免结块或受压变形。含结晶水的药物，干燥温度不宜高，时间不宜长，因为失去过多的结晶水可使颗粒松脆而影响压片及片剂的崩解。

压片干颗粒除必须具备流动性和可压性外，还要求达到以下要求。

① 主药含量符合要求。

② 含水量控制在 1%～3%。

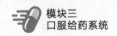

③ 细粉量应控制在 20％～40％。因细粉表面积大，流动性差，易产生松片、裂片、黏冲等，并加大片重差异及含量差异。但细粉能填补颗粒间的空隙，使片面光滑平整。因此根据生产实践认为，片重在 0.3g 以上时，含细粉量可控制在 20％左右；片重在 0.1～0.3g 时，细粉量在 30％左右。

④ 颗粒硬度适中。若颗粒过硬，可使压成的片剂表面产生斑点；若颗粒过松，可产生顶裂现象。一般用手指捻搓时应立即粉碎，并以无粗细感为宜。

⑤ 疏散度应适宜。疏散度系指一定容积的干粒在致密时重量与疏散时重量之差值，它与颗粒的大小、松紧程度和黏合剂用量多少有关。疏散度大则表示颗粒较松，振摇后部分变成细粉，压片时易出现松片、裂片和片重差异大等现象。

(5) 整粒与混合　整粒的目的是使干燥过程中结块、粘连的颗粒分散开，以得到大小均匀的颗粒。一般采用过筛的方法进行整粒，所用筛孔要比制粒时的筛孔稍小一些，常用筛网目数为 12～20 目。整粒后，向颗粒中加入润滑剂和外加的崩解剂，进行"总混"。如果处方中有挥发油类物质或处方中主药的剂量很小或对湿、热很不稳定，则可将药物溶解于乙醇后喷洒在干燥颗粒中，密封贮放数小时后室温干燥。

2. 干法制粒压片法

干法制粒是将药物和辅料的粉末混合均匀、压缩成大片状或板状后，再粉碎成所需大小颗粒的方法，有重压法和滚压法。干法制粒压片法常用于热敏性物料、遇水易分解的药物，方法简单、省工省时，但应注意由于高压引起的晶型转变及活性降低等问题。干法制粒压片工艺流程见图 9-2。

(1) 重压法　系利用重型压片机将物料粉末压制成直径为 20～25mm 的胚片，然后破碎成一定大小颗粒的方法。

(2) 滚压法　系利用转速相同的两个滚动圆筒之间的缝隙，将药物粉末滚压成板状物，然后破碎成一定大小颗粒的方法。干法制粒机结构见图 9-3。

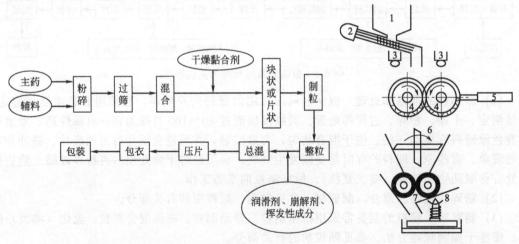

图 9-2　干法制粒压片工艺流程　　　　图 9-3　干法制粒机结构示意
1—料斗；2—加料器；3—润滑剂
喷雾装置；4—滚压筒；5—滚压缸；
6—粗碎机；7—滚碎机；8—颗粒剂

3. 粉末直接压片法

粉末直接压片法是指药物粉末和辅料混合均匀，直接进行压片的方法。避开了制粒过程，因而具有省时节能、工艺简便、工序少等优点，适用于湿热不稳定的药物。但同时存在粉末的流动性差、片重差异大、粉末压片容易造成裂片等缺点。随着 GMP 的实施，简化工艺成了制剂生产关注的热点之一。近 20 年来，随着可用于粉末直接压片的优良辅料与高效旋转压片机的研制成功，粉末直接压片得到了发展。

粉末直接压片的辅料有：微晶纤维素、可压性淀粉、喷雾干燥乳糖、微粉硅胶等。这些辅料的特点是流动性、压缩成形性好。

（二）压片

1. 片重计算

（1）按主药含量计算片重 药物制成干颗粒时，因经过了一系列的操作过程，原料药必将有所损耗，所以应对颗粒中主药的实际含量进行测定。整粒后加入润滑剂和外加法所需加入的崩解剂与颗粒混匀，计算片重。

$$片重 = \frac{每片含主药量（标示量）}{颗粒中主药的百分含量（实测值）}$$

例如，某片剂中含主药量为 0.4g，测得颗粒中主药的百分含量为 50%，则每片所需颗粒的重量应为：0.4/0.5＝0.8g，即片重应为 0.8g。若片重的重量差异限度为 5%，本品的片重上、下限为 0.76～0.84g。

（2）按干颗粒总重计算片重 在中药的片剂生产中成分复杂、没有准确的含量测定方法时，可根据实际投料量与预定片剂数量计算。

$$片重 = \frac{干颗粒重 + 压片前加入的辅料量}{预定的应压片数}$$

此式未考虑制粒过程中主药的损耗量。

常用的片重、筛目与冲模直径的关系如表 9-1 所示，根据药物密度不同，可进行适当调整。

表 9-1 片剂的片重、筛目与冲模直径的关系

片重/mg	筛目数		冲模直径/mm
	湿粒	干粒	
50	18	16～20	5～5.5
100	16	14～20	6～6.5
150	16	14～20	7～8
200	14	12～16	8～8.5
300	12	10～16	9～10.5
500	10	10～12	12

（3）片剂成形的影响因素

① 物料的压缩成形性。多数药物和辅料的混合物在受到外加压力时产生塑性变形和弹性变形。塑性变形产生结合力，弹性变形不产生结合力，趋向于恢复到原来的形状，甚至发生裂片和松片等现象。

② 药物的熔点及结晶形态。药物的熔点低有利于"固体桥"的形成，但熔点过低，压片时容易黏冲。立方晶压缩时易于成形；鳞片状或针状结晶容易形成层状排列，压缩后的药片容易裂片；树枝状结晶易发生变形而且相互嵌接，可压性较好，但流动性极差。

③ 黏合剂和润滑剂。黏合剂可增强颗粒间的结合力，易于压缩成形，但用量过多时易黏冲，影响片剂的崩解、药物溶出。润滑剂在片剂制备中起助流、抗黏和润滑作用。硬脂酸

镁为疏水性润滑剂，用量过大会减弱颗粒间的结合力。

④ 水分。适量的水分在压缩时可被挤到颗粒的表面形成薄膜，使颗粒易于成形，但过量的水分易造成黏冲。另外，水分可使颗粒表面的可溶性成分溶解，当药片失水时发生重结晶而在相邻颗粒间架起"固体桥"，使片剂的硬度增大。

⑤ 压力。一般压力愈大，颗粒间的距离愈近，结合力愈强，片剂硬度也愈大。但压力超过一定范围后，对片剂硬度的影响减小，甚至出现裂片。

2. 压片机

压片机按结构分为单冲压片机和旋转压片机；按压缩次数分为一次压制压片机和二次压制压片机；按片层分为双层压片机、有芯片压片机等。

(1) 单冲压片机　单冲压片机的主要组成如下。

① 加料器。如加料斗、饲粉器。

② 压缩部件。一副上、下冲（有圆形片冲和异形片冲）和模圈。

③ 各种调节器。如压力调节器、片重调节器、推片调节器。压力调节器连在上冲杆上，用以调节上冲下降的深度，下降越深，上、下冲间的距离越近，压力越大，反之则小；片重调节器连在下冲杆上，用以调节下冲下降的深度，从而调节模孔的容积而控制片重；推片调节器连在下冲，用以调节下冲推片时抬起的高度，使恰与模圈的上缘

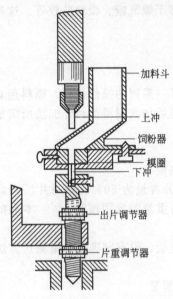

图 9-4　单冲压片机主要构造示意

相平，由饲粉器推开。单冲压片机主要构造见图 9-4。

单冲压片机的产量大约在 80～100 片/min，最大压片直径 12mm，最大填充深度 11mm，最大压片厚度 6mm，最大压力 15kN，多用于产品的试制。

(2) 旋转压片机　旋转式多冲压片机是目前制药工业中片剂生产最主要的压片设备。

"单冲压片机"微课

① 旋转式多冲压片机的结构。旋转式多冲压片机的主要工作部分有机台、压轮、片重调节器、压力调节器、加料斗、饲粉器、吸尘装置、保护装置等。其结构及工作原理见图 9-5。

机台可以绕轴旋转，分为三层。机台上层装有上冲，中层装有模圈，下层装有下冲。上冲与下冲随机台转动并沿固定的轨道有规律地上、下运动。在上冲和下冲转动并经过上、下加压轮时，被加压轮推动使上冲向下、下冲向上运动并对模孔中的物料加压。机台中层上装有固定不动的刮粉器，饲粉器的出口对准刮粉器。片重调节器装于下冲轨道上，用以调节下冲经过刮粉器时下降的深度，从而调节模孔的容积。压力调节器可以调节下压轮的高度，下压轮的位置高，则压缩时下冲升得高，上、下冲间的距离近，压力大，反之则压力小。

② 旋转式多冲压片机的压片过程。旋转式多冲压片机的压片过程与单冲压片机相同，分为填料、压片和出片三个步骤。

A. 填料。当下冲转到饲粉器之下时，其位置较低，颗粒装满模孔；下冲转动到片重调节器之上时略有上升，经刮粉器将多余的颗粒刮去。

B. 压片。当上冲和下冲分别运行至上、下压轮之间时，两冲间的距离最小，将颗粒压

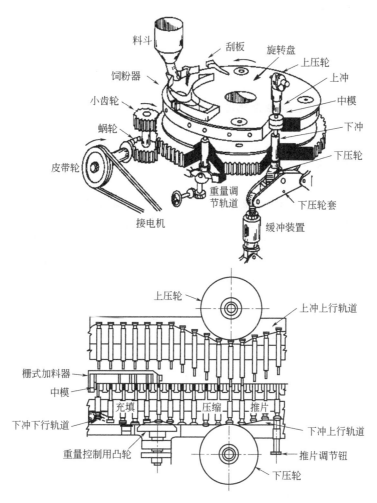

图 9-5　旋转式多冲压片机的结构与工作原理示意

缩成片。

　　C. 出片。上冲和下冲抬起，下冲抬到恰与模孔上缘相平，药片被刮粉器推开。因此，机台旋转一次，即加料一次、压片一次、出片一次，如此周而复始，连续压片。

　　③ 旋转式多冲压片机的类型。旋转式压片机有多种型号，按冲数不同分为 16 冲、19 冲、27 冲、33 冲、55 冲、75 冲等。按流程分单流程和双流程两种。单流程仅有一套上、下压轮，旋转一周每副冲头仅压出一个药片；双流程有两套压轮、饲粉器、刮粉器、片重调节器和压力调节器等，均装于对称位置，中盘每转动一圈，每副冲压成两个药片。

1＋X 知识链接（药物制剂生产职业技能等级证书）

ZP-10 旋转式压片机标准操作规程

　　1. 开机前准备工作

　　1.1　检查设备各部位是否正常，电源是否接通，冲模质量是否有缺边、裂缝、变形及卷边情况。

　　1.2　领取模具与配件。

　　1.3　冲模安装

1.3.1 先将压力旋钮调零。

1.3.2 中模的安装：打开设备外盖，安装手轮；将转台上中模紧定螺钉逐个旋出转台外沿与转盘外缘相平，勿使中模装入时与螺钉的头部接触，中模装入模孔可用打棒由上冲孔穿入，用打棒轻轻打入，中模进入模孔后，其平面不高出转台平面为合格，然后将螺钉紧固。

1.3.3 上冲的安装：拆除上轨道外盖，旋松嵌舌螺钉，取下嵌舌，使上轨道形成缺口；旋动手轮至上冲、中模、下冲齐平，即在同一线上；手拿上冲上端（不接触冲头），将其插入上轨道缺口，用大拇指和食指旋转冲杆，检验头部进入中模情况，上下滑动灵活，无卡阻现象为合格。再转动手轮至冲杆颈部接触平行轨，上冲杆全部装妥后应将嵌舌重新装入上轨道缺口处。

1.3.4 下冲的安装：打开机器正面、侧面的不锈钢面罩，先将下冲平行轨盖板移出，小心从盖板孔下方将下冲送至下冲孔内并摇动手轮使转盘前进方向转动将下冲送至平行轨上，按此法依次将下冲装完，安装完最后一支下冲后将盖板盖好并锁紧确保与平行轨相平，摇动手柄确保顺畅旋转一周，合上手柄，盖好不锈钢面罩。安装冲头和冲模的顺序：中模-上冲-下冲。安装过程确保上下冲头不接触。

1.4 安装加料部件安装加料斗和月形栅式加料器：先将月形栅式加料器置于中模转盘上用螺钉锁紧，再将加料斗从机器上部放入并固定，将颗粒流旋钮调至中间位置并关闭加料闸板。月形栅式加料器与工作转盘安装缝隙不大于A4纸厚度。

1.5 手转手轮3~5圈，检查机器是否存在卡阻现象，准备开机。

1.6 开机前，上下压轮、油杯要加机油，各轴承内补充黄油，机器运转时不得停机加油。

2. 开机与调节

2.1 预开机：试车前，把试车手轮卸下，然后启动电动机，空转1~3min，无异常现象才可进入正常运行。

2.2 正式开机：连接好吸尘接口，开启吸尘器开关，启动吸尘器。

2.3 片重调整：通过填充量旋钮调节，逆时针旋转时，充填量增加，即片重增加，反之减少。

2.4 片厚调节：通过压力调节，逆时针旋转压力越大，片厚越小，反之片厚增加。

3. 操作结束

3.1 压片完毕后，关闭主电机电源、总电源、真空泵开关。

3.2 将设备上的残余物料略加清理，废料置于废料收集容器中。

3.3 拆卸料斗、加料器（挡板）、出片槽。

3.4 下冲模拆卸：将下导轨圆孔上盖板取下，转动手轮，使下冲从下导轨圆孔中落下。转动手轮，依次拆除下冲。

3.5 上冲模拆卸：将上导轨嵌轨取下，转动手轮，使上冲、中模、下冲在同一直线上，将上冲从上导轨缺口中取出。转动手轮，依次取出全部上冲。

3.6 中模拆卸：将中模紧固螺钉松开，转动手轮，使上冲、中模、下冲在同一直线上，打棒依次从下导轨圆孔、下冲具孔穿过，向下敲打中模，将中模从模孔中打出。转动手轮，依次拆卸中模。

3.7 将料斗、加料器、冲模等直接接触药品的零部件，全部拆卸下后用饮用水、纯化水清洗（非不锈钢部位不能用水清洗）。消毒与清洁详见《ZP-10旋转式压片机清洁消毒标准操作规程》。

4. 安全操作注意事项

压片和运行过程中，必须关闭所有玻璃窗，不得用手触摸运转件，不得钳夹颗粒中的药片、杂物，不得用抹布擦抹机身上的油污，以防事故发生；更换状态标志，挂上"正在运行"状态标志；运行过程中注意机器是否正常，有不正常情况应立即停机检查，自身不能解决的请机修人员排除故障。

④ 旋转式多冲压片机的特点。旋转压片机的饲粉方式合理，片重差异小；由上、下两方加压，压力分布均匀；连续操作，生产效率较高。如 55 冲的双流程压片机的生产能力高达 50 万片/h。目前压片机的最大产量可达 60 万片/h。

四、片剂的包衣

（一）包衣概述

包衣是指在片剂（素片或片芯）表面均匀包裹上适宜材料的衣层，在制药工业中具有重要的意义。包衣与其说是技术，不如说是一种艺术，包衣产品可谓是一种工艺品。

制剂的包衣主要有以下几方面的目的。

① 避光、防潮，以提高药物的稳定性。

② 遮盖药物的不良气味，增加患者的顺应性。

③ 隔离配伍禁忌成分。

④ 采用不同颜色包衣，增加药物的识别能力，增强用药的安全性。

⑤ 包衣后表面光洁，提高美观度，提高流动性。

⑥ 改变药物释放的位置及速度，如胃溶、肠溶、缓控释等。

片剂包衣后，衣层应均匀、牢固，与药片不起任何作用，并且崩解时限符合规定，经过长时间贮存仍能保持光洁、美观、色泽一致并无裂片现象，且不影响药物的溶解和吸收。

待包衣的片芯在外形上必须具有适宜的弧度，否则边缘部位难以覆盖衣层；其次片芯硬度要能承受包衣过程的滚动、碰撞和摩擦，对包衣中所用溶剂的吸收量低，最后片芯的脆性要小，以免因碰撞而破裂。包衣过程的影响因素较多，操作人员之间的差异、批与批之间的差异经常发生。随着包衣装置的不断改善，包衣操作由人工控制发展到自动化控制，使包衣过程更可靠、重现性更好。

包衣的工艺主要有糖包衣、薄膜包衣和压制包衣，以前两种较为常用。糖包衣存在包衣时间长、所需辅料量多、防吸潮性差、片面上不能刻字、受操作熟练程度的影响较大等缺点。

（二）包衣方法与设备

1. 包衣方法

（1）转动包衣法 又称滚转包衣法。该法是在转动造粒机的基础上发展起来的包衣方法。将物料加于旋转的圆盘上，圆盘旋转时物料受离心力与旋转力的作用，在圆盘上做圆周旋转运动，同时受圆盘外缘缝隙中上升气流的作用沿壁面垂直上升，颗粒层上部粒子靠重力作用往下滑动落入圆盘中心，落下的颗粒在圆盘中重新受到离心力和旋转力的作用向外侧转动，粒子层在旋转过程中形成麻绳样旋涡状环流。喷雾装置安装于颗粒层斜面上部，将包衣液或黏合剂向粒子层表面定量喷雾，并由自动粉末撒布器撒布主药粉末或辅料粉末。由于颗粒群的激烈运动实现液体的表面均匀润湿和粉末的表面均匀黏附，从而防止颗粒间的粘连，保证多层包衣。需要干燥时从圆盘外周缝隙送入热空气。

转动包衣的特点主要有以下几点。

① 粒子的运动主要靠圆盘机械运动，不需用强气流，防止粉尘飞扬。

② 粒子的运动激烈，小粒子包衣时可减少颗粒间粘连。

③ 操作过程中可开启装置的上盖，直接观察颗粒的运动与包衣情况。但由于粒子运动激烈，易磨损颗粒，不适合脆弱粒子的包衣，而且干燥能力相对较低，包衣时间较长。

（2）流化（悬浮）包衣法　流化包衣装置构造及操作与流化制粒基本相同。粒子的运动主要依靠气流运动，装置为密闭容器，卫生、安全、可靠。喷流型包衣装置，因喷雾区域粒子浓度低、干燥速度快、包衣时间短，不易粘连，适合小粒子的包衣。可制成均匀、圆滑的包衣膜，但容积效率低。不过流化转动型包衣装置构造较复杂，价格高，粒子运动过于激烈易磨损脆弱粒子。流化包衣机原理如图 9-6 所示。

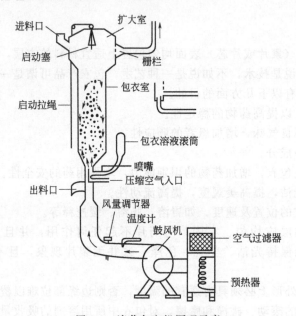

图 9-6　流化包衣机原理示意

（3）压制包衣法　压制包衣法一般采用两台压片机，以特制的传动器连接配套。一台压片机用于压制片芯，然后由传动器将压成的片芯输送至包衣转台的模孔中（此模孔内已填入包衣材料作为底层）。随着转台的转动，片芯的上面又被加入约等量的包衣材料，然后加压，使片芯压入包衣材料中间而形成压制的包衣片剂。本方法可以避免水分、高温对药物的不良影响，生产流程短、自动化程度高、劳动条件好，但对压片机械的精度要求较高。

2. 包衣设备

（1）倾斜包衣锅　倾斜包衣锅为传统的包衣机。包衣锅的轴与水平面的夹角为 30°～50°，在适宜转速下，使物料既能随锅的转动方向滚动，又能沿轴的方向运动，作均匀而有效的翻转，但存在锅内空气交换效率低、干燥慢、气路不能密闭、有机溶剂污染环境等问题（图 9-7）。

（2）埋管包衣锅　埋管包衣锅是在物料层内插进喷头和空气入口，使包衣液的喷雾在物料层内进行。热气通过物料层，不仅能防止喷液的飞扬，而且能加快物料的运动速度和干燥速度。倾斜包衣锅和埋管包衣锅可用于糖包衣、薄膜包衣及肠溶包衣等。埋管包衣锅原理如图 9-8 所示。

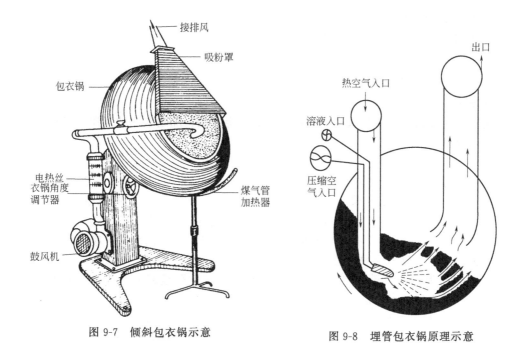

图 9-7　倾斜包衣锅示意

图 9-8　埋管包衣锅原理示意

(3) 高效水平包衣锅　加入锅内的片剂随转筒运动被带动上升到一定高度后，由于重力作用在物料层斜面上边旋转边滑下。在转动锅壁上装有带动颗粒向上运动的挡板，喷雾器安装于颗粒层斜面上部，向物料层表面喷洒包衣溶液，干燥空气从转锅前面的空气入口进入，透过颗粒层从锅的夹层排出。高效包衣锅原理如图 9-9 所示。

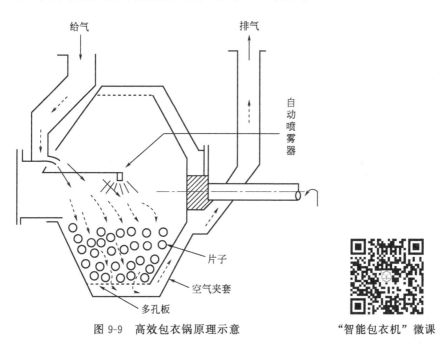

图 9-9　高效包衣锅原理示意

"智能包衣机"微课

高效水平包衣锅干燥速度快，包衣效果好，适合于薄膜包衣和糖包衣，有如下特点。

① 粒子运动不依赖空气流的运动，且比较稳定，适合于片剂、易磨损的脆弱粒子和较大颗粒的包衣。

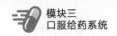

② 运行过程中可随时停止送入空气。

③ 装置密闭，卫生、安全、可靠。

缺点是干燥能力相对较低，小粒子的包衣易粘连。

(三) 包衣材料及工序

1. 糖包衣

糖包衣是以蔗糖为主要包衣材料的包衣，有一定防潮、隔绝空气的作用，可掩盖药物的不良气味，改善外观并易于吞服。

(1) 糖包衣的主要材料

① 胶浆。多用于包隔离层，具有黏性和可塑性，能增加衣层的固着和防潮能力。常用的有10%~15% (g/g) 明胶浆、30%~35% (g/g) 阿拉伯胶浆等，应现用现配。

② 糖浆。浓度为84% (g/ml)，主要用作粉层的黏结与包糖衣层。包有色糖衣时，可加入0.3%的食用色素。为使有色糖衣的色调均匀无花斑，包有色糖衣时应由浅至深。为增加糖浆的黏性，可制成10%明胶糖浆。

③ 粉衣料。常用滑石粉，与10%~20%的碳酸钙、碳酸镁或淀粉等混合使用，可作为油类吸收剂和糖衣层的崩解剂。

④ 打光剂。常用虫蜡，可增加片面的光洁度和抗湿性。用前需精制，即加热至80~100℃熔化后过100目筛，除去悬浮杂质并掺入20%硅油作增塑剂，混匀冷却后粉碎成80目细粉备用。其他如蜂蜡、巴西棕榈蜡等也可作为打光剂。

(2) 糖包衣的生产工艺

① 隔离层。先在素片上包隔离层，以防止在以后的包衣过程中水分浸入片芯。主要材料有：15%~20%虫胶乙醇溶液、10%邻苯二甲酸醋酸纤维素 (CAP) 乙醇溶液及10%~15%明胶浆。

CAP为肠溶性高分子材料，需注意包衣厚度以防止在胃中不溶解。使用有机溶剂应注意防爆、防火，采用低温干燥 (40~50℃)，每层干燥时间约30min，一般包3~5层。

② 粉衣层。为消除片剂的棱角，在隔离层的外面包上一层较厚的粉衣层，主要材料是糖浆和滑石粉。常用糖浆浓度为65%~75% (g/g)，滑石粉过100目筛。

操作时洒一次浆、撒一次粉，热风干燥20~30min (40~55℃)，重复以上操作15~18次，直到片芯的棱角消失。为了增加糖浆的黏度，可在糖浆中加入10%的明胶或阿拉伯胶。

③ 糖衣层。粉衣层片的表面比较粗糙、疏松，因此再包糖衣层使片面光滑平整、细腻坚实。操作要点是加入稍稀的糖浆，逐次减少用量 (湿润片面即可)，40℃下缓缓吹风干燥，一般约包制10~15层。

④ 有色糖衣层。包有色糖衣层工艺与包糖衣层相同，只是糖浆中添加了食用色素，主要是为了便于识别与美观。一般约需包制8~15层。

⑤ 打光。目的是增加片剂的光泽和表面的疏水性。一般用四川产的川蜡，用前需精制，即加热至80~100℃，熔化后过100目筛，去除杂质，并掺入2%的硅油混匀，冷却，粉碎，取过80目筛的细粉待用。

片剂包糖衣工艺流程见图9-10。

2. 薄膜包衣

薄膜包衣是指在片芯外包上一层比较稳定的高分子材料衣层，对药片起到防止水分、空气浸入的作用，掩盖片芯药物的特有气味。与包糖衣相比，具有生产周期短、效率高、片重增加小、包衣过程自动化、对崩解影响小等特点。采用有机溶剂包衣法和水分散体乳胶包衣

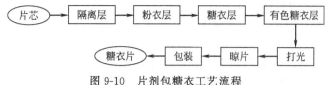

图 9-10　片剂包糖衣工艺流程

法。采用有机溶剂包衣时，包衣材料的用量较少，表面光滑、均匀，但必须严格控制有机溶剂的残留量。

（1）薄膜包衣的材料　薄膜包衣材料通常由高分子包衣材料、增塑剂、释放速率调节剂、增光剂、固体物料及色料和溶剂等组成。

① 高分子包衣材料。按衣层的作用分为普通型、缓释型和肠溶型三大类。

普通型薄膜包衣材料。主要用于改善吸潮和防止粉尘污染等，如羟丙基甲基纤维素、甲基纤维素、羟乙基纤维素、羟丙基纤维素等。缓释型包衣材料常用中性的甲基丙烯酸酯共聚物和乙基纤维素。甲基丙烯酸酯共聚物具有溶胀性，对水及水溶性物质有通透性，可作为调节释放速率的包衣材料。乙基纤维素通常与羟丙基甲基纤维素（HPMC）或聚乙二醇（PEG）混合使用，产生致孔作用，使药物溶液容易扩散。肠溶型包衣材料应有耐酸性，而在肠液中溶解，常用醋酸纤维素酞酸酯（CAP）、聚乙烯醇酞酸酯（PVAP）、甲基丙烯酸共聚物、醋酸纤维素苯三酸酯（CAT）、羟丙甲纤维素邻苯二甲酸酯（HPMCP）、丙烯酸树脂EuS100 和 EuL100 等。

醋酸纤维素酞酸酯（CAP）。8%～12%乙醇丙酮混合液，用喷雾法进行包衣，成膜性能好，操作方便，包衣后片剂不溶于酸性溶液，溶于 pH 5.8～6.0 的缓冲液。胰酶能促进其消化。本品有吸湿性，常与其他增塑剂或疏水性辅料苯二甲酸二乙酯等配合使用。

丙烯酸树脂。常用的 Eudragit L100 和 S100，是甲基丙烯酸与甲基丙烯酸甲酯共聚物，作为肠溶衣层，其具有渗透性较小且在肠中溶解性能好的特点。

羟丙甲纤维素邻苯二甲酸酯（HPMCP）。本品不溶于水，也不溶于酸性缓冲液，在 pH 5～6 能溶解，是一种在十二指肠上端能开始溶解的肠溶衣材料。

② 增塑剂。增塑剂可改变高分子薄膜的物理机械性质，使其更具柔顺性。如甘油、丙二醇、PEG 等，可作某些纤维素衣材的增塑剂；精制椰子油、蓖麻油、玉米油、液体石蜡、甘油单乙酸酯、甘油三乙酸酯、二丁基癸二酸酯和邻苯二甲酸二丁酯（二乙酯）等可用作脂肪族非极性聚合物的增塑剂。

③ 释放速率调节剂。又称释放速率促进剂或致孔剂。在薄膜衣材料中加有蔗糖、氯化钠、表面活性剂、PEG 等水溶性物质时，遇水，水溶性材料迅速溶解，留下一个多孔膜作为扩散屏障。薄膜材料不同，调节剂的选择也不同，如吐温、司盘、HPMC 作为乙基纤维素薄膜衣的致孔剂，黄原胶作为甲基丙烯酸酯薄膜衣的致孔剂。

④ 固体物料及色料。在包衣过程中，当聚合物的黏性过大时，可适当加入固体粉末以防止颗粒或片剂的粘连。如聚丙烯酸酯中加入滑石粉、硬脂酸镁；乙基纤维素中加入胶态二氧化硅等。色料的应用主要是为了便于鉴别、防止假冒，并且满足产品美观的要求，也有遮光作用，但有时存在降低薄膜的拉伸强度、增加弹性模量和减弱薄膜柔性的作用。

（2）包薄膜衣的操作过程（锅包衣法）

① 在包衣锅内装入适当形状的挡板，以利于片芯的转动与翻动。

② 将片芯放入锅内，喷入一定量的薄膜衣料溶液，使片芯表面均匀湿润。

③ 吹入缓和的热风使溶剂蒸发（温度最好不超过 40℃，以免干燥过快，出现"皱皮"或"起泡"现象；也不能干燥过慢，否则会出现"粘连"或"剥落"现象）。如此重复操作

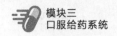
若干次，直至达到一定的厚度为止。

④ 大多数的薄膜衣需要一个固化期，一般是在室温或略高于室温下自然放置 6～8h，使之固化完全。

⑤ 为使残余的有机溶剂完全除尽，一般要在 50℃下干燥 12～24h。

薄膜包衣工艺流程见图 9-11。

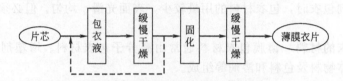

图 9-11　薄膜包衣工艺流程

五、压片及包衣过程中易出现的问题及解决办法

（一）压片过程中可能发生的问题及原因

1. 裂片

片剂发生裂开的现象叫作裂片。如果裂开的位置发生在药片的上部或中部，习惯上分别称为顶裂或腰裂。物料的压缩成形性差、压片机使用不当等可造成片剂内部压力分布不均匀，易于在应力集中处裂片。

裂片的处方因素有：物料中细粉太多，压缩时空气不能排出，解除压力后空气体积膨胀而导致裂片；易脆碎的物料和易弹性变形的物料塑性差，结合力弱，易于裂片等。工艺因素有：单冲压片机比旋转压片机易出现裂片；快速压片比慢速压片易裂片；凸面片剂比平面片剂易裂片；一次压缩比多次压缩（一般两次或三次）易出现裂片等。

解决裂片的主要措施是选用弹性小、塑性大的辅料，用适宜的制粒方法、适宜的压片机和操作参数等在整体上提高物料的压缩成形性，降低弹性复原率。

2. 松片

片剂硬度不够，稍加触动即散碎的现象称为松片。主要原因是黏性力差、压缩压力不足等。

3. 黏冲

片剂的表面被冲头黏去一薄层或一小部分，造成片面粗糙不平或有凹痕的现象称为黏冲；若片剂的边缘粗糙或有缺痕，则可相应地称为黏壁。造成的主要原因有：颗粒不够干燥、物料较易吸湿、润滑剂选用不当或用量不足、冲头表面锈蚀、粗糙不光或刻字等。

4. 片重差异超限

片重差异超过规定范围，即为片重差异超限。产生的主要原因是：颗粒流动性不好、颗粒内的细粉太多或颗粒的大小相差悬殊、加料斗内的颗粒时多时少、冲头与模孔吻合性不好等。

5. 崩解迟缓

一般的口服片剂都应在胃肠道内迅速崩解。若片剂超过了规定的崩解时限，即称为崩解超限或崩解迟缓。

水分的透入是片剂崩解的首要条件，而水分透入的快慢与片剂内部的孔隙状态和物料的润湿性有关。因此，影响片剂崩解的主要因素是：压缩力，影响片剂内部的孔隙；可溶性成分与润湿剂，影响片剂亲水性（润湿性）及水分的渗入；物料的压缩成形性与黏合剂，影响片剂结合力的瓦解；崩解剂，是体积膨胀的主要因素。

6. 溶出超限

片剂在规定的时间内未能溶解出规定量的药物，即为溶出超限或溶出度不合格。影响药物溶出度的主要原因是：片剂不崩解、颗粒过硬、药物的溶解度差等。

7. 药物含量不均匀

所有造成片重差异过大的因素，皆可造成片剂中药物含量的不均匀。对于小剂量的药物来说，除了混合不均匀以外，可溶性成分在颗粒之间的迁移是其含量均匀度不合格的一个重要原因。

在干燥过程中，物料内部的水分向物料的外表面扩散时，可溶性成分也被转移到颗粒的外表面，这就是可溶性成分的迁移；在干燥结束时，水溶性成分在颗粒的外表面沉积，导致颗粒外表面的可溶性成分的含量高于颗粒内部，即颗粒内、外的可溶性成分的含量不均匀。

颗粒间的可溶性成分迁移，影响片剂的含量均匀度。尤其是采用箱式干燥时，这种迁移现象很明显。因此采用箱式干燥时，应经常翻动物料层，以减少可溶性成分在颗粒间的迁移。采用流化（床）干燥时，由于湿颗粒处于流化状态，一般不会发生颗粒间的可溶性成分迁移。

（二）包衣过程可能出现的问题和解决办法

由于包衣片芯的质量（如形状、硬度、水分等）、包衣物料、配方组成或包衣工艺操作等原因，致使包衣片在生产过程或贮存过程中也可能出现一些问题，应分析原因，采取适当措施加以解决。

1. 包糖衣容易出现的问题

（1）糖浆不粘锅 若锅壁上蜡未除尽，可出现粉浆不粘锅，应洗净锅壁或再涂一层热糖浆，撒一层滑石粉。

（2）粘锅 可能由于加糖浆过多，黏性大，搅拌不匀。解决办法是将糖浆含量恒定，一次用量不宜过多，锅温不宜过低。

（3）片面不平 由于撒粉太多、温度过高、衣层未干又包第二层。应改进操作方法，做到低温干燥，勤加料，多搅拌。

（4）色泽不匀 原因有片面粗糙、有色糖浆用量过少且未搅匀、温度过高、干燥太快、糖浆在片面上析出过快、衣层未干就加蜡打光等。解决办法是采用浅色糖浆，增加所包层数，"勤加少上"控制温度，情况严重时洗去衣层，重新包衣。

（5）龟裂与爆裂 可能由于糖浆与滑石粉用量不当、芯片太松、温度太高、干燥太快、析出粗糖晶体，使片面留有裂缝。包衣操作时应控制糖浆和滑石粉用量，注意干燥温度和速度，更换片芯。

（6）露边与麻面 由于衣料用量不当，温度过高或吹风过早。解决办法是注意糖浆和粉料的用量，糖浆以均匀润湿片芯为度，粉料以能在片面均匀黏附一层为宜，待片面不见水分和产生光亮时再吹风。

（7）膨胀磨片或剥落 由于片芯层与糖衣层未充分干燥，崩解剂用量过多。包衣时要注意干燥，控制胶浆或糖浆的用量。

2. 包薄膜衣容易出现的问题

（1）起泡 由于固化条件不当，干燥速度过快。应控制成膜条件，降低干燥温度和速度。

（2）皱皮 由于选择衣料不当，干燥条件不当。应更换衣料，改变成膜温度。

（3）剥落 因选择衣料不当，两次包衣间隔时间太短。应更换衣料，延长包衣间隔时间，调节干燥温度和适当降低包衣溶液的浓度。

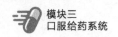
（4）花斑 因增塑剂、色素等选择不当，干燥时溶剂将可溶性成分带到衣膜表面。操作时应改变包衣处方，调节空气温度和流量，减慢干燥速度。

3. 包肠溶衣容易出现的问题

（1）不能安全通过胃部 可能由于衣料选择不当、衣层太薄、衣层机械强度不够。应注意选择适宜衣料，重新调整包衣处方。

（2）在肠内不溶解（排片） 因选择衣料不当、衣层太厚、贮存变质。应查找原因，合理解决。

（3）片面不平、色泽不匀、龟裂和衣层剥落等 产生原因及解决办法与糖衣片相似。

六、片剂的质量检查

片剂生产过程中，除了要对处方设计、原辅料选用、生产工艺制订、包装和贮存条件等采取适宜措施外，还必须按照药品标准的有关规定检查质量。

（一）外观

片剂应完整光洁，色泽均匀，有适宜的硬度和耐磨性。

（二）重量差异

片剂生产中，许多因素能影响片剂的重量，重量差异大，意味着每片的主药含量不一。《中国药典》（2020 年版）规定片剂重量差异限度见表 9-2。

表 9-2　片剂重量差异限度

平均片重或标示片重	重量差异限度
0.30g 以下	±7.5%
0.30g 或 0.30g 以上	±5%

检查法：取药片 20 片，精密称定总重量，求得平均片重，再分别精密称定各片的重量，每片重量与平均片重相比较（凡无含量测定的片剂或有标示片重的中药片剂，每片重量应与标示片重比较），超出重量差异限度的不得多于 2 片，并不得有 1 片超出限度 1 倍。

糖衣片的片芯应检查重量差异是否符合规定，包衣后不再检查重量差异。薄膜衣片应在包薄膜衣后检查重量差异并符合规定。

（三）硬度与脆碎度

片剂应有适宜的硬度，避免在包装、运输等过程中破碎或磨损。硬度也与片剂的崩解和溶出有密切的关系。药典虽未作统一规定，但各生产单位都有各自的内控标准。片剂硬度测定常用片剂硬度计。

片剂往往因磨损和震动引起碎片、顶裂或破裂等，《中国药典》（2020 年版）"片剂脆碎度检查法"用于检查非包衣片的脆碎情况。脆碎度测定仪的主要部分为一转鼓，用透明塑料制成，盘内有弯曲刮板。转轴与电动机相连，转速 25r/min。

检查法：片重为 0.65g 或以下者取若干片，使其总重约为 6.5g；片重大于 0.65g 者取10 片。用吹风机吹去脱落的粉末，精密称重，置圆筒中，转动 100 次。取出，同法除去粉末，精密称重，减失重量不得过 1%，可复检两次。3 次的平均减失重量不得超过 1%，且不得检出断裂、龟裂及粉碎的片。本试验仅作 1 次。

对泡腾片及口嚼片等易吸水的制剂，操作时应注意防止吸湿（通常控制相对湿度小于 40%）。

（四）崩解时限

崩解系指固体制剂在检查时限内全部崩解溶散或成碎粒，除不溶性包衣材料，应通过筛网（直径 2mm）。《中国药典》（2020 年版）"崩解时限检查法"规定了崩解仪的结构、试验方法、条件和标准。

除另有规定外，取药 6 片，分别置于吊篮的玻璃管中，启动崩解仪进行检查，均应在规定时间内全部崩解，一般压制片应为 15min、含片为 10min、泡腾片和舌下片为 5min。如有 1 片崩解不完全，应另取 6 片复试，均应符合规定。

糖衣片、薄膜衣片按上法检查，并可改在盐酸溶液（9→1000）中进行检查。薄膜衣片应在 30min 内全部崩解，糖衣片应在 60min 内全部崩解。如有 1 片不能完全崩解，应另取 6 片，按上法复试，均应符合规定。

肠溶衣片按上述装置与方法，先在盐酸溶液（9→1000）中检查 2h，每片均不得有裂缝、崩解或软化现象；继将吊篮取出，用水洗涤后，每管各加入挡板 1 块，再按上述方法在磷酸盐缓冲液（pH 6.8）中进行检查，60min 内应全部崩解。如有 1 片不能完全崩解，应另取 6 片，按上述方法复试，均应符合规定。

凡规定检查溶出度、释放度或隔变时限的片剂，不再进行崩解时限检查。

（五）含量均匀度

含量均匀度是指小剂量口服固体制剂、粉雾剂或注射用无菌粉末中的每片（个）含量偏离标示量的程度。除另有规定外，片剂、胶囊剂或注射用无菌粉末，每片（个）标示量小于 10mg 或主药含量小于每片（个）重量 5%者；其他制剂，每个标示量小于 2mg 或主药含量小于每个重量 2%者，均应检查含量均匀度。复方制剂仅检查符合上述条件的组分。凡检查含量均匀度的制剂，不再检查重量差异。

（六）发泡量

阴道泡腾片照下述方法检查，应符合规定（表 9-3）。

表 9-3　阴道泡腾片发泡量检查加水量

平均片重	加水量
1.5g 及 1.5g 以下	2.0ml
1.5g 以上	4.0ml

除另有规定外，取 25ml 具塞刻度试管（内径 1.5cm，若片剂直径较大，可改为内径 2.0cm）10 支，按表 9-3 中规定加水一定量，置 37℃±1℃水浴中 5min，各管中分别投入供试品 1 片，20min 内观察最大发泡量的体积，平均发泡体积不得少于 6ml，且少于 4ml 的不得超过 2 片。

（七）分散均匀性

分散片照下述方法检查，应符合规定。

照崩解时限检查法检查，不锈钢丝网的筛孔内径为 710μm，水温为 15~25℃；取供试品 6 片，应在 3min 内全部崩解并通过筛网，如有少量不能通过筛网，但已软化成轻质上漂且无硬心者，符合要求。

（八）微生物限度

以动物、植物、矿物来源的非单体成分制成的片剂、生物制品片剂，以及黏膜或皮肤炎症或腔道等局部用片剂（如口腔贴片、外用可溶片、阴道片、阴道泡腾片等），照非无菌产品微生物限度检查：微生物计数法（通则 1105）和控制菌检查法（通则 1106）及非无菌药品微生物限度标准（通则 1107）检查，应符合规定。规定检查杂菌的生物制品片剂，可不进行微生物限度检查。

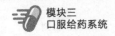
（九）溶出度

溶出度是指药物从片剂或胶囊剂等固体制剂、在规定溶剂中溶出的速度和程度。实践证明，很多药物的片剂体外溶出与吸收有相关性，因此溶出度测定法作为反映或模拟体内吸收情况的试验方法，在评定片剂质量上有着重要意义。进行溶出度测定的有：含有在消化液中难溶的药物，与其他成分容易发生相互作用的药物，久贮后溶解度降低的药物，及剂量小、药效强、副作用大的药物片剂。

《中国药典》（2020 年版）规定了第一法（篮法）、第二法（桨法）、第三法（小杯法）、第四法（桨碟法）、第五法（转筒法）、第六法（流池法）和第七法（往复筒法）七种检测方法，照各药品项下规定的方法测定，算出每片（个）的溶出量。6 片（个）中每片（个）的溶出量，按标示量计算。符合下述条件之一者，可判为符合规定。

① 6 片（粒、袋）中，每片（粒、袋）的溶出量按标示量计算，均不低于规定限度（Q）。

② 6 片（粒、袋）中，有 1～2 片（粒、袋）低于 Q，但不低于 $Q-10\%$，且其平均溶出量不低于 Q。

③ 6 片（粒、袋）中，有 1～2 片（粒、袋）低于 Q，其中仅有 1 片（粒、袋）低于 $Q-10\%$，但不低于 $Q-20\%$，且其平均溶出量不低于 Q 时，应另取 6 片（粒、袋）复试。初、复试的 12 片（粒、袋）中有 1～3 片（粒、袋）低于 Q，其中仅有 1 片（粒、袋）低于 $Q-10\%$，但不低于 $Q-20\%$，且平均溶出量不低于 Q。

以上结果判断中所示的 10％、20％是指相对于标示量的百分率（％）。凡检查溶出度的制剂，不再进行崩解时限检查。

（十）释放度

释放度是指药物从缓释制剂、控释制剂、肠溶制剂及透皮贴剂等，在规定溶剂中释放的速度和程度。检查释放度的制剂，不再进行崩解时限的检查。释放度测定的仪器装置，除另有规定外，照《中国药典》（2020 年版）溶出度测定法项下所示。第一法用于缓释制剂或控释制剂，第二法用于肠溶制剂，第三法用于透皮贴剂。

（十一）片剂包衣的质量评价

1. 衣膜物理性质的评价

该评价主要测定片剂直径、厚度、重量及硬度。包括残存溶剂检查、耐湿耐水性试验、外观检查。

2. 稳定性试验

将包衣片剂置于室温下长期保存或进行加热（40～60℃）、加湿（40％、80％相对湿度）、热冷（-5～45℃）及光照试验等，观察片剂内部、外部变化，测定主药含量及崩解、溶出度的改变，以作为预测包衣片的主药稳定性、包衣质量及包衣操作优劣的依据。

3. 药效评价

由于包衣片比一般片剂多了一层衣膜，而且包衣片的片芯较坚硬，如果包衣不当会严重影响其吸收，甚至造成排片。因此必须重视崩解时限和溶出度的测定，此外还应考虑生物利用度问题，以确保包衣片剂药效。包衣片崩解时限指标，较一般口服片剂延长 4 倍。

七、片剂的包装与贮存

（一）片剂的包装

片剂的包装既要注意外形美观，更应密封、防潮、避光及使用方便等。

1. 多剂量包装

多剂量包装指几片至几百片包装在一个容器中。常用的容器多为玻璃瓶或塑料瓶，也有用软性薄膜、纸塑复合膜、金属箔复合膜等制成的药袋。

2. 单剂量包装

单剂量包装指将片剂每片隔开包装，每片均处于密封状态。这种包装提高了对片剂的保护作用，使用方便，外形美观。

(1) 泡罩式包装　是用底层材料（无毒铝箔）和热成型塑料薄膜（无毒聚氯乙烯硬片），在平板泡罩式或吸泡式包装机上经热压形成的泡罩式包装。铝箔作为背层材料，背面印有药名等，聚氯乙烯作为泡罩，透明、坚硬、美观。

"预填充泡罩包装机"动画

(2) 窄条式包装　是由两层膜片（铝塑复合膜、双纸塑料复合膜等）经黏合或热压形成的带状包装。比泡罩式包装简便，成本也稍低。

单剂量包装均为机械化操作，包装效率较高，但尚有许多问题有待改进。首先在包装材料上应从防潮、密封、轻巧及美观方面着手，不仅有利于片剂质量稳定而且与产品的销售息息相关。其次加快包装速度，减轻劳动强度，要从机械化、自动化、联动化等方面入手。

(二) 片剂的贮存

片剂应密封贮存，防止受潮、发霉、变质。除另有规定外，一般应将包装好的片剂放在阴凉（20℃以下）、通风、干燥处贮藏。对光敏感的片剂，应避光保存（宜采用棕色瓶包装）。受潮后易分解变质的片剂，应在包装容器内放干燥剂（如干燥硅胶）。

片剂是一种较稳定的剂型，只要包装和贮存适宜，一般可贮存数年不变质。因片剂所含药物性质不同，影响片剂贮存质量的表现也有所不同。如含挥发性药物的片剂贮存时，易有含量的变化；糖衣片易有外观的变化等。必须注意每种片剂的有效期。

知识链接

1. 分析复方阿司匹林片的处方及生产中的问题

① 本品中的三种主药混合制粒及干燥时，易产生低共熔现象，应分别制粒。

② 阿司匹林遇水易水解成水杨酸和乙酸，水杨酸对胃黏膜有较强的刺激性。加入酒石酸，可有效地减少阿司匹林水解；车间的湿度亦不宜过高。

③ 阿司匹林的水解可受金属离子的催化，须采用尼龙筛网制粒，用滑石粉作润滑剂，不使用硬脂酸镁；液体石蜡可使滑石粉黏附在颗粒表面，在压片振动时不易脱落。

④ 阿司匹林的可压性差，因此采用较高浓度的淀粉浆作黏合剂。

⑤ 阿司匹林具有疏水性（接触角 $\theta = 73° \sim 75°$），可加入适宜的表面活性剂，如 0.1% 聚山梨酯80 可加快其崩解和溶出。

⑥ 为防止阿司匹林与咖啡因等的颗粒混合不匀，可将阿司匹林采用干法制成颗粒后，再与咖啡因等颗粒混合。

总之，对理化性质不稳定的药物要从多方面综合考虑其处方组成和制备方法，从而保证用药的安全性、稳定性和有效性。

2. 分析硝酸甘油片的处方及制法

硝酸甘油为主药，17%淀粉浆为黏合剂，乳糖为填充剂，糖粉为黏合剂，硬脂酸镁为润滑剂。

本品不宜加入不溶性的辅料（除微量的硬脂酸镁作为润滑剂以外）；为防止混合不匀造成含量均匀度不合格，应采用主药溶于乙醇再加入（也可喷入）空白颗粒中的方法。在制备中还应注意防止振动、受热和吸入人体，以免造成爆炸及操作者的剧烈头痛。另外，本品属于急救药，片剂不宜过硬，以免影响其舌下的速溶性。

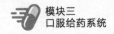
八、片剂举例

【例1】 维生素 C 片

　　[处方] 维生素 C　　　　　　　　　　　200g

　　　　　乳糖　　　　　　　　　　　　　　80g

　　　　　糊精　　　　　　　　　　　　　　120g

　　　　　酒石酸　　　　　　　　　　　　　4g

　　　　　50%乙醇　　　　　　　　　　　　适量

　　　　　硬脂酸镁　　　　　　　　　　　　4g

　　[制法] 取维生素 C 粉或极细结晶、乳糖、糊精混合均匀,将酒石酸溶于50%乙醇中再加入搅拌混匀,制软材,通过18～20目筛,制湿颗粒,60℃以下干燥,干粒水分应控制在1.5%以下,颗粒过筛整粒,筛出细粉,加硬脂酸镁混合均匀,然后与干颗粒混匀,压片,包装,即得。

　　[注解] ① 为避免维生素 C 在润湿状态下分解变色,应尽量缩短制粒时间,并宜60℃以下干燥。

　　② 处方中酒石酸对金属离子有络合作用,可防止维生素 C 遇金属离子变色。由于酒石酸的量小,为混合均匀,宜先溶入适量润湿剂50%乙醇中。

　　[用途] 用于预防坏血病,也可用于各种急慢性传染疾病及紫癜等的辅助治疗。

【例2】 丹参半浸膏片

　　[处方] 丹参　　　　　　　　　　　　　1000g

　　　　　硬脂酸镁　　　　　　　　　　　　适量

　　[制法] 取丹参300g粉碎成细粉过100目筛,过筛后的粗纤维和其余的丹参一起加水煎煮两次,每次煎煮2h,合并煎出液,过滤,滤液浓缩成稠膏(80℃时相对密度应为1.34～1.40),放冷。稠膏与丹参细粉拌匀制成软材,过16目筛制粒,湿粒在60℃下干燥,干粒过16目筛整粒,加入硬脂酸镁(加入干粒总量的0.5%)混匀。压片、包衣,即得。

　　[注解] ① 丹参中有效成分可溶于水和乙醇,故常采取煎煮法或回流法提取有效成分。

　　② 丹参片为半浸膏片,粉与膏的比例宜控制在1:2.5～4。如粉料太多时,可酌加乙醇作润湿剂以便于制粒;如膏太稀时,可加淀粉作吸收剂以便于制粒。

　　③ 因稠膏中含有大量糖类等引湿部分,故应包薄膜衣层,以解决引湿吸嘲的问题。

　　[用途] 用于胸中憋闷,心绞痛。

实训 8-1　空白片剂的制备与包衣

【实训目的】

　　1. 掌握片剂的工艺流程、混合、压片、质量检查等操作。

　　2. 掌握片剂包衣的工艺流程、包衣方法、质量检查等操作,能按操作规程操作包衣机,能进行包衣机的清洁与维护。

　　3. 认识本工作中使用到的仪器、设备,并能规范使用。

【实训条件】

1. 实训场地

片剂实训车间（包括粉碎、过筛、混合、制粒、干燥、压片、包衣设备等）。

2. 处方及制法

【处方】
蓝淀粉	60g
糖粉	210g
糊精	75g
淀粉	300g
50％乙醇	132ml
硬脂酸镁	6g

【制法】称取物料，物料要求能通过 80 目筛。将蓝淀粉与糖粉、糊精与淀粉分别采用等量递加混匀，然后将两者混合均匀，过 60 目筛 2～3 次。在迅速搅拌状态下喷入适量 50％乙醇制备软材，软材用 14 目筛挤压制粒，湿颗粒 60℃干燥，颗粒含水量小于 3％。干颗粒 10 目筛挤压整粒，加入硬脂酸镁总混。颗粒称重，计算片重，压片。共制成 1000 片。

【注解】蓝淀粉与辅料一定要混合均匀，以免压出的片剂出现色斑、花斑等。乙醇用量可随季节变化，软材以"手握成团、轻压即散"为度。湿颗粒在干燥过程中每小时将上、下托盘互换位置，将颗粒翻动一次，以保证均匀干燥，含水量可用快速水分测定仪测定。

【实训内容】

岗位一　压　片

1. 生产前准备

（1）检查是否有清场合格证，并确定是否在有效期内；检查设备、容器、场地清洁是否符合要求（若有不符合要求的，须重新清场或清洁，并请 QA 人员填写清场合格证或检查后，才能进入下一步生产）。

（2）检查电、水、气是否正常。

（3）检查设备是否有"合格"标牌、"已清洁"标牌。

（4）检查冲模质量是否有缺边、裂缝、变形及卷边情况，检查模具是否清洁干燥。

（5）检查电子天平灵敏度是否符合生产指令要求。

（6）按生产指令领取物料，并确保物料的品名、批号、规格、数量、质量符合要求。

（7）按设备与用具的消毒规程对设备、用具进行消毒。

（8）挂本次"运行"状态标志，进入生产操作。

2. 生产操作（以旋转式压片机为例）

（1）冲模安装

① 冲模的安装。将转台上冲模紧定螺钉逐个旋出转台外沿，以中模装入时与紧定螺钉的头部不相碰为宜。中模平稳放置转台上，将打棒穿入上冲孔，向下锤击中模将其轻轻打入，使中模平面不高出转台平面后，将紧定螺钉固紧。

② 上冲的安装。拆下上冲外罩、上平行盖板和嵌轨，将上冲杆插入模圈内，用左手大拇指和食指旋转冲杆，检查头部进入中模情况，上下滑动灵活，无卡阻现象，左手捻冲杆颈、右手转动手轮，至冲杆颈部接触平行轨后放开左手，按此法安装其余上冲杆，装完最后一个上冲后，将嵌轨、上平行盖板、上冲外罩装上。

③ 下冲的安装。打开机器正面、侧面的不锈钢面罩，将下冲平行轨盖板移出，用手指

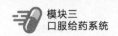
保护下冲头，小心将下冲送入盖板孔。将下冲送至下冲孔内后，摇动手轮将下冲送至平行轨上，按此法安装其余下冲。安装完最后一支下冲后，将盖板盖好并锁紧确保与平行轨相平，摇动手柄确保顺畅旋转1～2周，合上手柄，盖好不锈钢面罩。

【提示】冲头和冲模的安装顺序为中模→上冲→下冲；拆冲头和冲模的顺序为下冲→上冲→中模，并确保在拆装过程中上、下冲头不接触。安装异形冲头和冲模时，应将上冲套在中模孔中一起放入中模转盘，再固定中模。

（2）安装加料部件

① 安装月形栅式回流加料器。将月形栅式回流加料器置于中模转盘上用螺钉匀称锁紧。

② 安装加料斗。将加料斗从机器上部放入并将螺钉固定。将颗粒流旋钮调至中间位置并关闭加料闸板。

（3）用手转动手轮，使转台转动1～2圈，确认无异常后，合上手轮柄，关闭玻璃门，将适量颗粒送入料斗，手动试压。试压过程中调节充填调节按钮、片厚调节按钮，检查片重及片重差异、崩解时限、硬度。检查结果符合要求后，经 QA 人员确认合格。

（4）开机正常压片，压片过程每隔 15min 测一次片重，确保片重差异在规定范围内，并随时观察片剂外观，并做好记录。

（5）料斗内所剩颗粒较少时，应降低车速，及时调整充填装置，以保证压出合格的片剂。料斗内接近无颗粒时，把变频电位器调至零位，然后关闭主机。

（6）压片完毕，关闭主电机电源、总电源、真空泵开关。

（7）将片子装入洁净中转桶，加盖封好后，交中间站。并称量贴签，填写请验单，由化验室检测。

3. 清场

（1）将生产所剩物料收集，标明状态，交中间站，并填写好记录。

（2）清洁并保养设备

① 每批生产结束时，用真空管吸出机台内粉粒。

② 将上、下冲拆下，用真空管吸一遍机台粉粒。

③ 依次用纯化水擦拭冲模、机台等每一个部位。

④ 冲模擦净，待干燥后，浸泡在液体石蜡中或涂上防晒油，置保管箱内保存。

⑤ 用 75％乙醇擦拭加料斗和月形栅式回流加料器。

⑥ 每班对各润滑油杯和油嘴加润滑油和润滑脂、蜗轮箱加机械油，油量以浸入蜗杆一个齿为好，每半年更换一次机械油。

⑦ 每班检查冲杆、导轨润滑情况，若润滑度不够，每次加少量机械油润滑，以防污染。

⑧ 每周检查机件（蜗轮、蜗杆、轴承、压轮等）灵活性、上下导轨磨损，发现问题及时与维修人员联系，进行维修后，方可继续生产。

（3）场地、用具、容器进行清洁消毒，经 QA 人员检查合格，发清场合格证。

4. 结束并记录

及时填写批生产记录、设备运行记录、交接班记录等。关好水、电及门。

5. 质量控制要点

质量控制要点包括外观、片重差异、硬度和脆碎度、崩解时限。

岗位二 包 衣

1. 生产前准备

（1）检查是否有清场合格证，并确定是否在有效期内；检查设备、容器、场地清洁是否符合要求（若有不符合要求的，须重新清场或清洁，并请 QA 人员填写清场合格证或检查后，才能进入下一步生产）。

（2）检查设备有无"合格"标牌、"已清洁"标牌。

（3）检查设备有无故障。检查各机器的各零部件是否齐全，检查各部件螺钉是否紧固，检查安全装置是否安全、灵敏。

（4）检查磅秤、天平的零点及灵敏度。

（5）根据生产指令领取经检验合格的素片、包衣材料，核对素片、包衣材料的品名、批号、数量。

（6）待房间温度、湿度符合要求后戴好手套，在设备上挂本次"运行"状态标志，进入操作。

2. 生产操作（以 BGD-D 高效包衣机为例）

（1）包衣材料准备　膜衣液配制：将溶剂加入配制桶内，搅拌、超声波使高分子材料溶解，混匀。难溶的高分子材料应先用溶剂浸泡过夜，以使彻底溶解、混匀。操作完毕，按要求进行清洁、清场工作，并填写相关生产记录。

（2）安装蠕动泵管

① 先将白色旋钮松开，取出活动夹钳，把天然橡胶管（亦称"食品管"）或硅胶管塞入滚轮下，边旋转滚轮盘，边塞入胶管，使滚轮压缩管子，调至适当的松紧程度（松紧程度可通过移动泵座的前后位置来调整，调好后用扳手紧固六角螺母）。

② 将泵座两侧的活动夹钳放下，使管子在夹钳中，拧紧白色旋钮，一只手将橡胶管稍处于拉伸状态，另一只手拧白色旋钮，防止橡胶管在工作过程中移动（注意橡胶管不能拉得过紧，否则泵工作时会把橡胶管拉断，并注意管子安装平整，不能扭曲）。

③ 将橡胶管的一端（短端）套在吸浆不锈钢管上，另一端（长端）穿入包衣主机旋转臂长孔内，与喷浆管连接。

（3）将筛净粉尘的片芯加入包衣滚筒内，开启包衣滚筒，低速转动。

（4）开启排风，然后开启加热预热片芯。

（5）安装调整喷嘴（包薄膜衣）

① 将喷浆管安装在旋转长臂上，调整喷嘴位置使其位于片芯流动时片床的上 1/3 处，喷雾方向尽量平行于进风风向，并垂直于流动片床，喷枪与片床距离为20～25cm。

② 将旋转臂连同喷雾管移出滚筒外面进行试喷。

③ 打开喷雾空气管道上的球阀，压力调至 0.3～0.4MPa。开启喷浆、蠕动泵，调整蠕动泵转速及喷枪顶端的调整螺钉，使喷雾达到理想要求，然后关闭喷浆及蠕动泵。

（6）安装滴管（包糖衣）　将滴管安装在旋转长臂上，调整滴管位置使其位于片芯流动时片床的上 1/3 处（即片床流速最大处），使滴管嘴垂直于片床，滴管与片床距离为 20～30cm。

（7）"出风温度"升至工艺要求值时，降低"进风温度"，待"出风温度"稳定至规定值时才能开始包衣。

（8）包衣

① 按"喷浆"键，开启蠕动泵，开始包衣，将转速缓慢升至工艺要求值。

② 包薄膜衣过程中，可根据需要调整蠕动泵的转速和出风温度。

③ 包糖衣过程中，可根据需要调整糖浆、粉浆、滑石粉的加入量和干燥空气的温度，以及加液、干燥等各阶段的时间。

④ 开机过程中，随时注意设备运行声音、情况，出现故障及时解决，无法解决及时通知维修人员维修。

（9）包衣结束

① 将输液管从包衣液容器中取出，关闭"喷浆"。

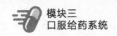
② 降低转速，待药片完全干燥后依次关闭热风、排风和匀浆。

③ 打开进料口门，将旋转臂转出。装上卸料斗，按"点动"键，滚筒转动，药片从卸料斗卸出。

④ 将卸出衣片装入晾片筛，称重并贴标签，送晾片间干燥，填请验单，由化验室检测。

3. 清场

(1) 将生产所剩物料收集，标明状态，交中间站，并填写好记录。

(2) 清洗输液管　将输液管中残液弃去，用合适溶剂清洗数遍，至溶剂无色，再用适量新鲜溶剂冲洗输液管，将清洗干净的输液管浸入75％乙醇消毒后，取出晾干。

(3) 清洗喷枪　将喷枪转入滚筒内，开机，用适宜的溶剂冲洗喷枪。此时可转动滚筒，对滚筒初步润湿、冲洗。待"雾"无色后，关闭喷浆，从喷枪上拔除压缩空气管。待喷枪上所滴下清洗液清澈透明，即喷枪清洗结束。泵入75％乙醇对喷枪消毒。完成后喷枪接上压缩空气管，按"喷浆"键，用压缩空气吹干喷枪。

(4) 清洗滴管　可直接开机，用热水冲洗至清澈透明，消毒，吹干。

(5) 清洗滚筒　打开进料口，开机转动滚筒，用适宜的溶剂冲洗滚筒，用洗净的毛巾擦洗滚筒至洁净。需对喷枪旋转臂一同清洗，清洗后关滚筒转动。

(6) 滚筒内壁清洗干净后，打开主机两边侧门，拆下排风口，用适宜的溶剂清洗滚筒外壁。外壁清洗干净后，再次清洗内壁。拆下排风管清洗干净，待晾干后装回原位，然后装上侧门。

(7) 擦洗进料口门内侧、卸料斗。

(8) 用湿布擦拭干净设备外表面。

(9) 每周清洗一次进风口。

(10) 对场地、用具、容器进行清洁消毒，经 QA 人员检查合格后，发清场合格证，填写清场记录。

4. 结束并记录

及时填写批生产记录、设备运行记录、交接班记录等。关好水、电及门。

5. 质量控制要点

(1) 外观　任取 100 片药片，目测。药片表面应光亮、色泽均匀、颜色一致。表面不得有缺陷（碎片、粘连、剥落、起皱、起泡等）。药片不得有严重畸形。如有 1 片轻微畸形，另取 1000 片，轻微畸形不得超过 0.3％。

(2) 片重　取 20 片包衣片，精密称定总重量，求平均片重与片芯平均片重比较，增重3％～4％。

(3) 脆碎度　取 20 片药片置脆碎度测定仪中，以 25r/min 转动，4min 后取出，药片不得有破碎。

(4) 被覆强度　将包衣片 50 片置 250W 红外线灯下 15cm 处，加热片面应无变化。

(5) 含水量　取包衣片 20 片，研细。取 1 片药片重量之细粉，置水分快速测定仪中，检测水分不得大于 3％～5％。

(6) 崩解时限　取包衣片 6 片，应在 30min 内崩解成碎粒，并通过筛网。如有 1 片不能完全崩解，应另取 6 片复试。

实训 8-2　片剂溶出度测定

【实训目的】

1. 掌握片剂溶出度的测定方法。

2. 学会溶出度测定仪的调试和使用方法。

3. 学会紫外-可见分光光度计的使用方法。

【实训条件】

1. 实训场地

生产车间或实训室。

2. 实训仪器与设备

溶出度测定仪、紫外-可见分光光度计、分析天平、容量瓶、注射器、滤膜、烧杯等。

3. 实训材料

对乙酰氨基酚片、0.1mol/L 稀盐酸、0.04％氢氧化钠溶液。

【实训内容】

1. 篮法仪器装置的调试

转篮安装就绪，开动电机空转，检查电路是否畅通、有无异常噪音、转篮的转动是否平稳、加热恒温装置及变速装置是否正常。

2. 对乙酰氨基酚片溶出度的测定

（1）溶出介质的配制　取稀盐酸 24ml，加纯化水稀释至 1000ml，即得。

（2）温度调节　调节溶出仪水浴温度为 37℃±0.5℃，恒温。

（3）准确量取 900ml 溶出介质　预热至 35℃，倒入测定仪的溶出杯中，于恒温水浴中恒温至 37℃±0.5℃。另外用烧杯盛装 200ml 溶出介质于恒温水浴中保温，作补充介质用。

（4）转速调节　调节转篮转速为 100r/min。

（5）测定　取供试品 6 片，分别投入 6 个转篮内，将转篮降入容器内，立即开始计时。

（6）结果　经 30min 后，取溶液 5ml，滤过，精密量取续滤液 1ml，加 0.04％氢氧化钠溶液稀释至 50ml，摇匀，照分光光度法，在 257nm 波长处测定吸收度，按 $C_8H_9NO_2$ 的吸收分数（$E_{1cm}^{1\%}$）为 715，计算出每片的溶出量。限度为标示量的 80％，应符合规定。

3. 结果判断

6 片中每片的溶出量按标示含量计算，均应不低于规定限度（Q）；除另有规定外，限度（Q）为标示含量的 70％。如 6 片中仅有 1 片低于规定限度，但不低于 $Q-10\%$，且平均溶出量不低于规定限度时，仍可判为符合规定；如 6 片中有 1 片低于 $Q-10\%$，应另取 6 片复试；初、复试的 12 片中仅有 2 片低于 $Q-10\%$，且其平均溶出量不低于规定限度时，亦可判为符合规定。

【提示】片剂等固体制剂服用后，在胃肠道中要先经过崩解和溶出两个过程，然后才能透过生物膜吸收。溶出度系指药物从片剂或胶囊剂等固体制剂、在规定溶剂中溶出的速度和程度。溶出速率除与药物的晶型、颗粒大小有关外，还与制剂的生产工艺、辅料、贮存条件等有关。为了有效地控制固体制剂质量，除采用血药浓度法或尿药浓度法等体内测定法推测吸收速度外，体外溶出度测定法是一种较简便的质量控制方法。

对乙酸氨基酚（扑热息痛）是目前广泛应用的解热镇痛药，具有起效快、作用缓和而持久、不良反应小等特点。但其可压性差、易裂片，生产中多采用高黏度的黏合剂以解决外观问题，其崩解时间延长，不利于药物溶出。因此对乙酸氨基酚的溶出度是一项重要的质量指标。实际应用中，溶出度指一定时间内药物溶出的程度，一般用标示量的百分率表示，如药典规定 30min 内对乙酰氨基酚的溶出限度为标示量的 80％。

对于口服固体制剂，特别是对那些体内吸收不良的难溶性固体制剂，以及治疗剂量与中毒剂量接近的药物的固体制剂，均应作溶出度检查并作为质量标准。

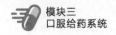

具体计算公式如下。

$$溶出量(\%) = \frac{溶出质量}{标示量} \times 100\%$$

$$溶出质量(g) = \frac{A \times 500}{E_{1cm}^{1\%}}$$

式中，A 为吸光度；$E_{1cm}^{1\%}$ 为 $C_8H_9NO_2$ 的吸收分数。

【注意事项】

1. 转篮分篮体与篮轴两部分，均由不锈钢金属材料制成。不锈钢丝网内径为22.2mm±1.0mm，转篮转动时幅度不得超过±1.0mm。

2. 操作容器为 1000ml 的圆底烧杯，外套水浴；水浴的温度应能使容器内溶剂的温度保持在 37℃±0.5℃。转篮底部离烧杯底部距离为 25mm±2mm。

3. 电动机与篮轴相连，转速可任意调节在 50～200r/min，稳速误差不超过±4%。

4. 仪器应装有 6 套操作装置，可以一次测定 6 份供试品。取样点位置应转篮顶端至液面中点，离烧杯壁 10mm 处。

5. 溶出仪水浴箱中应加入纯化水至水线，开机后水应循环。

6. 溶液滤过用不大于 0.8μm 的微孔滤膜滤过，自取样至滤过应在 30s 内完成。

实训 8-3 片剂的质量检查

【实训目的】

1. 熟悉片剂质量检查的步骤。

2. 学会片剂的外观、重量差异、硬度与脆碎度、崩解时限的检查方法。

【实训条件】

1. 实训场地

生产车间或实训室。

2. 实训材料

(1) 各种类型的片剂（如普通片、糖衣片、薄膜衣片、含片、咀嚼片等）。

(2) 片剂崩解仪、Monsanto 硬度计、片剂脆碎度测定仪等。

【实训内容】

1. 外观检查

取样品 100 片，平铺于白底板上，置于 75W 光源下 60cm 处，距离片剂 30cm 以肉眼观察 30s。

2. 片重差异

根据《中国药典》（2020 年版）规定，抽取样品 20 片，精密称定总重量，并求得平均片重后，再分别精密称定各药片的重量，每片重量与平均片重相比较，超出重量差异限度的药片不得多于 2 片，并不得有 1 片超出重量差异限度 1 倍。

3. 崩解时限的检查

(1) 安装并检查装置与药典规定是否一致。

(2) 取药片 6 片，分别置 6 个吊篮的玻璃管中，每管各加 1 片。准备工作完毕后，进行崩解测定，各片均应在 15min 内全部溶散或崩解成碎片粒，并通过筛网。如残存有小颗粒不能全部通过筛网时，应另取 6 片复试，并在每管加入药片后随即加入挡板各 1 块，按上述方法检查，应在 15min 内全部通过筛网。

4. 硬度检查

（1）指压法　取药片置中指和食指之间，以拇指用适当的力压向药片中心部，如立即分成两片，则表示硬度不够。

（2）自然坠落法　取药片 10 片，以 1m 处平坠于 2cm 厚的松木板上，以碎片不超过 3 片为合格，否则应另取 10 片重新检查。本法对缺角不超过全片的 1/4，不作碎片论。

（3）片剂四用测定仪　开启电源开关，检查硬度指针是否在零位。将硬度盒盖打开，夹住被测药片。将倒顺开关置于"顺"的位置，拨选择开关至硬度挡。硬度指针左移，压力逐渐增加，药片碎时自动停机，此时的刻度值即为硬度值（kg）。随后将倒顺开关拨至"倒"的位置，指针退到零位。

（4）Monsanto 硬度计　通过一个螺栓对一弹簧加压，由弹簧推动压板对片剂加压，由弹簧长度变化反映压力的大小，片剂破碎时的压力即为硬度。

5. 脆碎度检查

取 20 片药片，精密称定总重量，放入片剂四用测定仪或片剂脆碎度测定仪振荡器中振荡，到规定时间后取出，用筛子筛去细粉和碎粒，称重后计算脆碎度。

【注意事项】

1. 片剂重量差异限度

（1）片剂重量差异检查的规定见《中国药典》（2020 年版）或参见前文。

（2）糖衣片的片芯应检查重量差异并符合规定，包糖衣后不再检查重量差异；薄膜衣片应在包薄膜衣后检查重量差异并符合规定。

2. 片剂崩解时限检查

（1）严格按仪器的操作规程使用。

（2）咀嚼片不进行崩解时限检查。凡规定检查溶出度、释放度的片剂，不再进行崩解时限检查。

（3）各类片剂崩解时限检查的规定见《中国药典》（2020 年版）或参见前文。

3. 片剂的硬度

一般片剂硬度要求在 $8\sim10kg/cm^2$，中药片要求在 $4kg/cm^2$ 以上。

4. 片剂的脆碎度

（1）片剂四用测定仪测脆度方法　打开脆碎盒，取出脆碎盒并放入药片，选择开关拨至脆碎位置，使进行脆碎测试。测完拨回空挡。关闭电源开关。

（2）脆碎度计算方法　脆碎度＝（1−测后重量/测前重量）×100％。

（3）结果判定　一般要求 1h 的脆碎度不得超过 0.8％。

5. 同时进行崩解度和溶出度检查的情况

（1）含有在消化液中难溶的药物。

（2）与其他成分易发生相互作用的药物。

（3）久贮后溶解度降低的药物。

（4）剂量小、药效强、副作用大的药物。

6. 崩解仪的使用

仪器应平稳放置于牢固的工作台面上，让仪器尽量减少振动。将低于 37℃ 的常温水加入水箱，烧杯内按要求注入所检药品药典规定的测试溶液，保持水箱内水位高于水位线。

加挡板的目的是让药品不浮在水面上，防止影响崩解效果。挡板方向也有规定，边缘要

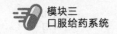
呈倒三角放置，否则起不到挡板的效果。

? 思考题

1. 影响片剂成型的主要因素有哪些？
2. 什么是包衣？包衣的目的是什么？
3. 简述湿法制粒压片的工艺流程。
4. 简述包糖衣的过程。
5. 简述薄膜包衣的工艺流程。
6. 简述片剂包衣的目的。
7. 简述片剂制备过程中可能出现的问题和解决方法。
8. 片剂的质量检查项目有哪些？
9. 简述旋转式压片机的操作要点。
10. 简述单冲压片机的拆卸和安装操作要点。

项目十　丸　剂

学习目标

◎ 掌握各种丸剂的含义和特点、丸剂的质量检查、水丸与蜜丸的制法、蜂蜜的质量要求和炼制。

◎ 掌握滴丸的制备方法及基质、冷却剂的要求与选用。

◎ 熟悉制备水丸对药粉的要求和赋形剂的种类，水蜜丸、浓缩丸的制法，制备水丸、蜜丸和滴丸等的常用设备。

一、中药丸剂

（一）丸剂概述

丸剂系指原料药物与适宜的辅料和成的球形或类球形固体制剂。中药丸剂系古老的传统剂型。丸剂释药缓慢，作用缓和持久，毒副作用较轻；能较多地容纳半固体或液体药物；可通过包衣来掩盖药物的不良气味，提高药物的稳定性；制法简便。但是，丸剂的服用量大、小儿吞服困难、生物利用度低。

1. 中药丸剂的特点

（1）丸剂的优点

① 传统丸剂溶散、释药缓慢，可延长药效，降低毒性、刺激性，减少不良反应，适用于慢性病治疗或病后调和气血。

② 水溶性基质滴丸具有速效作用。

③ 制法简便。

④ 属较理想的中药剂型之一，固体、半固体、液体药物均可制成丸剂。

⑤ 不同类型丸剂的释药与作用速度不同，可根据需要选用。

（2）丸剂的缺点

① 某些传统品种剂量大，服用不便，尤其是儿童。

② 生产操作不当易致溶散、崩解迟缓。

③ 以原粉入药，微生物易超标。

2. 中药丸剂分类

（1）按辅料分类　水丸、蜜丸、水蜜丸、浓缩丸、糊丸、蜡丸等。

（2）按制法分类　泛制丸、塑制丸、滴制丸。

（二）常用辅料

中药丸剂的主体由药材粉末组成，因此，所加入的辅料赋形剂主要是一些润湿剂、黏合剂、吸收剂或稀释剂，从而有助于丸剂的成型。

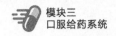
1. 润湿剂

药材粉末本身具有黏性，故仅需加润湿剂诱发其黏性，便于制备成丸。常用的润湿剂有水、酒、醋、水蜜、药汁等。

(1) 水 此处的水系指蒸馏水或冷沸水，药物遇水不变质者均可使用。

(2) 酒 常用黄酒（含醇量12%～15%）和白酒（含醇量50%～70%），以水作润湿剂黏性太强时，可用酒代之。酒兼有一定的药理作用，因此，具有舒筋活血功效的丸剂常以酒作润湿剂。

(3) 醋 常用药用米醋（含乙酸3%～5%）。醋能散瘀活血、消肿止痛，故具有散瘀止痛功效的丸剂常以醋作润湿剂。

(4) 水蜜 一般以炼蜜1份加水3份稀释而成，兼具润湿与黏合作用（制成的丸剂即称为水蜜丸）。

(5) 药汁 系将处方中难于粉碎的药材，用水煎煮取汁，作为润湿剂或黏合剂使用，这样既保留了该药材的有效成分，又不必外加其他的润湿剂或黏合剂。

2. 黏合剂

一些含纤维、油脂较多的药材细粉，需加适当的黏合剂才能成型。常用的黏合剂有蜂蜜、米糊或面糊、药材清（浸）膏、糖浆等。

(1) 蜂蜜 所用蜂蜜应符合《中国药典》（2020年版）规定。蜂蜜作黏合剂独具特色，兼有一定的药理作用，是蜜丸的重要组成之一。作黏合剂使用时，一般需经炼制，炼制程度视制丸物料的黏性而定，一般分为以下三种。

① 嫩蜜。系指蜂蜜加热至105～115℃所得的制品，含水量18%～20%，相对密度1.34左右，用于黏性较强的药物制丸。

② 中蜜。系指蜂蜜加热至116～118℃出现翻腾着的、均匀淡黄色细气泡的制品，含水量14%～16%，相对密度1.37左右，用于黏性适中的药物制丸。

③ 老蜜。系指蜂蜜加热至119～122℃，出现较大红棕色气泡的制品，含水量10%以下，相对密度1.4左右，用于黏性较差的药物制丸。

(2) 米糊或面糊 系以黄米、糯米、小麦及神曲等的细粉制成的糊，用量为药材细粉的40%左右，可用调糊法、煮糊法、冲糊法制备。所制得的丸剂一般较坚硬，胃内崩解较慢，常用于含毒剧药和刺激性药物的制丸。

(3) 药材清（浸）膏 植物性药材用浸出方法制备得到的清（浸）膏，大多具有较强的黏性。因此，可以同时兼作黏合剂使用，与处方中其他药材细粉混合后制丸。

(4) 糖浆 常用蔗糖糖浆或液状葡萄糖，既具黏性，又具有还原作用，适用于黏性弱、易氧化药物的制丸。

3. 吸收剂

中药丸剂中，外加其他稀释剂或吸收剂的情况较少，一般是将处方中出粉率高的药材制成细粉，作为浸出物、挥发油的吸收剂，这样可避免或减少其他辅料的用量。另外，为了中药丸剂进入人体后的崩解和释放，常用适量的崩解剂，如羟甲基纤维素（CMC）、羧甲基纤维素钠（CMC-Na）、羟丙基甲基纤维素（HPMC）等。

（三）丸剂的制备

1. 泛制法

泛制法系指在转动的、适宜的容器或机械中将药材细粉与赋形剂交替润湿、撒布，不断翻滚，逐渐增大的一种制丸方法。以泛制法制备的丸剂又称泛制丸。泛制法用于水丸、水蜜丸、糊丸、浓缩丸、微丸等的制备。

(1) 原料的准备 根据药物的性质，采用适宜的方法粉碎、过筛、混合制得药物细粉。用于制备丸剂的药粉粉碎细度对丸剂的外观、质量影响很大。如药粉过粗，制成的丸粒表面粗糙，有较多的纤维毛或花斑，甚至不能成型；药粉较细，制备的丸粒表面细腻光滑圆整，外观才符合要求。除另有规定外，一般采用细粉，过五至六号筛，起模用粉或盖面包衣用粉过六至七号筛。部分药材可经提取药汁，适当浓缩后作为赋形剂应用。

(2) 起模 系将药粉制成丸粒基本母核（直径 0.5～1mm 大小的丸粒）的操作过程。起模是泛丸成型的基础，是泛制法制备丸剂的关键工序。丸模的形状影响丸粒的圆整度，丸模的粒径和数目影响丸粒的规格。起模用粉一般选用黏性适宜的药粉，黏性太强或无黏性的药粉都不适合起模使用。

起模的药粉用量和丸模的数量应适当，一般起模用粉量占总量的 2％～5％，丸模的数量应根据丸粒的规格和药粉的重量而定。成模量是否符合整批生产是泛丸生产中很重要的一个环节，丸模过多，药粉用完时，成丸的规格达不到规定的要求；丸模过少，成丸规格达到规定的要求时还剩余药粉。起模时常用水作润湿剂。

> **知识拓展**
>
> ### 起模方法（机械泛丸）的分类
>
> 机械泛丸的起模方法一般分为粉末泛制起模法和湿粉制粒起模法。
>
> 1. 粉末泛制起模法
>
> 开动泛丸机，用喷雾器在泛丸机中喷少量水使之湿润，撒布少量药材细粉，用刷子刷下泛丸机壁附着的粉粒，然后再喷水润湿，撒粉吸附，如此反复操作，使粉粒逐渐增大，至丸模直径达 0.5～1mm 时，筛去过大、过小和不规则的丸模，即得。该法制备的丸模较紧密，但费时。适用于药物粉末较疏松、淀粉质多、黏性较差的药材细粉。
>
> 起模操作时应注意：加水、加粉要分布均匀，尤其要将药材细粉加在锅底附近，使锅底的小丸充分黏附到药粉；锅口处常有结块、大块及不规整的丸粒，应及时取出过筛除去；保持锅壁洁净，防止黏附；当药粉形成粉粒后，加赋形剂的量要适当，不断搅拌，防止结块；加药粉量要适当，宁少勿多；控制丸模在泛丸剂中的转动时间，防止形成的丸模过于松散或过于坚硬而影响丸剂的溶散时限。
>
> 2. 湿粉制粒起模法
>
> 该法是将起模用药粉制成颗粒，再经旋转摩擦，撞去棱角制成丸模。操作时将大部分的起模用粉置不锈钢容器中，加适量赋形剂（一般为水，也可用药汁、流浸膏等），搅拌使药粉充分湿润，制成"手握成团，触之即散"的软材，用 8～10 目筛制粒。将颗粒加入泛丸机中，加少许干粉搅匀，启动泛丸机使颗粒经旋转揉磨，撞去棱角成圆形，取出过筛分等，即得丸模。该法丸模成型率高，丸模大小较均匀，但丸模较松散。适用于黏度较强或黏度一般的药材细粉。

(3) 成型 成型是将已经大小筛选均匀的丸模在泛丸机中反复加润湿剂、加粉、滚圆，使丸粒逐渐加大至成品的操作。所用的药粉为混合均匀的药材全粉，如处方中有芳香挥发性、特殊气味或刺激性大的药材，可采用分层泛入的方法，将特殊药材单独粉碎，泛于丸粒中层，可避免挥发或掩盖不良气味。成型操作时应注意以下几点。

① 每次加润湿剂、加粉的量要适宜，分布要均匀，避免有剩余的药粉在加入润湿剂后产生新的丸模，造成丸粒大小不均匀，致使丸剂的重量差异不符合规定。

② 控制丸粒的粒度和圆整度。成型过程中可以通过滚筒筛进行筛选，及时筛出产生的结块、歪粒、粉块、过大或过小的丸粒，将丸粒大小分档，再逐渐加大成型。

③ 丸粒在泛丸机中滚动时间应适当。时间过短，丸粒比较松散，在包装、运输过程中易造成丸粒碎裂，影响外观质量；时间过长，丸粒非常坚实，造成丸剂溶散时限不符合规定。

(4) 盖面 将已经加大成型、筛选均匀的丸粒，用盖面材料（清水、清浆和部分药材的极细粉等）继续泛制，使丸粒表面致密、光洁、色泽一致的操作。常用的盖面方法有干粉盖面、清水盖面、清浆盖面等。

① 干粉盖面。盖面所有的药粉应提前准备好，筛出能通过六至七号筛的药粉备用，或根据规定，选用处方中的特定药材细粉盖面。操作时将丸粒置泛丸机中，加润湿剂充分湿润，一次或分次将用于盖面的药粉均匀撒于丸粒上，继续滚动一段时间，待丸粒表面致密、光洁、色泽一致时取出，习称"收盘"。干粉盖面的丸粒干燥后表面色泽一致、均匀美观。

② 清水盖面。将丸粒置泛丸机中，启动泛丸机，加清水使丸粒充分湿润，滚动一段的时间，迅速取出，立即干燥。清水盖面的丸粒表面色泽仅次于干粉盖面。

③ 清浆盖面。用药粉或筛选出来的黏结或不规则的丸粒制成清浆，将丸粒置泛丸机中，加清浆使丸粒充分湿润，滚动一段时间，迅速取出，立即干燥。应特别注意分布均匀，收盘后立即取出，否则丸粒表面易出现深浅不同的色斑。

盖面操作时应注意：加入的药粉和赋形剂比例要相当，分布要均匀，否则，丸粒易出现光洁度差、色斑、并粒及黏结现象；滚动时间不宜过长，否则易造成溶散时限不符合规定。

(5) 干燥 泛制法制备丸剂时加入较多的润湿剂，且生产周期较长，为防止丸剂发霉变质，盖面后应及时进行干燥。一般丸剂应控制在80℃以下干燥，含有芳香挥发性成分或遇热易分解成分的丸剂，干燥温度不宜超过60℃。将丸粒置于物料盘中，放入热风循环烘箱、真空干燥箱等设备中进行干燥，也可用隧道式干燥箱、沸腾床等进行干燥。控制水分在规定的范围内。

干燥操作时应注意：经常翻动，避免产生"阴阳面"等花斑现象；丸粒酥松、吸水率高、干燥时体积收缩较大、容易开裂的丸粒宜采用低温焖烘；色泽要求较高的浅色丸粒及含水量特高的丸粒，可采用先晾、勤翻、后烘的方法进行干燥，长时间高温干燥可能影响丸粒的溶散时限，可采用间歇干燥的方法。

(6) 选丸 将制备好的丸粒进行筛选，除去过大、过小及不规则的丸粒，使成品丸粒大小均匀一致的操作。泛制法制备丸剂时，常出现大小不均、畸形和黏结等，除在泛制过程中及时筛选外，干燥后也要进行筛选。选丸主要用过筛法，或利用丸粒圆整度不同滚动有差异来进行筛选。常用的筛选设备有手摇筛、振动筛、滚筒筛、检丸器、立式检丸器等。

2. 塑制法

塑制法系指药材细粉与适宜的辅料（主要是润湿剂或黏合剂）混合均匀，制成软硬适宜、可塑性较大的丸块，再依次制丸条、制丸粒而成丸的一种制丸方法。以塑制法制备的丸剂又称塑制丸。

(1) 原料的准备 根据药物的性质，采用适宜的方法粉碎、过筛、混合制得药物细粉。

(2) 制丸块（合坨） 取混合均匀的药物细粉，加入适量黏合剂或润湿剂，充分混匀后，制成温度适宜、软硬适宜、可塑性大的软材，即称为制丸块。

(3) 制丸条 将制好的丸块（黏合剂等充分润湿药粉）制成粗细适宜、表面光滑、内无空隙的条状物，即称为制丸条。

(4) 制丸粒 将制好的丸条用合适的切药刀进行分割，搓圆，制成大小均匀丸粒的过程，称为制丸粒。

(5) 干燥 塑制法制备的水丸、水蜜丸、浓缩丸等因所用的赋形剂中含水量高，所制成的丸粒中有较多水分，必须进行干燥，使丸剂的水分控制在药典规定的范围内（水丸、糊丸和浓缩水丸不得过 9.0%，水蜜丸和浓缩水蜜丸不得过 12.0%）；大蜜丸、小蜜丸等因所用的蜂蜜已经炼制，水分较易控制在药典规定的范围内（蜜丸和浓缩蜜丸中所含水分不得过 15.0%），成丸后一般不进行干燥，可立即分装，以保持丸粒的滋润性。

"中药制丸机"微课

"滴丸机"微课

3. 滴制法

药材或药材中提取的有效成分与化学物质制成溶液或混悬液，滴入一种不相混合的液体冷却剂中，经冷凝而成丸粒的制丸方法，称为滴制法。

（四）中药丸剂举例

【例1】 大山楂丸

　　［处方］山楂　　　　　　　　　　500g

　　　　　　六神曲（麸炒）　　　　　75g

　　　　　　麦芽（炒）　　　　　　　75g

　　［制法］以上三味，粉碎成细粉，过筛，混匀；另取蔗糖、炼蜜，混合，滤过，与上述粉末混匀，利用中药制丸机制成大蜜丸，即得。

【例2】 牛黄解毒丸（大蜜丸）

　　［处方］牛黄　　　　　　　　　　5g

　　　　　　雄黄　　　　　　　　　　50g

　　　　　　石膏　　　　　　　　　　200g

　　　　　　大黄　　　　　　　　　　150g

　　　　　　黄芩　　　　　　　　　　150g

　　　　　　桔梗　　　　　　　　　　100g

　　　　　　冰片　　　　　　　　　　25g

　　　　　　甘草　　　　　　　　　　50g

　　［制法］以上八味，除牛黄、冰片外，雄黄水飞或粉碎成极细粉，其余石膏等五味粉碎成细粉；将牛黄、冰片研细，与上述粉末配研，过筛，混匀。每100g粉末加炼蜜100～110g制成大蜜丸，即得。

【例3】 六味地黄丸（浓缩丸）

　　［处方］熟地黄　　　　　　　　　160g

　　　　　　山茱萸（制）　　　　　　80g

　　　　　　牡丹皮　　　　　　　　　60g

　　　　　　山药　　　　　　　　　　80g

　　　　　　茯苓　　　　　　　　　　60g

　　　　　　泽泻　　　　　　　　　　60g

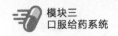
[制法] 以上六味,牡丹皮提取丹皮酚,药渣与山茱萸27g、熟地黄、茯苓、泽泻加水煎煮两次,每次2h,合并煎液,滤过,滤液浓缩至相对密度为1.35~1.40的稠膏;山药与剩余山茱萸粉碎成细粉,过筛,混匀;将上述稠膏、细粉、丹皮酚混匀,制丸,干燥,打光,即得。

【例4】 小金丸（糊丸）

[处方] 人工麝香　　　　　　　　　　　30g

　　　　 木鳖子（去壳、去油）　　　　　150g

　　　　 制草乌　　　　　　　　　　　　150g

　　　　 枫香脂　　　　　　　　　　　　150g

　　　　 乳香（制）　　　　　　　　　　75g

　　　　 没药（制）　　　　　　　　　　75g

　　　　 五灵脂（醋炒）　　　　　　　　150g

　　　　 酒当归　　　　　　　　　　　　75g

　　　　 地龙　　　　　　　　　　　　　150g

　　　　 香墨　　　　　　　　　　　　　12g

[制法] 以上十味,除人工麝香外,其余木鳖子等九味粉碎成细粉。将人工麝香研细,与上述粉末配研,过筛。每100g粉末加淀粉25g,另用淀粉5g制稀糊,泛丸,低温干燥,即得。

【例5】 苏冰滴丸（滴丸）

[处方] 苏合香脂　　　　　　100g

　　　　 冰片　　　　　　　　200g

　　　　 聚乙二醇6000　　　　700g

[制法] 将聚乙二醇6000置容器中,油浴加热至90~100℃,待全部熔融后,加入苏合香脂及冰片,搅拌溶解,转移至贮液瓶中,密闭并保温在80~90℃,调节滴液定量阀,滴入10~15℃的液体石蜡中,将成形的滴丸沥尽并除尽液体石蜡,干燥即得。

（五）质量检查

① 除另有规定外,制丸剂的药粉应通过五或六号筛。

② 除另有规定外,用搓丸法制备大、小蜜丸时,炼蜜应趁热加入药粉中,混匀;含挥发性成分、树脂类、胶类药物时,炼蜜应在60℃左右加入;用泛制法制备水蜜丸时,炼蜜应加水稀释后使用。

③ 除另有规定外,水蜜丸、水丸、浓缩水蜜丸或浓缩丸应在80℃以下干燥;含较多挥发性成分和淀粉的丸剂,应在60℃以下干燥。

④ 大蜜丸、小蜜丸、浓缩蜜丸中所含水分不得超过15.0%;水蜜丸、浓缩水蜜丸、糊丸、蜡丸不得超过12.0%;水丸、糊丸、浓缩水丸不得超过9.0%;蜡丸不检查水分。

⑤ 丸剂的外观应圆整均匀、色泽一致,大小蜜丸应细腻滋润、软硬适中。

⑥ 溶散时限,除另有规定外,小蜜丸、水蜜丸和水丸应在1h内全部溶散;浓缩丸和糊丸应在2h内全部溶散;微丸的溶散时限应符合所属丸剂类型的规定要求;滴丸应在0.5h内溶散;包衣滴丸应在1h内溶散;蜡丸在盐酸溶液中（9→1000）检查2h,不得有裂缝、崩

解或软化现象，再在磷酸盐缓冲液（pH 6.8）中检查，1h 内应全部崩解；大蜜丸、糊丸不检查溶散时限。

⑦ 重量差异、装量差异及微生物限度检查等均应符合药典规定。

（六）包装贮存

以蜜丸为例，制成的蜜丸，外形圆整光滑，表面致密滋润，无可见纤维或其他异色点。待药丸发汗（3d）、外表变硬，可采用蜡纸、玻璃纸、塑料袋、蜡壳包好，贮存于阴凉干燥处。

二、滴丸剂

（一）滴丸剂概述

滴丸剂是指固体或液体药物与适宜的基质加热熔融后溶解、乳化或混悬于基质中，滴入不相混溶、互不作用的冷凝液中，由于表面张力的作用使液滴收缩成球状而制成的制剂。主要供口服，外用如眼、耳、鼻、直肠、阴道用滴丸，可制成缓释、控释等多种类型的滴丸剂。五官科制剂多为液态或半固态剂型，作用时间不持久，制成滴丸剂可起到延效作用。

滴丸剂的制备设备简单、操作方便，工艺周期短，工艺条件易于控制，可使液态药物固态化，如芸香油滴丸含油可达 83.5%；药物受热时间短，易氧化及具挥发性的药物溶于基质后，可增加其稳定性。用固体分散技术制备的滴丸吸收迅速、生物利用度高，如联苯双酯滴丸剂，其剂量只需片剂的 1/3。但目前可供使用的基质品种较少，且难以滴制成大丸（一般丸重都不超过 100mg），故只能用于剂量较小的药物，这也使滴丸剂的发展受到一定限制。

1. 滴丸的特点

（1）优点 生物利用度高、滴丸剂量准确、可使液体药物固体化、生产成本较低。

（2）缺点 滴丸载药量较小，且可供选用的理想基质和冷凝剂较少。

2. 药物在基质中的分散状态

分散状态主要为药物分子分散的固态溶液，或玻璃态溶液；部分药物聚集呈胶体微晶状态；部分药物呈无定型状态；中药或呈微粉分散等。

3. 滴丸剂的处方

（1）基质 滴丸剂中除主药和附加剂以外的辅料称为基质，它与滴丸的形成、溶散时限、溶出度、稳定性、药物含量等有密切关系。滴丸剂中的基质应具有良好的化学惰性，不与主药发生化学反应，不影响主药的作用及对主药的检测，对人体无害；在 60～100℃温度下能熔化成液体，遇冷却液又能立即凝固，并且在室温下能保持固体状态。

基质分为水溶性和非水溶性两类。常用的水溶性基质有聚乙二醇类、聚氧乙烯单硬脂酸酯（S-40）、硬脂酸钠、甘油明胶、尿素、泊洛沙姆等；非水溶性基质有硬脂酸、单硬脂酸甘油酯、虫蜡、氢化植物油、十八醇（硬脂醇）、十六醇（鲸蜡醇）等。生产中也常将水溶性和非水溶性基质混合使用，混合基质可容纳更多的药物，还可调节溶出速率或溶散时限。如常用 PEG 6000 与适量硬脂酸配合调整熔点，可得到较好的滴丸剂。

（2）冷凝液 冷凝液与滴丸剂的成形有很大关系。冷凝液应安全无害；与主药和基质不相互溶；性质稳定，不与主药等起化学反应；具有适宜的表面张力及相对密度，以便滴丸能在其中缓慢上浮或下沉，有足够的时间冷凝、收缩，从而保证成形完好。

冷凝液也分为水溶性和非水溶性两类。常用的水溶性冷凝液有水及不同浓度的乙醇，适用于非水溶性基质的滴丸；非水溶性冷凝液有液体石蜡、二甲基硅油、植物油、汽油或它们的混合物等，适用于水溶性基质的滴丸。

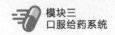

（二）滴丸的制备

滴丸剂的制备常用滴制法，是将药物均匀分散在熔融的基质中，再滴入不相混溶的冷凝液里，冷凝收缩成丸的方法。常见的滴丸剂制备设备示意见图10-1。滴出方式有下沉式和上浮式，冷凝方式有静态冷凝与流动冷凝两种。一般滴丸剂制备的工艺流程如下：

药物、基质→混悬或熔融→滴制→冷却→干燥→选丸→质量检查→包装

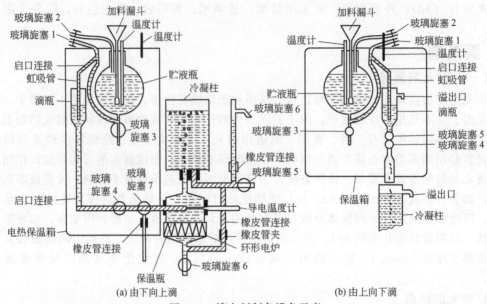

(a) 由下向上滴　　　　　　　　(b) 由上向下滴

图 10-1　滴丸剂制备设备示意

（三）滴丸剂举例

【例1】　喷托维林滴丸

　　［处方］枸橼酸喷托维林　　　　　　　2.5g
　　　　　　甘油　　　　　　　　　　　　0.6g
　　　　　　硬脂酸　　　　　　　　　　　5.2g

　　［制法］称取枸橼酸喷托维林、甘油、硬脂酸，加热熔融，趁热滴制，以冰盐冷却的液体石蜡作冷凝液，收集滴丸，沥净擦干液体石蜡，即得。

【例2】　氯霉素滴丸

　　［处方］氯霉素　　　　　　　　　　　5.0g
　　　　　　PEG 6000　　　　　　　　　10.0g

　　［制法］称取氯霉素、PEG 6000，加热熔融，趁热滴制，以冰盐冷却的液体石蜡作冷凝液，收集滴丸，沥净擦干液体石蜡，即得。

（四）滴丸的质量检查

1. 外观

丸剂外观应圆整，大小、色泽应均匀，无粘连现象。

2. 重量差异

取滴丸20丸，精密稳定总重量，求得平均丸重后，再分别精密称定各丸的重量。每丸

重量与平均丸重相比较，超出重量差异限度的滴丸不得多于 2 丸，并不得有 1 丸超出限度 1 倍。滴丸剂重量差异限度见表 10-1。

表 10-1 滴丸剂重量差异限度

滴丸剂的平均重量	重量差异限度
0.03g 以下或 0.03g	±15%
0.03g 以上或 0.30g	±10%
0.30g 以上	±7.5%

包衣滴丸应在包衣前检查丸芯的重量差异，符合重量差异限度规定后方可包衣，包衣后不再检查重量差异。

3. 溶散时限

溶散时限按药典崩解时限检查法检查，应符合规定。

实训 9 丸剂的制备

【实训目的】

1. 掌握泛制法、塑制法、滴制法制备丸剂的方法与操作要点。
2. 熟悉水丸、蜜丸、滴丸对药料和辅料的处理原则及各类丸剂的质量要求。
3. 了解滴丸的制备原理及影响滴丸质量的因素。

【实训条件】

1. 实训场地

GMP 实训车间，丸剂生产线（包括滴丸机、中药制丸机）。

2. 实训材料

山楂（焦）、六神曲（炒）、半夏（制）、茯苓、陈皮、连翘、莱菔子（炒）、麦芽（炒）、六神曲（麸炒）、苏合香、冰片、PEG 6000、氯霉素等。

崩解仪、药筛、水浴锅、蒸发皿、电子天平等。

【实训内容】

1. 水丸的制备（保和丸）

【处方】	山楂（焦）	300g
	六神曲（炒）	100g
	半夏（制）	100g
	茯苓	100g
	陈皮	50g
	连翘	50g
	莱菔子（炒）	50g
	麦芽（炒）	50g

【制法】以上 8 味，取处方量的 1/2，混合粉碎成细粉，过六至七号筛，混匀。用冷开水或蒸馏水泛丸，干燥，即得。

【注解】消食导滞和胃。用于食积停滞，脘腹胀痛，嗳腐吞酸，不欲饮食。口服，一次 6～9g，一日 2 次，小儿酌减。

2. 蜜丸的制备（大山楂丸）

【处方】	山楂	1000g

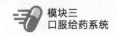
六神曲（麸炒）	150g
麦芽（炒）	150g

【制法】以上 3 味，取处方量的 1/4，粉碎成细粉，过七号筛，混匀；另取蔗糖 150g，加水 67.5ml 与炼蜜 150g，混合。炼至相对密度约为 1.38（70℃）时，滤过，与上述细粉混匀，制丸块，搓丸条，制丸粒，每丸重 9g，即得。

【注解】开胃消食。用于食积内停所致的食欲不振，消化不良，脘胀腹闷。口服，一次 1～2 丸，一日 1～3 次，小儿酌减。

3. 滴丸的制备

（1）苏冰滴丸

【处方】苏合香 　　　　　　　　　　　0.5g

　　　　冰片　　　　　　　　　　　　1.0g

　　　　PEG 6000　　　　　　　　　3.5g

【制法】取 PEG 6000 置蒸发皿中，于水浴上加热至全部熔融，加入苏合香及冰片，搅拌至熔化。将熔融的药液转移至贮液器中，通入 80～85℃ 循环水保温，打开贮液器下端开关，调节滴出口与冷却剂间的距离，控制滴速为每分钟 30～50 滴。待滴丸完全冷却后，取出滴丸，摊于滤纸上，擦去表面附着的液体石蜡，装于瓶中，即得。每粒重 50mg。

【注解】芳香开窍，理气止痛。用于冠心病、胸闷、心绞痛、心肌梗死等。口服。常用量一次 2～4 粒，一日 3 次，发病时可含服或吞服。

（2）氯霉素耳滴丸

【处方】氯霉素 　　　　　　　　　　　1g

　　　　PEG 6000　　　　　　　　　2g

【制法】取 PEG 6000，置微烧杯中，于水浴上加热至熔化，再加入氯霉素至全部溶解，搅匀，迅速移入 80℃ 保温的滴管中。打开滴管开关，液滴自然滴入用冰冷却的液体石蜡中成丸，滴毕，放置 0.5h。滤除冷却剂，滴丸置于吸水纸上，吸取滴丸表面的液体石蜡（必要时可用乙醇或乙醚洗涤），擦净，自然晾干 10min，即得。

【注解】① 氯霉素在水中溶解度很小（1∶400），不易在脓液中维持较高浓度。水溶性的 PEG 6000 熔点较低（54～60℃），能与氯霉素互溶，故氯霉素在耳滴丸中分散度大、溶解快、奏效迅速。

普通丸、片与水接触后很快崩散并随脓液流出或阻塞耳道妨碍引流，但本耳滴丸接触脓液时，仅有部分 PEG 6000 溶解，其余部分仍保持丸形，且有一定硬度，故有长效、高效的特点。

② 滴丸应大小均匀，色泽一致，不得发霉变质。

③ 滴丸的成型与基质种类、含药量、冷却液及冷却温度等多种因素有关。

④ 根据药物的性质与使用、贮藏的要求，滴丸还可包糖衣或薄膜衣，也可使用混合基质。

（3）滴丸的质量检查

【溶散时限】照崩解时限检查法检查，除另有规定外，应符合以下规定。

采用升降式崩解仪。将吊篮通过上端的不锈钢轴悬挂于金属支架上，浸入温度为 37℃±1℃ 的恒温水浴中。调节水位高度使吊篮上升时筛网在水面下 15mm 处，下降时筛网距烧杯底部 25mm，支架上、下移动的距离为 55mm±2mm，往返频率为每分钟 30～32 次。

按上述装置，但不锈钢丝网的筛孔内径应为 0.42mm。除另有规定外，取滴丸 6 粒，分别置于上述吊篮中的玻璃管中，每管各加 1 粒，启动崩解仪进行检查。各丸应在 30min 内溶散并通过筛网。如有 1 粒不能完全溶散，应取 6 粒复试，均应符合规定。

【重量差异】根据《中国药典》（2020 年版）通则规定：取供试品 20 丸，精密称定总量，求得平均丸重后，再分别精密称定每丸的重量。每丸重量与平均丸重相比较，超出限度的不得多于 2 丸，并不得有 1 丸超出限度 1 倍。滴丸剂重量差异限度要求如表 10-1。

【实验指导】

（1）丸剂的制法有泛制法、塑制法和滴制法。

① 泛制法。适用于水丸、水蜜丸、糊丸、浓缩丸的制备。其工艺流程：原、辅料的准备→起模→成型→盖面→干燥→选丸→质量检查→包装。

② 塑制法。适用于蜜丸、浓缩丸、糊丸、蜡丸等的制备，其工艺流程：原、辅料的准备→制丸块→制丸条→分粒、搓圆→干燥→质量检查→包装。

③ 滴制法。适用于滴丸的制备。其工艺流程：将药物溶解、乳化或混悬于熔融基质中，药液经滴头滴入与基质不相混溶的冷却液中，经收缩、冷凝成丸，拭去丸粒表面的冷却液，质检合格后包装。易挥发性药物制备滴丸时，要注意加热熔融的温度和时间，避免药物挥发损失。

（2）供制丸用的药粉应为细粉或极细粉；起模、盖面、包衣的药粉，应根据处方药物的性质选用。丸剂的赋形剂种类较多，选用恰当的润湿剂、黏合剂，使之既有利于成型，又有助于控制溶散时限，提高药效。

（3）水丸制备时，根据药料性质、气味等可将药粉分层泛入丸内，掩盖不良气味，防止芳香成分的挥发损失，也可将速效部分泛于外层，缓释部分泛于内层，达到长效的目的。一般选用黏性适中的药物细粉起模，并应注意掌握好起模用粉量。如用水为润湿剂，必须用 8h 以内的凉开水或蒸馏水。水蜜丸成型时，先用低浓度的蜜水，然后逐渐用稍高浓度的蜜水，成型后再用低浓度的蜜水撞光。盖面时要特别注意分布均匀。

（4）泛制丸因含水分多，湿丸粒应及时干燥，干燥温度一般为 80℃左右。含挥发性、热敏性成分，或淀粉较多的丸剂，应在 60℃以下干燥。丸剂在制备过程中极易染菌，应采取恰当的方法加以控制。

（5）滴丸的冷却剂必须对基质和主药均不溶解，其比重轻于基质，但两者应相差极微，使滴丸滴入后逐渐下沉，给予充分的时间冷却。否则，如冷却剂比重较大，滴丸浮于液面；反之则急剧下沉，来不及全部冷却，滴丸会变形或合并。

❓ 思考题

1. 中药丸剂有何作用特点？制备方法有哪些？
2. 什么是滴丸？有何特点？
3. 什么是微丸？有何特点？
4. 简述塑制法和泛制法的工艺流程和操作要点。

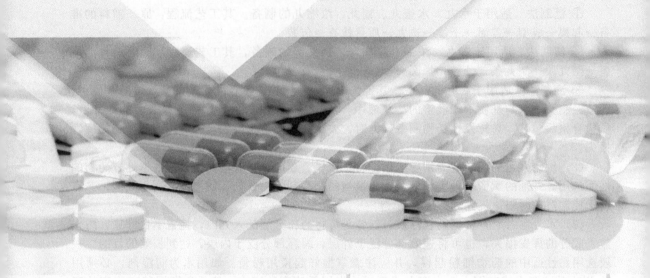

模块四

黏膜给药系统

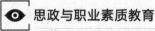

项目十一　气雾剂

学习目标

◎ 掌握气雾剂的特点、分类、吸收及其处方组成。
◎ 掌握气雾剂的制备工艺（如容器阀门系统的处理与装配，药物的配制、分装和充填抛射剂）和质量检查。
◎ 学会气雾剂的处方及工艺分析。
◎ 具有综合应用知识分析解决气雾剂的技能。

一、气雾剂概述

气雾剂系指原料药物或原料药物和附加剂与适宜的抛射剂共同装封于具有特制阀门系统的耐压容器中，使用时借助抛射剂的压力将内容物呈雾状物喷至腔道黏膜或皮肤的制剂。使用时，借助抛射剂的压力将内容物以定量或非定量喷出。药物喷出多为雾状气溶胶，其雾滴一般小于 $50\mu m$。气雾剂可在呼吸道、皮肤或其他腔道起局部或全身作用。

目前，气雾剂在国内外应用较为普遍，品种也很多，如抗生素、抗组胺药、支气管扩张药、心血管药、解痉药和治疗烧伤的药物等。

气雾剂及其技术快速发展后，与气雾剂类似的剂型，如喷雾剂与粉雾剂，同样也迅速发展。喷雾剂系指含药溶液、乳状液或混悬液填充于特制的装置中，使用时借助手动泵的压力、高压气体、超声振动或其他方法将内容物呈雾状物释出，用于肺部吸入或直接喷至腔道黏膜、皮肤及空间消毒的制剂。粉雾剂系指一种或一种以上的药物粉末经特殊的给药装置后，以干粉形式进入呼吸道，发挥局部或全身作用的一种给药系统。

近年来，新技术在气雾剂中的应用越来越多。首先是给药系统本身的完善，如新的吸入给药装置等，使气雾剂应用越来越方便，患者更易接受。目前国外胰岛素肺部给药剂研究已进入了临床试验阶段，如胰岛素的气雾剂、喷雾剂及粉末吸入剂等。此外，一些疫苗及其他生物制品的喷雾给药系统也在研究中。其次是新的制剂技术，如脂质体、前体药物、高分子载体等的应用，使药物在肺部的停留时间延长，起到缓释的作用。

（一）气雾剂的特点

1. 气雾剂的主要优点

（1）具有速效和定位作用　气雾剂可使药物直接到达作用或吸收部位，分布均匀，奏效快。

（2）提高药物的稳定性　药物密闭于不透明的容器中，避光且不与空气中的氧或水分直接接触，也不易被微生物污染，稳定性好。

（3）提高生物利用度　药物不经胃肠道吸收，可避免对胃肠道的破坏和肝脏的首过效应，生物利用度高。

（4）剂量准确　气雾剂可通过定量阀门准确控制剂量，且喷出物分布均匀，使用时只需按动推动钮，药液即可喷出，使用方便。

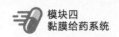
（5）减小对创面的刺激性　药物以细小雾滴等形式喷于用药部位，机械刺激性小，并可减少局部涂药的疼痛与感染，尤其适用于外伤和烧伤患者。

2. 气雾剂的主要缺点

（1）气雾剂需要耐压容器、阀门系统和特殊的生产设备，故成本较高。

（2）抛射剂因其高度挥发性而具有致冷效应，多次用于受伤皮肤可引起不适与刺激。

（3）气雾剂如封装不严密，可因抛射剂的泄漏而失效。另外，容器内具有一定的压力，遇热或受撞击也可能发生爆炸。

（4）吸入气雾剂因肺部吸收干扰因素多，往往吸收不完全且变异性较大。

（二）气雾剂的种类

1. 按分散系统分类

按分散系统分类，气雾剂可分为溶液型、混悬型和乳剂型三类。

（1）溶液型气雾剂　系指药物（固体或液体）溶解在抛射剂中，形成均匀溶液，喷出后抛射剂挥发，药物以固体或液体微粒状态到达作用部位。

（2）混悬型气雾剂　药物（固体）以微粒状态分散在抛射剂中形成混悬液，喷出后抛射剂挥发，药物以固体微粒状态到达作用部位。此类气雾剂又称为粉末气雾剂。

（3）乳剂型气雾剂　药物水溶液和抛射剂按一定比例混合，可形成 O/W 型或 W/O 型乳剂。O/W 型乳剂以泡沫状态喷出，因此又称为泡沫气雾剂；W/O 型乳剂，喷出时形成液流。

2. 按气雾剂组成分类

按容器中存在的相数，可分为二相气雾剂和三相气雾剂两类。

（1）二相气雾剂　一般指溶液型气雾剂，由气-液两相组成。气相是抛射剂所产生的蒸气；液相为药物与抛射剂所形成的均相溶液。

（2）三相气雾剂　一般指混悬型气雾剂与乳剂型气雾剂，由气-液-固或气-液-液三相组成。在气-液-固中，气相是抛射剂所产生的蒸气，液相是抛射剂，固相是不溶性药粉；在气-液-液中，两种不溶性液体形成两相，即 O/W 型或 W/O 型。

3. 按医疗用途分类

按医疗用途，可分为呼吸道吸入用气雾剂、皮肤和黏膜用气雾剂及空间消毒用气雾剂三类。

（1）呼吸道吸入用气雾剂　系指药物与抛射剂呈雾状，喷出时随呼吸吸入肺部的制剂，可发挥局部或全身治疗作用。

（2）皮肤和黏膜用气雾剂　皮肤用气雾剂主要起保护创面、清洁消毒、局部麻醉及止血等作用；阴道黏膜用气雾剂，常用 O/W 型泡沫气雾剂，主要用于治疗微生物、寄生虫等引起的阴道炎，也可用于节制生育；鼻黏膜用气雾剂主要是一些肽类的蛋白类药物，用于发挥全身作用。

（3）空间消毒用气雾剂　主要用于杀虫、驱蚊及室内空气消毒。喷出的粒子极细（直径不超过 $50\mu m$），一般在 $10\mu m$ 以下，能在空气中悬浮较长时间。

二、气雾剂的组成

气雾剂是由抛射剂、药物与附加剂、耐压容器和阀门系统所组成。抛射剂与药物（必要时加附加剂）一同封装在耐压容器内，器内产生压力（抛射剂气体）。若打开阀门，则药物、抛射剂一起喷出而形成气雾。雾滴中的抛射剂进一步汽化，雾滴变得更细。雾滴的大小取决于抛射剂的类型、用量、阀门和揿钮的类型，以及药液的黏度等。

（一）抛射剂

抛射剂是喷射药物的动力，有时兼有药物的溶剂作用。抛射剂多为液化气体，在常压下沸点低于室温。因此，需装入耐压容器内，由阀门系统控制。在阀门开启时，借抛射剂的压力将容器内药液以雾状喷出到达用药部位。抛射剂喷射能力的大小直接受其种类和用量的影响，同时也要根据气雾剂用药目的和要求加以合理选择。

对抛射剂的要求：在常温下的蒸气压大于大气压；无毒、无致敏反应和刺激性；惰性，不与药物等发生反应；不易燃、不易爆炸；无色、无臭、无味；价廉易得。但一种抛射剂不可能同时满足以上各个要求，应根据用药目的适当选择。

1. 抛射剂的种类

抛射剂主要有氟氯烷烃类、碳氢化合物及压缩气体类。

（1）氟氯烷烃类 又称氟利昂，是医用气雾剂的主要抛射剂。其特点是沸点低，常温下蒸气压略高于大气压；易控制，且性质稳定、不易燃烧，液化后密度大；无味，基本无臭，毒性较小；不溶于水，可作脂溶性药物的溶剂，但有破坏大气中臭氧层的缺点。

氟利昂有一氟三氯甲烷（F11）、二氟二氯甲烷（F12）和四氟二氯乙烷（F114）。由于氟氯烷烃类抛射剂的沸点和蒸气压范围很宽，使用时可选用一种，或根据产品需要选用混合抛射剂，以克服单一抛射剂的不足。

氟氯烷烃类性质稳定，在大气层破坏臭氧层，有些国家已有限制氟氯烷烃类用于气雾剂的规定，此类不是理想的抛射剂，新一代的抛射剂有待开发。

药物研究者一直在寻找氟利昂的代用品。如 1994 年 FDA 注册的四氟乙烷（HFA 134a）、七氟丙烷（HFA 227）及二甲醚（DME）作为新型抛射剂，其性状与沸点和低沸点氟利昂类似，但其化学稳定性较差，极性更小。表 11-1 列出了新的氟代烷烃与氟利昂的性质比较。

表 11-1 新的氟代烷烃与氟利昂的性质比较

名称	一氟三氯甲烷	二氟二氯甲烷	四氟二氯乙烷	四氟乙烷	七氟丙烷
分子式	$CFCl_3$	CF_2Cl_2	CF_2ClCF_2Cl	CF_3CFH_2	CF_3CHFCF_3
蒸气压(20℃)/kPa	−1.8	67.6	11.9	4.71	3.99
沸点/℃	24	−30	4	−26.5	−17.3
密度/(g/ml)	1.49	1.33	1.47	1.22	1.41
臭氧破坏作用①	1	1	0.7	0	0
温室效应	1	3	3.9	0.22	0.7
大气生命周期/年	75	111	7200	15.5	33

① 臭氧破坏作用以一氟三氯甲烷为参照。

（2）碳氢化合物 主要品种有丙烷、正丁烷、异丁烷。虽然稳定，毒性不大、密度低，但易燃、易爆，不宜单独使用，常与氟氯烷烃类抛射剂合用。

（3）压缩气体类 作抛射剂的主要有二氧化碳、氮气和一氧化氮等。其化学性质稳定，不与药物发生反应，不燃烧。但液化后的沸点较低，如氮−95.6℃、二氧化碳−8.3℃；常温时蒸气压过高，如一氧化氮 4961kPa（表压，21.1℃）、二氧化碳 5767kPa（表压，21.1℃）；对容器要求较严。若在常温下充入非液化压缩气体，则压力容易迅速降低，达不到持久喷射的效果。

2. 抛射剂的用量与蒸气压

气雾剂喷射能力的强弱取决于抛射剂的用量及其自身蒸气压。一般是用量大，蒸气压高，喷射能力强，反之则弱。吸入气雾剂或要求喷出物雾滴细，则要求喷射能力强。皮肤用

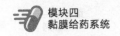

气雾剂、乳剂型气雾剂则要求喷射能力稍弱。一般多采用混合抛射剂，通过调整用量和蒸气压来达到调整喷射能力的目的。

氟氯烷烃类的抛射剂混合使用，对药物的吸收有一定的影响。这类抛射剂从肺部排泄不经代谢，因此在血液中浓度高的氟氯烷烃类，从肺部排泄较慢，在血中达到一定浓度时可使心脏致敏，产生儿茶酚样的副作用。药用气雾剂中氟氯烷烃类的混合抛射剂如表 11-2 所示。

表 11-2　药用气雾剂中氟氯烷烃类的混合抛射剂

混合抛射剂	组成	蒸气压（表压，21.1℃）/kPa	密度（21.1℃）/(g/ml)
12/11	35∶65	186.3	1.435
12/11	50∶50	257.8	1.412
12/11	30∶70	161.8	1.444
12/11	60∶40	303.9	1.396
12/114	70∶30	386.2	1.368
12/114	25∶75	209.8	1.434
12/114	10∶90	139.2	1.455
12/114	20∶80	187.2	1.441
12/114	40∶60	274.5	1.412
12/114	45∶55	295.1	1.405
12/114	55∶45	333.3	1.390

注：12/11（30∶70）是指 F12 重量为 30% 与 F11 重量为 70% 的混合物，其他同。

（二）药物与附加剂

1. 药物

液体、固体药物均可制备气雾剂，目前应用较多的药物有呼吸道系统用药、心血管系统用药，解痉及烧伤用药等。近年来多肽类药物的气雾剂给药系统的研究越来越多。

2. 附加剂

为制备质量稳定的溶液型、混悬型或乳剂型气雾剂应加入附加剂，如潜溶剂、润湿剂、乳化剂、稳定剂，必要时还可添加矫味剂、防腐剂等。

（三）耐压容器

气雾剂的容器必须不与药物和抛射剂发生作用、耐压（有一定的耐压安全系数）、轻便、价廉等。耐压容器有金属容器和玻璃容器，其中玻璃容器较常用。在玻璃容器外搪有塑料防护层可增强其耐压和耐撞击性。金属容器包括不锈钢、铝等容器，耐压性强，但对药液不稳定，需要内涂聚乙烯或环氧树脂等，一般较少应用。

（四）阀门系统

阀门材料必须对内容物为惰性，其加工应精密。目前使用最多的定量型的吸入气雾剂阀门系统的结构与组成如图 11-1 所示。气雾剂的阀门系统除一般阀门外，还有供吸入用的定量阀门，供腔道或皮肤等外用的泡沫阀门系统。阀门系统坚固、耐用和结构稳定，因其直接影响到制剂的质量。

1. 封帽

封帽通常为铝制品，将阀门固封在容器上，根据需要可涂上环氧树脂等薄膜。

2. 阀杆（轴芯）

阀杆常由尼龙或不锈钢制成，顶端与推动钮相接，其上端有内孔和膨胀室，其下端还有一段细槽或缺口以供药液进入定量室。

（1）内孔（出药孔）　内孔位于阀门杆旁，平常被弹性封圈封在定量室之外，使容器内

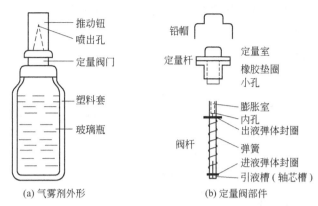

(a) 气雾剂外形　　　　　(b) 定量阀部件

图 11-1　气雾剂定量阀门系统的结构与组成

外不沟通。内孔是阀门沟通容器内外的极细小孔，其大小关系到气雾剂喷射雾滴的粗细。当揿下推动钮时，内孔进入定量室与药液相通，药液即通过它进入膨胀室，然后从喷嘴喷出。

（2）膨胀室　膨胀室在阀门杆内，位于内孔之上，药液进入此室时，部分抛射剂因汽化而骤然膨胀，使药液雾化、喷出，进一步形成细雾滴。

（3）橡胶封圈　封圈应有弹性，通常由丁腈橡胶制成，分进液和出液两种。进液封圈紧套于阀杆下端，在弹簧之下，它的作用是托住弹簧，同时随着阀门杆的上下移动而使进液槽打开或关闭，且封闭定量室下端，使杯（室）内药液不致倒流。出液弹性封圈紧套于阀杆上端，位于内孔之下、弹簧之上，它的作用是随着阀杆的上下移动而使内孔打开或关闭，同时封闭定量室的上端，使杯内药液不致逸出。

（4）弹簧　弹簧套于阀杆，位于定量杯内，提供推动钮上升的弹力，由不锈钢制成。

（5）定量杯（室）　定量杯（室）由金属或塑料制成，其容量一般为 $0.05 \sim 0.2\text{ml}$。它决定剂量的大小。由上下封圈控制药液不外溢，使喷出准确的剂量。

（6）浸入管　浸入管为塑料制成，如图 11-2 所示，它是将容器内药液向上输送到阀门系统的通道，向上的动力是容器的内压。

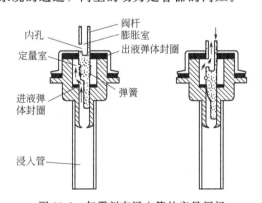

图 11-2　气雾剂有浸入管的定量阀门

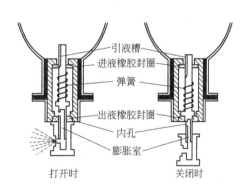

图 11-3　气雾剂无浸入管的定量阀门

国产药用吸入气雾剂不用浸入管，故使用时需将容器倒置，如图 11-3 所示，使药液通过阀杆的引液槽进入阀门系统的定量室。喷射时，按下揿钮，阀杆在揿钮的压力下顶入，弹簧受压，内孔进入出液橡胶封圈以内，定量室内的药液由内孔进入膨胀室，部分汽化后自喷嘴喷出。同时引流槽部进入瓶内，封圈封闭了药液进入定量室的通道。揿钮压力除去后，在弹簧的作用下，又使阀杆恢复原位，药液再进入定量室。

（7）推动钮　推动钮常用塑料制成，装在阀杆的顶端，推动阀杆以开启和关闭气雾剂

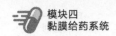

阀门，上有喷嘴，控制药液喷出的方向。不同类型的气雾剂，应选用不同类型喷嘴的推动钮。

三、气雾剂的制备

气雾剂制备流程如图 11-4 所示。

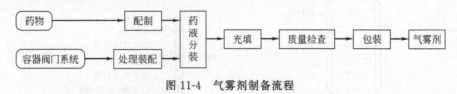

图 11-4　气雾剂制备流程

（一）气雾剂的处方设计

气雾剂的处方组成，除选择适宜的抛射剂外，主要根据药物的理化性质，选择适宜附加剂，配制成一定类型的气雾剂，以满足临床用药的要求。

1. 溶液型气雾剂

溶液型气雾剂是将药物溶于抛射剂中形成的均相分散体系。为配制澄明溶液，常在抛射剂中加入适量乙醇或丙二醇作潜溶剂，使药物和抛射剂混溶成均相溶液。喷射后抛射剂汽化，药物成为极细的雾滴形成气雾，主要用于吸入治疗。口腔吸入和鼻用溶液型气雾剂的一般处方组成见表 11-3。

表 11-3　口腔吸入和鼻用溶液型气雾剂的一般处方组成

药物	溶解于系统中
溶剂	乙醇、甘油、水、增溶剂（表面活性剂），脂质
抗氧剂	维生素
香料	芳香油
抛射剂	12/11、12/114、12、12/114/11

注：其他组合抛射剂也可用来制得符合要求的气雾剂。

2. 混悬型气雾剂

混悬型气雾剂是将不溶于抛射剂的药物以细微粒状分散于抛射剂中形成的非均相体系。为使分散均匀并稳定，常需加入表面活性剂作为润湿剂、分散剂和助悬剂。

混悬型气雾剂的处方设计必须注意提高分散系统的稳定性，主要控制以下几个环节。

① 水分含量要极低，应在 0.03% 以下，通常控制在 0.005% 以下，以免药物微粒遇水聚结。

② 药物的粒度极小，应在 5μm 以下，不得超过 10μm。

③ 在不影响生理活性的前提下，选用在抛射剂中溶解度最小的药物衍生物，以免药物微晶粒在贮存过程中变粗。

④ 调节抛射剂和（或）混悬固体的密度，尽量使二者密度相等。

⑤ 添加适当的助悬剂。

3. 乳剂型气雾剂

乳剂型气雾剂是由药物、抛射剂与乳化剂等形成的乳剂型非均相分散体系。药物可溶解在水相或油相中，形成 O/W 型或 W/O 型。如外相为药物水溶液，内相为抛射剂，则可形成 O/W 型乳剂。当乳剂经阀门喷出后，分散相中的抛射剂立即膨胀汽化，使乳剂呈泡沫状态喷出，故称泡沫气雾剂。

乳化剂的选择很重要，其乳化性能好坏的指标为：在振摇时应完全乳化成很细的乳滴，外观白色，较稠厚，至少在 $1\sim2min$ 内不分离，并能保证抛射剂与药液同时喷出。由于氟氯烷烃类抛射剂与水的密度相差较大，单独应用时难以获得稳定乳剂，通常采用混合抛射剂，其用量一般为 $8\%\sim10\%$。抛射剂用量与喷出孔径大小有关。局部用乳剂型气雾剂的一般处方组成见表 11-4。

表 11-4　局部用乳剂型气雾剂的一般处方组成

药物	溶解于脂肪酸、植物油、甘油
乳化剂	脂肪酸皂(三乙醇胺硬脂酸酯)、聚山梨酯类、乳化蜡等表面活性剂
其他附加剂	柔软剂(皮肤缓和药)、润滑剂、防腐剂、香料等
抛射剂	12/142$_b$[①]碳氢化物、22/152$_a$[①]、22/142$_b$、152$_a$/142$_b$、二甲基乙酯

① 142$_b$ 即二氟二氯乙烷，152$_a$ 即二氟乙烷。

(二)气雾剂的制备过程

气雾剂的生产环境、用具和整个操作过程应注意避免微生物的污染。其制备过程可分为：容器阀门系统的处理与装配、药物的配制与分装、充填抛射剂和质量检查等。

1. 容器阀门系统的处理与装配

(1)玻璃搪塑　先将玻璃瓶洗净烘干，预热至 $120\sim130℃$，趁热浸入塑料黏浆中，使瓶颈以下黏附一层塑料浆液，倒置，在 $150\sim170℃$ 烘干 $15min$，备用。对塑料涂层的要求：能均匀地紧密包裹玻璃瓶，避免爆瓶时玻璃片飞溅，外表平整、美观。

(2)阀门系统的处理与装配　将阀门的各种零件分别处理：橡胶制品可在 75% 乙醇中浸泡 $24h$，以除去色泽并消毒，干燥备用；塑料、尼龙零件洗净再浸泡在 95% 乙醇中备用；不锈钢弹簧在 $1\%\sim3\%$ 氢氧化钠碱液中煮沸 $10\sim30min$，用水洗涤数次，然后用纯化水洗 $2\sim3$ 次，直到无油腻为止，浸泡在 95% 乙醇中备用。最后将上述已处理好的零件，按照阀门结构装配，定量室与橡胶垫圈套合，阀杆装上弹簧、橡胶垫圈与封帽等。

2. 药物的配制与分装

按处方组成及要求的气雾剂类型进行配制：溶液型气雾剂应制成澄清药液；混悬型气雾剂应将药物微粉化并保持干燥状态，严防药物微粉吸附水蒸气；乳剂型气雾剂应制成稳定的乳剂，然后定量分装在已准备好的容器内，安装阀门，轧紧封帽。

3. 充填抛射剂

抛射剂的充填有压灌法和冷灌法两种。

(1)压灌法　先将配好的药液（一般为药物的乙醇溶液或水溶液）在室温下灌入容器内，再将阀门装上并轧紧，然后通过压装机压入定量抛射剂（最好先将容器内空气抽去）。

压灌法的设备简单，不需要低温操作，抛射剂损耗较少，目前我国多用此法生产。但生产速度较慢，且使用过程中压力的变化幅度较大。气雾剂灌装设备分手动气雾剂灌装设备、半自动气雾剂灌装设备和全自动气雾剂灌装设备。

(2)冷灌法　药液借冷灌装置中的热交换器冷却至 $-20℃$ 左右，抛射剂冷却至沸点以下至少 $5℃$。先将冷却的药液灌入容器中，随后加入已冷却的抛射剂（也可两者同时灌入）。立即将阀门装上并轧紧，操作必须迅速，以减少抛射剂损失。

冷灌法速度快，对阀门无影响，成品压力较稳定。但需制冷设备和低温操作，抛射剂损失较多；含水品种不宜使用此法。加铝盖轧口封固，再用压灌法灌注二氟二氯甲烷，经质检

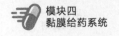

合格后包装。

4. 质量检查

气雾剂的质量评价，首先对气雾剂的内在质量进行检测评定以确定其是否符合规定要求，如《中国药典》通则规定，二相气雾剂应为澄清、均匀的溶液；三相气雾剂药物粒度大小应控制在 10μm 以下，其中大多数应为 5μm 左右。然后，对气雾剂的包装容器和喷射情况，在半成品时进行逐项检查，主要有如下检查项目，具体检查方法可参见《中国药典》。

(1) 安全、漏气检查 安全检查主要进行爆破试验。

漏气检查，可用加温后目测确定，必要时用称量方法测定。

(2) 装量与异物检查 在灯光下照明检查装量是否合格，剔除不足者。同时剔除色泽异常或有异物、黑点者。

(3) 喷射速率和喷出总量检查 对于外用气雾剂，即用于皮肤和黏膜及空间消毒用的气雾剂需检查此项。

① 喷射速率。取供试品 4 瓶，依法操作，并重复操作 3 次。计算每瓶的平均喷射速率（g/s），均应符合各品种项下的规定。

② 喷出总量。取供试品 4 瓶，依法操作，每瓶喷出量均不得少于其标示装量的 85％。

(4) 每罐总揿次与每揿主药含量检查 喷射总揿次的检查：取样 4 瓶，分别依法操作，每瓶的揿次均不得少于其标示揿次。

喷射主药含量检查：取样 1 瓶，依法操作，平均含量应为每揿喷出主药含量标示量的 80％～120％。

(5) 喷雾的药物粒度和雾滴大小的测定 取样 1 瓶，依法操作，检查 25 个视野。多数药物粒子应在 5μm 左右，大于 10μm 的粒子不得超过 10 粒。

(6) 有效部位药物沉积量检查 对于吸入气雾剂，除另有规定外，按照有效部位检查法，药物沉积量应不少于每揿主药含量标示量的 15％。

(7) 微生物限度 应符合相关规定。

(8) 无菌检查 烧伤、创伤、溃疡用气雾剂的无菌检查，应符合相关规定。

> **知识链接**
> **分析气雾剂的组成和气雾形成**
> 气雾剂是由抛射剂、药物与附加剂、耐压容器和阀门系统组成的。抛射剂及必要时加入的附加剂与药物一同封装在耐压容器中。由于抛射剂汽化产生压力，若打开阀门，则药物、抛射剂一起喷出而形成雾滴。离开喷嘴后抛射剂和药物的雾滴进一步汽化，雾滴变得更细。雾滴的大小取决于抛射剂的类型、用量、阀门和揿钮的类型，以及药液的黏度等。

（三）气雾剂举例

【例1】 芸香草油气雾剂

[处方]		
精制芸香草油	150ml	
乙醇	550ml	
糖精	适量	
香精	适量	
F12	1500ml	

[制法] 将芸香草油溶于乙醇，加糖精、香精混溶，分装于容器，装阀门轧紧，压入抛射剂，摇匀，即得溶液型气雾剂。共制成 180 瓶。

本气雾剂中抛射剂约占 65%，因此压力高、喷出的雾滴小，可作吸入气雾剂，主要用于呼吸道疾患的治疗。若处方中增加乙醇或丙二醇等溶剂用量，减少 F12 用量，则喷出的雾滴变大，可用于局部应用。

【例 2】 盐酸异丙肾上腺素气雾剂

[处方]
盐酸异丙肾上腺素	2.5g
维生素 C	1.0g
乙醇	296.5g
F12	适量

[制法] 盐酸异丙肾上腺素在 F12 中溶解性能差，加入乙醇作潜溶剂，维生素 C 为抗氧剂。将药物与维生素 C 加乙醇制成溶液，分装于气雾剂容器内，安装阀门，轧紧封帽后，充填抛射剂 F12。共制成 1000g。

局部应用的溶液型气雾剂除上述组成外，还含有防腐剂羟苯甲酯和丙酯等。

【例 3】 大蒜油气雾剂

[处方]
大蒜油	10ml
聚山梨酯 80	30g
油酸山梨坦	35g
甘油	250ml
十二烷基磺酸钠	20g
F12	962.5ml
蒸馏水	加至 1400ml

[制法] 本品为三相气雾剂的乳剂型气雾剂，用聚山梨酯 80、油酸山梨坦及十二烷基磺酸钠作乳化剂，将油-水两相液体混合成乳剂，分装成 175 瓶，每瓶压入 5.5g 的 F12，密封即得。喷射后产生大量泡沫，药物有抗真菌作用，适用于真菌性阴道炎。

【例 4】 沙丁胺醇气雾剂

[处方]
沙丁胺醇	26.4g
油酸	适量
F11	适量
F12	适量

[制法] 取沙丁胺醇（微粉）与油酸混合均匀成糊状。按量加入 F11，用混合器混合，使沙丁胺醇微粉充分分散制成混悬液后，分剂量灌装，封接剂量阀门系统，再分别压入 F12 即得。共制成 1000 瓶，按要求检查各项指标，放置 28d，再进行检测，合格后包装。每瓶净重为 20g，可喷 200 次。

沙丁胺醇主要作用于支气管平滑肌的 β 受体，用于治疗哮喘。气雾剂吸入副作用小于口服。沙丁胺醇气雾剂为混悬型气雾剂，其中油酸为稳定剂，可防止药物凝聚与结晶增长，还可增加阀门系统的润滑和封闭性能。

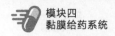
实训 10 气雾剂的制备

【实训目的】

1. 通过典型气雾剂的制备，掌握气雾剂的工艺流程、容器阀门系统的处理与装配、配制、充填和质量检查等操作。

2. 认识本工作中使用到的仪器、设备，并能规范使用。

【实训条件】

1. 实训场地

气雾剂实训车间（包括处理与装配、配制、分装、充填等）。

2. 处方及制法

以盐酸异丙肾上腺素气雾剂为例。

【处方】盐酸异丙肾上腺素　　　　　　2.5g

维生素 C　　　　　　　　　　　　1.0g

乙醇　　　　　　　　　　　　　　296.5g

F12　　　　　　　　　　　　　　适量

【制法】盐酸异丙肾上腺素在 F12 中溶解性能差，加入乙醇作潜溶剂，维生素 C 为抗氧剂。将药物与维生素 C 加乙醇制成溶液，分装于气雾剂容器，安装阀门，轧紧封帽后，充装抛射剂 F12。

岗位一　称　量

1. 生产前准备

(1) 操作人员按一般生产区人员进入标准操作程序进行更衣，进入操作间。

(2) 检查工作场所、设备、工具、容器是否有清场合格标志，并核对其有效期，否则，按清场程序清场。并请 QA 人员检查合格后，将清场合格证附于本批生产记录内，进入下一步操作。

(3) 检查称量设备是否具有"完好"标志及"已清洁"标志。检查设备是否正常，若有一般故障自己排除，自己不能排除的则通知维修人员，正常后方可运行。

(4) 检查称量设备是否符合工艺要求。

(5) 检查计量器具，要求完好，性能与称量要求相符，有检定"合格证"，并在检定有效期内。正常后进行下一步操作。

(6) 根据生产指令填写领料单，向仓库领取需要粉碎的药材、辅料，摆放在粉碎机旁。并核对粉碎药材的名称、批号、数量、质量，无误后进行下一步操作。

(7) 按《称量清洁、消毒标准操作规程》对设备及所需容器、工具进行消毒。

2. 生产操作

(1) 称量原辅料用的电子台秤或电子天平必须配备电子打印机。

(2) 称量打印的记录应包含以下内容：电子台秤、电子天平计量编号，称量开始时间，物料名称、进库编号，所有物料用于生产的制剂品名、规格、批号，以上信息无法打印的必须手工书写。

(3) 选用洁净干燥容器或自购药用塑料袋作为称量容器，称量人先将电子台秤或电子天平归零，打印零点，再称其重量，打印皮重，记录为"皮重 A"。

(4) 去皮，打印零点。

(5) 根据处方量精确称量相应数量的物料，待电子台秤或电子天平稳定后，打印净重，记录为"净重 B"。

（6）根据"皮重 A"及"净重 B"计算毛重，即计算毛重 $C = A + B$。

（7）每种原辅料按照此过程称量时，打印纸必须包含归零零点、皮重、去皮零点、净重四个值。

（8）称量结束后，经称量人、复核人、过程控制人员或班长对以上打印内容确认无误后，分别签字，并将签字后的打印纸条附批生产记录中。

（9）打印的记录应包含以下内容：电子台秤或电子天平计量编号，复核开始时间，物料名称，所有物料用于生产的制剂品名、规格、批号，以上信息无法打印的必须手工书写。

3. 清场

按《岗位清洁 SOP》进行清场。清场完毕后，填写清场记录并上报 QA 人员，经 QA 人员检查发放清场合格证后本岗位挂"清场合格"状态标志。

4. 结束并记录

及时填写批生产记录、设备运行记录、交接班记录等。关好水、电及门。

5. 质量控制要点

质量控制要点是原辅料的分类称取。

岗位二　配　方

1. 生产前准备

（1）检查操作间、器具及设备等是否有清场合格标志，并确定在有效期内。否则按《岗位清洁 SOP》进行清场并经 QA 人员检查发放清场合格证后，方可进行生产。

（2）根据要求选择适宜配方设备，设备要有"合格""已清洁"状态标志，并对设备状况进行检查，确认设备运行正常后方可使用。

（3）根据生产指令填写领料单，并向中间站领取物料。注意核对品名、批号、规格、数量，无误后进行下一步操作。

（4）挂本次"运行"状态标志，进入操作。

2. 生产操作（以 SYH 三维混合机为例）

（1）检查工作室内设备、物料及辅助工器具是否已定位摆放。

（2）执行《配方岗位标准操作规程》，合上电源开关，当设备加料口处于最上部位置时，关闭电源开关。

（3）打开加料口盖，将配料倾入混合桶内，按料筒容积的 $70\% \sim 75\%$ 进行加料，合上桶盖。

（4）按要求设定混合时间，启动运转开关。

（5）混合时间达到后，关闭开机控制键，准备出料，如果料口位置不理想，可再次按操作程序开机，使其出料口处于最低位置。

（6）待混合筒停稳后，关上电源开关，打开混合桶盖，转动蝶阀自动出料。

【提示】本机是三维空间的混合，故料筒的有效运转范围内应加安全防护栏，以免发生事故。在装卸料时必须停机，以防电器失灵，造成事故。设备在运转过程中，操作人员请务必离开现场，如出现异常声音，应停机检查，待排除事故隐患后方可开机。控制面板上的按钮不得随意变动，出厂前已校核好。

3. 清场

按《岗位清洁 SOP》进行清场。清场完毕后，填写清场记录并上报 QA 人员，经 QA 人员检查发放清场合格证后本岗位挂"清场合格"状态标志。

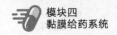
4. 结束并记录

及时填写批生产记录、设备运行记录、交接班记录等。关好水、电及门。

5. 质量控制要点

质量控制要点是混合均匀度。

岗位三　灌　装

1. 生产前准备

（1）检查操作间、器具及设备等是否有清场合格标志，并确定在有效期内。否则按《岗位清洁 SOP》进行清场并经 QA 人员检查发放清场合格证后，方可进行生产。

（2）根据要求选择适宜灌装设备，设备要有"合格""已清洁"状态标志，并对设备状况进行检查，确认设备运行正常后方可使用。

（3）根据生产指令填写领料单，并向中间站领取物料。注意核对品名、批号、规格、数量，无误后进行下一步操作。

（4）挂本次"运行"状态标志，进入操作。

2. 生产操作（以 QGJ 普通型全自动气雾剂灌装机为例）

（1）检查工作室内设备、物料及辅助工器具是否已定位摆放。

（2）执行《灌装岗位标准操作规程》，将已消毒的空药用瓶罐整齐地摆放在灌装机下管流程线上。接通电源后，调节剂量大小，使压力达到规定的范围，将配电柜上的电源开关转换到"开"状态。按下复位键取消报警，确认触摸屏上无警报信号（绿灯亮）。

3. 清场

按《岗位清洁 SOP》进行清场。清场完毕后，填写清场记录并上报 QA 人员，经 QA 人员检查发放清场合格证后，本岗位挂"清场合格"状态标志。

4. 结束并记录

及时填写批生产记录、设备运行记录、交接班记录等。关好水、电及门。

5. 质量控制要点

质量控制要点是灌装剂量。

❓ 思考题

1. 分析气雾剂的组成。
2. 简述气雾剂的特点。
3. 简述抛射剂的分类。
4. 简述抛射剂选用的要求。
5. 简述气雾剂的制备工艺流程。

项目十二　滴眼剂

学习目标

◎ 掌握滴眼剂的概念和质量要求。

◎ 了解滴眼剂的附加剂及使用方法。

◎ 学会滴眼剂的制备工艺及操作要点。

一、眼用制剂概述

眼用制剂系指直接用于眼部发挥治疗作用的无菌制剂。眼用制剂可分为眼用液体制剂（滴眼剂、洗眼剂、眼内注射溶液）、眼用半固体制剂（眼膏剂、眼用乳膏剂、眼用凝胶剂）、眼用固体制剂（眼膜剂、眼丸剂、眼内插入剂）等。眼用液体制剂也可以固态形式包装，另备溶剂，在临用前配成溶液或混悬液。

滴眼剂系指由原料药物与适宜辅料制成的供滴入眼内的无菌液体制剂。常用作杀菌、消炎、收敛、缩瞳、麻醉或诊断之用，有的还可作润滑或代替泪液使用。近年来，一些眼用新剂型，如眼用膜剂、眼胶及接触眼镜等也已逐步应用于临床。

二、滴眼剂的质量要求

滴眼剂的质量要求主要有以下几点。

1. pH

pH对滴眼液有重要影响，由pH不当而引起的刺激性，可增加泪液的分泌，导致药物迅速流失，甚至损伤角膜。正常眼可耐受的pH范围为5.0～9.0。pH在6.0～8.0时无不适感觉，小于5.0或大于11.4有明显的刺激性。滴眼剂的pH调节应兼顾药物溶解度、稳定性、刺激性的要求，同时亦应考虑pH对药物吸收及药效的影响。

2. 渗透压

眼球能适应的渗透压范围相当于0.6%～1.5%的氯化钠溶液，超过2%就有明显的不适。低渗溶液应该用合适的调节剂调成等渗，如氯化钠、硼酸、葡萄糖等。眼球对渗透压的感觉不如对pH敏感。

3. 无菌

眼部有无外伤是滴眼剂无菌要求严格程度的界限。一般滴眼剂（即用于无眼外伤的滴眼剂）要求无致病菌（不得检出铜绿假单胞菌和金黄色葡萄球菌）。滴眼剂是一种多剂量剂型，患者在多次使用时，很易染菌，所以要加抑菌剂，使它在被污染后，于下次再用之前恢复无菌。因此一般滴眼剂的抑菌剂要求作用迅速（即在1～2h内达到无菌）。用于眼外伤或术后的眼用制剂要求绝对无菌，多采用单剂量包装并不得加入抑菌剂。

4. 澄明度

滴眼剂的澄明度要求比注射液稍低些。一般玻璃容器的滴眼剂按注射剂的澄明度检查方法检查，但有色玻璃或塑料容器的滴眼剂应在照度3000～5000lx下用眼检视，尤其不得有

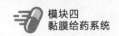
玻璃屑。混悬型滴眼剂应进行药物颗粒细度检查，一般规定含 $15\mu m$ 以下的颗粒不得少于 90%，$50\mu m$ 的颗粒不得超过 10%。不应有玻璃，颗粒应易摇匀，不得结块。

5. 黏度
将滴眼剂的黏度适当增大，可使药物在眼内停留时间延长，从而增强药物的作用。

6. 稳定性
眼用溶液类似注射剂，应注意稳定性问题，如毒扁豆碱、乙基吗啡、后马托品等。

三、滴眼剂的附加剂

（一）附加剂的选择

滴眼剂主要通过角膜（药物→角膜→前房→虹膜）和结膜（药物→结膜→巩膜）两条途径吸收，角膜前的薄膜层与水溶性或脂溶性的眼用制剂均能相溶，因此两相都能溶解的药物易通过角膜。水溶性药物容易通过巩膜，而脂溶性药物则不容易通过。因此，设计滴眼剂处方时，在选择溶解性好的药物的同时，对于溶解性稍弱的药物，要考虑通过添加助溶剂、pH 调节剂等附加剂增强药物的溶解性。

眼睛为娇嫩的器官，任何因素引起的刺激都可增加泪液的分泌，导致药物迅速流失，甚至损伤角膜。因此，要添加 pH 调整剂调节药液 pH 为眼睛舒适的 pH；添加渗透压调节剂使药液渗透压与泪液等渗。

滴眼剂为无菌制剂，但滴眼剂多数为多剂量制剂，在使用过程中无法始终保持无菌，因此选择适当、有效的抑菌剂十分必要。但用于眼外伤或眼部手术用的滴眼剂要绝对无菌，不得加抑菌剂，并单剂量包装。

抑菌剂的选择，最好从以下几个方面考虑：作用迅速（在 1h 内能将铜绿假单胞菌与金黄色葡萄球菌杀死）；无刺激性；药物稳定性好；不与主药和辅料发生配伍禁忌；不同抑菌剂联合使用效果会更好。

为使药物在眼睛中停留适宜的时间，需要添加黏度调节剂。如果主药中有不稳定的药物成分，则还要添加稳定剂等。

（二）常用的附加剂

滴眼剂的附加剂通常分为调整 pH 类附加剂、调整渗透压类附加剂、抑菌剂、黏度调整类附加剂、稳定剂、增溶剂和助溶剂等。

1. 调整 pH 类附加剂

滴眼剂常用的 pH 调节剂如表 12-1 所示。

表 12-1 滴眼剂常用的 pH 调节剂

缓冲液	配制方法	缓冲液 pH	适用范围
磷酸缓冲液	分别将无水磷酸二氢钠 8g 与无水磷酸氢二钠 9.47g 配制成 1000ml 的水溶液，然后以不同比例配合	5.9~8.0	适用于抗生素、阿托品、麻黄碱、毛果芸香碱、后马托品、东莨菪碱等
硼酸盐缓冲液	先配制 1.24% 硼酸溶液和 1.91% 硼砂溶液，再将二者以不同比例配合	6.7~9.1	适用于磺胺类药物的钠盐
硼酸溶液	将硼酸 1.9g 溶于 100ml 注射用水	5	适用于盐酸可卡因、盐酸普鲁卡因、盐酸丁卡因、盐酸去氧肾上腺素、盐酸乙基吗啡、甲基硫酸新斯的明、水杨酸毒扁豆碱、肾上腺素、硫酸锌等

2. 调整渗透压类附加剂

低渗透压溶液可以选择氯化钠、葡萄糖、硼酸等调成等渗。等渗的计算参照注射剂调节等渗的方法。如果因治疗确实需要用高渗溶液，如 30％磺胺醋酰钠滴眼剂，可不加调整。

3. 抑菌剂

要求滴眼剂中的抑菌剂能在1h内能将铜绿假单胞菌及金黄色葡萄球菌杀死。

（1）有机汞类 如硝酸苯汞，pH 6～7.5，与氯化钠、碘化物、溴化物有配伍禁忌；硫柳汞，稳定性较差。

（2）季铵盐类 如苯扎氯铵、苯扎溴铵、氯己定，遇阴离子表面活性剂、阴离子胶体化合物失效；与硝酸根离子、碳酸根离子、蛋白银、水杨酸盐、磺胺类钠盐、荧光素钠、氯霉素配伍禁忌。

（3）醇类 三氯叔丁醇与碱配伍禁忌；苯乙醇单用效果不好，同用有协同作用。

（4）酯类 如羟苯酯类（尼泊金）、甲酯、乙酯、丙酯。

（5）酸类 如山梨酸真菌，适用于含聚山梨酯的眼用溶液。

4. 黏度调整类附加剂

该类通常和甲基纤维素与羟苯酯类、氯化十六烷基吡啶有配伍禁忌；与 CMC-Na 同时与生物碱盐、氯己定配伍禁忌，一般不常用。一般黏度类附加剂为聚乙烯醇、聚维酮、卡波姆等。

5. 其他

其他还有稳定剂、增溶剂、助溶剂等。

四、滴眼剂的制备方法

（一）滴眼剂的工艺流程

滴眼剂的工艺流程如图 12-1 所示。

图 12-1　滴眼剂的工艺流程

此工艺适用于药物性质稳定者。对于不耐热的主药，需采用无菌法操作。而对用于眼部手术或眼外伤的制剂，应制成单剂量包装，如安瓿剂，并按安瓿生产工艺进行，保证完全无菌。洗眼液用输液瓶包装，按输液工艺处理。

（二）滴眼剂的制备

1. 容器及附件的处理

滴眼瓶一般为中性玻璃瓶，配有滴管并封有铝盖；配有橡胶帽塞的滴眼瓶简单实用。玻璃质量要求与输液瓶同，遇光不稳定者可选用棕色瓶。塑料瓶包装价廉、不碎、轻便，亦常用。但应注意与药液之间存在物质交换，因此塑料瓶应通过试验后方能确定是否选用。

洗涤方法与注射剂容器同，玻璃瓶可用干热灭菌，塑料瓶可用气体灭菌。橡胶塞、帽无隔离膜隔离，直接与药液接触，亦有吸附药物与抑菌问题，常采用饱和吸附的办法解决。处理方法如下：先用 0.5％～1.0％碳酸钠煮沸 15min，放冷，刷搓，常温水洗净；再用 0.3％盐酸煮沸 15min，放冷，刷搓，洗净重复两次；最后用过滤的蒸馏水洗净，煮沸灭菌后备用。

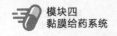

2. 配滤

药物、附加剂用适量溶剂溶解，必要时加活性炭（0.05%～0.3%）处理，经滤棒、垂熔滤球或微孔滤膜过滤至澄明，加溶剂至足量，灭菌后做半成品检查。眼用混悬剂的配制，先将微粉化药物灭菌，另取表面活性剂、助悬剂加少量灭菌蒸馏水配成黏稠液，再与主药用乳匀机搅匀，添加无菌蒸馏水至全量。

3. 无菌灌装

目前生产上均采用减压灌装。

4. 质量检查

检查澄明度、主药含量，抽样检查铜绿假单胞菌及金黄色葡萄球菌。

5. 印字包装

滴眼剂的印字包装同注射剂。

五、滴眼剂举例

【例1】 醋酸可的松滴眼液（混悬液）

本品用于治疗急性和亚急性虹膜炎、交感性眼炎、小泡性角膜炎、角膜炎等。

[处方] 醋酸可的松　　　　　　5.0g
吐温80　　　　　　　　0.8g
硝酸苯汞　　　　　　　0.02g
硼酸　　　　　　　　　20.0g
羧甲基纤维素钠　　　　2.0g
蒸馏水　　　　　　　　加至1000ml

[制法] 取硝酸苯汞溶于处方量50%的蒸馏水中，加热至40～50℃，加入硼酸、吐温80使溶解，3号垂熔漏斗过滤待用。另将羧甲基纤维素钠溶于处方量30%的蒸馏水中，用垫有200目尼龙布的布氏漏斗过滤，加热至80～90℃，加醋酸可的松微晶搅匀，保温30min，冷至40～50℃。再与硝酸苯汞等溶液合并，加蒸馏水至足量，用200目尼龙筛过滤两次，分装，封口，以100℃流通蒸汽灭菌30min。

[注解] ① 醋酸可的松微晶的粒径应在5～20μm，过粗易产生刺激性，降低疗效，甚至会损伤角膜。

② 羧甲基纤维素钠为助悬剂，配液前需精制。本滴眼液中不能加入阳离子型表面活性剂，因与羧甲基纤维素钠有配伍禁忌。

③ 为防止结块，灭菌过程中应振摇，或采用旋转无菌设备，灭菌前后均应检查有无结块。

④ 硼酸为pH与等渗调节剂，因氯化钠能使羧甲基纤维素钠黏度显著下降，促使结块沉降；改用2%的硼酸后，不仅改善降低黏度的缺点，且能减轻药液对眼黏膜的刺激性。本品pH为4.5～7.0。

【例2】 氯霉素滴眼液

[处方] 氯霉素　　　　　　　0.25g
硼酸　　　　　　　　　1.9g
硼砂　　　　　　　　　0.038g
硫柳汞　　　　　　　　0.004g
蒸馏水　　　　　　　　加至100ml

［制法］取灭菌蒸馏水约 90ml，加热至沸，加入硼酸，硼砂使溶待冷至约 40℃，加入氯霉素，硫柳汞搅拌使溶，加灭菌蒸馏水至 100ml，精滤，检查澄明度合格后，无菌分装，即得。

［注解］① 氯霉素对热稳定，配液时加热以加速溶解，用 100℃流通蒸汽灭菌。

② 处方中可加硼砂、硼酸作缓冲剂，亦可调节渗透压，同时还可增加氯霉素的溶解度，但此处不如用生理盐水为溶剂者更稳定及刺激性小。

［用途］用于治疗由大肠埃希菌、流感嗜血杆菌、克雷伯菌属、金黄色葡萄球菌、溶血性链球菌和其他敏感菌所致眼部感染，如沙眼、结膜炎、角膜炎、眼睑缘炎等。

【例3】 硝酸毛果芸香碱滴眼液

［处方］硝酸毛果芸香碱	2g
无水磷酸二氢钠	1.12g
无水磷酸氢二钠	0.57g
硫柳汞	40mg
蒸馏水	加至 200ml

［制法］取无水磷酸二氢钠和无水磷酸氢二钠，加蒸馏水至 200ml，溶解，过滤，热压灭菌（121℃灭菌 20min）。按无菌操作法将硝酸毛果芸香碱，溶于已灭菌的溶媒中，加入硫柳汞 40mg 溶解，混匀，滤过，无菌分装于已灭菌的滴眼瓶中，每支 10ml。

［注解］① 丹参中有效成分可溶于水和乙醇，故常采取煎煮法或回流法提取有效成分。

② 丹参片为半浸膏片，粉与膏的比例宜控制在 1：2.5～4。如粉料太多时，可酌加乙醇作润湿剂以便于制粒；如膏太稀时，可加淀粉作吸收剂以便于制粒。

③ 因稠膏中含有大量糖类等引湿部分，故应包薄膜衣层，以解决引湿吸嘲的问题。

［用途］用于治疗青光眼。

六、滴眼剂的质量检查与包装贮存

（一）滴眼剂的质量检查

1. 可见异物

除另有规定外，滴眼剂照可见异物检查法（通则 0904）中滴眼剂项下的方法检查，应符合规定；眼内注射溶液照可见异物检查法（通则 0904）中注射液项下的方法检查，应符合规定。

2. 装量

除另有规定外，取单剂量包装的眼用液体制剂 10 个，将内容物分别倒入经标化的量入式量筒（或适宜容器）内，检视，每个装量与标示装量相比较，均不得少于其标示量。多剂量包装的眼用制剂，照最低装量检查法（通则 0942）检查，应符合规定。

3. 无菌

除另有规定外，照无菌检查法（通则 1101）检查，应符合规定。

（二）滴眼剂的包装贮存

滴眼剂的包装容器应无菌、不易破裂，其透明度应不影响可见异物检查。目前，用于滴眼剂的包装材料主要有塑料和玻璃。塑料瓶包装价廉、不易碎、轻便，是目前使用最广泛的滴眼剂包装材料，但塑料瓶可能会吸收或吸附某些药物、抑菌剂；中性玻璃对药液的影响

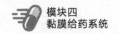
小，可使滴眼剂的保存时间较长。

除另有规定外，眼用制剂应遮光密封贮存。眼用制剂在启用后最多可使用 4 周。

实训 11　滴眼剂的制备

【实训目的】

1. 通过制备典型滴眼剂，掌握滴眼剂的工艺流程、容器及附件的处理、配滤、灌装、质量检查等操作。

2. 认识本工作中使用到的仪器、设备，并能规范使用。

【实训条件】

1. 实训场地

滴眼剂实训车间（包括处理与装配、配制、分装、充填等）。

2. 处方及制法

乙二胺四乙酸二钠洗眼液，本品含乙二胺四乙酸二钠应为 0.38%～0.42%（g/ml）。

【处方】乙二胺四乙酸二钠　　　　　　　4g

注射用水　　　　　　　　　　加至 1000ml

【制法】取乙二胺四乙酸二钠溶于适量注射用水中，用氢氧化钠液（0.1mol/L）或 0.1% 碳酸氢钠溶液将 pH 调节至 7～8，加注射用水至 1000ml，搅匀，过滤，灌封，于 115℃ 灭菌 30min，即得无色澄明液体。本品能配位多种金属离子，用于治疗石灰烧伤、角膜钙质沉着及角膜变性等。

【实训内容】

岗位一　称　量

1. 生产前准备

（1）操作人员按一般生产区人员进入标准操作程序进行更衣，进入操作间。

（2）检查工作场所、设备、工具、容器是否有清场合格标志，并核对其有效期，否则，按清场程序清场。并请 QA 人员检查合格后，将清场合格证附于本批生产记录内，进入下一步操作。

（3）检查称量设备是否具有"完好"标志及"已清洁"标志。检查设备是否正常，若有一般故障自己排除，自己不能排除的则通知维修人员，正常后方可运行。

（4）检查称量设备是否符合工艺要求。

（5）检查计量器具，要求完好，性能与称量要求相符，有检定"合格证"，并在检定有效期内。正常后进行下一步操作。

（6）根据生产指令填写领料单，向仓库领取需要粉碎的药材、辅料，摆放在粉碎机旁。并核对粉碎药材的名称、批号、数量、质量，无误后进行下一步操作。

（7）按《称量清洁、消毒标准操作规程》对设备及所需容器、工具进行消毒。

2. 生产操作

（1）称量原辅料用的电子台秤或电子天平必须配备电子打印机。

（2）称量打印的记录应包含以下内容：电子台秤、电子天平的计量编号，称量开始时间，物料名称，进库编号，所有物料用于生产的制剂品名、规格、批号。以上信息无法打印的必须手工书写。

（3）选用洁净干燥容器或自购药用塑料袋作为称量容器，称量人先将电子台秤或电子天平归零，打印零点，再称其重量，打印皮重，记录为"皮重 A"。

（4）去皮，打印零点。

（5）根据处方量精确称量相应数量的物料，待电子台秤或电子天平稳定后，打印净重，记录为"净重 B"。

（6）根据"皮重 A"及"净重 B"计算毛重，即计算毛重 $C=A+B$。

（7）每种原辅料按照此过程称量时，打印纸必须包含归零零点、皮重、去皮零点、净重四个值。

（8）称量结束后，经称量人、复核人、IPC 或班长对以上打印内容确认无误后分别签字，并将签字后的打印纸附 BPR 中。

（9）打印的记录应包含以下内容：电子台秤或电子天平的计量编号，复核开始时间，物料名称，所有物料用于生产的制剂品名、规格、批号。以上信息无法打印的必须手工书写。

3. 清场

按《称量岗位清洁 SOP》进行清场。清场完毕后，填写清场记录并上报 QA 人员，经QA 人员检查发放清场合格证后本岗位挂"清场合格"状态标志。

4. 结束并记录

及时填写批生产记录、设备运行记录、交接班记录等。关好水、电及门。

5. 质量控制要点

质量控制要点为原辅料的分类称取。

岗位二　配　　方

1. 生产前准备

（1）检查操作间、器具及设备等是否有清场合格标志，并确定在有效期内。否则按《岗位清洁 SOP》进行清场并经 QA 人员检查发放清场合格证后，方可进行生产。

（2）根据要求选择适宜配方设备，设备要有"合格""已清洁"状态标志，并对设备状况进行检查，确认设备运行正常后方可使用。

（3）根据生产指令填写领料单，并向中间站领取物料。注意核对品名、批号、规格、数量，无误后进行下一步操作。

（4）挂本次"运行"状态标志，进入操作。

2. 生产操作（以 SYH 三维混合机为例）

（1）检查工作室内设备、物料及辅助工器具是否已定位摆放。

（2）执行《配方岗位标准操作规程》，合上电源开关，当设备加料口处于最上部位置时，关闭电源开关。

（3）打开加料口盖，将配料倾入混合桶内，按料筒容积的 70%～75% 进行加料，合上桶盖。

（4）按要求设定混合时间，启动运转开关。

（5）混合时间达到后，关闭开机控制键，准备出料，如果料口位置不理想，可再次按操作程序开机，使其出料口处于最低位置。

（6）待混合筒停稳后，关上电源开关，打开混合桶盖，转动蝶阀自动出料。

【提示】本机是三维空间的混合，故料筒的有效运转范围内应加安全防护栏，以免发生事故。在装卸料时必须停机，以防电器失灵，造成事故。设备在运转过程中，操作人员请务必离开现场，如出现异常声音，应停机检查，待排除事故隐患后方可开机。控制面板上的按钮不得随意变动，出厂前已校核好。

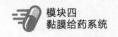
3. 清场

按《岗位清洁 SOP》进行清场。清场完毕后，填写清场记录并上报 QA 人员，经 QA 人员检查发放清场合格证后本岗位挂"清场合格"状态标志。

4. 结束并记录

及时填写批生产记录、设备运行记录、交接班记录等。关好水、电及门。

5. 质量控制要点

质量控制要点为混合均匀度。

岗位三 灌 装

1. 生产前准备

（1）检查操作间、器具及设备等是否有清场合格标志，并确定在有效期内。否则按《岗位清洁 SOP》进行清场并经 QA 人员检查发放清场合格证后，方可进行生产。

（2）根据要求选择适宜灌装设备，设备要有"合格""已清洁"状态标志，并对设备状况进行检查，确认设备运行正常后方可使用。

（3）根据生产指令填写领料单，并向中间站领取物料。注意核对品名、批号、规格、数量，无误后进行下一步操作。

（4）挂本次"运行"状态标志，进入操作。

2. 生产操作（以 QGJ 普通型全自动气雾剂灌装机为例）

（1）检查工作室内设备、物料及辅助工器具是否已定位摆放。

（2）执行《灌装岗位标准操作规程》，将已消毒的空药用瓶罐整齐地摆放在灌装机下管流程线上，接通电源后，调节剂量大小，使压力达到规定的范围，将配电柜上的电源开关转换到"开"状态。按下复位键取消报警，确认触摸屏上无警报信号（绿灯亮）。

3. 清场

按《灌装岗位清洁 SOP》进行清场。清场完毕后，填写清场记录并上报 QA 人员，经 QA 人员检查发放清场合格证后本岗位挂"清场合格"状态标志。

4. 结束并记录

及时填写批生产记录、设备运行记录、交接班记录等。关好水、电及门。

5. 质量控制要点

质量控制要点为灌装剂量、灌装速率。

❓ 思考题

1. 简述滴眼剂的制备工艺流程。
2. 简述滴眼剂的药物吸收途径。
3. 简述滴眼剂的常用附加剂。
4. 简述滴眼剂过程中的质量要求。

项目十三　栓　剂

一、栓剂概述

栓剂系指由原料药物与适宜的基质等制成的、供腔道给药的固体制剂。栓剂在常温下为固体，塞入人体腔道后，在体温下迅速软化，熔融或溶解于分泌液，逐渐释放药物而产生局部或全身作用。栓剂因使用腔道不同而有不同的名称，如肛门栓、阴道栓、尿道栓、喉道栓、耳用栓和鼻用栓等。目前，常用的栓剂有肛门栓和阴道栓。肛门栓的形状有圆锥形、圆柱形、鱼雷形等；阴道栓的形状有球形、卵形、鸭嘴形等；尿道栓呈笔形，一端稍尖。

栓剂最初在肛门、阴道等部位的用药主要以局部作用为目的，如润滑、收敛、抗菌、杀虫、局麻等作用。但是，后来发现通过直肠给药可以避免肝首过作用和不受胃肠道的影响，而且，适合于对于口服片剂、胶囊、散剂有困难的患者用药，因此，栓剂的全身治疗作用越来越受到重视。由于新基质的不断出现和工业化生产的可行性，国外生产栓剂的品种和数量明显增加。目前，作为局部作用为目的的栓剂有消炎药、局部麻醉药、杀菌剂等；以全身作用为目的的制剂有解热镇痛药、抗生素类药、副肾上腺皮质激素类药、抗恶性肿瘤治疗剂等。

（一）栓剂的种类

1. 按给药途径分类

按给药途径不同分为直肠用、阴道用、尿道用栓剂等，如肛门栓、阴道栓、尿道栓、牙用栓等，其中最常用的是肛门栓和阴道栓。为适应机体的应用部位，栓剂的形状和重量各不相同，一般均有明确规定（图 13-1）。

（1）肛门栓　肛门栓有圆锥形、圆柱形、鱼雷形等形状。每颗重量约 2g，长 3～4cm，儿童用约 1g。其中以鱼雷形较好，塞入肛门后，因括约肌收缩容易压入直肠内。肛门栓中药物只能发挥局部治疗作用。

（2）阴道栓　阴道栓有球形、卵形、鸭嘴形等形状，每颗重量约 2～5g，直径 1.5～2.5cm，其中以鸭嘴形的表面积最大。

（3）尿道栓　尿道栓有男女之分，男用重约 4g，长 1～1.5cm；女用重约 2g，长 0.60～0.75cm。

以上所述栓剂是以可可豆脂为基质制成的，若基质比重不同，栓剂重量亦不同。

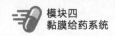

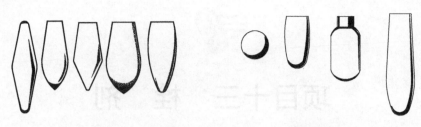

(a) 肛门栓外形   (b) 阴道栓外形

图 13-1　栓剂的外形

2. 按制备工艺与释药特点分类

(1) 双层栓　即分别使用水溶性或脂溶性基质，将不同药物分隔在不同层内，控制各层的溶化，使药物具有不同的释放速率的栓剂。

(2) 中空栓　可达到快速释药目的。中空部分填充各种不同的固体或液体药物，溶出速率比普通栓剂要快。

(3) 控、缓释栓　包括微囊型、骨架型、渗透泵型、凝胶缓释型。

以缓释为目的的栓剂有渗透泵栓剂、微囊栓剂、凝胶栓剂；以速释为目的的栓剂有中空栓剂、泡腾栓剂；既有速释又有缓释部分的是双层栓剂。

(二) 栓剂的质量要求

原料药物与基质应混合均匀，栓剂外形应完整光滑；放入腔道后应无刺激性，能融化、软化或溶化，并与分泌液混合，逐步释放出药物，产生局部或全身作用；还应有适宜的硬度，以免在包装或贮存时变形。

(三) 栓剂的作用特点

1. 全身作用

栓剂的全身作用主要是通过直肠给药。栓剂引入直肠的深度愈小（距肛门处约 2cm），药物在吸收时不经过肝脏的量愈多，一般为总给药量的 50%～75%。此外直肠淋巴系统对药物有很好的吸收作用。

2. 全身作用栓剂的作用特点

(1) 药物不受胃肠 pH 或酶的破坏。

(2) 对胃有刺激的药物可用直肠给药。

(3) 药物从直肠吸收可避免口服时受肝脏对药物首过作用的破坏，还可以减少药物对肝脏的毒性和副作用。

(4) 直肠吸收比口服干扰因素少。

(5) 栓剂的作用时间比一般口服片剂长。

(6) 对不能或不愿吞服药物的患者或儿童，直肠给药比较方便。

(7) 对伴有呕吐的患者是一种有效的用药途径。

二、栓剂的基质

用于制备栓剂的基质应具备下列要求。

① 室温时具有适宜的硬度，当塞入腔道时不变形、不破碎。在体温下易软化、融化，能与体液混合和溶于体液。

② 具有润湿或乳化能力，水值较高。

③ 不因晶形的软化而影响栓剂的成型。

④ 基质的熔点与凝固点的间距不宜过大，油脂性基质的酸价在 0.2 以下，皂化值应在

200～245，碘价低于 7。

⑤ 可应用于冷压法及热熔法制备栓剂，且易于脱模。

基质不仅赋予药物成型，且影响药物的作用。局部作用要求释放缓慢而持久，全身作用要求引入腔道后迅速释药。

基质主要分油脂性基质和水溶性基质两大类。

（一）油脂性基质

油脂性基质的栓剂中，如药物为水溶性的，则药物能很快释放于体液中，机体作用较快；如药物为脂溶性的，则药物必须先从油相中转入水相体液中，才能发挥作用。转相与药物的油水分配系数有关。

（1）可可豆脂　可可豆脂是从梧桐科植物可可树种仁中得到的一种固体脂肪。主要是含硬脂酸、棕榈酸、油酸、亚油酸和月桂酸的甘油酯，其中可可碱含量可高达 2％。可可豆脂为白色或淡黄色、脆性蜡状固体。有 α、β、γ 三种晶型，其中以 β 型最稳定，熔点为 34℃。通常应缓缓升温加热，待熔化至 2/3 时，停止加热，让余热使其全部熔化，以避免异物体的形成。每 100g 可可豆脂可吸收 20～30g 水，若加入 5％～10％吐温 60 可增加吸水量，且还有助于药物混悬在基质中。

（2）半合成脂肪酸甘油酯　系由椰子或棕榈种子等天然植物油水解、分馏所得 C_{12}～C_{18} 游离脂肪酸，经部分氢化再与甘油酯化而得的三酯、二酯、一酯的混合物，即称半合成脂肪酸酯。这类基质化学性质稳定，成形性能良好，具有保湿性和适宜的熔点，不易酸败，目前为取代天然油脂的较理想的栓剂基质。国内已生产的有半合成椰油酯、半合成山苍子油酯、半合成棕榈油酯、硬脂酸丙二醇酯等。

① 半合成椰油酯　系由椰油加硬脂酸再与甘油酯化而成。本品为乳白色块状物，熔点为 33～41℃，凝固点为 31～36℃，有油脂臭，吸水能力大于 20％，刺激性小。

② 半合成山苍子油酯　系由山苍子油水解，分离得月桂酸再加硬脂酸与甘油经酯化而得的油酯。也可直接用化学品合成，称为混合脂肪酸酯。三种单酯混合比例不同，产品的熔点也不同，规格有 34 型（33～35℃）、36 型（35～37℃）、38 型（37～39℃）、40 型（39～41℃）等，其中栓剂制备中最常用的为 38 型。本品的理化性质与可可豆脂相似，为黄色或乳白色块状物。

③ 半合成棕榈油酯　系以棕榈仁油经碱处理而得的皂化物，再经酸化得棕榈油酸，加入不同比例的硬脂酸、甘油经酯化而得的油酯。本品为乳白色固体，抗热能力强，酸价和碘价低，对直肠和阴道黏膜均无不良影响。

④ 硬脂酸丙二醇酯　是硬脂酸丙二醇单酯与双酯的混合物，为乳白色或微黄色蜡状固体，稍有脂肪臭。水中不溶，遇热水可膨胀，熔点 35～37℃，对腔道黏膜无明显的刺激性、安全、无毒。

（二）水溶性基质

1. 甘油明胶

甘油明胶系将明胶、甘油、水按一定的比例在水浴上加热融合，蒸去大部分水，放冷后经凝固而制得。本品具有很好的弹性，不易折断，且在体温下不融化，但能软化并缓慢溶于分泌液中而缓慢释放药物等特点。其溶解速度与明胶、甘油及水三者用量有关，甘油与水的含量越高则越容易溶解，且甘油能防止栓剂干燥变硬。通常用量为明胶与甘油约等量，水分含量在 10％以下。水分过多，成品变软。

本品多用作阴道栓剂基质。明胶是胶原的水解产物，凡与蛋白质能产生配伍变化的药物，如鞣酸、重金属盐等均不能用甘油明胶作基质。

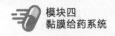
2. 聚乙二醇

聚乙二醇（polyethylene glycol，PEG）为结晶性载体，易溶于水，熔点较低，多用熔融法制备成形，为难溶性药物的常用载体。聚乙二醇于体温不熔化，但能缓缓溶于体液中而释放药物。本品吸湿性较强，对黏膜有一定刺激性，加入约 20% 的水，则可减轻刺激性。为避免刺激，还可在纳入腔道前先用水湿润，也可在栓剂表面涂一层蜡醇或硬脂醇薄膜。

PEG 栓剂基质中含 30%～50% 的液体，其硬度为 2～2.7kg/cm²，接近或等于可可豆脂的硬度，较为适宜。栓剂在水中的溶解度随液体 PEG 比例的增多而加大。PEG 4000 中加入 PEG 400 时，一般含 30% PEG 400 为最佳。

PEG 基质不宜与银盐、鞣酸、奎宁、水杨酸、乙酰水杨酸、苯佐卡因、氯碘喹啉、磺胺类配伍。

3. 聚氧乙烯（40）单硬脂酸酯类

聚氧乙烯（40）单硬脂酸酯类系聚乙二醇的单硬脂酸酯和二硬脂酸酯的混合物，并含有游离乙二醇，呈白色或微黄色，无臭或稍有脂肪臭味的蜡状固体。熔点为 39～45℃；可溶于水、乙醇、丙酮等，不溶于液体石蜡，代号为 S-40。S-40 可以与 PEG 混合使用，制得崩解、释放性能较好的稳定栓剂。

4. 泊洛沙姆

泊洛沙姆为乙烯氧化物和丙烯氧化物的嵌段聚合物（聚醚），为一种表面活性剂，易溶于水，能与许多药物形成空隙固溶体。本品型号有多种，随聚合度增大，物态从液体、半固体至蜡状固体变化，可用作栓剂基质。

较常用的型号为 188 型，熔点为 52℃，编号的前两位数 "18" 表示聚氧丙烯链段分子量为 1800（实际为 1750），第三位 "8" 乘以 10% 为聚氧乙烯分子量占整个分子量的百分比，即 8×10%＝80%，其他型号类推。本品能促进药物的吸收并起到缓释与延效的作用。

三、影响栓剂中药物吸收的因素

1. 生理因素

（1）用药部位　直肠的解剖生理特性或状态影响对药物的吸收。由于直肠血管分布与循环的差异，用药部位不同，将明显影响药物吸收分布过程。若距肛门 2cm 处，则 50%～75% 的药物不经肝门系统，可避免首关作用；若塞入距肛门 6cm 处，则大部分药物进入肝门系统，故栓剂用药时不宜塞得太深。栓剂直肠给药的吸收途径见图 13-2。

（2）直肠的 pH　直肠的 pH 对药物的吸收速度起重要作用，通常直肠液 pH 约为 7.4，无缓冲能力。因此，药物进入直肠后，直肠内的 pH 将由被溶解的药物所决定。

（3）内容物　若直肠无粪便存在，则有利于药物扩散及与吸收表面的接触，能得到理想的效果。另外，栓剂在直肠保留的时间与吸收也有很大关系，保留时间越长，吸收越完全。如阿司匹林栓用药 2h 后排便，吸收仅 40%；若 10h 后排便，吸收近 100%。腹泻、直肠脱水者一般不宜

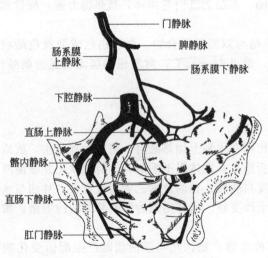

图 13-2　栓剂直肠给药的吸收途径

门静脉
脾静脉
肠系膜上静脉
肠系膜下静脉
下腔静脉
直肠上静脉
髂内静脉
直肠下静脉
肛门静脉

使用直肠栓剂。

2. 药物的理化性质

（1）溶解度　一般水溶性大的药物易溶解于体液中，可增加药物与吸收部位的接触面，从而增加吸收。对于脂溶性药物，其油-水分配系数越大，从基质中释放越缓慢，反之则快。所以，为增加吸收速度，药物以盐形式供用较以对应的盐基形式供用为好，亦可制成包合物。

（2）粒径　药物在基质中不溶而呈混悬分散状态时，其粒径大小能影响吸收，小粒子的表面积大有利于释放与吸收。因此，一般制备混悬型栓剂的药物都宜微粉化。

（3）脂溶性与解离度　脂溶性好、未解离型的药物透过性好，容易吸收；未解离的分子愈多，透过性愈好，吸收愈快；高度解离的药物，如季铵盐类化合物透过极微或不透过，很难吸收。通常弱酸性药物 $pK_a > 4.3$，弱碱性药物 $pK_a < 8.5$，吸收均较快；但如果弱酸性药物 $pK_a < 3$，弱碱性药物 $pK_a > 10$，吸收则慢。药物的解离度一般受用药部位 pH 的影响，故而降低弱酸性药物 pH 或升高弱碱性药物 pH 均可增加吸收。

3. 基质和附加剂

一般应根据药物性质选择与药物溶解性相反的基质，有利于药物释放；吸收促进剂可以增加吸收。

四、栓剂的制备

（一）处方设计

1. 全身作用的栓剂

全身作用的栓剂一般要求迅速释放药物，特别是解热镇痛类药物宜迅速释放、吸收。一般应根据药物性质选择与药物溶解性相反的基质，有利于药物释放，增加吸收。如药物是脂溶性的，则应选择水溶性基质；如药物是水溶性的，则选择脂溶性基质，这样溶出速率大、体内峰值高、达峰时间短。为了提高药物在基质中的均匀性，可用适当的溶剂将药物溶解或将药物粉碎成细粉后再与基质混合。

根据栓剂直肠吸收的特点，如何避免或减少肝的首过效应，在栓剂的处方和结构设计及应用方法上要加以考虑。栓剂给药后的吸收途径有两条：通过直肠上静脉进入肝，进行代谢后再由肝进入大循环；通过直肠下静脉和肛门静脉，经髂内静脉绕过肝进入下腔大静脉，再进入大循环。为此栓剂在应用时以塞入距肛门口约 2cm 处为宜。这样可有给药总量 50%～75% 的药物不经过肝。同时为避免塞入的栓剂逐渐自动进入深部，可以设计延长在直肠下部停留时间的双层栓剂。

在设计全身作用的栓剂处方时，还应考虑到具体药物的性质对其释放、吸收的影响，这主要与药物本身的解离度有关。非解离型药物易透过直肠黏膜吸收入血液，而完全解离的药物则吸收较差。酸性药物 pK_a 在 4 以上、碱性药物 pK_a 低于 8.5 者，可被直肠黏膜迅速吸收。故认为用缓冲剂以改变直肠部位的 pH，可增加非解离药物的浓度借以提高其生物利用度。在家兔直肠实验中，给不同 pH 的胰岛素栓剂，给药量为 $100\mu g/kg$，结果血药浓度顺序为 pH 3＞pH 5＞pH 7＞pH 8。pH 3、pH 5 两种栓剂是在 0.1mol/L 磷酸缓冲液中调制而成。结果证明，配制栓剂的 pH，以及直肠环境 pH 对药物的解离度和药物吸收有明显影响。另外药物的溶解度、粒度等性质对栓剂的释药、吸收也有影响。

2. 局部作用的栓剂

局部作用的栓剂只在腔道局部起作用，应尽量减少吸收，故应选择融化或溶解、释药速率小的栓剂基质。水溶性基质制成的栓剂因腔道中的液体量有限，使其溶解速度受限，释放药物缓慢，较脂肪性基质更有利于发挥局部药效。如甘油明胶基质常用于局部杀虫、抗菌的

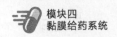

阴道栓基质。局部作用通常在半小时内开始，要持续约 4h。但液化时间不宜过长，否则会使患者感到不适，而且可能不会将药物全部释出，甚至大部分排出体外。

3. 几种特殊栓剂

由于栓剂疗效确切，且不易受其他条件影响，因此研究者们自然而然地想要把更多的药物做成栓剂。但传统的普通栓剂（CTS）又不能满足这一要求，所以世界各国的研究者们相继开发出了一些特殊栓剂。下面简要介绍。

（1）双层栓剂 双层栓剂一般有三种。

第一种为内外两层栓，内外两层含有不同药物，可先后释药而达到特定的治疗目的。

第二种为上下两层栓，其下半部的水溶性基质使用时可迅速释药，上半部用脂溶性基质能起到缓释作用，可较长时间使血药浓度保持平稳。

第三种也是上下两层栓，不同的是其上半部为空白基质，下半部才是含药栓层。空白基质可阻止药物向上扩散，减少药物经上静脉吸收进入肝脏而发生的首过效应，提高了药物的生物利用度。

同时为避免塞入的栓剂逐渐自动进入深部，已研究设计出可延长在直肠下部停留时间的双层栓剂。这种双层栓的前端由溶解性高、在后端能迅速吸收水分膨润形成凝胶塞而抑制栓剂向上移动的基质组成。这样可达到避免肝首过效应的目的。

该种剂型在当今世界各地得到日益关注，有着极大的应用前景。

（2）中空栓剂 中空栓剂是由日本研究者渡道善造于 1984 年首先报道的。其栓中有一空心部分，可供填充各种不同类型的药物，包括固体和液体。经研究证明，包在中空栓剂中的水溶性药物的释放几乎不受基质和药物填充状态的影响，并可起到速效作用，此外较普通栓剂有更高的生物利用度。

中空栓剂中心的药物，水溶性或脂溶性、固体或液体形式均可填充其中。中心是液体的中空栓剂放入体内后，外壳基质迅速熔融破裂，药物以溶液形式一次性释放，达峰时间短、起效快。中空栓剂中心的药物添加适当赋形剂或制成固体分散体可使药物快速或缓慢释放，从而具有速释或缓释作用。

（3）微囊栓剂 微囊栓剂是 1981 年由日本 ChemrpHar 株式会社研制的一种长效栓剂。系先将主药微囊化，再制成栓剂，从而延缓药物释放。之后，Nakagawa 也报道了吲哚美辛复合微囊栓，栓中同时含有药物细粉及微囊。经实验证明，复合微囊栓同时具有速释和缓释两种性能，也是一种较为理想的栓剂新剂型。

（4）渗透泵栓剂 渗透泵栓剂是美国 Alza 公司采用渗透泵原理研制的一种长效栓剂。其最外层为一层不溶解的微孔膜，药物分子可由微孔中慢慢渗出，因而可较长时间维持疗效。它也是一种较理想的控释型栓剂。

（5）缓释栓剂 为英国 Inversesk 研究所研制的一种长效栓剂。该栓在直肠内不溶解、不崩解，通过吸收水分而逐渐膨胀，缓慢释药而发挥其疗效。

（二）栓剂的制备方法

栓剂一般采用搓捏法、冷压法和热熔法制备。搓捏法适合于脂肪性基质小量制备；冷压法适合于脂肪性基质栓剂大量生产；热熔法适合于脂肪性基质和水溶性基质栓剂的制备，热熔法应用较广泛。

热熔法制备栓剂的工艺流程为：熔融基质、加入药物（混匀）、注模、冷却、刮削、取出，即得。具体操作：先将栓模洗净、擦干，用润滑剂少许涂布于模型内部。然后按药物性质以不同方法加入药物，混合均匀，倾入栓模内至稍溢出模口，放冷，待完全凝固后，用刀切去溢出部分，开启

"栓剂的制备"
微课

模型，将栓剂推出即可。

1. 栓剂药物的加入方法

（1）不溶性药物 一般应粉碎成细粉，再与基质混匀。

（2）油溶性药物 可直接溶解于已熔化的油脂性基质中。

（3）水溶性药物 可直接与已熔化的水溶性基质混匀；或用适量羊毛脂吸收后，与油脂性基质混匀。

2. 润滑剂

栓剂模孔需用润滑剂润滑，以便于冷凝后取出栓剂，常用的有以下两类。

（1）油脂性基质的栓剂 常用肥皂、甘油各 1 份与 90％乙醇 5 份制成的醇溶液。

（2）水溶性或亲水性基质的栓剂 常用油性润滑剂，如液体石蜡、植物油等。

（三）润滑剂分类与基质用量

1. 润滑剂的分类

栓孔内涂的润滑剂通常有两类：脂肪性基质的栓剂，常用软肥皂、甘油各一份与 95％乙醇五份混合而得；水溶性或亲水性基质的栓剂，则用油性为润滑剂，如液体石蜡或植物油等。有的基质不黏模，如可可豆脂或聚乙二醇类，可不用润滑剂。

2. 基质用量的确定

通常情况下栓剂模型的容量是固定的，但它会因基质或药物的密度不同可容纳不同的重量。而一般栓模容纳重量（如 1g 或 2g 重）是指以可可豆脂为代表的基质重量。

加入药物会占有一定体积，特别是不溶于基质的药物，为保持栓剂的原有体积，就要考虑引入置换价（DV）的概念。药物的重量与同体积基质重量的比值，称为该药物对基质的置换价。可以用下述方法和公式求得某药物对某基质的置换价。

$$DV = \frac{W}{G - (M - W)}$$

式中，G 为纯基质的平均栓重，g；M 为含药栓的平均重量，g；W 为每个栓剂的平均含药重量，g。

测定方法：取基质作空白栓，称得平均重量为 G。另取基质与药物定量混合做成含药栓，称得平均重量为 M，每粒栓剂中药物的平均重量为 W。将这些数据代入上式，即可求得某药物对某一基质的置换价。

用测定的置换价可以方便地计算出制备这种含药栓需要基质的重量 x，具体如下。

$$x = \left(G - \frac{y}{DV} \right) \times n$$

式中，y 为处方中药物的剂量，g；n 为拟制备栓剂的枚数。

（四）栓剂举例

【**例 1**】 蛇黄栓

［处方］蛇床子	1.0g
黄连	0.5g
硼酸	0.5g
葡萄糖	0.5g
甘油	适量
甘油明胶	适量

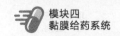

[制法] 取蛇床子、黄连、硼酸、葡萄糖加适量甘油研成糊状，将甘油明胶置水浴上加热，待熔化后，再将上述蛇床子等糊状物加入，不断搅拌均匀，倾入已涂有润滑剂的阴道栓膜内，冷却，削去多余栓块，启模，取出，包装，即得。

[注解] ① 制备时明胶需先用水浸泡使之溶胀变软，加热时才易溶解，否则无限溶胀时间延长，且含有一些未溶解的明胶小块或颗粒。

② 甘油明胶多用作阴道栓剂基质，具有弹性，在体温时不熔融，而是缓缓溶于体液中释出药物，故作用持久。制备时须轻轻搅拌，以免胶液中产生不易消除的气泡，使成品含有气泡，影响质量。应注意基质中含水量过多栓剂太软，水量过少栓剂又太硬。

③ 注模时如混合物温度太高会使稠度变小，所制栓剂易发生顶端凹陷现象，故应在适当的温度下于混合物稠度较大时注模，并注至模口稍有溢出为度，且一次注完。

[用途] 用于妇女阴道炎引起的分泌物增多、有异味及外阴瘙痒。

【例2】 呋喃西林栓

[处方]

呋喃西林粉	1g
维生素E	10g
维生素A	20万单位
羟苯乙酯	0.5g
50％乙醇	50ml
聚山梨酯80	10ml
甘油明胶	加至1000g

[制法] 取呋喃西林粉加乙醇煮沸溶解，加入羟苯乙酯搅拌溶解，再加适量甘油搅匀，缓缓加入甘油明胶基质中，保温待用。

另取维生素E及维生素A混合后加入聚山梨酯80，搅拌均匀后，缓缓搅拌下加至上述保温基质中，充分搅拌，保温55℃，灌模，每枚重4g。共制240枚。

本品用于治疗宫颈炎，7～10d为一个疗程。

五、栓剂的质量检查及包装贮存

（一）质量检查

《中国药典》（2020年版）规定，栓剂的一般质量要求有：栓剂中的原料药物与基质应混合均匀，其外形应完整光滑，放入腔道后应无刺激性，应能融化、软化或溶化，并与分泌液混合，逐渐释放出药物，产生局部或全身作用；并应有适宜的硬度，以免在包装或贮存时变形。并应做重量差异和融变时限等多项检查。

1. 重量差异检查

取供试品10粒，精密称定总重量，求得平均粒重后，再分别精密称定各粒重量。每粒重量与平均粒重相比较（有标示粒重的中药栓剂，每粒重量应与标示粒重比较），超出限度的粒数不得多于1粒，并不得超出限度1倍。重量差异限度应符合表13-1中的规定。

表13-1 栓剂重量差异限度

平均粒重或标示粒重	重量差异限度
1g以下或1g	±10％
1g以上至3g	±7.5％
3g以上	±5％

凡规定检查含量均匀度的栓剂，一般不再进行重量差异检查。

2. 融变时限检查

《中国药典》（2020 年版）规定，用融变时限检查法专门进行检查。按法测定，脂肪性基质的栓剂 3 粒均应在 30min 内全部融化、软化或触压时无硬心；水溶性基质的栓剂 3 粒在 60min 内全部溶解，如有 1 粒不合格，应另取 3 粒复试，均应符合规定。

3. 微生物限度检查

除另有规定外，照非无菌产品微生物限度检查：微生物计数法（《中国药典》通则 1105）和控制菌检查（《中国药典》通则 1106）。以及按非无菌药品微生物限度标准（《中国药典》通则 1107）检查，应符合规定。

（二）包装贮存

将栓剂分别用蜡纸或锡纸包裹后，置于小硬纸盒或塑料盒内，以免互相粘连，避免受压，于干燥阴凉处（30℃以下）贮存。甘油明胶栓及聚乙二醇栓可室温阴凉处贮存，并宜密闭于容器中以免吸湿、变形、变质等。

实训 12　栓剂的制备

【实训目的】

1. 通过典型栓剂的制备，掌握栓剂的工艺流程、称量、粉碎、配方、灌装、质量检查等操作。

2. 认识本工作中使用到的仪器、设备，并能规范使用。

【实训条件】

1. 实训场地

栓剂实训车间（包括称量、粉碎、配方、灌装等）。

2. 处方及制法

以呋喃西林栓为例。

【处方】

呋喃西林粉	1g
维生素 E	10g
维生素 A	20 万单位
羟苯乙酯	0.5g
50％乙醇	50ml
聚山梨酯 80	10ml
甘油明胶	加至 1000g

【制法】取呋喃西林粉加乙醇煮沸溶解，加入羟苯乙酯搅拌溶解，再加适量甘油搅匀，缓缓加入甘油明胶基质中，保温待用。

另取维生素 E 及维生素 A 混合后加入聚山梨酯 80，搅拌均匀后，缓缓搅拌下加至上述保温基质中，充分搅拌，保温 55℃，灌模，每枚重 4g。共制 240 枚。

【实训内容】

岗位一　称　量

1. 生产前准备

（1）操作人员按一般生产区人员进入标准操作程序进行更衣，进入操作间。

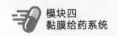

（2）检查工作场所、设备、工具、容器是否有"清场合格"标志，并核对其有效期，否则按清场程序清场。并请QA人员检查合格后，将清场合格证附于本批生产记录内，进入下一步操作。

（3）检查称量设备是否具有"完好"标志及"已清洁"标志。检查设备是否正常，若有一般故障自己排除，自己不能排除的则通知维修人员，正常后方可运行。

（4）检查称量设备是否符合工艺要求。

（5）检查计量器具，要求完好，性能与称量要求相符，有检定"合格证"，并在检定有效期内。正常后进行下一步操作。

（6）根据生产指令填写领料单，向仓库领取需要粉碎的药材、辅料，摆放在粉碎机旁。并核对粉碎药材的名称、批号、数量、质量，无误后进行下一步操作。

（7）按《称量清洁、消毒标准操作规程》对设备及所需容器、工具进行消毒。

2. 生产操作

（1）称量原辅料用的电子台秤或电子天平必须配备电子打印机。

（2）称量打印的记录应包含以下内容：电子台秤、电子天平的计量编号，称量开始时间，物料名称，进库编号，所有物料用于生产的制剂品名、规格、批号。以上信息无法打印的必须手工书写。

（3）选用洁净干燥容器或自购药用塑料袋作为称量容器，称量人先将电子台秤或电子天平归零，打印零点，再称其重量，打印皮重，记录为"皮重A"。

（4）去皮，打印零点。

（5）根据处方量精确称量相应数量的物料，待电子台秤或电子天平稳定后，打印净重，记录为"净重B"。

（6）根据"皮重A"及"净重B"计算毛重，即计算毛重$C=A+B$。

（7）每种原辅料按照此过程称量时，打印纸必须包含归零零点、皮重、去皮零点、净重四个值。

（8）称量结束后，经称量人、复核人、IPC或班长对以上打印内容确认无误后分别签字，并将签字后的打印纸条附批记录中。

（9）打印的记录应包含以下内容：电子台秤或电子天平的计量编号，复核开始时间，物料名称，所有物料用于生产的制剂品名、规格、批号。以上信息无法打印的必须手工书写。

3. 清场

按《称量岗位清洁SOP》进行清场。清场完毕后，填写清场记录并上报QA人员，经QA人员检查发放清场合格证后本岗位挂"清场合格"状态标志。

4. 结束并记录

及时填写批生产记录、设备运行记录、交接班记录等。关好水、电及门。

5. 质量控制要点

质量控制要点为原辅料的分类称取。

岗位二 粉 碎

1. 生产前准备

（1）操作人员按一般生产区人员进入标准操作程序进行更衣，进入操作间。

（2）检查工作场所、设备、工具、容器是否有"清场合格"标志，并核对其有效期，否则按清场程序清场。并请QA人员检查合格后，将清场合格证附于本批生产记录内，进入下一步操作。

（3）检查粉碎设备是否具有"完好"标志及"已清洁"标志。检查设备是否正常，若有一般故障自己排除，自己不能排除的则通知维修人员，正常后方可运行。

（4）检查粉碎设备筛网目数是否符合工艺要求。

（5）检查计量器具，要求完好，性能与称量要求相符，有检定"合格证"，并在检定有效期内。正常后进行下一步操作。

（6）根据生产指令填写领料单，向仓库领取需要粉碎的药材、辅料，摆放在粉碎机旁。并核对粉碎药材的名称、批号、数量、质量，无误后进行下一步操作。

（7）按《粉碎机清洁、消毒标准操作规程》对设备及所需容器、工具进行消毒。

2. 生产操作（以 30B 万能粉碎机为例）

（1）取下"已清洁"状态标志牌，换设备"进行"状态标志牌。

（2）在接料口绑扎好接料袋。

（3）按粉碎机标准操作规程启动粉碎机进行粉碎。

（4）在粉碎机料斗内加入待粉碎物料，加入量不超过料斗容量的 2/3。

（5）粉碎过程中严格监控粉碎机电流，不得超过设备要求，粉碎机壳温度不得超过60℃，如有超温现象应立即停机。待冷却后，再次启动粉碎机。

（6）完成粉碎任务后，按粉碎机标准操作规程关停粉碎机。

（7）打开接料口，将料装于清洁的塑料袋内，再装入洁净的盛装容器内，容器内、外贴上标签，注明物料的品名、规格、批号、数量、日期和操作者的姓名，称量后转交中间站管理员，存放于物料贮存间，填写"请验单"请验。

（8）将生产所剩的尾料收集，标明状态，交中间站，并填写好记录。

（9）有异常情况，应及时报告技术人员，并协商解决。

3. 清场

按《粉碎岗位清洁 SOP》进行清场。清场完毕后，填写清场记录并上报 QA 人员，经 QA 人员检查发放清场合格证后本岗位挂"清场合格"状态标志。

4. 结束并记录

及时填写批生产记录、设备运行记录、交接班记录等。关好水、电及门。

5. 质量控制要点

质量控制要点包括原辅料的洁净程度，粉碎机粉碎的速度，筛网孔径的大小，产品的性状、水分、细度等。

岗位三　配　方

1. 生产前准备

（1）检查操作间、器具及设备等是否有"清场合格"标志，并确定是否在有效期内。否则，按《配方岗位清洁 SOP》进行清场，并经 QA 人员检查发放清场合格证后，方可进行生产。

（2）根据要求选择适宜配方设备，设备要有"合格""已清洁"状态标志，并对设备状况进行检查，确认设备运行正常后方可使用。

（3）根据生产指令填写领料单，并向中间站领取物料。注意核对物料的品名、批号、规格、数量，无误后进行下一步操作。

（4）挂本次"运行"状态标志，进入操作。

2. 生产操作（以 TFZRJ0-1000L-Q 型真空乳化搅拌机为例）

（1）检查工作室内设备、物料及辅助工器具是否已定位摆放。

（2）执行《配方岗位标准操作规程》，合上电源开关，当设备加料口处于最上部位置时，关闭电源开关。

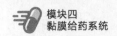
（3）打开水相锅的加料盖，将所要投入的物料经复核后投入水相锅内。打开水相锅蒸汽阀门，控制蒸汽压力≤0.2MPa，开始加热，启动"搅拌"按钮进行搅拌。

（4）打开油相锅的加料盖，将所要投入的物料经复核后分别投入油相锅内。打开油相锅蒸汽阀门，控制蒸汽压力≤0.2MPa，开始加热，启动"搅拌"按钮进行搅拌。

（5）待物料完全熔融、色泽均一后，再根据产品工艺要求打开乳化均质锅的蒸汽阀门和真空阀门。待乳化均质锅内的预热温度达到规定温度、真空度≤-0.04MPa时，关闭真空阀门，接上抽料管，开启进料阀门。将油、水相锅中的物料分别抽入乳化均质锅内（进料顺序和速度根据各产品工艺要求而定），均质、抽真空、脱气泡，冷却至基质形成。

（6）待基质温度达到规定范围时，分散主药，将其加入乳化均质锅内，开启均质控制开关，均质时间、速度根据各品种工艺要求而定。

（7）打开真空阀门至真空度≤-0.04MPa，进行搅拌脱气泡，随着药液液面的逐渐降低，调整搅拌速度（先快后慢），使其冷却至规定温度，关闭冷却水阀门，打开疏水阀将冷却水排出。

（8）关闭真空阀门，开启进料阀门破真空，关闭进料阀门，送压缩空气。打开乳化均质锅的出料阀门，将物料放入指定的容器内，称重，送入中间站。

3. 清场

按《配方岗位清洁 SOP》进行清场。清场完毕后，填写清场记录并上报 QA 人员，经 QA 人员检查发放清场合格证后，本岗位挂"清场合格"状态标志。

4. 结束并记录

及时填写批生产记录、设备运行记录、交接班记录等。关好水、电及门。

5. 质量控制要点

质量控制要点为混合均匀度。

岗位四　灌　封

1. 生产前准备

（1）检查是否有"清场合格证"，并确定是否在有效期内；检查设备、容器、场地清洁是否符合要求（若有不符合要求的，须重新清场或清洁，并请 QA 人员填写"清场合格证"或检查合格后，才能进入下一步生产）。

（2）检查电、水、气是否正常。

（3）检查设备是否有"合格"标牌、"已清洁"标牌。

（4）检查模具质量是否有缺边、裂缝、变形等情况，是否清洁干燥。

（5）检查电子天平灵敏度是否符合生产指令要求。

（6）按生产指令领取物料，并确保物料的品名、批号、规格、数量、质量符合要求。

（7）按设备与用具的消毒规程对设备、用具进行消毒。

（8）挂本次"运行"状态标志，进入生产操作。

2. 生产操作

（1）按《清场管理规程》进行生产前确认，确保工序清场合格，设备运转正常，水、电、气供应正常，容器及工用具齐备。

（2）操作人员根据批生产指令单从配料间领取配制好的栓液，并对栓液的品名、批号及质量情况进行核实；按《车间中间站管理规程》从内包材暂存间领取药用包装材料。

（3）先按《栓剂灌封机标准操作规程》对灌封机进行设置。要求设置好制带预热温度、制带焊接温度、制带吹泡温度、制带刻线温度、恒温罐温度、灌注温度、封口预热温度、封口温度、冷却温度。

（4）依据生产指令单并按《栓剂灌封机标准操作规程》设置好模具上的品名及批号。

（5）灌注前先按《栓剂灌封机标准操作规程》进行空运行，检查药用包装材料的热封情况，热封合格后方可进行下一步操作。

（6）根据设备能力，将栓液分次移入栓剂灌封机的恒温罐内，然后按《栓剂灌封机标准操作规程》进行制栓。在制栓起始，及时检查，控制栓重。待重差达到要求后，每隔 20min 对栓重检查一次，并随时观察栓板质量情况，做好相应记录。

（7）生产过程中，操作人员应在每次操作后及时填写生产记录，制完栓后应通知车间填写请验单。

3. 清场

按本岗位的清场标准操作规程对设备、场地、用具、容器等清洁消毒。清场后，经 QA 人员检查合格，发清场合格证。

4. 结束并记录

及时填写批生产记录、设备运行记录、交接班记录等。关好水、电及门。

5. 质量控制要点

质量控制要点包括外观；栓重，每隔 20min 对栓重检查一次。

? 思考题

1. 简述理想的栓剂基质应具有的特性。
2. 简述栓剂的质量要求。
3. 简述栓剂中影响药物吸收的因素。
4. 简述栓剂药物吸收的途径。
5. 分析栓剂的作用特点。

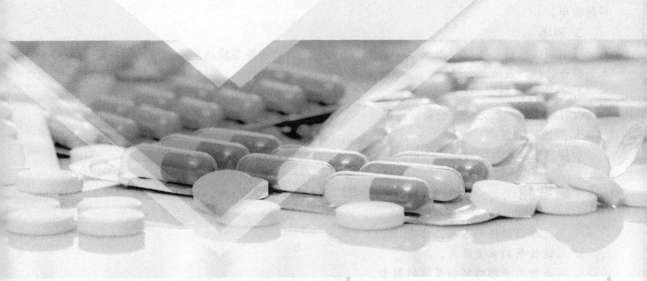

模块五

经皮给药系统

项目十四　经皮给药制剂

学习目标

◎ 掌握软膏剂的概念、种类及特点。
◎ 掌握软膏剂常用的基质、制备方法，软膏剂的质量检查及包装贮存。
◎ 能制备软膏剂并能进行质量检查。
◎ 理解硬膏剂、橡皮膏和涂膜剂的概念与特点。
◎ 掌握贴剂的概念、分类。
◎ 掌握贴剂的优缺点。
◎ 理解贴剂的制备工艺和质量检查。
◎ 掌握膜剂的概念、特点及常用的成膜材料。
◎ 理解膜剂的制备方法。
◎ 初步学会用简易模具制备药膜。
◎ 熟悉膜剂的质量检查。

一、外用膏剂

外用膏剂系指药物与适宜的基质，采用适宜的工艺过程与制法，制成专供外用的半固体或近似固体的一类制剂。此类制剂广泛应用于皮肤科与外科等，具有保护润滑、局部治疗等作用，也可透过皮肤和黏膜起全身治疗作用。外用膏剂主要包括软膏剂、硬膏剂、橡皮膏三种。此外，类似软膏的制剂涂膜剂亦在此介绍。

1. 外用膏剂的透皮吸收机制

外用膏剂药物的透皮吸收包括释放、穿透及吸收进入血液循环三个阶段。释放是指药物从制剂基质中脱离出来并扩散到皮肤或黏膜表面。穿透是指药物通过表皮进入真皮、皮下组织，对局部组织和局部病灶部位起治疗作用，如治疗皮肤破损、炎症、肿痛等。吸收是指药物通过皮肤微循环或与黏膜接触后，通过血管或淋巴管进入体循环而产生全身作用。

药物的经皮吸收，主要有以下三条途径。

（1）经由完整的表皮途径　一般认为透过皮肤的完整表皮是药物的主要吸收途径，表皮具类脂膜性质，脂溶性药物以非解离型透过表皮的角质层细胞及其细胞间隙，解离型药物较难透过。

（2）经由毛囊、皮脂腺途径　毛囊、皮脂腺开口于表皮，进入毛囊口及皮脂腺的药物能通过毛囊壁及皮脂腺到达真皮或皮下组织。皮脂腺分泌物是油性的，有利于脂溶性药物的穿透。

（3）经由汗腺途径　大分子药物和离子型药物可通过汗腺、毛囊及皮脂腺途径转运，但当药物达到平衡后，这种旁路通道的作用就显得很微弱。

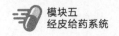
2. 影响药物释放、穿透、吸收的因素

(1) 皮肤条件

① 皮肤的用药部位。各部位皮肤角质层的厚度、毛孔的多少均与药物的穿透吸收有较大关系。一般角质层厚的部位药物不易透入，毛孔多的部位则较易透入。不同部位的皮肤渗透性大小顺序为：耳郭后部＞腋窝区＞头皮＞手臂＞腿部＞胸部。选择角质层薄、给药方便的皮肤部位，对全身作用的透皮吸收制剂的有效性尤为重要。此外，人的年龄、性别、种族不同，其皮肤的差异与药物的穿透吸收也有较大关系。

② 皮肤的状况。若皮肤屏障功能受损（如皮肤患湿疹、溃疡或烧伤等），药物吸收速度大大增加，但易引起疼痛、过敏等副作用。一般来说，溃疡皮肤对药物的渗透性为正常皮肤的3～5倍。某些皮肤病使角质层致密硬化，药物的渗透性降低，如银屑病、老年角化病等。

③ 皮肤的温度与湿度。皮肤温度升高，由于血管扩张，血流量增加，吸收也增加，因此，应使膏药受热软化后贴敷。

皮肤湿度大，有利于角质层的水合作用。皮肤的水合是透皮吸收重要的因素之一，角质层水合能提升物质进入皮肤的透过率，这可能是由于表皮组织软化，孔穴直径增大而导致"海绵"现象，从而有利于药物通过。

(2) 药物性质　皮肤细胞具有类脂质性质。一般脂溶性药物比水溶性药物易穿透皮肤，而组织液是具极性的，因此既有一定脂溶性又有一定水溶性的药物（分子有极性基团和非极性基团）更易穿透。

药物分子的大小对药物透皮吸收也有影响，小分子药物易在皮肤中扩散，分子量大于600的药物较难透过角质层。因此，经皮给药宜选用分子量小、药理作用强的小剂量药物。

(3) 基质性质

① 基质的类型。其直接影响药物在基质中的理化性质与贴敷皮肤的生理功能。一般认为药物的吸收在乳剂型基质中最好，在吸水性软膏基质（如凡士林加羊毛脂等）、硅酮及豚脂中次之，在烃类基质中最差。若基质的组成与皮脂分泌物相似，也有利于某些药物透过皮肤。

② 基质的pH。可影响酸性和碱性药物的吸收，离子型药物一般不易透过角质层，非解离型药物有较高的渗透性。表皮内为弱酸性环境（pH 4.2～5.6），而真皮内的pH在7.6左右，故可根据药物的pK_a来调节介质的pH，使其离子型和非离子型的比例发生改变，提高渗透性。

③ 基质对药物的亲和力。若亲和力大，药物的皮肤/基质分配系数小，药物难以从基质向皮肤转移，不利于吸收。

④ 基质对皮肤的水合作用。角质层具有一定的吸水能力，基质对皮肤的水合作用大，角质层细胞膨胀，致密程度降低，有利于药物的穿透吸收。角质层含水量达50%时，药物的渗透性可能增加5～10倍。油脂性强的基质封闭性强，有利于皮肤的水合作用。

(4) 渗透促进剂　系指能加速药物穿透皮肤又不损伤任何人体活性细胞的一类物质。理想的渗透促进剂应无药理活性、无毒、无刺激性、无致敏性，与药物、基质和皮肤有良好的相容性，无臭无味，能增加局部用药的渗透性，增加药物的经皮吸收。

常用的渗透促进剂：表面活性剂、二甲基亚砜及其类似物、月桂氮䓬酮及其类似物及其他类化合物（如薄荷油、桉油等萜烯类挥发油）。

(5) 其他因素　药物浓度、用药面积、应用次数及时间等一般与药物的吸收量呈正比。其他如气温、相对湿度、局部摩擦、脱脂及离子透入应用等均有助于药物的透皮吸收。

二、软膏剂

（一）软膏剂概述

1. 软膏剂的定义

软膏剂系指原料药物与油脂性或水溶性基质混合制成的均匀的半固体外用制剂。因原料药物在基质中分散状态不同，分为溶液型软膏剂和混悬型软膏剂。

软膏剂常以不含药或含药形式应用。不含药软膏剂常起润湿、保护或润滑作用；含药软膏剂主要起局部治疗作用，某些药物透皮吸收后，亦能产生全身治疗作用。

2. 软膏剂的组成

软膏剂一般由药物、基质和附加剂组成。基质在软膏剂中主要作赋形剂，有时对药物的药效会产生影响；附加剂（如抗氧剂、抑菌剂、增稠剂、保湿剂、皮肤渗透促进剂等）主要起增加药物和基质稳定性、保证或促进药效的作用。

3. 软膏剂的分类

按照所属的分散系统，可将软膏剂分为溶液型、混悬型和乳剂型三类；按所用基质不同，分为油膏剂、乳膏剂和水膏剂。

4. 软膏剂的质量要求

软膏剂的质量要求包括有良好的外观，且均匀、细腻，涂于皮肤上无粗糙感；具有适当黏稠性，易于涂布且不熔化，黏稠性应很少受外部环境变化的影响；性质稳定，无酸败、异臭、变色、变硬及油水分离或分层现象，能保持活性成分的疗效；有良好的安全性，不引起皮肤刺激反应、过敏反应及其他不良反应，并符合卫生学要求；用于大面积烧伤及严重损伤皮肤的软膏剂应无菌。

（二）常用基质

基质是主药的赋形剂，也是药物的载体，在软膏剂中所占的比例大，对药物的释放、吸收均有很大的影响。选用适宜的基质也是制造符合治疗要求、品质优良的软膏剂的关键，应根据药物的药性、基质的性质及用药目的来具体分析，合理选用。

理想的软膏基质应满足以下要求。

① 具有适宜的稠度、黏着性和涂展性，无刺激性。
② 能与药物的水溶液或油溶液互相混合，并能吸收分泌液。
③ 能作为药物的良好载体，有利于药物的稀释和吸收。
④ 不与药物发生配伍禁忌，性质稳定。
⑤ 不妨碍皮肤的正常功能和伤口的愈合。
⑥ 易洗除，不污染衣物。

常用的基质可分为油脂性基质、水溶性基质和乳剂型基质三大类。

1. 油脂性基质

油脂性基质包括烃类、类脂类及动植物油脂类等。这类基质共同的特点是润滑、油腻、无刺激性，涂于皮肤能形成封闭性油膜，促进皮肤水合作用，对皮肤的保护及软化作用强，能与大多数药物配伍，不易霉变。但吸水性较差，与分泌液不易混合，对药物的释放穿透作用较差，不宜用于急性且有多量渗出液的皮肤疾病。

（1）烃类 此类基质主要是从石油中得到的各种烃的混合物，多数为饱和烃，化学性质稳定。

① 凡士林。又称软石蜡，是液体烃类与固体烃类形成的半固体混合物，有黄、白两种，后者由前者漂白而得。凡士林熔点为 38～60℃，能与蜂蜡、脂肪、植物油等混合；有适宜

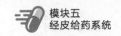
的黏稠性和涂布性，无刺激性，可单独用作基质；性质稳定，能与多数药物配伍，特别适用于遇水不稳定的药物，如某些抗生素等。

凡士林对皮肤的穿透性差，仅适用于皮肤表面病变；吸水性差，不适用于急性炎症和有多量渗出液的患处。凡士林仅能吸收其重量 5％的水分，故不能与较大量的水性药液配伍。如果加入适量羊毛脂、鲸蜡醇或硬脂醇等吸水性较好的成分，则可改善其吸水性；如在凡士林中加入 15％的羊毛脂可吸收水分达 50％。

② 固体石蜡和液体石蜡。均为从油中得到的烃类混合物。前者是固体，熔点为 50～65℃，与其他基质熔合后不会析出；后者为液体，能与多数脂肪油或挥发油混合。这两种基质主要用于调节其他基质的稠度。液体石蜡还可用来研磨药物粉末使成糊状，有利于药物基质混匀。

③ 硅酮。为一系列不同分子量的聚二甲基硅氧烷的总称，简称硅油或二甲基硅油。其化学性质稳定，疏水性强，对皮肤无毒性和刺激性，润滑、易涂布，不妨碍皮肤的正常功能，不污染衣物，是一种较理想的疏水性基质。常将其与油脂性基质合用制成防护性软膏，用于防止水性物质及酸、碱液等的刺激与腐蚀。本品对眼有刺激性，不宜用作眼膏基质。

(2) 类脂类 是高级脂肪酸与高级脂肪醇化合而成的酯及其混合物。其物理性质与脂肪类似，但化学性质比脂肪稳定，多与油脂类基质合用，可增加油脂性基质的吸水性。如羊毛脂、蜂蜡、鲸蜡等。

① 羊毛脂。一般是指无水羊毛脂，为淡棕黄色黏稠状半固体，熔点为 36～42℃，主要成分为胆固醇类棕榈酸酯及游离的胆固醇类。羊毛脂吸水性强，可吸收约 2 倍的水形成 W/O 型乳剂基质；其性质接近皮脂，有利于药物的透皮吸收。羊毛脂因过于黏稠而不宜单独用作基质，常与凡士林合用，以改善凡士林的吸水性与穿透性。

② 蜂蜡。蜂蜡有黄、白之分。后者由前者精制而成，其熔点为 62～67℃，主要成分是棕榈酸蜂蜡醇酯，因含有少量游离的高级脂肪醇而有表面活性作用，可作为 W/O 型乳剂基质。常用于调节软膏的稠度，不易酸败。

③ 鲸蜡。主要成分是棕榈酸鲸蜡醇酯。其熔点为 42～50℃，为较弱的 W/O 型乳化剂，不易酸败，可在 O/W 型乳剂基质中起增加稳定性的作用，常用于取代乳剂型基质中的部分脂肪性物质，以调节稠度或增加稳定性。

(3) 油脂类 是来源于动、植物的高级脂肪酸甘油酯及其混合物，如花生油、麻油、豚脂等。因其分子结构中存在不饱和键，故稳定性不如烃类，贮存中易受温度、光线、氧气等因素的影响而氧化和酸败，可适当加入抗氧剂和防腐剂改善。

① 动物油。常用豚脂，熔点 36～42℃，由于含有少量胆固醇，可吸收 15％水分及适量甘油和乙醇，释放药物也较快。羊脂、牛脂也可作为软膏基质。但动物油脂容易酸败，可加防腐剂。

② 植物油。多为不饱和的油酸甘油酯，常用麻油、花生油、菜籽油等。植物油常与熔点较高的蜡类等固体基质熔合，得到适宜稠度的基质，如花生油或棉籽油 670g 与蜂蜡 330g 加热熔合而成单软膏。植物油还可作为乳剂型基质中油相的重要组成部分。

③ 氢化植物油。为植物油与氢起加成反应而成的饱和或近饱和的脂肪酸甘油酯，较植物油稳定，不易酸败，熔点较高，也可用作基质。

2. 水溶性基质

水溶性基质是由天然或合成的高分子水溶性物质加水溶解或混合而成的稠厚凝胶或糊状物。其特点是能与水溶液混合并能吸收组织渗出液，一般释放药物快、无油腻性、易涂展、对皮肤和黏膜无刺激性，多用于湿润、糜烂创面，有利分泌物的排出。缺点是润滑作用差，有些基质的水分容易蒸发而使稠度改变，需加保湿剂及防腐剂。常用于制备此类基质的高分子物质有甘油明胶、淀粉甘油、纤维素衍生物、聚乙烯醇和聚乙二醇等，目前常用的是聚乙二醇。

（1）甘油明胶　是将明胶、甘油、水按照一定比例在水浴上加热熔合，蒸去大部分水，放冷后经凝固而制得的。本品有很好的弹性，不易折断，在体温下不融化，但能软化并缓慢溶于分泌液中，能缓慢释药。本品温热后易涂布，并形成一层保护膜，因具有弹性，故使用时较舒适；特别适合于含维生素的营养性软膏。

（2）淀粉甘油　由 7%～10% 的淀粉、70% 的甘油与水加热制成。本品能与铜、锌等金属盐类配伍，可用作眼膏基质。因甘油含量高，故能抑制微生物生长而较稳定。

（3）纤维素衍生物　属于半合成品，常用的有甲基纤维素和羧甲基纤维素钠两种。前者溶于冷水，后者冷、热水中均溶，浓度较高时呈凝胶状，以后者较为常用。羧甲基纤维素钠是阴离子型化合物，遇强酸及汞、铁、锌等金属离子可生成不溶物。

（4）聚乙二醇　是乙二醇的高分子多聚物的总称，常在名称后附以数字，表明其平均聚合度。低分子量聚乙二醇吸湿性较强，对黏膜有一定刺激性。分子量增加时，其吸湿性很快降低。随分子量由小到大，其物理状态由液体逐渐过渡到固体。分子量为 200、400、600 时是液体，分子量为 1000 时是熔点为 38～40℃ 的蜡状物，分子量为 4000 以上是固体。制剂中常用平均分子量在 300～6000 者，实际应用时，常将不同分子量的聚乙二醇按适当比例混合，以得到稠度适宜的基质。

本品无生理作用，易溶于水，于体温不熔化，但能缓缓溶于体液中而释放药物；能与渗出液混合，易洗除，化学性质稳定，不易腐败。但对皮肤的润滑、保护作用较差，久用可引起皮肤干燥。苯甲酸、鞣酸、苯酚等药物可使其过度软化，并能降低酚类防腐剂的活性，故有配伍禁忌。

3. 乳剂型基质

乳剂型基质是由水相、油相借乳化剂的作用在一定温度下乳化而成的半固体基质，与乳剂相似。常用的油相成分有硬脂酸、石蜡、蜂蜡和高级脂肪醇，以及用于调节稠度的凡士林、液体石蜡和植物油等。常用的乳化剂有皂类、脂肪醇硫酸钠类、高级脂肪醇及多元醇酯类、聚氧乙烯醚的衍生物类等。

乳剂型基质又称乳膏剂基质，其特点是油腻性小或无油腻性，稠度适宜，容易涂布，能与水或油混合。因含有表面活性剂，故容易洗除，有利于药物与皮肤的接触，会促进药物的经皮渗透，不妨碍皮肤分泌物的分泌与水分蒸发，对皮肤正常生理影响较小。含有水，不适合于遇水不稳定的药物。

乳剂型基质可分为 W/O 型与 O/W 型两类。W/O 型乳状基质与冷霜类护肤品相似，性质稳定，一般可吸收 100% 水分或溶液，但不能与水任意混合，且较 O/W 型难洗除。O/W 型乳状基质与雪花膏类护肤品类似，俗称"雪花膏"，含水量大，能与水混合，药物的释放与对皮肤的可透性较 W/O 型乳状基质好。但是，当 O/W 型基质用于分泌物较多的皮肤病（如湿润性湿疹）时，它所吸收的分泌物可重新进入皮肤而使炎症恶化（反向吸收），故须注意适应证的选择。通常乳剂型基质适用于亚急性、慢性、无渗出液的皮肤损伤和皮肤瘙痒症，忌用于糜烂、溃疡、水疱及脓疱症。

O/W 型乳状基质易蒸发失去水分使乳膏变硬。常需加入保湿剂。常用的保湿剂有甘油、丙二醇和山梨醇等，用量为 5%～20%，它们还能防止皮肤上的油膜发硬和乳膏的转型。O/W 型乳状基质的外相是水，在贮存过程中可能发生霉变，故需加防腐剂。常用的防腐剂有羟苯酯类、氯甲酚、三氯叔丁醇和氯己定等。

乳剂型基质常用的乳化剂有以下几类。

（1）肥皂类

① 一价皂。用钠、钾、铵的氢氧化物及硼酸盐、碳酸盐或三乙醇胺等有机碱与脂肪酸

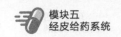

（如硬脂酸或油酸）作用生成的一价新生皂，为 O/W 型乳化剂，与水相、油相混合形成 O/W 型乳剂基质。一般认为皂类的乳化能力随脂肪酸中碳原子数（12～18）的增加而递增，但在碳原子数达 18 以上时这种性能又降低，故硬脂酸是最常用的脂肪酸。其用量为基质总量的 10%～25%，其中的一部分（15%～25%）与碱发生反应生成肥皂，未皂化的硬脂酸作为油相被乳化成分散相，并可增加基质的稠度。涂于皮肤上，在水分蒸发后留有一层硬脂酸膜，起保护作用。单独采用硬脂酸作为油相制成的基质不显油腻，但润滑作用较弱，因此常加入适量的油脂性基质（如凡士林、液体石蜡等）加以调节。

此类基质易被酸、碱、钙、镁、铝等离子或电解质破坏，因此不宜与酸性或强碱性药物配伍。一价皂为阴离子型表面活性剂，忌与阳离子型表面活性剂及阳离子药物等配伍，如醋酸氯己定、硫酸庆大霉素等。

② 多价皂。由二价、三价金属氧化物与脂肪酸作用形成，如硬脂酸钙、硬脂酸镁、硬脂酸铝等。此类基质在水中解离度小，亲油性强于亲水性，HLB 值小于 6，是 W/O 型乳化剂。

(2) 脂肪醇硫酸（酯）钠类　常用的是十二烷基硫酸钠。用于配制 O/W 型乳剂基质，常用量为 0.5%～2%，对皮肤的刺激性小。但本品不宜与阳离子型表面活性剂配伍，以免形成沉淀而失效。其乳化作用的适宜 pH 为 6～7，不应小于 4 或大于 8。本品中常加入一些 W/O 型乳化剂作为辅助乳化剂以调节 HLB 值，常用的有十六醇、十八醇、单硬脂酸甘油酯和脂肪酸山梨坦等。

(3) 高级脂肪醇及多元醇酯类　十六醇也称鲸蜡醇，熔点为 45～50℃；十八醇也称硬脂醇，熔点为 56～60℃。二者不溶于水，但有一定的吸水性，与油脂性基质（如凡士林）混合后，可增加后者的吸水性；当与水或水性药液接触时，在充分搅拌下吸水后形成 W/O 型乳剂基质，它们主要起辅助乳化作用；在 O/W 型乳剂基质的油相中起稳定、增稠的作用；在新生皂为乳化剂的乳剂基质中，用十六醇或十八醇代替部分硬脂酸，形成的基质细腻光亮。

硬脂酸甘油酯是单、双硬脂酸甘油酯的混合物，不溶于水，可溶于热乙醇及液体石蜡、脂肪油等乳剂型基质的油相中，为白色固体，熔点不低于 55℃。本品是弱 W/O 型乳化剂，与一价皂或十二烷基硫酸钠等较强的 O/W 型乳化剂合用时，可增加稳定性，常用量为 3%～15%。

司盘类表面活性剂，HLB 值在 4.3～8.6，为 W/O 型乳化剂；吐温类，HLB 值在 10.5～16.7，为 O/W 型乳化剂。二者可单独使用，也可按不同比例与其他乳化剂合用以调节成适宜的 HLB 值，增加乳剂型基质的稳定性。

(4) 聚氧乙烯醚的衍生物类　平平加 O 是聚氧乙烯脂肪醇醚类，系 15 个单位的氧乙烯与油醇的缩合物，在冷水中溶解度比在热水中大，1% 水溶液的 pH 为 6～7，HLB 值为 15.90。本品单独使用不能制成乳剂型基质。为提高其乳化能力，增加基质的稳定性，需加入辅助乳化剂。因其能与酚羟基、羧基缔合，故不宜与酚类药物配伍。

乳化剂 OP 是聚氧乙烯烷基酚醚类，可溶于水，HLB 值为 14.5，也属于非离子型 O/W 型乳化剂，用量一般为油相总量的 5%～10%，常与其他乳化剂合用。其性质稳定，但大量的金属离子（如铁、锌、铝、铜等）可使其表面活性作用降低，且不宜与含酚羟基的化合物配伍。

（三）软膏剂的制法

制备软膏剂必须使药物在基质中分布均匀、细腻，以保证药物剂量准确及药效良好。软膏剂的质量与制备方法和药物加入方式有密切关系。软膏剂的制备方法有熔合法、研合法和乳化法三种，需根据软膏剂的类型、生产规模及设备条件选择合适的制备方法。

溶液型或混悬型软膏剂常采用熔合法或研合法制备，乳剂型软膏剂常采用乳化法制备。

1. 基质的处理

油脂性基质一般需要进行处理。油脂性基质若质地纯净可直接取用，在工厂大规模生产或混有机械性异物时则需要进行加热、过滤及灭菌处理。一般在加热熔融后采用数层细布或120目铜丝筛网趁热过滤，然后用蒸汽加热至150℃保持1h，以起到灭菌和除去水分的作用。忌用直火加热，以防起火，常用耐高压的蒸汽夹层锅加热。

2. 药物加入的一般方法

为了减轻软膏在患病部位的刺激性，制剂必须均匀细腻，不含固体粗颗粒，且药物粒子愈细，对药效的发挥愈有利。在制备时应正确选择药物加入的方法。

① 药物可溶于基质时，将油溶性药物溶于少量液体油中，再与油脂性基质混匀成为油脂性溶液型软膏。水溶性药物溶于少量水后，与水溶性基质混匀成水溶性溶液型软膏。也可用少量水溶解，用羊毛脂吸收后，再加到油脂性基质中。

② 药物不溶于基质时，应先用适宜方法将药物粉碎成细粉（粒度全部小于 $180\mu m$，95％小于 $150\mu m$，眼膏剂中粒度要全部小于 $75\mu m$）。研合法制备时，药粉先用液体石蜡、植物油、甘油或水研磨成糊状，再加入其余基质。熔融法制备时，在不断搅拌下将药粉加入基质中，继续搅拌至冷凝。

③ 处方中药物（如皮质激素类、生物碱盐类等）的含量较小时，可用少量溶剂溶解后再加至基质中混匀。

④ 对于遇水不稳定的药物（如某些抗生素类），宜用液体石蜡研匀，再与油脂性基质混合。

⑤ 半固体黏稠性药物（如鱼石脂）有一定极性，可先加少量能与基质混合或吸收的成分（如蓖麻油、羊毛脂）等混匀，再加到基质中。

⑥ 处方中含共熔性药物组分（如薄荷脑、樟脑、麝香草酚）时，可先使其共熔，再加至基质中混合。

⑦ 加入受热易破坏或挥发性药物时，基质温度不宜过高。采用熔合法或乳化法制备时，应待基质冷却到40℃以下再加入，以减少破坏或损失。

⑧ 中药浸出物为液体（如煎剂、流浸膏）时，可先浓缩至稠膏状再加到基质中，固体浸膏可加少量水或稀醇等研成糊状，再与基质混合。

3. 制备方法

（1）研合法 在软膏基质的半固体和液体组分组成或主药不宜加热，且在常温下通过研磨即能均匀混合时，可用研合法。由于制备过程中不加热，故也适用于不耐热的药物。操作时，先将药物细粉用少量基质研匀或用适宜液体研磨成细糊状，再按等量递加的原则与其余基质混匀。小量制备通常是在软膏板和玻璃板上进行，当有液体组分时可在乳钵中研匀。大量生产时用机械研合法，多采用三滚筒软膏研磨机（图 14-1）。

（2）熔合法 基质加热熔化后，将药物分次逐渐加入，边加边搅拌，直至冷凝成软膏的制备方法称为熔合法。凡所含的基质在常温下不能与药物均匀混合，而熔化后易于均匀熔合，或油脂性基质大量制备或药材需用基质加热浸取其有效成分时都可用此法。此法特别适用于含固体成分的基质的制备。

为使低熔点组分免受不必要的高温作

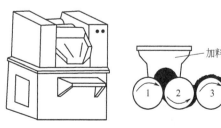

图 14-1 三滚筒软膏研磨机示意

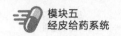

用，通常先将熔点最高的基质加热熔化（如室温为固体的石蜡、蜂蜡），然后将其余基质依次按照熔点高低顺序逐一加入（如凡士林、羊毛脂等），接着加入液体成分，待基质全部熔化后，最后加入药物。如药物能溶于基质，搅拌均匀后冷却即可；如药物不溶于基质，必须先研成细粉后再筛入熔化或软化的基质中，再搅拌混合均匀（若不够细腻，需要通过研磨机进一步研匀）。在熔融及冷凝过程中，均应不断搅拌，直至冷凝为止。

采用熔合法时还应注意以下几点。

① 冷却速度不可过快，以防止基质中高熔点组分呈块状析出。

② 冷凝为膏状后应停止搅拌，以免带入过多气泡。

③ 挥发性成分冷至近室温时加入。

④ 大量生产含不溶性药物粉末的软膏剂时，经上述搅拌、混合后若还不够均匀细腻，则可通过研磨机进一步研匀。

（3）乳化法　该方法是专门用于制备乳剂型基质软膏剂（乳膏剂）的方法。乳膏剂是非均相体系。将油溶性物质和油脂性组分（如硬脂酸、羊毛脂、凡士林、高级脂肪醇、单硬脂酸甘油酯等）放在一起加热（水浴或夹层锅）至80℃左右，使熔融成为油相；另将水溶性成分（如三乙醇胺、十二烷基硫酸钠、O/W型乳化剂及保湿剂、防腐剂等）溶于水成为水相，加热至与油相相同温度或略高于油相温度（以防止两相混合时油相中的组分过早析出或凝结）。在不断搅拌下将水相慢慢加入油相中，并搅拌直至乳化完成，并冷凝成膏状物。在搅拌过程中尽量防止空气混入软膏剂中，如有气泡存在，一方面会使制剂体积增大，另一方面也会使制剂在储藏和运输中发生腐败变质。

乳化法操作要点如下。

① 乳化法中油、水两相的混合方法有三种。

A. 分散相逐渐加入连续相中，适用于含小体积分散相的乳剂系统。

B. 连续相逐渐加到分散相中，适用于多数乳剂系统，此种混合方法的最大特点是混合过程中乳剂会发生转型，从而产生更为细小的分散相粒子。

如制备O/W型乳剂基质时，水相在搅拌下缓慢加入油相中，开始时水相浓度低于油相，形成W/O型乳剂，当更多的水加入时，乳剂黏度继续增加，W/O型乳剂的体积也扩大到最大限度，超过此限，乳剂黏度降低，发生乳剂转型而成为O/W型乳剂，使油相得以更细地分散。

C. 两相同时混合到一起，适用于连续的生产或大批量的生产，需要一定的设备，如输送泵、连续混合装置等。

② 在油、水两相中均不溶解的组分最后加入，混匀。

③ 大量生产时，因油相温度不易控制均匀冷却，或两相搅拌不均匀，常使成品不够细腻，如有需要，在乳膏冷至30℃左右时，可再用胶体磨或软膏研磨机研磨，使其均匀细腻。

（四）软膏剂举例

【例1】　水杨酸硫黄软膏

[处方] 水杨酸　　　　　　　　　　　　50g
　　　　升华硫　　　　　　　　　　　　50g
　　　　软膏基质　　　　　　　　　　　900g

[制法] 取水杨酸、升华硫细粉与适量软膏基质研匀，再分次加入剩余基质研匀，使成1000g，即得。

【例2】 水杨酸乳膏

　　[处方] 水杨酸　　　　　　　　　　　50g

　　　　　　硬脂酸甘油酯　　　　　　　　70g

　　　　　　硬脂酸　　　　　　　　　　　100g

　　　　　　白凡士林　　　　　　　　　　120g

　　　　　　液体石蜡　　　　　　　　　　100g

　　　　　　甘油　　　　　　　　　　　　120g

　　　　　　十二烷基硫酸钠　　　　　　　10g

　　　　　　羟苯乙酯　　　　　　　　　　1g

　　　　　　纯化水　　　　　　　　　　　480ml

　　[制法] 将水杨酸研细后过60目筛，备用。取硬脂酸甘油酯、硬脂酸、白凡士林及液体石蜡加热熔化为油相。另将甘油及纯化水加热至90℃，再加入十二烷基硫酸钠及羟苯乙酯溶解为水相。然后将水相缓缓加入油相中，边加边搅拌，直至冷凝，即得到乳剂型基质。将处理好的水杨酸加入上述基质中，搅拌均匀即得。

【例3】 盐酸黄连素软膏

　　[处方] 盐酸黄连素　　　　　　　　　0.5g

　　　　　　凡士林　　　　　　　　　　　适量

　　　　　　液体石蜡　　　　　　　　　　适量

　　[制法] 取盐酸黄连素置乳钵中，加少量（约2ml）液体石蜡，研磨至均匀细腻糊状，再分次递加凡士林至全量，研匀即得。

　　[注解] 盐酸黄连素应与液体石蜡先混合使成细糊状，以利于与凡士林混合均匀，混合时应采用等量递加法混合。

　　[用途] 用于化脓性皮肤感染。

（五）软膏剂的质量检查

1. 物理外观

软膏和基质应色泽均匀一致，质地细腻，无污物，无粗糙感。

2. 熔点

软膏剂的熔点以接近凡士林的熔点为宜，测定时可采用药典方法或用显微熔点测定仪。因熔点不易观察清楚，故须取数次平均值来评定。

3. 稠度

对属于非牛顿流体的软膏剂、乳膏剂，通常用插入度计测定其稠度。

4. 酸碱度

生产凡士林、羊毛脂、液体石蜡等原料在精制过程中须用酸、碱处理。为此，药典规定应检查酸碱度，以免产生刺激。测定时按药典规定的方法进行。

5. 刺激性

软膏剂不能有刺激性，涂于皮肤或黏膜时，不得引起疼痛、红肿或产生斑疹等。如果药物或基质引起过敏反应，就不宜使用，若刺激性是由于软膏剂酸、碱度不适引起的，则应调整至中性。

测定刺激性可在动物或人体上进行，具体方法如下。

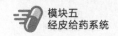
(1) 皮肤用软膏 在兔背上剃去毛约 2.5cm²，休息 24h 使剃毛引起的刺激反应恢复正常后，取 0.5g 软膏均匀涂布于剃毛部位形成薄层，24h 后观察皮肤有无发红、起疹、水疱等现象，并用空白基质作对照。

(2) 黏膜用软膏 在家兔眼黏膜涂敷供试品 0.25g，起初 2h 内每 0.5h 观察一次，24h 后再观察一次，若无黏膜充血、流泪、畏光及骚动不安等现象，说明对眼无刺激性。

在人体上做刺激性试验时，将软膏涂敷在手臂或大腿内侧等柔软皮肤面上，24h 后观察涂敷部位皮肤的反应。

6. 稳定性

稳定性好的软膏剂、乳膏剂的性状鉴别（稠度、酸碱度、涂展性等）、含量测定、卫生学检查、刺激性等应符合规定。

稳定性试验的方法有加速试验法，即将软膏均匀装入密闭容器中填满，分别置恒温箱（39℃±1℃）、室温（25℃±3℃）及冰箱（5℃±2℃）中 1～3 个月，检查上述项目，应符合要求。

乳膏易受温度的影响，所以还要做耐热、耐寒试验，方法是：将供试品分别置于 55℃恒温箱恒温 6h 及 −15℃放置 24h，应无油水分离。一般雪花膏基质不耐热，于 38～40℃即有油分离出来，应以不破裂为度。

在室温状态下，以离心法进行测定，将软膏 10g 装入带刻度的离心管内，在转速 2500r/min 的离心机上，0.5h 不应有分层现象。

7. 药物释放、穿透及吸收的测定

(1) 体外试验法

① 离体皮肤法。将受试皮肤固定在扩散池（常用 Franz 扩散池）中，测定不同时间由供给池穿透皮肤到接受池溶液中的药物量，计算药物对皮肤的渗透率。

② 半透膜扩散法。取软膏装于内径及管长均为约 2cm 的短玻璃管中，管的开口一端用玻璃纸封贴上并捆扎紧，使软膏紧贴于玻璃纸上，并应无气泡，放入盛有一定量水的烧杯中，37℃保温。以一定的间隔时间取样，测定药物含量，绘制出释放曲线。

③ 凝胶扩散法。用含有显色指示剂的琼脂凝胶为扩散介质，放入约 10cm 的试管内，在上端 10mm 空隙处装入软膏，并使软膏与琼脂凝胶表面紧密接触。每种软膏各装两管，隔一定时间测定呈色区高度（即扩散距离）。以呈色区高度的平方为纵坐标、时间为横坐标作图，拟合一直线，此直线的斜率即为扩散系数。扩散系数越大，释药速率越大，以此作为不同软膏基质释药能力的比较。

④ 微生物法。将细菌接种于琼脂平板培养基上，在平板上打若干个大小相同的孔，填入软膏，经培养后测定孔周围抑菌区的大小。此方法适用于抑菌药物软膏。

(2) 体内试验法 将软膏涂于受试皮肤上，经一定时间后进行测定。测定方法有体液与组织器官中药物含量测定法、生理反应法、放射性示踪原子法等。

8. 其他检查

(1) 粒度检查 取供试品适量，置于载玻片上涂成薄层，薄层面积相当于盖玻片面积，共涂三片，照粒度和颗粒分布测定法检查，均不得检出大于 180μm 的粒子。

(2) 装量检查 以最低装量检查法检查，应符合规定。

(3) 无菌检查 用于烧伤或严重创伤的软膏剂与乳膏剂，照无菌检查法检查，应符合规定。

(4) 微生物限度检查 除另有规定外，照非无菌产品微生物限度检查法检查，应符合规定。

（六）软膏剂的包装与贮藏

1. 包装材料

软膏剂常用的包装材料有金属盒、塑料盒、蜡纸盒等，大量生产时多采用锡、铝或塑料制的软膏管。包装材料不能与药物或基质发生理化作用，包装的密封性要好。

2. 包装器械

锡管包装多采用软膏锡管填充机及轧尾机等。药厂多采用软膏自动灌封机，将装管、轧尾、装盒等工序联动操作。

3. 贮藏

软膏剂应保存于阴凉干燥处，贮存环境的温度不宜过高或过低，以免基质、药物的混合均匀性受到影响，也可避免因温度过高加速基质及药物的化学分解。

三、硬膏剂

（一）硬膏剂概述

硬膏剂系以植物油与黄丹或铅粉等经高温炼制成的铅硬膏为基质，并含有药物或中药提取物的外用制剂。

硬膏剂是中国制剂中的一种传统剂型，早在晋代葛洪所著的《肘后备急方》中已有油、丹熬炼而成"膏"的记载。刘宋《刘涓子鬼遗方》中亦有多种"薄贴"的记载，"薄"指软膏，"贴"指硬膏剂。唐宋以来对硬膏剂的应用更加广泛。清代吴师机所著《理瀹骈文》为硬膏剂在应用方面的专著，目前中医临床及民间仍然广泛使用硬膏剂。

硬膏剂常应用于消肿、拔毒、生肌等外治作用；但它通过外贴，还能起到内治作用，如驱风寒、和气血、消痰癖、通经活络、祛风湿、治跌打损伤等。《理瀹骈文》上论及硬膏剂的作用时，有"截""拔"之说，谓"凡病所集聚之处，拔之则病自出，无深入内陷之患；病所经由之外，截之则邪自断，无妄行传变之虞"。

硬膏剂的种类有多种，以油与黄丹为基质的为黑膏药；以油与宫粉为基质的为白膏药；以松香等为基质的为松香膏药。最常用的是黑膏药。

硬膏剂的质量要求如下。

① 老嫩应适宜，贴于皮肤上要有适宜的黏性及不移动位置。

② 外观应油润细腻，对皮肤应无刺激性。

③ 同种膏药的摊涂量应一致，其重量差异限度不超过±5％（指除去裱褙材料的纯膏药重量）。

④ 在常温下保存，两年内不变质、不失去黏性。

（二）黑膏药

1. 黑膏药的含义与特点

黑膏药系指药材、食用植物油与红丹（铅丹）经高温炼制成膏料，摊涂于裱褙材料上制成的供皮肤贴敷的外用制剂。

黑膏药为外观呈黑色的油润固体，其基质的主要组分为高级脂肪酸的铅盐。用前需烘软，通常贴于患处，亦可贴于经络穴位，发挥保护、封闭，以及拔毒生肌、收口、消肿止痛等局部作用；或经透皮吸收，发挥药物的祛风散寒、行滞祛瘀、通经活络、强壮筋骨等功效，治疗跌打损伤、风湿痹痛等，以弥补内服药的药力不足。

2. 黑膏药的制备

（1）黑膏药基质的原料

① 植物油。要求质地纯净、沸点低，熬炼时泡沫少，制成品软化点及黏着力适当。以

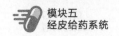
麻油为最好，其制成品外观光润；棉籽油、豆油、菜油、花生油等亦可应用，但制备时较易产生泡沫，应及时除去。

② 红丹。又称章丹、铅丹、黄丹、东丹、陶丹，为橘红色非结晶性粉末。其主要成分为四氧化三铅（Pb_3O_4），纯度要求在 95% 以上。使用前应干燥，并过 80～100 目筛使成松散细粉，以免聚结成颗粒。下丹时沉于锅底，不易与油充分反应。

(2) 黑膏药的制备过程

黑膏药的制备工艺流程如下。

药料提取（炸料）→炼油→下丹成膏→去"火毒"→摊涂

① 药料提取。药材应适当碎断，按各品种项下规定的方法加食用植物油加热提取，又称"炸料"。一般炸至枯黄（油温控制在 200～220℃）后，捞出药渣，即得药油。其中质地轻泡不耐油炸的，如花、草、叶、皮等药材，待其他药材炸至枯黄后加入。含挥发性成分的药材、矿物药及贵重药应研成细粉，于摊涂前加入，温度应不超过 70℃。

② 炼油。去渣后的药油于 300℃ 左右继续加热熬炼，使油脂在高温条件下氧化、聚合、增稠，以炼至"滴水成珠"为度。炼油程度至关重要，过"老"则膏药松脆，黏着力小，贴用时易脱落；太"嫩"则膏药质软，贴后容易移动，且黏着力强，不易剥离。炼油时有大量刺激性浓烟发生，应注意及时排除，并防止着火。

③ 下丹成膏。在炼成的油液中加入红丹，使反应生成高级脂肪酸铅盐，并促进油脂进一步氧化、聚合、增稠而成膏状。控制在 270℃ 以上的高温下。缓缓加红丹于炼油中，边加边搅，使油、丹充分化合成为黑褐色的稠厚液体。

油、丹皂化为放热反应，温度高达 300℃ 以上，应控制好下丹速度，并注意通风、防火。油、丹用量比一般为 500∶（150～200）（冬少夏多）。膏药的老、嫩，可取少量滴于水中，随即作出判断：膏黏手，表示太嫩，应继续加热，或补加铅丹后加热；膏不黏手，且稠度适当，表示合格；膏发脆，表示过老，可添加适量炼油或掺入适量较嫩膏料调整。

④ 去"火毒"。膏药制成后，应喷淋清水，膏药成坨，置清水中浸渍，以去"火毒"。油丹炼合而成的膏药若直接应用，常对局部产生刺激，轻者出现红斑、瘙痒，重者发疱、溃疡，这种刺激反应俗称"火毒"。所谓"火毒"，很可能是在高温时氧化、分解生成的具刺激性的低分子产物，如醛、酮、脂肪酸等，大多具水溶性、挥发性或不稳定性。故在水中浸泡，或用动态流水去除。

⑤ 摊涂。取膏药团块置适宜的容器中，在文火或水浴上热熔，于 60～70℃ 保温，加入细料药搅匀。取规定量，摊涂于纸或布等裱褙材料上，折合后包装，置阴凉处贮藏。

（三）白膏药

白膏药系以食用植物油与宫粉为基质，油炸药料，去渣后与宫粉反应而成的另一种铅硬膏。其制法与黑膏药略相同，但要比熬制黑膏药的难度大。主要是在炼油时要炼老点，不可嫩；熬油时火力要集中；油要纯净清亮，注意药物干净无灰尘；过滤时要注意不要将油损耗过多，以免影响油粉比例，熬之不当；加入宫粉时，需将油冷至 100℃ 以下，宫粉的用量较红丹为多。

> **知识拓展**
> **膏药在生产与贮藏期间应符合的规定**
> 1. 制备用红丹、宫粉均应干燥、无吸潮结块。
> 2. 膏药的膏体应油润细腻、光亮、老嫩适度、摊涂均匀、无"飞边缺口"，加温后能粘贴于皮肤上且不移动。黑膏药应乌黑、无红斑；白膏药应无白点。
> 3. 除另有规定外，膏药应密闭，置阴凉处贮存。

四、橡皮膏与涂膜剂

（一）橡皮膏

橡皮膏（亦称橡胶膏剂）系指以橡胶为主要基质，与树脂、脂肪或类脂性物质（辅料）和药物混匀后，摊涂于布或其他裱褙材料上而制成的一种外用剂型。

1. 橡皮膏的组成

（1）裱褙材料 漂白细布。

（2）膏药料 主要由基质（生橡胶）、辅料（填充剂、软化剂）和药物组合成。

（3）膏面覆盖物 可用硬质纱布、塑料薄膜、玻璃纸等。

橡皮膏所含的成分比较稳定，黏着力强，不经加热可直接粘贴于患部，亦不易产生配伍禁忌，对机体无损害，不污染皮肤和衣服，携带和使用方便，患者乐于应用。

2. 橡皮膏的制备

（1）药料的提取 按处方规定的药料和溶剂，根据要求，选用适当的提取方法，将提取液处理和浓缩成适宜稠度的流浸膏状或稠膏状物。

（2）基质的制备 取生橡胶切成薄片状或条状，投入汽油中，浸渍溶胀后，搅拌使溶，分次加入凡士林、羊毛脂、液体石蜡及松香等，搅拌混匀备用。

（3）调制 取配好的基质浆料，按处方规定的比例加入药料的提取物，充分搅匀，过五号筛，筛滤出的膏料备用。

（4）涂料 将调制好的膏料，放于装好布裱褙的涂膏机上进行涂膏。

（5）回收溶剂 涂好膏料的膏布传送进入溶剂回收装置回收，并自动卷成膏布卷。

（6）切割加衬 将膏布卷按规定的规格切割成片状。

3. 实例分析

【例】 伤湿止痛膏的制备

[处方] 水杨酸甲酯 15g
薄荷脑 10g
冰片 10g
樟脑 20g
芸香浸膏 1.25g
颠茄流浸膏 30g
伤湿止痛流浸膏 50g

[制法] 该制备需用到滚筒式压胶机、密闭的容器、带搅拌器的配料锅、滤胶机、涂料机、干燥和溶剂回收装置、切断机。具体操作如下。

（1）提取药料 制备伤湿止痛流浸膏。取生草乌、生川乌、乳香、没药、生马钱子、丁香各1份，肉桂、荆芥、防风、老鹳草、香加皮、积雪草、骨碎补各2份，白芷、山柰、干姜各3份，粉碎成粗粉，用90%乙醇制成相对密度约1.05的流浸膏。

（2）制备膏料 按处方量称取各药，另加3.7～4.0倍量由橡胶、松香等制成的基质，制成膏料，供涂布。

膏料由基质、辅料与药料混合制成。基质的配方为天然橡胶25%～30%，氧化锌35%～40%，松香25%～30%，羊毛脂、凡士林、液体石蜡等5%～10%。其主要成分是天然橡胶，汽油是溶剂，加入松香可增加黏性，氧化锌为填充剂及着色剂，本身有缓和的收敛作用，并能与松香酸生成锌盐，降低松香酸对皮肤的刺激作用；羊毛脂、液体石蜡、凡士林

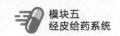
等可使橡胶膨胀软化，以防膏料硬固并保持适宜的可塑性与黏着性。原料中一般不得含有水分，否则制得的成品容易干燥，失去黏性。其制备方法如下。

① 压胶。将生橡胶切成大小适宜的条块，用滚筒式压胶机压成 2～3mm 厚的网状胶片，并摊开放冷，备用。

② 浸胶。取上述橡胶片浸入适量汽油中，浸泡 18～24h（冬季浸泡时间宜长，夏季宜短）至完全溶胀成凝胶状为止。浸泡要在密闭的容器内进行，以防汽油挥发引起火灾。

③ 打膏。将上述胶浆移入配料锅内搅拌 3～4h 后，依次加入凡士林、羊毛脂、液体石蜡、松香、氧化锌，搅拌成均匀基质，再加入药物浸膏与其他药物，继续搅拌至膏料均匀。总搅拌时间约需 9h，制成的膏浆移入滤胶机，压过 80 目铜丝筛网，滤去杂质即可供涂布之用。

(3) 涂布膏料、回收溶剂　将膏料置于涂料机滚筒前的白细布上，利用上下滚筒将膏料均匀涂布在缓缓移动的布上。涂胶量可通过调节两滚筒的距离来控制，一般要求每 100cm² 涂 1.2～1.5g 膏料。涂过膏料的胶布以 2m/min 的速度进入封闭的干燥和溶剂回收装置，经过蒸汽加热管加热，使汽油蒸气沿罩管及鼓风机送入冷凝系统而被回收。经干燥的胶布卷于滚筒上。

(4) 加衬、切割及包装　先将胶布置切断机上切成一定宽度，再移至卷筒装置上。将两条胶布面相对，中间夹一层硬质纱布或塑料薄膜，使压黏在一起并卷成筒。最后用切断机切割成一定规格的长方片，再用塑料袋或纸袋包装。

(二) 涂膜剂

涂膜剂是指将原料药物溶解或分散于含成膜材料的溶剂中，涂搽患处后形成薄膜的外用液体剂型。用时涂于患处，有机溶剂挥发后形成薄膜，对患处有保护作用，同时能逐渐释放出所含药物而起治疗作用。如伤湿涂膜剂，冻疮、烫伤涂膜剂等。

涂膜剂是我国在硬膏剂、火棉胶剂和中药膜剂等剂型的应用基础上发展起来的一种新剂型。其主要特点是制备工艺简单，制备中不需要特殊的机械设备，不用裱褙材料，使用方便。涂膜剂在某些皮肤病、职业病的防治上有较好的作用，一般用于慢性无渗出液的皮肤损伤、过敏性皮炎、牛皮癣和神经性皮炎等。

1. 涂膜剂的组成

涂膜剂由药物、成膜材料和挥发性有机溶剂三部分组成。常用的成膜材料有聚乙烯醇缩甲乙醛、聚乙烯醇缩甲丁醛、聚乙烯醇、火棉胶等；挥发性溶剂有乙醇、丙酮、乙酸乙酯、乙醚等，或将上述成分以不同比例混合后使用。

涂膜剂中一般还要加入增塑剂，常用邻苯二甲酸二丁酯、甘油、丙二醇、山梨醇等。

2. 涂膜剂的制备

涂膜剂一般用溶解法制备，具体操作时应视药物的情况而定。如能溶于上述溶剂中，则直接加入溶解；如不溶时可先与少量溶剂充分研细后再加入；如为中药，则应先制成乙醇提取液或提取物的乙醇-丙酮混合溶液，再加入成膜材料溶液中。配制时，高分子化合物需先胶溶后，再与其他药物混合。

涂膜剂在制备与贮藏期间应符合下列有关规定。

① 药材应按各品种项下规定的方法进行提取、纯化或用适宜的方法粉碎成规定细度的粉末。

② 涂膜剂常用乙醇等易挥发的有机溶剂作溶剂。

③ 涂膜剂的成膜材料等辅料应无毒、无刺激性，常用的成膜材料有聚乙烯醇、聚乙烯吡咯烷酮、丙烯酸树脂类等，一般宜加入增塑剂、保湿剂等。

④ 涂膜剂一般应检查 pH 和相对密度，以乙醇为溶剂的应检查乙醇量。

⑤ 除另有规定外，涂膜剂应密封贮存。

⑥ 最低装量检查及微生物限度检查应符合规定。

3. 实例分析

【例】 苯海拉明涂膜剂

［处方］苯海拉明　　　　　　　　　　　　　1g

　　　　聚乙烯醇　　　　　　　　　　　　　7g

　　　　甘油　　　　　　　　　　　　　　　7g

　　　　蒸馏水　　　　　　　　　　　加至100ml

［制法］取聚乙烯醇、甘油置容器中，加沸水约 50ml 使溶解，加入已溶解于水的苯海拉明溶液中，再加水至全量，搅匀即得。

五、贴剂

（一）贴剂概述

1. 贴剂的定义

贴剂系指原料药物与适宜的材料制成的供贴敷在皮肤上的、可产生全身性或局部作用的一种薄片状柔性制剂。

贴剂有背衬层、药物贮库、控释膜、粘贴层及临用前需除去的保护层。贴剂可用于完整皮肤表面，也可用于有疾患或不完整的皮肤表面。其中用于完整皮肤表面、能将药物输送透过皮肤进入血液循环系统而起全身作用的贴剂称为透皮贴剂。透皮贴剂通过扩散而起作用，药物从贮库中扩散直接进入皮肤和血液循环，若有控释膜和粘贴层，则通过上述两层进入皮肤和血液循环。透皮贴剂的作用时间由其药物含量及释药速率所决定。

当用于干燥、洁净、完整的皮肤表面用手或手指轻压，贴剂应能牢牢地贴于皮肤表面。从皮肤表面除去时，应不对皮肤造成损伤，或引起制剂从背衬层剥离。贴剂在重复使用后对皮肤应无刺激或不引起过敏。

该类制剂基本上可分成两大类，即膜控释型和骨架扩散型。膜控释型是药物或经皮吸收促进剂被控释膜或其他材料包裹成贮库，由控释膜或控释材料的性质控制药物的释放速率。骨架扩散型是药物溶解或均匀分散在聚合物骨架中，由骨架的组成成分控制药物的释放。膜控释型可再分为复合膜型、充填封闭型；骨架扩散型可再分为聚合物骨架型、胶黏剂骨架型。

2. 贴剂的特点

（1）贴剂的优点 贴剂近年来发展迅速，因其具有独特的优点。

① 免受肝脏的首过效应和药物在胃肠道的降解，药物的吸收不受胃肠道因素影响，减少用药的个体差异。

② 一次给药可以长时间使药物以恒定速率进入体内，减少给药次数，延长给药间隔。

③ 可按需要的速率将药物输入体内，维持恒定的有效血药浓度，避免了口服给药等引起的血药浓度峰谷现象，降低了毒副反应。

④ 使用方便，避免了注射时的疼痛和口服给药时可能的危险与不便，易被患者接受，顺应性好。同时可以随时中断给药，去掉给药系统后，血药浓度下降，特别适合于婴儿、老人或不宜口服的患者。

（2）贴剂的局限性 但此类制剂亦有其局限性。

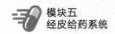
① 药物起效慢，一般给药后几小时才能起效。

② 多数药物不能达到有效治疗浓度。

③ 一些本身对皮肤有刺激性和过敏性的药物不宜设计成贴剂。

④ 某些制剂的生产工艺和条件较复杂。

3. 贴剂的组成

贴剂的基本组成分为背衬层、药物贮库、控释膜、粘贴层和防黏层（保护层）五层。背衬层多为复合铝箔；药物贮库由药物、高分子基质材料、透皮促进剂等组成；控释膜一般由乙烯-乙酸乙烯共聚物和致孔剂组成微孔膜；粘贴层由无刺激和无过敏的黏合剂组成；防黏层起防黏和保护制剂的作用，通常为防黏纸、塑料或金属材料，当除去时，应不会引起贮库及粘贴层等的剥离。贴剂的保护层活性成分不能透过，通常水也不能透过。

常用的高分子材料包括四类，具体情况如下。

(1) 骨架材料

① 聚合物骨架材料。天然与合成的高分子材料都可作聚合物骨架材料，如疏水性的聚硅氧烷与亲水性聚乙烯醇。

② 微孔骨架材料。合成高分子材料均可作微孔骨架材料，运用较多的是醋酸纤维素。

(2) 控释膜材料　控释膜分均质膜与微孔膜。用作均质膜的高分子材料有乙烯-乙酸乙烯共聚物和聚硅氧烷等。乙烯-乙酸乙烯共聚物可用热熔法或溶剂法制备膜材，无毒、无刺激性、柔性好，与人体组织有良好的相容性，性质稳定，但耐油性较差。

(3) 压敏胶　压敏胶是指那些在轻微压力下既可实现粘贴，同时又容易剥离的一类胶黏材料，起着保证释药面与皮肤紧密接触及药库、控释等作用。压敏胶应满足对皮肤无刺激、不致敏、与药物相容及具有防水性能等要求。常用的压敏胶有三类：聚异丁烯类压敏胶、丙烯酸类压敏胶、硅橡胶压敏胶。

(4) 背衬材料、防黏材料与药库材料

① 背衬材料。是用于支持药库或压敏胶等的薄膜，应对药物、胶液、溶剂、湿气和光线等有较好的阻隔性能，同时应柔软舒适，并有一定的强度。常用多层复合铝箔，此外还有聚对苯二甲酸乙二醇酯、高密度聚乙烯、聚苯乙烯等。

② 防黏材料。主要用于对粘贴层的保护，常用的黏胶材料有聚乙烯、聚苯乙烯、聚丙烯、聚碳酸酯、聚四氟乙烯等高聚物的膜材，有时也使用表面经石蜡或甲基硅油处理过的光滑厚纸。

③ 药库材料。可以使用的药库材料很多，可用单一材料，也可用多种材料配制的软膏、水凝胶、溶液等，如卡波普、羟丙甲纤维素、聚乙烯醇等均较为常用，各种压敏胶和骨架膜材也同时可以作药库材料。

知识拓展

经皮吸收促进剂

经皮吸收促进剂是指能够降低药物通过皮肤的阻力，加速药物穿透皮肤的物质。

1. 经皮吸收促进剂应具备的条件

① 对皮肤及机体无损害或刺激、无药理活性、无过敏反应。

② 应用后起效快，去除后皮肤能恢复正常的屏障功能。

③ 不引起体内营养物质和水分通过皮肤损失。

④ 理化性质稳定、与药物及材料有良好的相容性、无反应性。

⑤ 无色、无臭。

---

2. 常用经皮吸收促进剂
① 表面活性剂（阳离子型、阴离子型、非离子型和卵磷脂）。
② 有机溶剂类（乙醇、丙二醇、乙酸乙酯、二甲基亚砜及二甲基甲酰胺）。
③ 月桂氮䓬酮及其同系物。
④ 有机酸、脂肪醇（油酸、亚油酸及月桂醇）。
⑤ 角质保湿与软化剂（尿素、水杨酸及吡咯酮类）。
⑥ 萜烯类（薄荷醇、樟脑、柠檬烯等）。

（二）贴剂的制备

1. 贴剂的制备工艺

贴剂根据其类型与组成有不同的制备方法，主要可分三种类型：涂膜复合工艺、充填热合工艺、骨架黏合工艺。

(1) 涂膜复合工艺 是将药物分散在高分子材料（如压敏胶溶液）中，涂布于背衬膜上，加热烘干得高分子材料膜，再与各层膜叠合或黏合。

(2) 充填热合工艺 是在定型机械中，于背衬膜与控释膜之间定量充填药物贮库材料，热合封闭，覆盖上涂有胶黏层的保护膜。

(3) 骨架黏合工艺 是在骨架材料溶液中加入药物，浇铸冷却成型，切割成小圆片，粘贴于背衬膜上，加保护膜而成。

2. 贴剂生产贮藏要求

贴剂在生产和贮藏期间应符合下列有关规定。

① 贴剂所用的材料及辅料应符合国家标准有关规定，无毒、无刺激性、性质稳定、与原料药物不起作用。常用的材料为铝箔-聚乙烯复合膜、防黏纸、乙烯-乙酸乙烯共聚物、丙烯酸或聚异丁烯压敏胶、硅橡胶和聚乙二醇等。

② 贴剂根据需要可加入表面活性剂、乳化剂、保湿剂、抑菌剂、抗氧剂或透皮吸收促进剂。采用乙醇等溶剂应在标签中注明过敏者慎用。

③ 贴剂的黏附力等应符合要求。

④ 除另有规定外，贴剂应密封贮存。

⑤ 贴剂应在标签中注明每贴所含药物剂量、总的作用时间及药物释放的有效面积。

（三）贴剂的质量评定

《中国药典》通则对透皮贴剂的要求：外观应完整光洁，有均一的应用面积，冲切口应光滑无锋利的边缘；原料药物可以溶解在溶剂中，填充入贮库，贮库应无气泡，密封性可靠，无泄漏。原料药物如混悬在制剂中，则必须保证混悬和涂布均匀；粘贴层涂布应均匀，用有机溶剂涂布的贴剂，应对残留溶剂进行检查。除另有规定外，贴剂的含量均匀度、释放度、微生物限度均应符合规定。

六、膜剂

（一）膜剂概述

膜剂系指原料药物与适宜的成膜材料经加工制成的膜状制剂。膜剂可供口服、口含、舌下给药、眼结膜囊内给药、阴道内给药、皮肤或黏膜创伤贴敷等。一些膜剂，尤其是鼻腔、皮肤用药的膜剂亦可起到全身的作用。

膜剂是在 20 世纪 60 年代开始研究并应用的一种制剂，70 年代国内对膜剂的研究应用已有较大发展并投产。用于临床后很受患者的欢迎，可用于口腔科、眼科、耳鼻喉科，以及

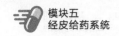
创伤、烧伤、皮肤科和妇科等。膜剂本身体积小，质量轻，随身携带极为方便，故在临床应用上有取代部分片剂、软膏剂和栓剂等的趋势。

1. 膜剂的特点

① 质量轻、体积小，便于携带、运输和贮存。使用方便，适用于多种给药途径。

② 采用不同的成膜材料可制成具有不同释药速率的膜剂。

③ 制备工艺较简单，成膜材料较其他剂型用量小，可以节约大量辅料和包装材料。

④ 制备过程中无粉尘飞扬，有利于劳动保护。

⑤ 含量准确，稳定性好，吸收快，疗效好。

⑥ 配伍变化少（可制成多层复合膜），分析干扰少。

不过，膜剂对药物载量有一定限度，当药物量过多时，往往会出现超载现象，导致药物从膜的表面析出，所以膜剂只限于小剂量药物，因此在品种的选择上受到限制。

2. 膜剂的分类

（1）按剂型特点分类

① 单层膜剂。药物分散于成膜材料中所形成的膜剂，分水溶性膜剂和水不溶性膜剂两类。单层膜剂应用较多。

② 多层膜剂。由几种单层膜叠合而成，便于解决药物间的配伍禁忌和分析上的相互干扰问题。

③ 复合膜剂。即在两层不溶性的高分子膜中间，夹着含有药物的药膜，以零级速度释放药物。这种膜剂实际属于控释膜剂。

（2）按给药途径分类

① 口服膜剂。指供口服、口含、舌下给药的膜剂。如口服地西泮膜剂（多层型包衣膜剂）、丹参膜剂、口含度米芬膜剂、舌下含服万年青苷膜剂等。口服用膜剂是当前医院用得最多的一种膜剂，常用于口腔溃疡和牙周疾病。

② 眼用膜剂。用于眼结膜囊内。能克服滴眼液及眼药膏作用时间短及影响视力的缺陷，以较少的药物达到局部高浓度，可维持较长的作用时间。如毛果芸香碱眼用膜剂、槟榔碱眼用膜剂等。眼用膜剂有单层膜和复合膜两种。

③ 阴道用膜剂。包括局部治疗用和避孕的药膜。如避孕膜剂（壬苯基聚乙二醇醚膜剂）、芫花萜药膜、阴道溃疡膜剂等。

④ 皮肤、黏膜用膜剂。外用作皮肤和黏膜创伤、烧伤或炎症表面的覆盖，可节省大量纱布等棉织物。如冻疮药膜、利多卡因外用局麻膜、鼻用止血消炎膜、慢性过敏性鼻炎药膜等。

3. 膜剂的规格与质量要求

（1）膜剂的规格　膜剂的厚度和面积视用药部位的特点和含药量而定。膜剂的厚度一般为 0.1～0.2mm，通常不超过 1mm，分透明状和着色不透明状两类。膜面积因临床用途而异。如眼用膜剂通常面积为 $0.5cm^2$，呈椭圆形或长方形；口服膜剂通常为 $1cm^2$；阴道用膜剂可达 $5cm^2$；其他部位应用者可根据需要剪成适宜大小。

（2）膜剂的质量要求　膜剂外观应完整光洁，厚度一致，色泽均匀，无明显气泡。多剂量的膜剂，分格压痕应均匀清晰，并能按压痕撕开。膜剂的成膜材料、辅料和包装材料均应性质稳定，无刺激性、无毒性，并不与药物发生理化作用。

（二）膜剂原辅料的要求

1. 原料的要求

原料药物如为水溶性，应与成膜材料制成具有一定黏度的溶液；如为不溶性，应粉碎成极细粉，并与成膜料等混合均匀。

2. 辅料的要求

膜剂的常用辅料有成膜材料、着色剂、增塑剂、填充剂、表面活性剂、脱膜剂等。

膜是药物的载体，作为成膜材料，其性能和质量对膜剂的成型、成品的质量及药效的发挥有重要的影响，下面重点介绍成膜材料。

(1) 成膜材料的要求　成膜材料是膜剂的重要组成部分，较好的成膜材料应符合以下要求。

① 无毒、无刺激性、无生理活性、无不良气味，不干扰免疫功能，外用不妨碍组织愈合，不致敏，长期使用无致畸、致癌、致突变等有害作用。

② 性质稳定，与药物不起作用，不干扰药物的含量测定。

③ 成膜、脱膜性能好，成膜后有足够的强度和柔韧性。

④ 用于口服、腔道、眼用膜剂的成膜材料应具有良好的水溶性，能逐渐降解、吸收或排泄；外用膜剂应能迅速、完全地释放药物。

⑤ 来源广，价格低廉。

(2) 常用的成膜材料　常用的成膜材料是一些高分子物质，按来源不同可分为两类。一类是天然高分子物质，如明胶、虫胶、阿拉伯胶、琼脂、淀粉、糊精等，其中多数可降解或溶解，但成膜、脱膜性能较差，故常与其他成膜材料合用；另一类是合成高分子物质，如聚乙烯醇类化合物、丙烯酸类共聚物、纤维素衍生物等，这类成膜材料成膜性能优良，成膜后强度与柔韧性均较好。

① 聚乙烯醇（PVA）。为白色或淡黄色粉末或颗粒，由乙酸乙烯在甲醇溶剂中进行聚合反应生成聚乙酸乙烯，再与甲醇发生醇解反应而得。

其性质主要取决于分子量和醇解度，分子量越大，水溶性越小，水溶液的黏度大，成膜性能好。一般认为，醇解度为88%时，水溶性最好，在冷水中能很快溶解；当醇解度为99%以上时，在温水中只能溶胀，在沸水中才能溶解。

目前国内常用两种规格的PVA，即PVA 05-88和PVA 17-88，其平均聚合度分别为500~600和1700~1800（前两位数字用"05"和"17"表示），醇解度均为88%（后两位数字用"88"表示），分子量分别为22000~26200和74800~79200。这两种PVA均能溶于水，但PVA 05-88聚合度小、水溶性大、柔韧性差；PVA 17-88聚合度大、水溶性小、柔韧性好。常将二者以适当比例（如1:3）混合使用，能制成很好的膜剂。

PVA是目前较理想的成膜材料。它对眼结膜及皮肤无毒性、无刺激性，眼用时能在角膜表面形成一层保护膜，且不阻碍角膜上皮再生，是一种安全的外用辅料；口服后在消化道吸收很少，80%的PVA可在48h内由直肠排出体外。

② 乙烯-乙酸乙烯共聚物（EVA）。为无色粉末或颗粒，是乙烯和乙酸乙烯在过氧化物或偶氮异丁腈引发下共聚而成的水不溶性高分子聚合物。其性能与分子量及乙酸乙烯含量关系很大，当分子量相同时，乙酸乙烯含量越高，溶解性、柔韧性、弹性和透明性也越大。按乙酸乙烯的含量可将EVA分成多种规格，其释药性能各不相同。

EVA无毒性、无刺激性，对人体组织有良好的适应性；不溶于水，溶于有机溶剂，熔点较低，成膜性能良好，成膜后较PVA有更好的柔韧性。

③ 聚乙烯吡咯烷酮（PVP）。为白色或淡黄色粉末，微臭，无味；在水、乙醇、丙二醇、甘油中均易溶解；常温下稳定，加热至150℃时变色；无毒性和刺激性；水溶液黏度随分子量增加而增大，可与其他成膜材料配合使用；易霉变，应用时需加入防腐剂。

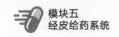

④ 羟丙基甲基纤维素（HPMC）。为白色粉末，是应用最广泛的纤维素类成膜材料。本品可在 60℃ 以下的水中膨胀溶解，超过 60％ 时则不溶于水，在纯的乙醇、三氯甲烷中几乎不溶，能溶于乙醇-二氯甲烷（1∶1）或乙醇-三氯甲烷（1∶1）的混合液中。其成膜性能良好，坚韧而透明，不易吸湿，高温下不易黏着，是抗热、抗湿的优良材料。

（三）膜剂的制备

1. 膜剂的处方组成

膜剂一般组成如下。

主药	＜70％（质量分数）
成膜材料（PVA 等）	30％～100％
增塑剂（甘油、山梨醇等）	0～20％
表面活性剂（聚山梨酯 80 等）	1％～2％
填充剂（CaCO$_3$、SiO$_2$、淀粉等）	0～20％
着色剂（色素、TiO$_2$ 等）	0～2％（质量分数）
脱膜剂（液体石蜡等）	适量

2. 膜剂的制法

（1）匀浆制膜法 匀浆制膜法又称涂膜法、流延法，是目前国内制备膜剂常用的方法。这种方法是将成膜材料溶解于适当溶剂中，再将药物及附加剂溶解或分散在上述成膜材料溶液中制成均匀的药浆，静置除去气泡，经涂膜、干燥、脱膜、主药含量测定、剪切包装等，最后制得所需膜剂。

大量生产时用涂膜机涂膜（图 14-2）。小量制备时可将药浆倾倒于平板玻璃上，经振动或用推杆涂成厚度均匀的薄层。涂膜后烘干，根据药物含量，确定单剂量的面积，再按单剂量面积切割、包装。

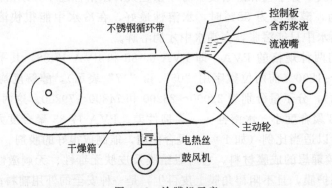

图 14-2 涂膜机示意

此法适合于制备极薄的药膜，但要求成膜材料应完全溶于溶剂中。用涂膜机制膜时，应注意料斗的保温和搅拌，使匀浆温度一致和避免含不溶性药粉在匀浆中沉降，保证剂量的准确性。

（2）热塑制膜法 此法是将药物细粉和成膜材料（如 EVA 颗粒）相混合，用橡皮滚筒混碾，热压成膜，随即冷却、脱膜即得。或将成膜材料（如聚乳酸、聚乙醇酸等）加热熔融，在热熔状态下加入药物细粉，使二者均匀混合，在冷却过程中成膜。

（3）复合制膜法 此法是以不溶性的热塑性成膜材料（如 EVA）为外膜，分别制成具有凹穴的底外膜带和上外膜带；另用水溶性成膜材料（如 PVA 或海藻酸钠）以匀浆制膜法制成含药的内膜带，剪切后置于底外膜带凹穴中，也可用易挥发性溶剂制成含药匀浆，定量注入到底外膜带凹穴中，经吹风干燥后，盖上上外膜带，热封即得。

这种方法需有一定的机械设备，一般用于缓释膜剂的制备，如眼用毛果芸香碱膜剂（缓释1周）在国外即用此法制成。与单用匀浆制膜法制得的毛果芸香碱眼用膜剂相比具有更好的控释作用。

复合膜的简便制备方法是先将PVA制成空白覆盖膜后，将覆盖膜与药膜用50％乙醇粘贴，加压，再以60℃±2℃烘干即可。

3. 实例分析

【例1】 硝酸甘油膜

［处方］ 硝酸甘油乙醇溶液（10％）　　　　100ml
　　　　PVA 17-88　　　　　　　　　　　78g
　　　　聚山梨酯80　　　　　　　　　　　5g
　　　　甘油　　　　　　　　　　　　　　5g
　　　　二氧化钛　　　　　　　　　　　　3g
　　　　纯化水　　　　　　　　　　　　　400ml

［制法］ 取PVA 17-88、聚山梨酯80、甘油、纯化水于水浴上加热搅拌使溶，然后加入二氧化钛研磨，过80目筛，放冷。在搅拌下逐渐加入硝酸甘油乙醇溶液，放置过夜。次日用涂膜机在80℃下制成厚0.05mm、宽10mm的膜剂，即得。

每1cm长的膜重5mg，含主药0.5mg，用铝箔包装。

本品为舌下片，用于治疗心绞痛。使用时置于舌下，药物由舌下黏膜直接吸收，可避免硝酸甘油受口服首过效应而失活。

【例2】 复方庆大霉素膜（口腔溃疡膜Ⅱ号）

［处方］ 硫酸庆大霉素　　　　　　　　　80万单位
　　　　醋酸泼尼松　　　　　　　　　　1.6g
　　　　鱼肝油　　　　　　　　　　　　13.2g
　　　　盐酸丁卡因　　　　　　　　　　2.8g
　　　　羧甲基纤维素钠　　　　　　　　14.8g
　　　　PVA 17-88　　　　　　　　　　　33.2g
　　　　甘油　　　　　　　　　　　　　20g
　　　　聚山梨酯80　　　　　　　　　　40g
　　　　淀粉　　　　　　　　　　　　　40g
　　　　糖精钠　　　　　　　　　　　　0.4g
　　　　蒸馏水　　　　　　　　　　　　1000ml

［制法］ 取羧甲基纤维素钠加适量水浸泡，放置过夜，制成胶浆。取醋酸泼尼松、聚山梨酯80、鱼肝油研磨混匀，加入胶浆中。另取PVA 17-88，加适量水浸泡，置水浴上加热溶解，制成胶浆。再取盐酸丁卡因、糖精钠溶于水，加入甘油和硫酸庆大霉素混匀，加入此胶浆中。将上述两种胶浆混匀，加入用水湿润的淀粉，加水至足量，搅匀，涂于12000cm²的玻璃板上，控制膜厚度在0.15～0.2mm。自然干燥后，脱膜，切成4cm×5cm的小块，装塑料袋密封即得。

聚乙烯醇使用前要预先用85％的乙醇浸泡处理，干燥后使用。

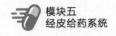
（四）膜剂的质量评定

1. 重量差异检查

除另有规定外，取膜片 20 片，精密称定总重量，求得平均重量，再分别精密称定各片的重量。每片重量与平均重量相比较，超出重量差异限度（表 14-1）的膜片不得多于 2 片，并不得有 1 片超出差异限度 1 倍。

表 14-1　膜剂的重量差异限度

平均装量	重量差异限度
0.02g 以下至 0.02g	±15%
0.02g 以上至 0.20g	±10%
0.20g 以上	±7.5%

2. 微生物限度检查

应符合药典有关药品微生物限度标准的规定。除另有规定外，膜剂宜密封保存，防止受潮、发霉、变质，卫生学检查应符合规定。

实训 13-1　软膏剂的制备

【实训目的】

1. 掌握软膏剂的制备方法；掌握药物加入基质的方法。
2. 认识本工作中使用到的仪器、设备，并能规范使用。

【实训条件】

1. 实训场地

软膏剂实训车间。

2. 实训材料及制法

以黄芩素乳膏制备为例。

【处方】黄芩素细粉　　　　　　　4g
　　　　冰片　　　　　　　　　　0.2g
　　　　硬脂酸　　　　　　　　　12g
　　　　单硬脂酸甘油酯　　　　　4g
　　　　蓖麻油　　　　　　　　　2g
　　　　甘油　　　　　　　　　　10g
　　　　三乙醇胺　　　　　　　　1.5ml
　　　　尼泊金乙酯　　　　　　　0.1g
　　　　蒸馏水　　　　　　　　　50ml

【制法】将硬脂酸、单硬脂酸甘油酯、蓖麻油、尼泊金乙酯共置干燥油罐中，水浴加热至 50～60℃ 使全熔（得液①）。将甘油、黄芩素、蒸馏水置另一水箱罐中，加热至 50～60℃，边搅拌边加入三乙醇胺，使黄芩素全溶（得液②）。将冰片加入液①中溶解后，逐渐加入液②中，边加边搅拌，至室温，即得。

【注解】清热解毒，燥湿；用于急性、慢性湿疹，过敏性药疹，接触性皮炎，毛囊炎，疖肿等；有渗出液、糜烂、继发性感染的病灶，先用 0.05％高锰酸钾或 0.025％新洁尔灭洗净拭干后，再涂药膏。

【实训内容】

软膏剂生产工艺中特有的操作主要有软膏剂配制工艺操作和软膏剂灌封工艺操作，故软膏剂生产中特有的岗位主要有软膏剂配制工和软膏剂灌封工。

岗位一　软膏剂配制工

1. 生产前准备

（1）检查操作间、容器、工具和设备等是否有"清场合格"标识，并核对是否在有效期内（有效期为24h）。否则按清场标准程序进行清场并经QA人员检查合格后，填写清场合格证，方可进行下一步操作。

（2）检查操作间温度、湿度及压差是否符合要求标准（温度范围18～26℃，湿度范围35％～65％，压差大于或等于10Pa），并填写记录。

（3）检查水、电供应状况，开启纯化水阀，放水10min。

（4）检查真空均质乳化机等设备状况，加热、搅拌、真空等是否正常，检查各管路、连接是否无泄漏，确定夹套内有足够量的水。

（5）产前清洁、消毒　产前检查合格后，对洁净区的天棚、墙面、地面、操作台面、仪器表面等进行清洁、消毒，并填写清洁消毒记录，有"已清洁"标识，双人复核签字并悬挂。经QA人员检查合格后，方可进行下一步操作。

（6）根据生产指令填写领料单，从备料称量间领取原辅料，并核对品名、批号数量、质量，无误后进行软膏剂配制操作。

2. 配制操作

（1）检查　称量前检查原辅料的性状是否正常。

（2）配制油相　按处方比例称取油相原辅料置于油相罐中，控制温度在80℃。待油相开始熔化时，开动搅拌至完全熔化。

（3）配制水相　按处方比例称取水相原辅料置于乳化罐中，加热至80℃，慢速搅拌至完全溶解。

（4）乳化　将80℃油相用120目筛网过滤后，用不锈钢桶分次加入乳化罐中的水相，慢速搅拌混合，温度保持在80℃。乳化完全后，降温，停止搅拌，真空静置。

（5）送料　乳膏静置24h后，慢速搅拌10min，将膏体混合均匀，打开倒料开关，称重，送至灌封工序。

3. 生产结束

（1）剩余原辅料的处理　剩余原辅料应密封，以适当方式保存，并填写原辅料结存卡，应做到卡、物相一致。连续三天以上不生产时，剩余原辅料应返库，并与仓库保管员双方核对。

（2）清场、容器具及清洁工具的清洁　按《清场标准操作规程》进行清场，真空均质乳化机清洁按《真空均质乳化机清洁消毒标准操作规程》执行，容器具清洁按《外用制剂容器具清洁消毒标准操作规程》执行，清洁工具按《清洁工具的清洁消毒标准操作规程》执行，并填写相应记录。经QA人员检查合格后，发清场合格证。

4. 注意事项

（1）根据药物的性质，在配制水相、油相时或乳化操作中加入药物。

（2）真空乳化设备操作按《真空乳化搅拌设备标准操作规程》执行。

（3）一般软膏剂的配制操作室，洁净度要求不低于D级；用于深部组织创伤的软膏剂制备的暴露工序操作室，洁净度要求不低于C级。

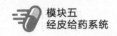

5. 质量控制关键点及质量评价

（1）外观　应无酸败、异臭、变色、变硬，乳膏不得有油水分离及胀气现象。

（2）粒度　除另有规定外，含细粉的软膏剂照下述方法检查。

粒度检查应符合规定：取供试品适量，置于载玻片上，涂成薄层，覆以盖玻片，共涂 3 片，照粒度测定法［《中国药典》（2020 年版）通则］测定，均不得检出大于 $180\mu m$ 的粒子。

（3）黏稠度　软膏剂应具有适当的黏稠度，应易涂布于皮肤或黏膜上，不融化，黏稠度随季节变化应很小。

岗位二　软膏剂灌封工

1. 生产前准备

（1）检查操作间、工具、容器、设备等是否有"清场合格"标志，并核对是否在有效期内（有效期为 24h）。否则按清场标准程序进行清场，并经 QA 人员检查合格后，填写清场合格证，方可进入下一步操作。

（2）检查操作间温度、湿度及压差是否符合要求标准（温度范围 18～26℃，湿度范围 35%～65%，压差大于或等于 10Pa），并填写记录。

（3）检查水、电供应状况。

（4）检查灌封设备状态，设备要有"合格"标牌、"已清洁"标牌。

（5）产前清洁、消毒。

（6）根据生产指令填写领料单，领取原辅料，并核对品名、批号、规格、数量、质量，无误后进行下一步操作。

（7）检查金属或塑料管，合格后装机。

（8）试运转灌封设备，确认设备无异常。

（9）挂本次"运行"状态标志，进行软膏剂灌封操作。

2. 灌封操作

（1）加料　将料液加满贮料罐，盖上盖子。生产中，当贮料罐内料液不足贮料罐总容积的 1/3 时，必须进行加料。

（2）灌封操作　开启灌封机总电源开关，设定生产所需参数，确认料液、金属或塑料管等已装入后，开机，进行灌封操作，每隔一段时间检查密封性、装量、外观和批号等。

（3）关机　灌装结束后，关闭电源，拔下电源插头。

3. 生产结束

清场、容器具及清洁工具的清洁：按《清场标准操作规程》进行清场，灌封机清洁按《灌封机清洁消毒标准操作规程》执行，容器具清洁按《外用制剂容器具清洁消毒标准操作规程》执行，清洁工具按《清洁工具的清洁消毒标准操作规程》执行，并填写相应记录。经 QA 人员检查合格后发清场合格证。

4. 注意事项

（1）根据药物的性质，在配制水相、油相时或乳化操作中加入药物。

（2）灌封设备操作按《灌封设备标准操作规程》执行。

（3）一般软膏剂的配制操作室，洁净度要求不低于 D 级；用于深部组织创伤的软膏剂制备的暴露工序操作室，洁净度要求不低于 C 级。

5. 质量控制关键点及质量评价

（1）密封性　密封合格率应达到 100%。

（2）外观　光标位置准确，批号清晰正确，文字对称美观，尾部折叠严密、整齐，铝管无变形。

（3）装量　按照药典最低装量法检查，应符合规定。

（4）无菌　用于烧伤或严重创伤的软膏剂，按照药典无菌检查法通则检查，应符合规定。

（5）微生物限度　除另有规定外，按照药典微生物限度检查法检查，应符合规定。

实训 13-2　膜剂的制备

【实训目的】

1. 通过膜剂的制备，学会涂膜法制备膜剂的基本操作，熟悉膜剂的质量评定。
2. 认识本工作中使用到的设备，并能规范使用。
3. 了解膜剂的生产环境和操作规范。

【实训条件】

1. 实训场地

膜剂实训车间。

2. 处方及制法

【例 1】　PVA 空白膜

［处方］ PVA（17-88 或 05-88）　　　　　　　　2.8g

　　　　甘油　　　　　　　　　　　　　　　　0.5g

　　　　吐温 80　　　　　　　　　　　　　　　0.5g

　　　　纯化水　　　　　　　　　　　　　　　20g

［制法］称取 PVA、甘油、吐温 80，加纯化水充分浸润，加热使全溶，补加纯化水，冷却后搅匀，除尽气泡，涂膜，干燥，脱膜，剪成适宜大小，即得。

【例 2】　CMC-Na 空白膜

［处方］ CMC-Na　　　　　　　　　　　　　　3.0g

　　　　甘油　　　　　　　　　　　　　　　　0.3g

　　　　吐温 80　　　　　　　　　　　　　　　0.3g

　　　　纯化水　　　　　　　　　　　　　　　Q. S.

［制法］称取 CMC-Na、甘油、吐温 80，加纯化水充分浸润，加热使全溶，补加纯化水，冷却后搅匀，除尽气泡，涂膜，干燥，脱膜，剪成适宜大小，即得。

3. 质量检查

（1）外观

（2）重量差异检查

【实训内容】

岗位　制膜岗位

1. 生产前准备

（1）操作人员按 D 级洁净区要求进行更衣、消毒，进入膜剂制备操作间。

（2）检查操作间、器具及设备等是否有"清场合格"标志，并确定在有效期内。否则按《岗位清洁 SOP》进行清场，经 QA 人员检查发放清场合格证后，方可进行生产。

（3）设备要有"合格""已清洁"状态标志。并对设备状况进行检查，确认设备运行正常后方可使用。

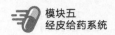
2. 生产操作［以壬苯基聚乙二醇（10）醚膜剂为例］

（1）换上"运行设备"，挂于指定位置。取下原标志牌，并放于指定位置。

（2）操作人员根据批生产指令单从配料间领取配制好的膜液，并对膜液的品名、批号及质量情况进行核实；按《车间中间站管理规程》从内包材暂存间领取药用包装材料。

（3）按《涂膜机标准操作规程》要求，设置好涂膜机预热温度。

（4）根据设备能力，将膜液分次移入栓剂灌封机的恒温罐内，然后按《涂膜机标准操作规程》进行制膜，在涂膜机上制成面积为 40mm×40mm 的薄膜，每张药膜含主药 50mg。将药膜夹在装订成册的纸片中包装，即得。

3. 清场

按《岗位清洁 SOP》进行清场。清场完毕后，填写清场记录并上报 QA 人员，经 QA人员检查发放清场合格证后，本岗位挂"清场合格"状态标志。

4. 结束并记录

及时填写批生产记录、设备运行记录、交接班记录等。关好水、电及门。

5. 质量控制要点

质量控制要点包括外观、重量差异检查。

？ 思考题

1. 软膏剂的质量要求有哪些？
2. 软膏剂应如何包装与贮藏？
3. 硬膏剂的质量要求有哪些？
4. 简述橡皮膏的组成。
5. 涂膜剂在制备与贮藏期间应符合哪些规定？
6. 贴剂有哪些特点？
7. 贴剂如何分类？
8. 简述膜剂所用成膜材料应具备的条件。
9. 简述软膏剂常用的制备方法及注意事项。

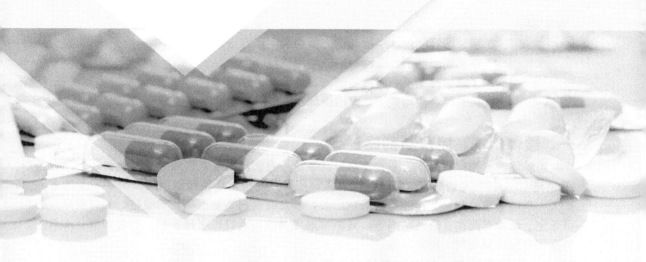

模块六

生物药物制剂新技术

思政与职业素质教育

◉ 勇于探索创新，献身医药事业，不断满足广大人民群众日益增长的对健康的需求，不断在制药领域探索和开发新理论、新技术、新产品是专业人员的使命和职责。

项目十五　缓释制剂、控释制剂

一、缓释制剂、控释制剂概述

缓释制剂、控释制剂作为一种特殊释药系统一直在药剂专业领域内被广泛关注。国内自20世纪80年代初开始研究这项新技术以来，所研究的药物品种和制剂类型都在不断增多和扩大，现已上市的药物品种已有数十种之多，涉及的制剂类型也有较大突破。如口服降压药可乐定、防晕车药东莨菪碱贴剂等，其中发展最快的当属口服缓释制剂、控释制剂。本章主要介绍口服缓释制剂、控释制剂。

（一）缓释制剂、控释制剂的定义及特点

1. 缓释制剂的定义及特点

（1）缓释制剂的定义　缓释制剂系指药物在规定的释放介质中，按要求缓慢地非恒速释放药物，与相应的普通制剂相比较，给药频率减少一半或有所减少，用药后能在长时间内持续释放药物以达到长效作用的制剂。其药物释放主要是一级速率过程。如氨茶碱缓释片、酒石酸美托洛尔缓释片等。

（2）缓释制剂的特点

① 减少服药次数，减少用药总剂量。每日一次或数日一次，特别适用于需要长期服药的慢性疾病患者。制成缓释制剂可以用最小的剂量达到最大的药效，减少了总剂量。对半衰期短或需要频繁给药的药物，可以减少服药次数，提高患者服药的顺应性，使用方便。如布洛芬缓释胶囊、硝苯地平缓释片等药物，每日只需服用一次。

② 保持平稳的血药浓度，避免峰谷现象。

③ 缓释制剂虽然减少了服药次数，但是不能达到在服药间隔保持平稳的血药浓度、并且其药代动力学易受胃肠道环境（如胃肠道动力与排空速度、胃肠道pH、与食物共同服用、患者年龄等）的影响，血药浓度的可预计性较差。如食物可通过与药物直接的化学作用，或通过影响胃肠道动力及pH间接地影响缓释药物的吸收。

④ 缓释制剂与食物同服时有可能造成"药物倾泻"现象，即大幅度增加药物吸收的速率，造成血药浓度的陡升，从而增加药物的副作用。因此，患者服用缓释制剂时常会受到限制，如必须空腹服药等。

理想的缓释制剂应既有普通制剂奏效快的优点，又应有普通制剂不具备的药效持久的特点，因此缓释制剂应包括速释和缓释两个组成部分。为克服缓释剂的这些缺点，控释制剂应运而生。

2. 控释制剂的定义及特点

(1) 控释制剂的定义 控释制剂系指药物在规定的释放介质中，按要求恒速或接近恒速地释放药物，与相应的普通制剂比较，给药频率减少一半或有所减少，能在预定的时间内，自动以预定的速度释放，使血药浓度长时间恒定维持在有效浓度范围之内的制剂。其药物释放主要是在预定的时间内，以零级或接近零级速率释放，如吲哚美辛控释片、硫酸庆大霉素控释片等。

(2) 控释制剂的特点

① 恒速释药，减少了服药次数。接近零级速率过程，通常可恒速释药 8~10h。

② 保持稳态血药浓度，避免峰谷现象。血药浓度平稳，能克服普通制剂多剂量给药产生的峰谷现象。

③ 控释制剂可尽可能使药物释放接近 "0" 级药代动力学，即单位时间释放固定量的药物，同时使药物的释放更加具有可预见性，不受胃肠道动力、pH、患者年龄及是否与食物同服等因素的影响。

控释制剂在药物制剂的发展过程中属第三代，是目前控释药物系统的领先主导剂型。先进的控释给药系统完全可以替代静脉滴注给药，并以疗效高、副作用小、安全方便等优势受到医患人员的欢迎。

(二) 普通制剂、缓释及控释制剂的比较

1. 普通制剂与缓释制剂、控释制剂的比较

普通制剂不论口服给药或注射给药，常需一日几次，不仅使用不便，也给患者带来了不必要的痛苦；缓释、控释制剂可从每日用药 3 次减少至 1 次。更重要的是，通过药代动力学的监测发现，普通制剂血药浓度在体内有较大的起伏，有"峰谷"现象。血药浓度高（峰）时，有可能产生较强的副作用甚至药物中毒；浓度低（谷）时，往往导致不能充分发挥药物疗效。而缓释、控释制剂恰可以克服上述现象，提供平衡持久的有效浓度。这对于需要长期用药的患者，如高血压患者、糖尿病患者，具有更显著的临床意义。不同剂型血药浓度曲线见图 15-1。

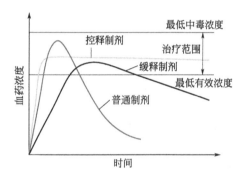

图 15-1　不同剂型血药浓度曲线

2. 缓释制剂与控释制剂的比较

缓释制剂是普通剂型与控释剂型之间的过渡形式，尽管缓释制剂在普通制剂基础上，药物释放相对延缓，药释时间相对延长，但是这种剂型药物延缓释放不稳定，药释时间无严格控制，故与控释制剂有本质的区别。二者的有效生物利用度的高低，药效的长短强弱，副作用的多少、大小皆不相同。

(1) 两种制剂体内吸收、分布、代谢、排泄平衡及影响因素的假设条件不同 控释制剂更严格，更全面地针对体内诸多影响因素，所以更符合药物充分利用规律。

(2) 缓释制剂、控释制剂药释规律不同 缓释制剂释药速率不稳定，释药过程服从一级速率方程式 Higuchi 方程。控释制剂释药速率恒定，符合零级动力学方程或 Fick's 定律。

(3) 主要目标不同 缓释制剂主要是延缓释放，而不包括使难溶药物释放加快。控释制剂释放速率，包括使难溶药物释放加快。

(4) 药释精度不同 缓释制剂对血药浓度和有效持续时间要求不严，比普通制剂稍好，为控释制剂的过渡产物。控释制剂严格控制血药浓度和有效持续时间，属精密给药系统，血

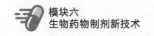

药浓度受给药系统控制，而不受吸收过程控制。

（5）药释类型不同 缓释制剂包括的药物剂型广，多为不溶解骨架制剂和混杂基质溶解或蚀解型制剂。控释制剂对药剂要求严格，主要为均匀基质全分散控制溶解型制剂和膜控释、渗透压控释。

（6）临床效果不同 缓释制剂临床疗效低且不稳定，有效持续时间较控释制剂短，且不稳定，不良反应较大。控释制剂临床疗效高，有效持续时间长且稳定，不良反应较小。

（三）缓释制剂与控释制剂的分类

1. 缓释制剂的类型

（1）按给药途径分类

① 经胃肠道给药。包括片剂（包衣片、骨架片、多层片）、丸剂、胶囊剂（肠溶胶囊、药树脂胶囊、涂膜胶囊）等。

② 不经胃肠道给药。包括注射剂、栓剂、膜剂、植入剂等。

（2）按制备工艺分类

① 骨架缓释制剂。包括水溶性骨架片、脂溶性骨架片、不溶性骨架片。

② 薄膜包衣缓释制剂。指在片芯或小丸的表面包一层适宜的衣层，使其在一定条件下溶解或部分溶解而释放药物，达到缓释目的。

③ 缓释乳剂。水溶性药物可制成 W/O 型乳剂，由于油相对药物分子的扩散具有一定的屏障作用，而起到缓释的作用。

④ 缓释微囊。药物经微囊化后，可起到缓释作用。可进一步制成其他剂型。

⑤ 注射用缓释制剂。油溶液型和混悬液型注射剂，通过减小药物的溶出速率或减少扩散而达到缓释目的。

⑥ 缓释膜剂。即将药物包裹在多聚物薄膜隔室内，或溶解分散在多聚物膜片中而制成的缓释制剂。

2. 控释制剂的分类

（1）按给药途径分类 包括口服控释制剂、透皮控释制剂、眼内控释制剂、直肠控释制剂、子宫内和皮下植入控释制剂等。

（2）按剂型分类 包括控释片剂、控释胶囊剂、控释微丸、控释栓剂、控释透皮贴剂、控释膜剂、控释混悬液、控释液体制剂、控释微囊、控释微球、控释植入剂等。

（四）缓释制剂、控释制剂的辅料

药物的特点由药物的制备材料决定，缓控释药物也不例外。为了使缓控释药物的释药速率和释药量达到医疗要求，确保药物以一定的速度输送到病变部位且维持一定浓度，获得预期的疗效，减少毒副作用，因此要选用合适的辅料。作为药物的载体，应具备无毒、无致癌性、无生理活性、不影响主药的化学稳定性、能够使药物呈最佳分散状态、成本低廉等条件。口服缓控释制剂的载体材料，除赋形剂与附加剂外，主要有骨架材料和包衣材料等。

1. 骨架材料

骨架型片剂缓控释制剂的重要组成，是临床上使用较多的口服缓控释药物之一。其释药性能良好、服用方便及生产工艺简易，适于大规模生产，被医药行业越来越重视。制剂中骨架起着阻释的作用，药物被包藏在不同的骨架中，以减缓药物的溶出和扩散速率而达到缓控释效果。骨架材料根据性质不同，分四大类：不溶性骨架材料、生物降解骨架材料、亲水凝胶骨架材料和混合骨架材料。

（1）不溶性骨架材料 不溶性骨架材料是难溶或不溶的高分子聚合物材料，此类材料适用于水溶性药物。影响其释药速率的因素为：药物溶解度、骨架的孔率、孔径和孔的弯曲程度。常用制备材料有：聚乙烯、聚丙烯、乙烯-乙酸等。

　　胃肠液渗入骨架间隙后，药物溶解并且通过骨架的极细孔道缓慢向外释放。药物的整个释放过程中，骨架形状基本不变，最后排出体外，如单硝酸异山梨酯缓释片采用的材料和技术。以乙基纤维素（EC）为材料用超临界技术制备包衣，比传统的以 EC 为包衣的缓控药物具有更出色的控释效果。

　　(2) 生物降解骨架材料　生物降解骨架材料也称溶蚀性材料，采用蜡质、脂肪酸及其脂等物质包裹药物，控制其释药速率。这类材料不溶于水却在体液中可以逐渐溶蚀。药物释放速率取决于骨架材料的用量及其溶性。

　　生物溶蚀性骨架材料片的主要原理是骨架材料在体液中逐渐降解，通过孔道扩散与骨架蚀解控制药物的释放。如治疗牙周病的局部缓控释制剂载体接触牙周组织、唾液或龈沟液后自行降解，不需取出，因此生物降解型缓控释制剂是牙周用药的发展趋势。采用硬脂酸和 EC 制得的复方苯巴比妥溶蚀性骨架片，体外释放结果显示 6h 累积释放 85.5%。常用的生物降解骨架材料有硬脂酸、巴西棕榈蜡、大硬脂酸甘油酯和十八烷醇等。

　　(3) 亲水凝胶骨架材料　凝胶骨架遇水或消化液后，表面药物很快溶解，然后在骨架与水性介质交界处，由于水合作用形成凝胶，在骨架周围形成一道稠厚的凝胶屏障，内部药物缓慢扩散至表面而溶于介质中。其机制是控制药物通过凝胶层的扩散和凝胶的溶蚀。选择不同性能的材料及其药物的比例等可以调节制剂的释药速率。

知识拓展

常用的凝胶骨架材料

1. 天然凝胶材料

天然凝胶材料包括海藻酸钠、琼脂、果胶黄原胶等。利用辅料甲壳胺与海藻酸钠在体内条件下形成电解质复合物为缓释基质，选择葛根素为模型药物，制备的甲壳胺-海藻酸钠复合骨架缓释片，具有明显的缓释效果。

2. 纤维素衍生物

纤维素衍生物包括甲基纤维素、羟乙纤维素、羟丙纤维素等。以羟丙甲基纤维素（HPMC）为骨架材料，用乙基纤维素（EC）、交联聚乙烯吡咯烷酮（PVPP）调节药物释放速率，采用湿法制粒压片工艺制备硝苯地平缓释骨架片，达到 USA(29)-UF(24) 对硝苯地平缓释片体外释放的要求。

以硝苯地平固体分散体（硝苯地平和羟丙甲基纤维素）为主药，聚环氧乙烷和甘露醇为辅料，制备口服硝苯地平骨架片。对制得的骨架片进行体外释放研究，结果表明在 14h 内药物的释放度为 89.69%，释放曲线的线性相关度接近1，具有良好的零级释放特性。

---

　　(4) 混合骨架材料　虽然单一骨架材料在一定程度上可以控制药物的释放作用，但很难达到平稳释药，而利用两种或更多的骨架材料制备缓控释制剂的骨架则综合了各种材料的优点。以 HPMC 和多糖类海藻酸钠为混合骨架材料研制了口服 1 次/d 的格列齐特缓释片，解决了释放药物速率不均的问题。以 HPMC 与 PVP 为混合骨架材料制备纳豆激酶缓释片，结果所得缓释片具有良好的缓释效果。

　　2. 包衣材料

　　包衣型缓控释制剂是选用一种或多种包衣材料对颗粒剂、小丸、片剂等进行包衣，控制药物扩散和溶出，以延缓药物的释放。因此包衣材料的选择、包衣膜的组成在很大程度上决定了这种制剂的缓释和控释的成败。由于医疗的需要，促进了肠溶包衣材料的研制和发展应用。

(1) 不溶性高分子材料 常用材料有醋酸纤维素、乙基纤维素、乙烯-乙酸乙烯共聚物等。这类缓释包衣材料是高分子聚合物，无毒，对胃肠液稳定，具有良好的成膜性和机械性。如硝酸异山梨酯脉冲控释微丸，选用的是低取代羟丙基纤维素（L-HPC）作为内衣层、EC 作为外层控释膜材料。

(2) 肠溶性高分子材料 指不在胃液破坏，而在小肠偏碱性的条件下溶解的高分子材料。常用的材料有：邻苯二甲酸醋酸纤维素、羟丙甲纤维素邻苯二甲酸酯、聚乙酸乙烯苯二甲酸酯等。采用水性 HPMCP 纳米微粒进行片剂肠溶包衣制成的红霉素肠溶片可以彻底免除使用有机溶剂的诸多缺点，并且片剂增重小、包衣时间短、包衣片质量更稳定。

二、缓释制剂、控释制剂的设计

（一）缓释制剂、控释制剂的释药原理

缓控释制剂主要有骨架型和贮库型两种。药物以分子或微晶、微粒的形式均匀分散在各种载体材料中，形成骨架型缓控释制剂；药物被包裹在高分子聚合物膜内，则形成贮库型缓控释制剂；释药原理主要有溶出、扩散、溶蚀、渗透压及离子交换。

1. 溶出原理

由于药物的释放受溶出速率的限制，溶出速率小的药物显示缓释的性质。假设固体表面药物浓度为饱和浓度 c_s，溶液主体中药物浓度为 c。药物从固体表面通过边界层扩散进入溶液主体，药物的溶出速率 dc/dt 用 Noyes-Whitney 方程描述如下。

$$dc/dt = k_d A(c_s - c_t)$$

式中，dc/dt 为溶解速率；k_d 为溶出速率常数；A 为表面积；c_s 为药物饱和溶解度；c_t 为药物浓度。

根据 Noyes-Whitney 溶出速率公式，通过减少药物的溶解度，增大药物粒径，以降低药物的溶出速率达到长效作用，具体方法如下。

① 制成溶解度小的盐或酯，如青霉素普鲁卡因盐、睾丸素丙酯。

② 与高分子化合物生成难溶性盐，如鞣酸与生物碱类药物可形成难溶性盐。

③ 控制粒子大小，药物的表面积减小，溶出速率减慢。

2. 扩散原理

以扩散为主的缓控释制剂，药物首先溶解成溶液后再从制剂中扩散出来进入体液，其释药受扩散速率控制。

药物释放以扩散为主的结构有以下几种。

(1) 水不溶性包衣膜 如 EC 包制的微囊和小丸，其释放速率符合 Fick's 第一定律。

$$\frac{dM}{dt} = \frac{ADK\Delta c}{L}$$

式中，dM/dt 为释放速率；A 为表面积；D 为药物扩散系数；K 为药物在膜和囊芯之间的分配系数；Δc 为膜内外浓度差；L 为包衣层厚度。

释放过程可接近零级过程（若 A、D、K、Δc、L 恒定）或是非零级过程（若 A、D、K、Δc、L 中有一个或多个变化）。

(2) 含水性孔道的包衣膜 如甲基纤维素（MC）与 EC 混合组成的膜材，其释放速率：

$$\frac{dM}{dt} = \frac{AD\Delta c}{L}$$

释放过程可接近零级过程（若 A、D、Δc、L 恒定）。

(3) 骨架型的药物扩散 骨架型缓控释制剂中药物的释放符合 Higuchi 方程：

$$Q=[DS(P/\lambda)(2A-SP)t]^{1/2}$$

式中，Q 为单位面积在 t 时间的释放量；D 为扩散系数；S 为药物在释放介质中的溶解度；P 为骨架中的孔隙率；λ 为骨架中的弯曲因素；A 为单位体积骨架中药物含量。

Higuchi 方程是基于：药物释放时保持伪稳态；$A \geqslant S$，即存在过量的溶质；理想的漏槽状态；药物颗粒比骨架小得多；D 保持恒定，药物与骨架材料没有相互作用。

若 D、S、P、λ、A 保持恒定，则：

$$Q=k_H t^{1/2}$$

式中，k_H 为常数，即药物的释放量与 $t^{1/2}$ 呈正比。

骨架型结构中，药物的释药特点是不呈零级释放。利用扩散原理达到缓控释作用的方法有以下几种。

① 包衣。将药物小丸或片剂用阻滞材料包衣。例如，采用部分小丸包衣、片剂包衣或包裹不同厚度衣层的包衣技术，可获得不同溶出速率的缓释制剂。常用的薄膜包衣材料有醋酸纤维素、EC、聚丙烯酸酯、PVA 等。

② 制成微囊。使用微囊技术制备控释或缓释制剂是较新的方法。微囊膜为半透膜，在胃肠道中，水分可渗透进入囊内，溶解囊内药物，形成饱和溶液；然后扩散于囊外消化液中而被机体吸收。囊膜的厚度、微孔孔径的弯曲度等决定药物的释放速率。

③ 制成不溶性骨架片剂。常用的骨架材料有无毒聚氯乙烯、聚乙烯、聚乙烯乙酸酯、聚甲基丙烯酸酯、硅橡胶等。影响释药速率的主要因素有药物的溶解度、骨架的孔隙率、孔径和微孔的弯曲程度。水溶性药物适于制备这类片剂，而难溶性药物释放太慢。药物释放完后，骨架随粪便排出体外。

④ 制成渗透泵片。半透膜的厚度、孔径和孔率，片芯的处方及释药小孔的直径是制备渗透泵型片剂的成败关键。释药小孔的直径太小，会减小释药速率；太大则释药太快。

⑤ 制成药物树脂。药物的释放取决于胃肠道的 pH 和电解液浓度。药物在胃中的释放比在酸性差的小肠中释放快。通过离子交换作用释放药物也可以不采用离子交换树脂。

⑥ 制成植入剂。

⑦ 制成乳剂。

3. 溶蚀与扩散、溶出结合原理

某些骨架型制剂，如生物溶蚀性骨架系统、亲水凝胶骨架系统、膨胀性控释骨架，药物可从骨架中扩散出来，且骨架本身也处于溶蚀的过程。其释药过程是骨架溶蚀和药物扩散的综合效应过程。

此类系统的优点在于，材料的生物溶蚀性能不会最后形成空骨架；缺点则是由于影响因素多，其释药动力学较难控制。采用该方法制成制剂的手段有如下几种。

① 生物溶蚀性骨架、亲水凝胶骨架。不仅药物可从骨架中扩散出来，而且骨架本身也处于溶蚀的过程。当聚合物溶解时，药物扩散的路径长度改变，这一复杂性则形成移动界面扩散系统。

② 药物和聚合物化学键直接结合制成的骨架。药物通过水解或酶反应从聚合物中释放出来。此类系统载药量很高，而且释药速率较易控制。

③ 膨胀性控释骨架。这种类型系统，药物溶于聚合物中，聚合物为膨胀性的。首先水进入骨架，药物溶解，从膨胀的骨架中扩散出来，其释药速率很大程度上取决于聚合物膨胀速率、药物溶解度和骨架中可溶部分的大小。由于药物释放前，聚合物必须先膨胀，这种系统通常可减小突释效应。

4. 渗透压原理

利用渗透压原理制成的控释制剂，能均匀恒速地释放药物，比骨架型缓释制剂更优越。

渗透泵型片剂结构：单室口服渗透片由片芯、包衣膜和释药小孔三部分组成。片芯为水溶性药物和水溶性聚合物或其他辅料制成，外面用水不溶性的聚合物，如醋酸纤维素、乙基纤维素或乙烯-乙酸乙烯共聚物等的包衣，成为半渗透膜壳，水可渗进此膜，但药物不能。一端壳顶用适当方法（如激光）开一细孔（单室口服渗透泵控释片示意见图 15-2）。

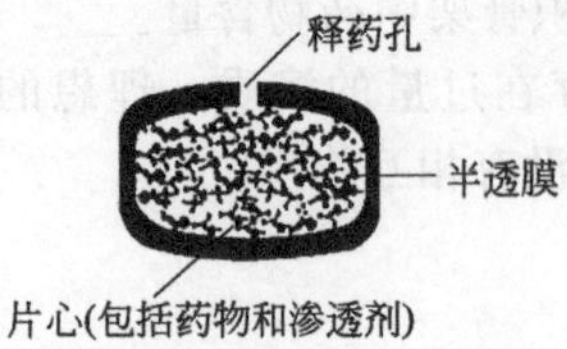

图 15-2 单室口服渗透泵控释片示意

口服渗透泵片服用后，衣膜在胃肠液中选择性地使水渗入片芯，使药物溶解成饱和溶液，渗透压为 4053～5066kPa，而体液渗透压只有 760kPa。由于膜内外渗透压差的存在，药物由小孔持续泵出，其量与渗透进来的水量相等。当片芯中药物尚未被完全溶解时，释药速率按恒速进行；当片中药物逐渐低于饱和浓度时，释药速率逐渐以抛物线式徐徐降低。胃肠液中的离子不会渗透进入半透膜，故渗透泵型片剂的释药速率与 pH 无关，在胃中与在肠中的释药速率相等。

5. 离子交换作用

由水溶性交联聚合物组成的树脂，其聚合物链的重复单元上含有成盐基团，药物可结合于树脂上。当带有适当电荷的离子与离子交换基团接触时，通过交换将药物游离释放出来。

药物游离释放过程：

$$树脂^+-药物^- + X^- \Longrightarrow 树脂^+-X^- + 药物^-$$

$$树脂^--药物^+ + Y^+ \Longrightarrow 树脂^--Y^+ + 药物^+$$

式中，X^- 和 Y^+ 为消化道中的离子，交换后游离的药物从树脂中扩散出来。

（二）缓释制剂、控释制剂的设计

1. 影响口服缓释制剂、控释制剂设计的因素

（1）理化因素

① 剂量大小。制备缓控释制剂的药物其给药剂量应相对小，一般认为 0.5～1.0g 的单剂量是常规制剂的最大剂量，这仍然适于缓控释制剂。

② 酸度指数（pK_a）、解离度和水溶性。由于大多数药物为弱酸或弱碱，而非解离型的药物，容易通过脂质生物膜。因此药物的 pK_a 和吸收环境的关系密切，需注意消化道 pH 对药物释放过程的影响。药物制剂在胃肠道的释放受其溶出速率的限制，因而溶解度很小（<0.01mg/ml）的药物本身具有缓释作用。

③ 分配系数。药物口服进入胃肠道后，药物的分配系数对其能否有效地透过生物膜起决定作用。分配系数太大的药物，因脂溶性强，药物与脂质膜的结合力强，而不能进入血液循环中；分配系数太小的药物，较难通过生物膜，故生物利用度较差。具有适宜分配系数的药物不仅能透过脂质膜，而且能进入血液循环。

④ 稳定性。口服给药的药物要同时经受酸和碱的水解和酶降解作用。对固体状态药物，其降解速度较慢，因此，对于存在这一类稳定性问题的药物，选用固体制剂为好。在胃中不稳定的药物，如丙胺太林和普鲁苯辛，将制剂的释药推迟至到达小肠后进行比较有利。对在小肠中不稳定的药物，服用缓释制剂后，其生物利用度可能降低，这是因为较多的药物在小肠段释放，使降解药量增加所致。

（2）生物因素

① 生物半衰期。药物必须以其消除速率相同的速度进入血液循环。半衰期短的药物制成缓释制剂后可以减少用药频率；但对半衰期很短的药物（$t_{1/2} < 1h$），要维持缓释作用，单位剂量必须很大，必然使剂型本身增大，所以不适于制成缓释制剂，如呋塞米等不适宜制成缓释制剂；对半衰期长的药物（$t_{1/2} > 24h$），本身疗效持久，也不需要制成缓释剂型（如华法林），因

为其本身已有药效较持久的作用。此外，大多数药物在胃肠道的运行时间是8～12h，因此药物吸收时间超过 8～12h 很难，如果在结肠有吸收，则可能使药物释放时间增至 24h。

② 吸收速度。如果药物是通过主动转运吸收，或吸收局限于小肠的某一特定部位，制成缓释制剂则不利于药物的吸收。对这类药物制剂的设计方法是设法延长其停留在胃中的时间。对于吸收差的药物，除了延长其在胃肠道的滞留时间，还可以用吸收促进剂，它能改变膜的性能而促进吸收。但是，通常生物膜都具有保护作用，当膜的性能改变时，可能出现毒性问题。

③ 代谢。在吸收前有代谢作用的药物制成缓释剂型，生物利用度降低。大多数肠壁酶系统对药物的代谢作用具有饱和性，当药物缓慢地释放到这些部位，由于酶代谢过程没有达到饱和，使较多量的药物转换成代谢物。例如，阿普洛尔采用缓释制剂服用时，药物在肠壁代谢的程度增加；多巴脱羧酶在肠壁浓度高，可对左旋多巴产生类似的结果。如果左旋多巴与能够抑制多巴脱羧酶的化合物一起制成缓释制剂，既能使吸收增加，又能延长其治疗作用。

2. 缓释制剂、控释制剂的设计思路

(1) 药物的选择 缓控释制剂一般适用于半衰期短的药物（$t_{1/2}$ 为 2～8h）；$t_{1/2} < 1h$ 或 $t_{1/2} > 12h$ 的药物，一般不宜制成缓控释制剂；个别例外，如硝酸甘油半衰期很短，也可制成 2.6mg 的缓释片，而地西泮半衰期长达 32h，《美国药典》（USP）收载有其缓释制剂产品。其他如剂量很大、药效很剧烈及溶解吸收很差的药物，剂量需要精密调节的药物，一般也不宜制成缓控释制剂。抗生素类药物，由于其抗菌效果依赖于峰浓度，故一般不宜制成缓控释制剂。

(2) 设计要求

① 生物利用度。缓控释制剂的相对生物利用度一般应在普遍制剂的 80%～120% 范围内。

② 峰浓度与谷浓度之比。缓控释制剂的峰浓度与谷浓度之比应小于普通制剂，也可用波动百分数表示。

③ 缓控释制剂的剂量计算。关于缓控释制剂的剂量，一般根据普通制剂的用法用量，也可采用药物动力学方法进行计算。

④ 缓释、控释制剂的辅料。辅料是调节药物释放速率的重要物质。缓控释制剂中多以高分子化合物作为阻滞剂控制药物的释放速率。辅料选择适当能保证缓释、控释制剂中药物的释放速率和释放量达到设计要求，从而达到预期的缓释、控释的目的。

三、缓释制剂、控释制剂的类型与制备工艺

（一）骨架型缓释制剂、控释制剂

1. 骨架片

(1) 亲水性凝胶骨架片 这类骨架片主要骨架材料为羟丙甲纤维素（HPMC），其规格应在 4000Pa·s 以上，常用 K4M（4000Pa·s）和 K15M（15000Pa·s）。HPMC 遇水后形成凝胶，水溶性药物的释放速率取决于药物通过凝胶层的扩散速率。而水中溶解度小的药物，释放速率由凝胶层的逐步溶蚀速率所决定，不管哪种释放机制，凝胶骨架最后完全溶解，药物全部释放，故生物利用度高。

在处方中药物含量低时，可以通过调节 HPMC 在处方中的比例及 HPMC 的规格来调节释放速率。处方中药物含量高时，药物释放速率主要由凝胶层溶蚀所决定。直接压片或湿法制粒压片都可以。除 HPMC 外，还有甲基纤维素、羟乙基纤维素、羧甲基纤维素钠、海藻酸钠等。

【例】 阿米替林缓释片（50mg/片）

    ［处方］阿米替林　　　　　　　　　50mg

           枸橼酸　　　　　　　　　　10mg

           HPMC（K4M）　　　　　　160mg

           乳糖　　　　　　　　　　　180mg

           硬脂酸镁　　　　　　　　　2mg

    ［制法］将阿米替林与 HPMC 混匀，枸橼酸溶于乙醇中作润湿剂制成软材，制粒，干燥，整粒，加硬脂酸镁混匀，压片即得。

（2）蜡质类骨架片　这类片剂由水不溶但可溶蚀的蜡质材料制成，如巴西棕榈蜡、硬脂醇、硬脂酸、氢化蓖麻油、聚乙二醇单硬脂酸酯、甘油三酯等。

这类骨架片是通过孔道扩散与蚀解控制释放。部分药物被不穿透水的蜡质包裹，可加入表面活性剂以促进其释放。通常将巴西棕榈蜡与硬脂醇或硬脂酸结合使用。熔点过低或太软的材料不易制成物理性能优良的片剂。

此类骨架片的制备工艺有以下三种。

① 溶剂蒸发技术。将药物与辅料的溶液或分散体加入熔融的蜡质相中，然后将溶剂蒸发除去，干燥、混合制成团块再颗粒化。

② 熔融技术。即将药物与辅料直接加入熔融的蜡质中，温度控制在略高于蜡质熔点，熔融的物料铺开冷凝、固化、粉碎，或倒入一旋转的盘中使成薄片，再磨碎过筛形成颗粒，如加入 PVP 或聚乙烯月桂醇醚，可呈表观零级释放。

③ 热混合法。药物与十六醇在 60℃混合，团块用玉米朊醇溶液制粒，此法制得的片剂释放性能稳定。

【例】 硝酸甘油缓释片

    ［处方］硝酸甘油　　　　　　　　　0.26g（10％乙醇溶液 2.95ml）

           硬脂酸　　　　　　　　　　6.0g

           十六醇　　　　　　　　　　6.6g

           聚维酮（PVP）　　　　　　3.1g

           微晶纤维素　　　　　　　　5.88g

           微粉硅胶　　　　　　　　　0.54g

           乳糖　　　　　　　　　　　4.98g

           滑石粉　　　　　　　　　　2.49g

           硬脂酸镁　　　　　　　　　0.15g

    ［制法］① 将 PVP 溶于硝酸甘油乙醇溶液中，加微粉硅胶混匀，加硬脂酸与十六醇，水浴加热到 60℃，使溶解。将微晶纤维素、乳糖、滑石粉的均匀混合物加入上述熔化的系统中，搅拌 1h。

    ② 将上述黏稠的混合物摊于盘中，室温放置 20min，待成团块时，用 16 目筛制粒。30℃干燥，整粒，加入硬脂酸镁，压片。共制成 100 片。

（3）不溶性骨架片　不溶性骨架片的材料有聚乙烯、聚氯乙烯、甲基丙烯酸-丙烯酸甲酯共聚物、乙基纤维素等。此类骨架片药物释放后整体从粪便排出。制备方法可以将缓释材料粉末与药物混匀直接压片。如用乙基纤维素，则可用乙醇溶解，然后按湿法制粒。此类片剂有时释放不完全，大量药物包含在骨架中。大剂量的药物也不宜制成此类骨架片，现应用不多。

2. 缓控释颗粒（微囊）压制片

缓释颗粒压制片在胃中崩解后类似于胶囊剂，并具有缓释胶囊的优点，同时也保留片剂的长处，具体有以下三种方法。

第一种方法：将三种不同释放速率的颗粒混合压片，如一种是以明胶为黏合剂制备的颗粒，另一种是用乙酸乙烯为黏合剂制备的颗粒，第三种是用虫胶为黏合剂制备的颗粒。药物释放受颗粒在肠液中的蚀解作用所控制，明胶制的颗粒蚀解最快，其次为乙酸乙烯颗粒，虫胶颗粒最慢。

第二种方法：微囊压制片。如将阿司匹林结晶以阻滞剂为囊材进行微囊化，制成微囊，再压成片子。此法特别适用于处方中药物含量高的情况。

第三种方法：将药物制成小丸，然后再压成片子，最后包薄膜衣。如先将药物与乳糖混合，用乙基纤维素水分散体包制成小丸，必要时还可用熔融的十六醇与十八醇的混合物处理，然后压片。再用 HPMC 与 PEG 400 的混合物水溶液包制薄膜衣，也可在包衣料中加入二氧化钛，使片子更加美观。

3. 胃内滞留片

胃内滞留片系指一类能滞留于胃液中，延长药物在消化道内释放时间，改善药物吸收，有利于提高药物生物利用度的片剂。它一般可在胃内滞留达 5~6h。

此类片剂由药物和一种或多种亲水胶体及其他辅料制成，又称胃内漂浮片，实际上是一种不崩解的亲水性凝胶骨架片。为提高滞留能力，加入疏水性而相对密度小的酯类、脂肪醇类、脂肪酸类或蜡类，如单硬脂酸甘油酯、鲸蜡酯、硬脂醇、硬脂酸、蜂蜡等。乳糖、甘露糖等的加入可加快释药速率，聚丙烯酸酯Ⅱ、聚丙烯酸酯Ⅲ等加入可减缓释药，有时还加入十二烷基硫酸钠等表面活性剂增加制剂的亲水性。片剂大小、漂浮材料、工艺过程及压缩力等对片剂的漂浮作用有影响，在研制时针对实际情况进行调整。

> 【例】 呋喃唑酮胃漂浮片
>
> [处方] 呋喃唑酮　　　　　　100g
> 　　　　鲸蜡醇　　　　　　　70g
> 　　　　HPMC　　　　　　　43g
> 　　　　丙烯酸树脂　　　　　40g
> 　　　　十二烷基硫酸钠　　　适量
> 　　　　硬脂酸镁　　　　　　适量
>
> [制法] 将药物和辅料充分混合后，用 2% HPMC 水溶液制软材，过 18 目筛制粒，于 40℃干燥，整粒，加硬脂酸镁混匀后压片。每片含主药 100mg。

4. 生物黏附片

生物黏附片系采用生物黏附性的聚合物作为辅料制备片剂，这种片剂能黏附于生物黏膜，缓慢释放药物并由黏膜吸收以达到治疗目的。通常生物黏附性聚合物与药物混合组成片芯，然后由此聚合物围成外周，再加覆盖层而成。

生物黏附片可应用于口腔、鼻腔、眼眶、阴道及胃肠道的特定区段，通过该处上皮细胞黏膜输送药物。该剂型的特点是加强药物与黏膜接触的紧密性及持续性，因而有利于药物的吸收。生物黏附片既可安全有效地用于局部治疗，也可用于全身。口腔、鼻腔等局部给药可使药物直接进入大循环而避免首过效应。生物黏附性高分子聚合物有卡波姆、羟丙基纤维素、羧甲基纤维素钠等。

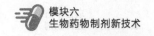
5. 骨架型小丸

采用骨架型材料与药物混合，或再加入一些其他成形辅料（如乳糖等）、调节释药速率的辅料（如 PEG 类、表面活性剂等），经用适当方法制成光滑圆整、硬度适当、大小均一的小丸，即为骨架型小丸。骨架型小丸与骨架片所采用的材料相同，同样有三种不同类型的骨架型小丸，此处不再重复。亲水凝胶形成的骨架型小丸，常可通过包衣获得更好的缓控释效果。

骨架型小丸制备比包衣小丸简单，根据处方性质，可采用旋转滚动制丸法（泛丸法）、挤压-滚圆制丸法和离心-流化制丸法制备。如茶碱骨架小丸是用挤压-滚圆制丸法制成。其主药与辅料之比为 1:1，骨架材料主要由单硬脂酸甘油酯和微晶纤维素组成。先将单硬脂酸甘油酯分散在热蒸馏水中，加热至约 80℃，在恒定速率的搅拌下，加入茶碱，直至形成浆料。将热浆料在行星式混合器内与微晶纤维素混合 10min，然后将湿粉料用柱塞挤压机以30.0cm/min 的速率挤压成直径 1mm、长 4mm 的挤出物，以 1000r/min 转速在滚圆机内滚动 10min 即得圆形小丸。湿丸置流化床内，于 40℃ 干燥 30min，最后过筛，取直径为 1.18~1.70mm 者，即得。

此外还有喷雾冻凝法、喷雾干燥法和液中制丸法。可根据处方性质、制丸的数量和条件选择合适的方法制丸。

（二）膜控型缓释制剂、控释制剂

膜控型缓释制剂、控释制剂主要适用于水溶性药物，用适宜的包衣液，采用一定的工艺制成均一的包衣膜，达到缓释、控释目的。包衣液由包衣材料、增塑剂和溶剂（或分散介质）组成。根据膜的性质和需要，可加入致孔剂、着色剂、抗黏剂和遮光剂等。由于有机溶剂不安全、有毒，易产生污染，目前大多将水不溶性的包衣材料用水制成混悬液、乳状液或胶液，统称为水分散体，进行包衣。水分散体具有固体含量高、黏度低、成膜快、包衣时间短、易操作等特点。

目前市场上有两种类型的缓释包衣水分散体。一类是乙基纤维素水分散体，商品名为Aquacoat 和 Surelease；另一类是聚丙烯酸树脂水分散体，商品名为 Eudragit L30D-55 与Eudragit RL 30D。

1. 微孔膜包衣片

控释剂型通常是用胃肠道中不溶解的聚合物，如醋酸纤维素、乙基纤维素、乙烯-乙酸乙烯共聚物、聚丙烯酸树脂等作为衣膜材料。包衣液中加入少量致孔剂，如 PEG 类、PVP、PVA、十二烷基硫酸钠、糖和盐等水溶性的物质，亦有加入一些水不溶性的粉末（如滑石粉、二氧化硅等），甚至将药物加在包衣膜内，既作致孔剂又是速释部分，用这样的包衣液包在普通片剂上即成微孔膜包衣片。

水溶性药物的片芯应具有一定硬度和较快的溶出速率，以使药物的释放速率完全由微孔包衣膜控制。当微孔膜包衣片与胃肠液接触时，膜上存在的致孔剂遇水部分溶解或脱落，在包衣膜上形成无数微孔或弯曲小道，使衣膜具有通透性。

胃肠道中的液体通过这些微孔渗入膜内，溶解片芯内的药物到一定程度，片芯内的药物溶液便产生一定渗透压。由于膜内、外渗透压的差别，药物分子便通过这些微孔向膜外扩散释放。药物向膜外扩散的结果使片内的渗透压下降，水分又得以进入膜内溶解药物，如此反复，只要膜内药物维持饱和浓度且膜内、外存在漏槽状态，则可获得零级或接近零级速率的药物释放。包衣膜在胃肠道内不被破坏，最后排出体外。

例如，磷酸丙吡胺缓释片：先按常规制成每片含丙吡胺 100mg 的片芯（直径 11mm，硬度 4~6kg，20min 内药物溶出 80%）。然后以低黏度乙基纤维素、醋酸纤维素及聚甲基丙烯酸酯为包衣材料，PEG 类为致孔剂，蓖麻油、邻苯二甲酸二乙酯为增塑剂，丙酮为溶剂配制包衣液进行包衣，控制形成的微孔膜厚度（膜增重）调节释药速率。

2. 膜控释小片

膜控释小片是将药物与辅料按常规方法制粒，压制成小片，其直径约为 2~3mm，用缓释膜包衣后装入硬胶囊使用。每粒胶囊可装入几片至二十片不等。同一胶囊内的小片可包上不同缓释作用的包衣或不同厚度的包衣。

此类制剂无论在体内、体外皆可获得恒定的释药速率，是一种较理想的口服控释剂型。其生产工艺也较控释小丸剂简便，质量也易于控制。如茶碱微孔膜控释小片，其制备具体工艺如下。

(1) 制小片 无水茶碱粉末用 5% CMC 浆制成颗粒，干燥后加入 0.5% 硬脂酸镁，压成直径 3mm 的小片，每片含茶碱 15mg，片重为 20mg。

(2) 流化床包衣 分别用两种不同的包衣液包衣。一种包衣材料为乙基纤维素，采用 PEG 1540、Eudragit L 或聚山梨酯 20 为致孔剂，两者比例为 2:1，用异丙醇和丙酮混合溶剂；另一种包衣材料为 Eudragit RL 100 和 Eudragit RS 100。最后将 20 片包衣小片装入同一硬胶囊内即得。

3. 肠溶膜控释片

此类控释片是药物片芯外包肠溶衣，再包上含药的糖衣层而得。含药糖衣层在胃液中释药，当肠溶衣片芯进入肠道后，衣膜溶解，片芯中的药物释出，因而延长了释药时间。

例如，普萘洛尔长效控释片是将 60% 药物以羟丙甲纤维素为骨架制成核心片，其余 40% 药物掺入外层糖衣中，在片芯与糖衣之间隔以肠溶衣。片芯基本以零级速度缓慢释药，可维持药效 12h 以上。肠溶衣材料可用 HPMCP，也可与不溶于胃肠液的膜材料（如乙基纤维素）混合包衣制成在肠道中释药的微孔膜包衣片。在肠道中肠溶衣溶解，于包衣膜上形成微孔，纤维素微孔膜控制片芯内药物的释放。

4. 膜控释小丸

膜控释小丸由丸心与控释薄膜衣两部分组成。丸心含药物和稀释剂、黏合剂等辅料，所用辅料与片剂的辅料大致相同，包衣膜亦有亲水薄膜衣、不溶性薄膜衣、微孔膜衣和肠溶衣。微孔膜包衣的阿司匹林缓释小丸是以 40 目左右的蔗糖粒子为芯核，以含适量乙醇的糖浆为黏合剂，在滚动下撒入 100 目的药物细粉，制成药物与糖心重量比为 1:1 的药心小丸。干燥后，包以含致孔剂 PEG 6000、增塑剂邻苯二甲酸二乙酯的乙基纤维素膜（丙酮/乙醇为溶剂）得直径为 1mm 左右的小丸。包衣增重 30%。此包衣小丸经新西兰白兔体内血药浓度测定表明具明显的缓释作用。

(三) 渗透泵制剂

渗透泵是由药物、半透膜材料、渗透压活性物质和推动剂等组成。常用的半透膜材料有醋酸纤维素、乙基纤维素等。渗透压活性物质（即渗透压促进剂）起调节药室内渗透压的作用。其用量多少关系到零级释药时间的长短，常用乳糖、果糖、葡萄糖、甘露糖的不同混合物。推动剂亦称为促渗透聚合物或助渗剂，能吸水膨胀，产生推动力，将药物层的药物推出释药小孔，常用分子量为 3 万到 500 万的聚羟甲基丙烯酸烷基酯、分子量为 1 万至 36 万的 PVP 等。除上述组成外，渗透泵片中还可加入助悬剂、黏合剂、润滑剂、润湿剂等。

渗透泵片有单室和双室两种。双室渗透泵片适于制备水溶性过大或难溶于水的药物。例如，维拉帕米渗透泵片为一种单室渗透泵片，每日仅需服药 1~2 次。

【例】 维拉帕米渗透泵片（单室渗透泵片）

[处方] ① 片芯处方

盐酸维拉帕米（40目）	2850g
甘露醇（40目）	2850g
聚环氧乙烷（40目）	60g
聚维酮（40目）	115g
乙醇	适量

② 包衣液处方（用于每片含120mg的片芯）

醋酸纤维素（乙酰基值39.8%）	47.25g
醋酸纤维素（乙酰基值32%）	15.75g
羟丙纤维素	22.5g
聚乙二醇3350	4.5g
二氯甲烷	1755ml
甲醇	735ml

[制法] ① 片芯制备。按处方量称取前三种组分，混匀；将PVP溶于甲醇，作为黏合剂，缓缓加至上述混合组分中，搅拌20min，过10目筛，制粒；50℃干燥18h，10目筛整粒后，加入硬脂酸混匀，压片。制成每片含主药120mg、片重257.2mg、硬度为9.7kg的片芯。

② 包衣。用空气悬浮包衣技术包衣，包衣液速率为20ml/min，包衣至每个片芯增重15.6mg。包衣片于相对湿度50%、50℃的环境干燥45~50h，再在50℃干燥箱中干燥20~25h。

③ 制孔。在包衣片上下两面对称处各打一释药小孔，孔径为254μm。

（四）植入剂

植入剂系指由原料药物与辅料制成的供植入人体内的无菌固体制剂。主要为用皮下植入方式给药的植入剂，药物很容易到达体循环，因而其生物利用度高；另外，给药剂量比较小、释药速率慢而均匀，成为吸收的限速过程，故血药水平比较平稳且持续时间可长达数月甚至数年。

皮下组织较疏松，富含脂肪，神经分布较少，对外来异物的反应性较低，植入药物后的刺激、疼痛较小；而且一旦取出植入物，机体可以恢复，这种给药的可逆性对计划生育非常有用。

其不足之处是植入时需在局部（多为前臂内侧）作一小的切口，用特殊的注射器将植入剂推入，如果用非生物降解型材料，在终了时还需手术取出。

植入剂按其释药机制可分为膜控型、骨架型、渗透压驱动释放型。主要用于避孕、治疗关节炎、抗肿痛、胰岛素、麻醉药拮抗剂等。已用于医药上的生物降解或生物溶蚀性聚合物主要有聚乳酸、乳酸/乙醇酸共聚物（PLA/PGA，PLGA）、谷氨酸多肽、谷氨酸/亮氨酸多肽、聚己酸内酯、甲壳素、甘油酯、聚原酸酯、乳酸与芳香羟基酸等。

目前生物降解聚合物作为载体制得的给药系统中，研究最多的是制成微粒甚至纳米粒。由于粒子很小，植入时可用普通注射器注入。这样的微粒由于大小不一，在吸收部位的表观释放速率可接近零级。

（五）脉冲给药系统

脉冲释药技术近10年来发展迅速，从最早的膜控释制剂，包括包衣脉冲胶囊、包衣脉冲片、双层骨架片，到渗透泵，以及后来的定时塞脉冲胶囊，控制时滞的方式越来越多样化。

1. 包衣脉冲胶囊

脉冲胶囊是将药物制成微丸后经过包衣，再装入胶囊中使用的脉冲控释胶囊。其释放是由两层对 pH 敏感的控释膜（包衣层）所控制的，外层包衣膜可以抵抗胃部低 pH 环境，而在小肠中溶解，如邻苯二甲酸醋酸纤维素和聚丙烯酸的衍生物等肠溶包衣材料。内层衣膜为 HPMC 层，作为隔离层避免外层包衣液与内部药物的反应。该脉冲胶囊要求微丸有较快的溶出速率，以使药物的释放在时滞后有一定迅速释药的过程。

2. 包衣脉冲片

包衣脉冲片的外层半透膜通常选用在胃肠道中不溶解的聚合物，如醋酸纤维素、乙基纤维素、乙烯-乙酸乙烯共聚物、聚丙烯酸树脂等，作为衣膜材料，在包衣液中加入少量致孔剂。为了避免在胃中的溶解，致孔剂选用邻苯二甲酸醋酸纤维素、聚丙烯酸类等胃不溶性物质或疏水性物质。进入小肠一定时间后，膜上即形成小孔或弯曲小道，使衣膜具有一定的通透性。胃肠道中的液体通过这些微孔渗入膜内，溶解片芯内的药物，并在膜内、外形成较高的渗透压，导致骨架膨胀，同时形成缺口，药物释出。

3. 双层骨架片

双层骨架片是通过控制上层基质的溶蚀来达到时滞的目的。骨架片上层由不含药物的 HPMC 和填充物（如乳糖等）组成，下层含药物和其他辅料。骨架片置于上端开口的圆柱形聚合物内，该聚合物一般由聚丙烯酸等组成。时滞是由上层 HPMC 塞的溶蚀时间来决定的。HPMC 塞的组成、厚度、密度都会对时滞时间产生影响。HPMC 塞溶蚀后，药物便开始以脉冲形式释放。

4. 渗透泵

该系统是利用渗透压原理制成的膜包衣控释制剂。渗透泵在体内释药的速率通过半透膜上释药孔径控制，故不受胃肠道可变因素的影响，具均匀恒定的特点。脉冲系统只要在这种渗透泵上包上一层肠溶衣，待肠溶衣溶解后，随着这个由时间控制的推动部分的膨胀，在预定的时滞之后内部的药物开始释放。

5. 定时塞脉冲胶囊

定时塞脉冲胶囊由不溶性囊身和水溶性囊帽组成，药物及辅料由一水凝胶塞密封于囊身内。当服用胶囊后，囊帽在胃液中溶解，水凝胶塞开始膨胀；在预先设定的时间内，这个膨胀的水凝胶塞便从囊身中脱出，胶囊中的药物则释放进入小肠或结肠。水凝胶塞与胃肠液接触的表面积可以通过其自身的面积及在胶囊中的位置进行调节，以设计成 $1\sim12h$ 不等的时滞时间。

四、缓释制剂、控释制剂的质量评价

通常，缓控释制剂中所含的药物量比相应的普通制剂多，工艺也较复杂。为了既能获得可靠的治疗效果又不致引起突然释放所带来毒副作用的危险性，必须在设计、试制、生产等环节避免或减少突释。体内、体外的释药性能要符合临床要求，应不受或少受生理或食物因素的影响。所以应有一个能反映体内基本情况的体外释放度的方法，以控制制剂质量，保证制剂的安全性与有效性。

（一）体外药物释放度试验

本试验是在模拟体内消化道条件（如温度、介质的 pH、搅拌速率等），对制剂进行药物释放速率试验，最后制定出合理的体外药物释放度，以监测产品的生产过程与对产品进行质量控制。

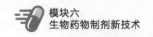
1. 试验条件

《中国药典》（2020年版）规定，缓释、控释制剂的体外药物释放度试验可以采用溶出度仪进行。模拟体温应控制在（37±0.5）℃，以去空气的新鲜纯化水为最佳的释放介质，或根据药物的溶解特性、处方要求、吸收部位，使用盐酸（0.001～0.1mol/L）或 pH 3～8 的磷酸盐缓冲液。对难溶性药物不宜采用有机溶剂，可加少量表面活性剂，如十二烷基硫酸钠等。释放介质的体积应符合漏槽条件，一般要求不少于形成药物饱和溶液量的 3 倍，并脱气。

2. 取样点的设计

除迟释制剂外，体外释放速率试验应能反映出受试制剂释药速率的变化特征，且能满足统计学处理的需要。释药全过程的时间不低于给药的间隔时间，且累积释放率要求达到 90％以上。除另有规定外，制剂质量研究中，通常将释药全过程的数据作累积百分率-时间的释药速率曲线图，制定出合理的释放度检查方法和限度。

缓释制剂从释药速率曲线图中至少选出三个取样时间点。第一点为开始 0.5～2h 的取样时间点（累积释放率约 30％），用于考查药物是否有突释；第二点为中间的取样时间点（累积释放率约 50％），用于确定释药特性；最后的取样时间点（累积释放率＞75％），用于考查释药量是否基本完全。此三点可用于表征体外缓释制剂药物释放度。

控释制剂除以上三点外，还应增加三个取样时间点。此六点可用于表征体外控释制剂药物释放速率。释放百分率的范围应小于缓释制剂。

缓释制剂的释药数据可用一级方程和 Higuchi 方程拟合。控释制剂的释药数据可用零级方程拟合。

（二）体内生物利用度和生物等效性试验

生物利用度是指剂型中药物吸收进入血液循环的速度和程度。生物等效性是指一种药物的不同制剂在相同实验条件下，给以相同的剂量，其吸收速度和程度没有明显差异。《中国药典》（2020年版）规定缓释、控释制剂的生物利用度与生物等效性试验应在单次给药与多次给药两种条件下进行。

（1）单次给药（双周期交叉）试验　目的在于比较受试者于空腹状态下服用缓释、控释受试制剂与参比制剂的吸收速度和吸收程度的生物等效性，并确认受试制剂的缓释、控释药物动力学特征。

（2）多次给药试验　是比较受试制剂与参比制剂多次连续用药达稳态时，药物的吸收程度、稳态血浓度的波动情况。

有关受试者要求和选择标准、参比制剂、试验设计及过程、数据处理和生物利用度及生物等效性评价规定，详见《中国药典》（2020年版）。

（三）体内、外相关性评价

缓释、控释制剂要求进行体内-体外相关性试验，它应反映整个体外释放曲线与血药浓度-时间曲线之间的关系。只有当体内、外具有相关性，才能通过体外释放曲线预测体内情况。

体内外相关性可归纳为以下 3 种。

① 体外释放曲线与体内吸收曲线上，对应的各个时间点应分别相关，这种相关简称点对点相关，表明两条曲线可以重合。

② 应用统计矩分析原理，建立体外释放的平均时间与体内平均滞留时间之间的相关。由于能产生相似的平均滞留时间，可有很多不同的体内曲线，因此体内平均滞留时间不能代表体内完整的血药浓度-时间曲线。

③ 将一个释放时间点（$t_{50\%}$、$t_{90\%}$）与一个药动学参数（如 AUC、c_{max} 或 t_{max}）之间单点相关，它只说明部分相关。

《中国药典》（2020 年版）的缓控释制剂指导原则中，缓释、控释制剂体内、外相关性系指体内吸收相的吸收曲线与体外释放曲线之间对应的各个时间点回归，得到直线回归方程的相关系数符合要求，即可认为具有相关性。

实训 14 缓释片的制备

【实训目的】

1. 掌握缓释片的制备工艺。
2. 理解缓释制剂的基本原理与设计方法。
3. 学会缓释片的质量检查。

【实训条件】

1. 实训场地

GMP 实训车间片剂生产岗位［包括粉碎机、振动筛、干燥箱、旋转压片机（或单冲压片机）、蒸发皿、研钵、片剂四用测定仪、紫外分光光度计、电子天平等］。

2. 实验材料

茶碱、淀粉、硬脂酸镁、硬脂醇、羟丙基甲基纤维素、盐酸。

【实训内容】

（一）普通片的制备

1. 处方组成

茶碱	10g
淀粉浆（8%）	适量
淀粉	3g
硬脂酸镁	0.14g

2. 制备普通片的操作

按量称取茶碱，过 80 目筛，加入一半量的淀粉，混合均匀。然后冲浆法制备 8% 淀粉浆（将淀粉先加 1～1.5 倍冷水，搅匀，再冲入全量的沸水，不断搅拌至成半透明糊状）。将淀粉浆与茶碱混合制成软材，18 目筛制成湿颗粒，于 60℃干燥，然后再用 18 目筛整粒，加入余下的淀粉及硬脂酸镁混匀，称重，计算片重，以直径 7mm 的模冲压片。每片含主药量为 100mg。

（二）溶蚀性骨架片的制备

1. 溶蚀性骨架片的处方组成

茶碱	10g
羟丙基甲基纤维素	0.1g
硬脂醇	1g
硬脂酸镁	0.14g

2. 制备溶蚀性骨架片的操作

按量称取茶碱，过 80 目筛，另将硬脂醇置蒸发皿中，于 80℃水浴上加热熔融，加入茶碱搅匀，冷后，置研钵中研碎。加羟丙基甲基纤维素胶浆（以 70% 的乙醇 3ml 制得）制成软材（若胶浆量不足，可再加 70% 乙醇适量），18 目筛制成湿颗粒，于 60℃干燥，再用 18

目筛整粒，加入硬脂酸镁混合均匀，称量，计算片重，以直径 7mm 的模冲压片。

（三）质量检查与评定

1. 释放度试验

（1）标准曲线的测定　精密称定茶碱对照品约 20mg，置 100ml 量瓶中，加 0.1mol/L 的盐酸溶液溶解、定容。精密吸取此液 10ml，置 50ml 量瓶中，加 0.1mol/L 的盐酸溶液定容 $40\mu g/ml$。然后取此溶液 0.2ml、0.5ml、1ml、3ml、4ml 分别置于 5 个 10ml 量瓶中，加 0.1mol/L 的盐酸溶液定容，即配成浓度分别为 $0.8\mu g/ml$、$2\mu g/ml$、$4\mu g/ml$、$12\mu g/ml$、$16\mu g/ml$ 的溶液。按照分光光度法，在 270nm 的波长处测定吸光度。对溶液浓度与吸光度进行回归分析得到标准曲线回归方程。

（2）释放度分析　取制得的茶碱缓释片 1 片，精密称定重量，置转篮中，采用下列条件进行释放度试验，其中取样时间学生可以自己设定。

释放介质：0.1mol/L 盐酸 900ml。

温度：37℃±0.5℃。

转篮速度：100r/min。

标准取样时间：1h、2h、3h、4h、6h。

取样及分析方法：每次取样 3ml，同时补加同体积释放介质。样品液用 $0.8\mu m$ 的微孔滤膜过滤，取滤液 1ml，置 10ml 容量瓶中，用 0.1mol/L 的盐酸溶液定容。按照分光光度法，在 270nm 的波长处测定吸光度。普通片在上述条件下于 30min 取样按上法测定。

2. 片重差异

取药 20 片，精密称定总重量，求得平均片重后，再分别精密称定各片的重量。每片重量与平均片重相比较，超出重量限度的药片不得超过 2 片，并不得有 1 片超出限度 1 倍。

❓ 思考题

1. 缓控释制剂分别有哪些特点？
2. 简述控释制剂与缓释制剂的差异。
3. 简述影响口服缓释、控释制剂设计的因素。
4. 缓控释制剂的设计要求有哪些？
5. 简述胃内滞留型制剂应具有的特性。如何设计该类制剂的处方？
6. 简述渗透泵片的组成及其控释的原理。
7. 简述评价制剂体内、外相关性的方法。

项目十六　生物药物制剂新剂型

学习目标

◎ 掌握药物包合技术的概念，掌握包合物的制备方法，熟悉药物包合技术的主要类型、分类及应用，了解 β-环糊精包合物的制备方法。

◎ 掌握微囊的概念与制备方法，熟悉微囊的特点与制备原理，学会在实验室中简单制备微囊的方法。

◎ 掌握微球的概念，掌握微球的制备方法及其原理，掌握纳米粒的概念。

◎ 掌握纳米粒的制备方法，熟悉纳米粒的特点及应用。

◎ 掌握脂质体的概念与制备方法，熟悉脂质体的作用特点及制备原理，了解现代脂质体技术的应用。

一、环糊精及其衍生物包合技术

（一）包合技术概述

包合技术系指一种分子被部分或全部包嵌于另一种分子的空穴结构内，形成包合物的技术。这种包合物是由主分子和客分子两种组分组成。其中具有包合作用的外层分子称为主分子，被包合到主分子空穴中的小分子物质，称为客分子。主分子即是包合材料，具有较大的空穴结构，足以将客分子（药物）容纳在内，形成分子囊。主分子通常用环糊精、胆酸、淀粉、纤维素、蛋白质等，最常用的是环糊精及其衍生物。

药物作为客分子经包合后，溶解度增大，稳定性提高，液体药物可粉末化，可防止挥发性成分挥发，掩盖药物的不良气味或味道，调节释放速率，提高药物的生物利用度，降低药物的刺激性与毒副作用等。

如难溶性药物前列腺素 E_2 经包合后溶解度大大提高，并可制成注射用粉末。盐酸雷尼替丁具有不良臭味，制成包合物加以改善，可提高患者用药的顺应性。陈皮挥发油制成包合物后，可粉末化且防止挥发。诺氟沙星制成 β-环糊精包合物胶囊后，起效快，相对生物利用度提高到 141.6%。视黄酸 β-环糊精包合物后，稳定性明显提高，副作用明显降低。目前利用包合技术生产上市的产品有碘口含片、吡罗昔康片、螺内酯片及可减小舌部麻木副作用的磷酸苯丙哌林片等。

药物形成包合物的过程是药物分子借分子间力进入包合材料分子空穴的物理过程，不发生化学反应，不形成共价键。其形成过程与立体结构和极性有关，客分子的大小和形状如与主分子的空穴相适应，则易形成包合物，而包合物的稳定性主要取决于两者的极性和分子间作用的强弱。

（二）环糊精的结构与性质

常用的包合材料有环糊精、胆酸、淀粉、纤维素、蛋白质、核酸等，目前在制剂中常用的是环糊精及其衍生物。

环糊精（CD）系淀粉用嗜碱性芽孢杆菌经培养得到的产物，是由 6～12 个 D-葡萄糖分子以 1,4-糖苷键连接的环状低聚糖化合物，为水溶性的非还原性白色结晶性粉末。常见的环糊精有 α、β、γ 三种环糊精，分别是由 6 个、7 个、8 个葡萄糖分子通过 α-1,4-糖苷键链接而成。它们的立体结构及包封药物结构示意见图 16-1。其空穴内径与物理性质都有较大的差别，以 β-环糊精为常用。环糊精包合药物的状态与环糊精的种类、药物分子的大小、药物的结构和基团性质等有关。

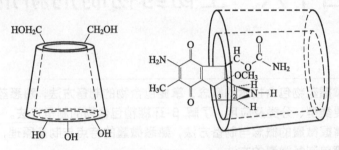

图 16-1　环糊精的立体结构及包封药物结构示意

环糊精的立体结构是上窄下宽、两端开口、环状中空圆筒形，空洞外部分和入口处为椅式构象的葡萄糖分子上的伯醇羟基，具有亲水性，空洞内部由碳-氢键和醚键构成，呈疏水性，故能与一些小分子药物形成包合物。环糊精所形成的包合物通常是药物在单分子空穴内包入，而不是在材料晶格中嵌入，客分子必须和主分子的空穴形状和大小相适应，大多数环糊精与药物可以达到摩尔比 1∶1 包合。被包合的有机药物应符合下列条件之一：药物分子的原子数大于 5；如具有稠环，稠环数应小于 5；药物分子量在 100～400 之间；水中溶解度小于 10g/L，熔点低于 250℃。无机药物大多不宜用环糊精包合。

近年来，在环糊精母体结构基础上，合成了各种环糊精衍生物，其中研究最多的是 β-环糊精的衍生物。

（三）β-环糊精包合物在药剂学上的应用

环糊精衍生物更容易容纳客分子，并可改善环糊精的某些性质。近年来主要将甲基、乙基、羟乙基、羟丙基、葡糖基等基团引入 β-环糊精中，对 β-环糊精的分子结构进行修饰（取代羟基上的 H）。引入这些基团，破坏了 β-环糊精分子内的氢键，改变了其理化性质。

1. 水溶性环糊精衍生物

水溶性环糊精衍生物常用的有葡萄糖衍生物、羟丙基衍生物、甲基衍生物等。

（1）葡萄糖衍生物　是在环糊精（CD）分子中引入葡糖基，其水溶性发生了显著改变，如 25℃时，G-β-CD、2G-β-CD 溶解度分别为 970g/L、1400g/L，而 β-CD 为 18.5g/L。G-β-环糊精为常用的包合材料，包合后可增大难溶药物的溶解度，促进药物的吸收，降低溶血活性，还可作为注射剂的包合材料。如雌二醇-葡糖基-β-CD 包合物的水溶性大，可制成注射剂。

β-环糊精口服安全，胃肠外给药有一定毒性，经肌内给药后能形成溃疡，静脉给药可导致肾脏毒性。

（2）羟丙基衍生物　3-羟丙基-β-CD 可促使一些难溶性药物增加溶解度和稳定性，降低局部刺激性和溶血性。

（3）甲基衍生物　甲基-β-CD 的水溶性较 β-CD 大，如二甲基-β-CD 既溶于水又溶于有机溶剂，但刺激性也较大，不能用于注射与黏膜给药。

2. 疏水性环糊精衍生物

疏水性环糊精衍生物常用作水溶性药物的包合材料，以降低水溶性药物的溶解度，使具有缓释性。常用的有 β-CD 分子中羟基的 H 被乙基取代的衍生物，取代程度越高，产物在水中的溶解度越低。如乙基-β-CD 微溶于水，比 β-CD 的吸湿性小，具有表面活性，在酸性条件下比 β-CD 稳定。

（四）β-环糊精包合物的制备方法

1. 饱和水溶液法

将环糊精配成饱和水溶液，加入药物（难溶性药物可用少量丙酮或异丙醇等有机溶剂溶解）混合 30min 以上，药物与环糊精形成包合物后析出。水中溶解度大的药物，其包合物仍可部分溶解于溶液中，此时可加入有机溶剂，促使包合物析出。将析出的包合物过滤，用适当的溶剂洗净、干燥即得。此法亦称为重结晶法或共沉淀法。如檀香挥发油 β-环糊精包合物的制备。

2. 冷冻干燥法

此法适用于制成包合物后易溶于水且在干燥过程中易分解、变色的药物。肉桂挥发油 β-环糊精包合物采用冷冻干燥法制备，成品疏松，溶解度好，可制成注射用粉末。

3. 超声波法

该法是将环糊精或其衍生物的饱和水溶液中加入客分子药物，混合溶解后用超声波处理，将析出沉淀用溶剂洗涤、干燥即得稳定的包合物。

此外，难溶性的药物还可以用研磨法、喷雾干燥法制成包合物，如研磨法制备视黄酸包合物。喷雾干燥法制得的地西泮与 β-环糊精包合物，增加了视黄酸和地西泮的溶解度，也提高了地西泮的生物利用度。

二、微囊制备技术

（一）微囊概述

微型包囊是近 20 年来应用于药物的新工艺、新技术，其制备过程通称微型包囊术，简称微囊化，系利用高分子材料或共聚物（囊材）作为囊膜壁壳，将固态药物或液态药物（囊心物）包裹，使其成为半透明、封闭的微型胶囊，简称微囊。该微囊一般直径在 $5\sim400\mu m$ 之间。

药物微囊化的目的有以下几点。

① 掩盖药物的不良气味及口味。

② 提高药物的稳定性（易水解阿司匹林经过微囊化可以防止降解）。

③ 防止药物在胃肠道内失活，减少药物对胃肠道的刺激。

④ 使液态药物固态化，便于应用与贮存（软胶囊、滴丸、固体分散体）。

⑤ 减少复方药物的配伍变化。

⑥ 可制备缓释或控释制剂。

⑦ 使药物浓集于靶区，提高疗效，降低毒副作用。

⑧ 可将活细胞或生物活性物质包囊。

目前，采用微囊化技术的药物已有 30 多种，主要为解热镇痛药、抗生素、多肽、避孕药、维生素、抗癌药及诊断用药等。尽管微囊化的药物制剂商品还不多，但药物微囊化技术的研究却是突飞猛进。特别是蛋白质、酶、激素、肽类等生物技术药物的口服活性低或注射的生物半衰期短，而将药物微囊化后通过口服或非胃肠道缓释给药，可减少活性损失或变性，对新药的开发具有特殊意义。

（二）囊心物与囊材

1. 囊心物

微囊的囊心物可以是固体或液体，其中除了主药外，还包括为提高微囊化质量而加入的附加剂，如稀释剂、稳定剂、促进剂及改善囊膜可塑性的增塑剂、控制释放速率的阻滞剂等。通常是将主药与附加剂混匀后再微囊化，亦可先将主药单独微囊化，再加入附加剂。若有多种主药存在时，可将多种主药均匀混合后再微囊化，亦可分别微囊化后再混合，这取决于设计要求、药物、囊材和附加剂的性质及工艺条件等。如用相分离凝聚法时，囊心物一般不应是水溶性的，而界面缩聚法则要求囊心物必须是水溶性的。

2. 囊材

用于包囊所需的材料称为囊材。对囊材的一般要求是：性质稳定；有适宜的释放速率；无毒、无刺激性；能与药物配伍，不影响药物的药理作用及含量测定；有一定的强度及可塑性，能完全包封囊心物；具有符合要求的黏度、穿透性、亲水性、溶解性、降解性等特性。

常用的囊材包括天然高分子囊材、半合成高分子囊材和合成高分子囊材三类。

(1) 天然高分子囊材　天然高分子材料的囊材，无毒、成膜性好，主要有以下几种。

① 明胶。明胶平均分子量在 15000～25000 之间。因制备时水解方法的不同，明胶分酸法明胶（A 型）和碱法明胶（B 型）。A 型明胶等电点为 7～9，B 型明胶等电点为 4.7～5.0，两者成囊性无明显差别。通常根据药物的酸碱性要求选用 A 型或 B 型，用量为 20～100g/L。

② 阿拉伯胶。常用来制作粉末油脂，经常与明胶等量配合使用，因为它有很好的水溶性和乳化性，在包埋的过程中可以使包埋物的微胶囊化效率增加。它作囊材的用量为 20～100g/L，亦可与白蛋白配合作复合材料。

③ 海藻酸盐。系多糖类化合物，从褐藻中提取而得。海藻酸钠可溶于不同温度的水中，不溶于乙醇、乙醚及其他有机溶剂。海藻酸钙不溶于水，故海藻酸钠可用 CaCl$_2$ 固化成囊。

④ 壳聚糖。壳聚糖是由甲壳素脱乙酰化后制得的一种天然聚阳离子多糖，可溶于酸或酸性水溶液，无毒、无抗原性，在体内能被溶菌酶等酶解，具有良好的生物相容性和生物可降解性。近年来壳聚糖微胶囊已经用来运载生物大分子活性物质。

(2) 半合成高分子囊材

① 羧甲基纤维素盐。羧甲基纤维素钠（CMC-Na）常与明胶配合作复合囊材，一般分别配 1～5g/L CMC-Na 及 30g/L 明胶，再按体积比 2∶1 混合。CMC-Na 遇水溶胀，体积可增大 10 倍，在酸性溶液中不溶。水溶液黏度大，有抗盐能力和一定的热稳定性，不会发酵，也可以制成铝盐 CMC-Al 单独作囊材。

② 邻苯二甲酸醋酸纤维素（CAP）。CAP 在强酸中不溶解，可溶于 pH 大于 6 的水溶液。用作囊材时可单独使用，用量一般为 30g/L，也可与明胶配合使用。

③ 乙基纤维素（EC）。乙基纤维素化学稳定性高，不溶于水、甘油和丙二醇，可溶于乙醇，遇强酸易水解，故对强酸性药物不适宜。

④ 甲基纤维素（MC）。甲基纤维素用作微囊囊材的用量为 10～30g/L，亦可与明胶、CMC-Na、聚维酮（PVP）等配合作复合囊材。

⑤ 羟丙甲纤维素（HPMC）。羟丙甲纤维素能溶于冷水成为黏性溶液，不溶于热水，长期贮存稳定，有表面活性。

(3) 合成高分子囊材　作囊材用的合成高分子材料有生物不降解的和生物可降解的两类。生物不降解且不受 pH 影响的囊材有聚酰胺、硅橡胶等，在一定 pH 条件下可溶解的囊材有聚丙烯酸树脂、聚乙烯醇等。

近年来，生物可降解的材料得到了广泛应用，如聚碳酯、聚氨基酸、聚乳酸（PLA）、丙交酯乙交酯共聚物（PLGA）、聚乳酸-聚乙二醇嵌断共聚物（PLA-PEG）等。它们的成膜性好、化学稳定性高，可用于注射。其中 PLA 和 PLGA 是美国食品药品管理局批准用于人体的可降解生物材料。生物大分子药物用上述聚合物为骨架材料制成的微球或微囊后给药，可以达到缓释或控释的目的。

（三）微囊的制备方法

微囊的制备方法可归纳为物理化学法、物理机械法和化学法三大类，根据药物与囊材的性质和微囊的粒径、释放要求及靶向性的要求进行选择。

1. 物理化学法

该法是在液相中进行，采用适宜方法使囊材的溶解度降低，自液相中凝聚出来，产生一个新的相，故又称相分离法。其微囊化步骤大体可分为囊心物的分散、囊材的加入、囊材的沉积和囊材的固化四步。相分离法分为单凝聚法、复凝聚法、溶剂-非溶剂法、改变温度法和液中干燥法。它所用的设备简单，高分子材料来源广泛，可将多种类别的药物微囊化，成为药物微囊化的主要工艺。

（1）单凝聚法 是将一种凝聚剂加入某种水溶性囊材的溶液中，由于大量的水分与凝聚剂结合，使体系中囊材的溶解度降低而凝聚出来，最后形成微囊。或将药物分散在含有纤维素衍生物的、与水混合的有机溶剂中，后加无机盐类的浓溶液，使囊材凝聚成膜而形成微囊。

（2）复凝聚法 是利用两种聚合物在不同 pH 时，电荷的变化（生成相反的电荷）引起相分离-凝聚的原理。复凝聚法是经典的微囊化方法，操作简便，适合于难溶性药物的微囊化。

可作复合材料的有明胶与阿拉伯胶（或 CMC、CAP 等多糖）、海藻酸盐与聚赖氨酸、海藻酸盐与壳聚糖、海藻酸与白蛋白、白蛋白与阿拉伯胶等。

（3）液中干燥法 亦称溶剂挥发法，是将药物均匀混悬或乳化于溶有囊材的有机溶剂中，然后将混合液加热，挥散有机溶剂，由于囊材沉积而形成微囊。

2. 物理机械法

物理机械法是将固体或液体药物在气相中进行微囊化的方法，包括喷雾干燥法、喷雾冻凝法、空气悬浮包衣法等。

（1）喷雾干燥法 是将芯料分散于囊材的溶液中，将此混合物用气流雾化，使溶解囊材的溶剂迅速蒸发致使囊膜凝固，将芯料包裹而成微囊。

（2）喷雾冻凝法 是将芯料分散于熔融的囊材中，然后将此混合物喷雾于冷气流中，则使囊膜凝固而成微囊。凡蜡类、脂肪酸和脂肪醇等，在室温为固体但在较高温度能熔融的囊材，均可采用此方法。

3. 化学法

化学法是在液相中发生化学反应而形成微囊，可分为界面缩聚法和辐射交联法。辐射交联法系采用乙烯醇（或明胶）为囊材，以 γ 射线照射，使囊材在乳浊液状态发生交联，经处理得到聚乙烯醇（或明胶）的球形微囊。然后将微囊浸泡在药物的水溶液中，使其吸收，待水分干燥后，即得含有药物的微囊。

（四）微囊的性质

1. 微囊的结构与大小

（1）微囊的结构 理想的微囊应是大小均匀的球形，囊与囊之间互不粘连，分散性好，便于制成各种制剂。微囊的结构因制备工艺条件不同而有显著差异，通常单、复凝聚法所制得的微囊是球形镶嵌型，且是多个囊心物微粒分散镶嵌于球形体内。采用物理机械法、溶剂-非溶剂法及界面缩聚法所制得的微囊是球形单层或多层膜壳型。

微囊本身应具有一定的可塑性和弹性。若用明胶为囊材，加入 10% 左右的甘油可以显著改善明胶囊材的弹性。若用乙基纤维素为囊材，应加入增塑剂改善其可塑性。

(2) 微囊的大小　微囊的直径大小直接影响药物的释放、生物利用度、含药量、有机溶剂残留量及体内分布的靶向性。如以丙交酯-乙交酯（85∶15）共聚物为囊材制备的炔诺酮胶囊，在37℃和27.5%（g/ml）乙醇液中的体外释放量随着微囊的囊径增大而减少。

影响微囊大小的因素有：囊心物大小、囊材的用量、制备方法、制备温度、搅拌速度、附加剂浓度等因素。

2. 微囊中药物的释放

(1) 微囊中药物的释放机制　药物微囊化后，一般要求药物能定量地从微囊中释放，研究其释放速率规律，应首先考虑其释放机制。一般认为有以下三种情况。

① 扩散。系指药物透过囊壁而扩散，属于物理过程。在体内，体液向微囊中渗透并逐渐使药物溶解经囊壁扩散出来。

② 囊壁的溶解。囊壁的溶解也属于物理化学过程，囊壁溶解的速度取决于囊材的性质、体液的体积、组成、pH及温度等。

③ 囊壁的消化与降解。这是在体内酶的作用下的生化过程，当微囊进入机体内，囊壁会受到蛋白酶或其他酶的消化与降解成为体内的代谢产物，使药物从中释放出来。但实际上，往往在聚合物降解之前，药物早已开始释放。

(2) 微囊中药物的释放速率

① 囊壁的厚度。囊壁的厚度与控制药物释放及保护药物作用密切相关。囊壁厚度可用光学显微镜或电子显微镜直接测得，也可以通过测定微囊的重量、密度等值进行计算。

一般来说，囊壁越厚释药速率越慢。如磺胺噻唑微囊，以乙基纤维素为囊材，囊壁厚度分别为$5.04\mu m$、$12.07\mu m$及$20.12\mu m$。在人工胃液中作体外释放度测定，释放50%药物所需时间分别为11min、16min及30min，这一点说明囊壁厚度越大，释放速率越小。

② 囊材的影响。不同囊材形成的囊壁具有不同的物理化学性质。如明胶所形成的囊壁具有网状结构，药物嵌入网状空隙中，空隙越大，释药速率越快。常用的几种囊材形成的囊壁释药速率的次序为：明胶＞乙基纤维素＞苯乙烯马来酸共聚物＞聚酰胺。

③ 药物溶解度。药物的溶解度与药物释放速率有密切关系，在其他条件相同时，可溶性药物释放速率较快。如用乙基纤维素为囊材，分别制成巴比妥钠、苯甲酸及水杨酸微囊，这三种药物在37℃水中的溶解度分别为0.255g/ml、0.009g/ml、0.0068g/ml，药物从微囊中释放的速度以巴比妥钠最快。与溶解度类似，药物在囊壁与水之间的分配系数大小也影响其释放速度率。因此，欲使药物缓释达到长效，可将药物先制成溶解度较小的衍生物（如酯类）后，再进行微囊化。

④ 囊心物与囊壁的质量比。如沙丁胺醇乙基纤维素微囊，随着囊心物与囊壁厚的质量比不同，释放速率也可有很大差异，含药量越高，释放速率越快。

⑤ 附加剂的影响。为了延缓药物释放，可加入疏水性物质，如硬脂酸、蜂蜡、十六醇及巴西棕榈蜡等。

⑥ 工艺条件与剂型。成囊时虽然采取相同的工艺，但干燥条件不同，则释药速率也不相同。如冷冻干燥或喷雾干燥的微囊，其释药速率比烘箱干燥的微囊快，可能是后者每个干燥颗粒中所包含的微囊个数比前两者多得多，表面积大大减小，因此影响了释药速率。

⑦ pH的影响。在不同pH条件下，微囊释药速率也可能不同。如氯噻嗪微囊，以明胶-阿拉伯胶为囊材，体外试验表明，在pH为2的释放介质中，40min内氯噻嗪释放率达到100%，但在pH为9的介质条件下，120min释放量低于80%。

⑧ 释放介质离子强度的影响。释放介质离子强度的不同，微囊中药物的释放速率也可能不同。

（五）微囊制剂的质量评定

微囊系一种新的释药系统，需制成不同剂型用于临床使用，对于微囊本身的质量控制可直接影响制剂的质量，所以，微囊的质量评定不仅要求其相应制剂符合药典规定，还需从以下三个方面予以评价。

1. 微囊的囊形与大小

微囊的囊形一般应为圆球形或卵圆形，有时也可以是不规则形；大小应该比较均匀，分散性好。可采用光学显微镜、扫描或电子显微镜观察形态；用自动粒度测定仪、Coulter 计数仪测粒径大小；用以粒径为横坐标、频率为纵坐标的直方图或跨距来表示粒度分布。

2. 微囊中药物的含量测定

微囊中药物含量测定时，应注意囊壁对药物包封的影响。微囊膜不完全破坏，主药提取可能不彻底，进而影响含量测定的准确性，因此需要根据囊材及囊心物的性质分别用不同方法处理。根据药物的性质，常用的溶剂提取方法有以下三种。

（1）含挥发油类药物的微囊 一般采取提油法，如牡荆油微囊片的含量测定，样品先用 37℃ 人工肠液消化，使油完全释放，然后用蒸馏法或索氏提取器提取挥发油，计算每片含挥发油量。

（2）溶剂提取法 一些脂溶性药物微囊可选用不同种类的有机溶剂提取。常用的溶剂有乙醚、三氯甲烷、甲醇、乙醇等。如鹤草酚微囊含量的测定，先用消化酶消化明胶-阿拉伯胶膜，显微镜下观察微囊膜完全消失，再用三氯甲烷提取主药鹤草酚，提取后用紫外分光光度法测定其含量。

（3）水提取法 被包裹药物如果是水溶性的，常采用水提取药物。

3. 微囊中药物的释放度测定

根据微囊的特点，可采用《中华人民共和国药典》释放度测定法中的第二法（桨法）进行测定，亦可将微囊置薄膜透析管内，再按第一法（篮法）进行测定。

三、微球的制备技术

（一）微球概述

使药物溶解或分散在高分子材料基质中，形成的微小球状实体，称为微球。微球粒径范围一般为 $1 \sim 500 \mu m$，小的可以是几纳米，大的甚至可达 $800 \mu m$。其中粒径小于 50nm 的，通常又称为纳米球或纳米粒。

制备微球的载体材料有很多，主要分为天然高分子微球（如淀粉微球、白蛋白微球、明胶微球等）和合成聚合物微球（如聚乳酸微球）。

（二）微球的特点

1. 靶向性

微球在体内特异性分布，使药物在所需要的部位释放，可提高药物有效浓度，降低药物毒性和不良反应，应用于肿瘤化疗极为有利。

2. 缓释与控释性

微球属长效制剂，可减少给药次数，消除药物峰谷现象。

3. 栓塞性

微球可直接经动脉管导入，阻塞在肿瘤血管，断绝养分，抑杀癌细胞，为双重抗肿瘤制剂。

4. 掩盖药物不良气味

微球可以掩盖药物的不良气味，增强患者的顺应性。

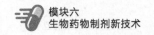
5. 提高药物的稳定性

微球可提高药物的稳定性，如对水敏感的阿司匹林，易挥发的挥发油、樟脑混合物等均可制成微球剂。

6. 可防止药物在胃内失活或减少对胃的刺激

微球可防止药物在胃内失活或减少对胃的刺激，如红霉素、胰岛素和尿激酶等。

7. 便于应用与贮存

微球可使液态药物固态化，便于应用与贮存，如油类、香料、脂溶性纤维素等。

8. 可将活细胞或生物活性物质包囊

微球可将活细胞或生物活性物质包囊，在体内生物活性高而具有很好的生物相容性和稳定性。

（三）微球的分类

1. 按载体材料生物学特点分类

（1）生物降解微球 主要包括白蛋白微球、淀粉微球、明胶微球等。此类微球可口服、注射、栓塞给药。

（2）非生物降解微球 主要包括聚丙烯酰胺微球、乙基纤维素微球、离子交换树脂微球等。此类微球多供口服给药。

2. 按靶向性分类

（1）普通注射微球 经静脉或腹腔注射后粒径在 $2\mu m$ 以下的微粒被网状内皮系统吞噬，而达到肝、脾等部位。粒径在 $7\sim12\mu m$ 的可被肺摄取，主要浓集于肺部。

（2）栓塞性微球 注射大于 $12\mu m$ 的微球，可滞留于肿瘤部位的血管内发挥作用，提高药物浓度，增加药物作用时间。

（3）磁性微球 磁性高分子微球是近年来发展起来的一种新型磁性材料，是通过适当的方法将磁性无机粒子与有机高分子结合形成的、具有一定磁性及特殊结构的复合微球。

此类微球不仅具有普通高分子微球的众多特性，还具有磁响应性，所以不仅能够通过共聚及表面改性等方法赋予其表面功能基团，还能在外加磁场作用下具有导向功能。目前，磁性微球已广泛应用于生物学、细胞学等现代科学领域。

（4）生物靶向微球 微球经表面修饰后具有生物靶向性。

（四）微球剂的制备方法

根据载体材料的性质，微球释放性能及临床给药途径可选择不同的微球制剂的制备方法。目前，微球制剂常用的制备方法主要有以下四种。

1. 乳化-化学交联法

乳化-化学交联法是利用带有氨基的高分子材料易和其他化合物相应的活性基团发生反应的特点，交联制得微球。这些高分子材料包括明胶、淀粉、壳聚糖等。

2. 乳化-加势固化法

乳化-加势固化法是利用蛋白遇热变性的性质制备的微球，将含药白蛋白水溶液缓慢滴入油相中乳化，再将乳浊液滴入已经预热至 $120\sim180℃$ 的油中，搅拌固化、分离、洗涤，即得微球，如氟尿嘧啶蛋白微球的制备。

3. 液中干燥法（乳化-溶剂蒸发法）

该法的基本原理是将不相混溶的两相通过机械搅拌或超声乳化方式制成乳剂，内相溶剂挥发除去，成球材料析出，固化成微球。常用于聚乳酸（PLA）、聚乳酸-乙醇酸共聚物（PLGA）等羟基酸类微球的制备，如亮丙瑞林微球的制备。此法的工艺流程见图 16-2。

4. 喷雾干燥法

喷雾干燥法是以白蛋白为材料，将药物分散在材料的溶液中，再用喷雾法将此混合物喷入热气流中使液滴干燥固化得到微球。此法已成功用于白蛋白微球的制备，方法简便快捷，药物几乎全部包裹于微球中，是微球制备工业化最有希望的途径之一。

四、纳米粒制备技术

(一) 纳米粒概述

纳米粒是由高分子物质组成的骨架实体，药物可以溶解、包裹于其中或吸附在实体上。纳米粒可分为骨架实体型的纳米球和膜壳药库型的纳米囊。

在药剂学中，粒径在 10～100nm 的微粒称为纳米粒，在 100～1000nm 的微粒称为亚微粒。亚微粒也可分为亚微囊和亚微球。

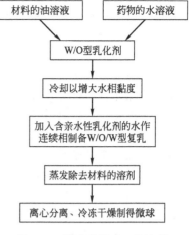

图 16-2 液中干燥法工艺流程

1. 纳米粒的特点

药物制成纳米粒后，可隐藏药物的理化特性，因此其分布过程转而依赖于载体的理化特性。纳米粒对肝、脾或骨髓等部位有靶向性，这种对网状内皮系统的靶向性又可经过一些特殊的包衣，或结合直径为 10～20nm 的顺磁性四氧化三铁颗粒，而具有特殊的靶向作用。

2. 纳米粒的应用

纳米粒主要有以下四方面的应用。

① 癌症治疗，提高药效。

② 提高抗生素和抗真菌、抗病毒药治疗细胞内细菌感染的功效。

③ 作为口服制剂，可防止多肽、疫苗类和一些药物在消化道的失活，提高药物的口服稳定性和生物利用度。

④ 作为黏膜给药的载体，可大大延长作用时间。

(二) 纳米粒的载体材料

1. 聚合物纳米粒的载体材料

(1) 生物可降解的载体材料　目前可用作制备纳米控释系统的载体主要有合成的可生物降解的高分子聚合物和天然的大分子体系。

可生物降解的高分子聚合物包括聚丙交酯（PLA）、聚乙交酯（PLG）、聚丙交酯乙交酯（PLGA）、聚己内酯（PCL）、聚酸酐、聚原酸酯（POE）、聚氰基丙烯酸烷基酯（PACA）、聚乙烯吡咯烷酮（PVP）等；天然的大分子体系包括蛋白质、多糖、明胶、淀粉、聚丙烯酰淀粉、甲壳素及其衍生物、海藻酸钠、明胶、白蛋白、卵磷脂、胆固醇等。这些聚合物一般应满足如下条件：良好的生物降解性；良好的生物相容性，无毒，不致畸，且降解反应生成的低聚物和最后产物对细胞无毒害作用；控释体系能与大多数药物稳定共存。

(2) 非生物可降解的载体材料　分聚丙烯酰胺类、聚甲基丙烯酸烷酯类等。如甲基丙烯酸甲酯（MMA）、羟丙基甲基丙烯酸甲酯（HPMA）、甲基丙烯酸（MA）及乙烯甘油二甲基丙烯酸酯（EGDM）等。

(3) 嵌段共聚物　如由聚氧乙烯单甲醚与乳酸或丙交酯缩聚而成的，以及由聚乙二醇与氰基丙烯酸酯缩聚而成的两亲性嵌段共聚物。最近发展的离子型嵌段共聚物如：聚赖氨酸（带正电的胶束）与聚门冬氨酸（带负电的胶束）组成的离子型嵌段共聚物。这些都有文献报道利用这些材料自组装纳米粒和亚微囊、亚微球。

（4）聚氨基酸　L-α-氨基酸可以聚合成聚氨基酸，并转化成适当的高分子单体，再采用高分子聚合法得到较高分子量的氨基酸衍生物，用于制备纳米粒。

（5）立方液晶　是由液晶粒子在一定浓度的表面活性剂的水溶液中自我聚集形成的一种新型药物载体。双连续型反相立方状溶致液晶具有十分独特的内部结构，它含有两条互不相通的水道，其中一条水道与外部连续相相通，而另一条水道则是封闭的。这种立方状液晶能够增溶或分散不同极性和尺寸的有机物分子，被增溶的有机物在液晶中的浓度可以根据油水区域的大小来调节。该种体系具有非常高的黏度，生物亲和性好，是一种潜在的纳米载体系统。

（6）羧酸和非离子型聚合物　是在溶液中通过氢键将羧酸和非离子型聚合物连接制备成的一种新型络合共聚物。这是一种新型的高聚物，在纳米粒的制备、设计新型黏膜附着剂、固体药物分散、增大难溶性药物的溶解度及包封技术等方面有较大的潜力。

2. 固体脂质纳米粒的载体材料

用于制备固体脂质纳米粒的载体材料有多种。常用的高熔点脂质为生理相容性好、可生物降解的饱和脂肪酸甘油酯、脂肪酸、混合脂质等。例如，三酰甘油类（如三棕榈酸甘油酯、三硬脂酸甘油酯、单硬脂酸甘油酯等）；脂肪酸类（如硬脂酸、棕榈酸、月桂酸等）；类固醇类（如胆固醇）；蜡质类（如鲸蜡醇十六酸酯、鲸蜡醇棕榈酸酯等）。此外，也可通过使用几种不同类型的载体材料即混合脂质来达到稳定纳米粒的目的。

（三）纳米粒的制备方法

目前，纳米粒的制备方法有很多，根据不同的分类标准，可有多种分类方法。根据反应环境可分为液相法（自动乳化法）、气相法和固相法；根据反应性质可分为化学制备法、化学物理制备法（天然高分子凝聚法、乳化聚合法）和物理制备法（液中干燥法、自动乳化法）。不同的制备方法可导致纳米粒的性能及粒径各不相同，现将常见的制备方法简单进行介绍。

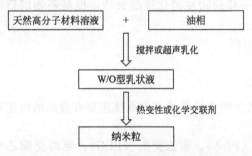

图 16-3　天然高分子凝聚法工艺流程

1. 天然高分子凝聚法

天然高分子材料可由于化学交联、加热变性或盐析脱水而凝聚成纳米粒，主要包括白蛋白纳米球、明胶纳米球、壳聚糖纳米球等。其制备基本流程见图 16-3。

2. 乳化聚合法

以水作连续相的乳化聚合法是目前制备纳米粒的主要方法之一。将单体分散于水相乳化剂中的胶束内或乳滴中，可避免使用有机溶剂。单体遇 OH—或其他引发剂分子或经高能辐射发生聚合，单体快速扩散使聚合物链进一步增长，胶束及乳滴作为提供单体的仓库，而乳化剂对相分离以后的纳米粒、亚微粒也起防止聚集的稳定作用。其制备基本流程见图 16-4。

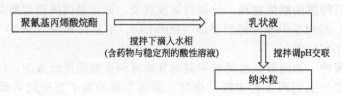

图 16-4　乳化聚合法工艺流程

3. 液中干燥法

液中干燥法又称溶剂蒸发法，是从乳状液中除去分散相挥发性溶剂，以制备纳米粒的方法。其制备基本流程见图16-5。

4. 自动乳化法

自动乳化法的基本原理：在特定条件下，乳状液中的乳滴由于界面能降低和界面骚动，而形成更小的、纳

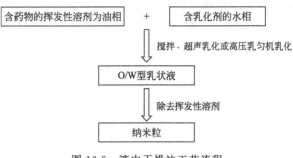

图 16-5　液中干燥法工艺流程

米级乳滴，接着再固化、分离，即得纳米粒。按反应环境划分，该法属于液相法；按反应性质划分，该法属于物理制备法。

五、脂质体的制备技术

（一）脂质体概述

脂质体系指将药物包封于类脂质双分子层内而形成的微型泡囊。类脂双分子层厚度约4nm。根据脂质体所包含类脂质双分子层的层数，分为单室脂质体和多室脂质体。含有单双分子层的泡囊称为单室脂质体或小单室脂质体，粒径 $0.02\sim0.08\mu m$；大单室脂质体为单层大泡囊，粒径在 $0.1\sim1\mu m$；含有多层双分子层的泡囊称为多室脂质体，粒径在 $1\sim5\mu m$，每层均可包封药物，水溶性药物包封于泡囊的亲水基团夹层中，而脂溶性药物则分散于泡囊的疏水基团的夹层中，有包封脂溶性药物或水溶性药物的特性。目前，国内外已经上市的脂质体药物载体有阿霉素脂质体、顺铂脂质体、苯硫咪唑脂质体、庆大霉素脂质体等。脂质体的结构示意见图16-6。

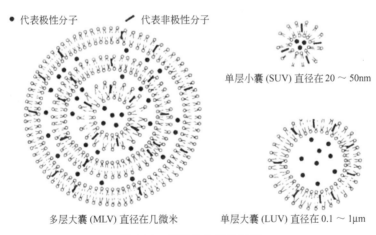

图 16-6　脂质体的结构示意

（二）脂质体的作用特点

1. 淋巴系统定向性

脂质体可被巨噬细胞作为外界异物而吞噬，因而具有淋巴系统定向性。抗癌药物包封于脂质体中，定向于淋巴系统，可治疗肿瘤和防止肿瘤扩散转移，以及肝寄生虫病、利什曼病等单核-巨噬细胞系统疾病。

2. 靶向性

肿瘤细胞中含有比正常细胞较高浓度的磷酸酶及酰酶，由于酶使脂质体药物容易释放出

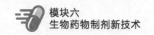
来，因此促使药物在肿瘤细胞部位积蓄。

3. 缓释性

将药物包封成脂质体，可减少肾排泄和代谢而延长药物在血液中的滞留时间，使药物在体内缓慢释放，从而延长了药物的作用时间。如将白蛋白、放线菌素 D 和 5-氟尿嘧啶包封于经超声处理的脂质体中，注射于小白鼠，能延缓释药。

4. 细胞亲和性与组织相容性

因脂质体是类似生物膜结构的泡囊，对正常细胞和组织无损害和抑制作用，并可长时间吸附于靶细胞周围，使药物能充分向靶细胞、靶组织渗透。脂质体也可通过融合进入细胞内，经溶酶体消化释放药物。如将抗结核药物包封于脂质体中，可将药物载入细胞内杀死结核菌，提高疗效。

5. 降低药物毒性

脂质体主要被单核-巨噬细胞系统的巨噬细胞所吞噬而摄取，且在肝、脾和骨髓等单核-巨噬细胞较丰富的器官中浓集，而使药物在心、肾中累积量低得多，因此可降低药物的心、肾毒性。如两性霉素 B 脂质体，可使两性霉素 B 的毒性大大降低而不影响抗真菌活性。

6. 保护药物，提高稳定性

不稳定的药物被脂质体包封后，可受到脂质体双层膜的保护。如酸不稳定的青霉素 G 钾盐，口服容易被胃酸破坏，若制成脂质体，则可改善其口服吸收效果。

(三) 制备脂质体的材料

制备脂质体常用的膜材有磷脂类材料和胆固醇。其中磷脂类材料包括：卵磷脂、脑磷脂、大豆磷脂。我国研究脂质体，以采用大豆磷脂最为常见，因其成本廉价、乳化能力强，是工业生产脂质体的重要材料。胆固醇与磷脂是共同构成膜和脂质体的基础物质。胆固醇具有一定的抗癌功能。

(四) 脂质体的制备方法

1. 薄膜分散法

本法系将磷脂、胆固醇等类脂质及脂溶性药物溶于三氯甲烷（或其他有机溶剂）中，然后将三氯甲烷溶液在烧瓶中旋转蒸发，使其在内壁上形成薄膜；将水溶性药物溶于磷酸盐缓冲液中，加入烧瓶中不断搅拌，即得脂质体。

2. 注入法

将磷脂与胆固醇等类脂质及脂溶性有机溶剂（一般多采用乙醚）中，将药液注入磷酸盐缓冲液，待全部加完后，不断搅拌至乙醚全部除尽。此法所得脂质体粒径较大，不适宜静脉注射。

3. 超声波分散法

将水溶性药物溶于磷酸盐缓冲液中，加入有机液（溶有磷脂、胆固醇、脂溶性药物），搅拌蒸发除去有机溶剂残液，以超声波处理，然后分离出脂质体再混悬于磷酸盐缓冲液中，制成脂质体的混悬型注射剂。

4. 冷冻干燥法

脂质体亦可用冷冻干燥法制备，对遇热不稳定的药物尤为适宜。先按上述方法制成脂质体悬浮液后分装于小瓶中，冷冻干燥制成冻干剂。

5. 其他方法

其他方法还有熔融法、离心法、逆相蒸发法等。

（五）实例分析

【例1】 紫杉醇脂质体

  ［处方］紫杉醇   25mg

     卵磷脂   660mg

     胆固醇   10mg

     二硬脂酰磷酸甘油   77mg

     三氯甲烷-甲醇（3∶1）   5ml

     磷酸盐缓冲液   20ml

  ［制法］分别称取卵磷脂、二硬脂酰磷酸甘油、紫杉醇，全溶于三氯甲烷-甲醇混合溶剂。置磨口梨形烧瓶中，于50℃水浴、100r/min条件下，减压蒸去有机溶剂，使磷脂成半透明或白色蜂巢状膜。用磷酸盐缓冲液充分水化薄膜，以103.42MPa高压均质循环2～3次，分别过200nm、100nm的聚碳酸酯膜各2次，即得。

  本法制得的脂质体粒径在70～150nm，平均粒径111nm，包封率为96.5%。

【例2】 溶菌酶脂质体

  ［处方］溶菌酶   8mg

     卵磷脂   0.6g

     胆固醇   0.3g

     三氯甲烷   4.51ml

     乙醚   7.49ml

     磷酸盐缓冲液   30ml

  ［制法］分别称取卵磷脂和胆固醇，溶于三氯甲烷-乙醚的混合溶剂中，加入4ml浓度为2mg/ml的溶菌酶磷酸盐缓冲液，水浴超声处理3min，形成稳定的乳白色W/O型乳剂，静置30min不分层。将装有W/O型乳液的茄形瓶置于旋转蒸发仪上，减压至0.04MPa后，将乳液在37℃下蒸发除去有机溶剂。溶剂蒸干后继续蒸发30min，瓶壁形成一层均匀的脂质薄膜。加入30ml磷酸盐缓冲液高速旋转3h，将膜洗下，用0.8μm微孔滤膜过滤，除去大颗粒杂质后即可得到淡乳黄色脂质体混悬液。

  本品稳定性较好，包封率可达86.1%。

实训15 对乙酰氨基酚-β-CD 包合物的制备

【实训目的】

  1. 通过对乙酰氨基酚固体分散物的制备，掌握固体分散体的制备原理、制备方法和制备注意事项。

  2. 学会熔融法制备固体分散体的基本操作。

【实训条件】

1. 实训场地

GMP 实训车间（具备不锈钢操作台）。

2. 实训材料

（1）材料 对乙酰氨基酚、胶囊壳、盐酸。

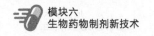
(2) 设备 粉碎机、药筛、电子天平、研钵、不锈钢盘、烘箱、水浴锅、紫外吸收分光光度计、智能透皮仪等。

【实训内容】

1. β-CD 包合物的制备

(1) 对乙酰氨基酚的粉碎 将药物置小型粉碎机中粉碎，过 200 目筛，备用。

(2) 包合物的制备 取对乙酰氨基酚（200 目粉）与 β-CD 按 1:1、1:2 和 1:4 的重量比（质量分数）称量。取 β-CD 1 份，水各 1 份、2 份和 4 份，分别置研钵中充分研磨，各加入主药 1 份，研磨 40～60min，成均匀的糊状物。平铺于盘中，置 40～50℃烘箱中干燥 6h，制得对乙酰氨基酚-β-CD 包合物Ⅰ、对乙酰氨基酚-β-CD 包合物Ⅱ和对乙酰氨基酚Ⅲ。将Ⅰ、Ⅱ和Ⅲ分别粉碎，过 40 目不锈钢筛，按每粒含主药 150mg 装入 1 号胶囊中。

(3) 普通胶囊剂的制备 将粉碎的对乙酰氨基酚 200 目细粉分别与适量淀粉混匀，按每粒含主药 150mg 装入胶囊中。

2. 体外溶出度试验

(1) 标准曲线的绘制 精密称取对乙酰氨基酚对照品 250.0mg，加入 0.1mol/L 盐酸溶液适量，置 37℃水浴溶解 2h 后，加上述溶液配成浓度为 25.0μg/ml 的对照溶液。分别吸取 1ml、2ml、2.5ml、3ml、4ml、4.5ml、5ml、6ml 至 10ml 量瓶中，加 0.1mol/L 盐酸定容，于 257nm 波长处测定吸光度（A）。

(2) 溶出度测定 取本品，照《中国药典》（2020 年版）二部溶出度第一法，以 0.1mol/L HCl 溶液（9→1000ml）900ml 为溶剂，转速为 100r/min，依法操作，于 2min、4min、8min、10min、15min、30min 和 45min 时，取溶液 5ml，滤过（同时补液 5ml）。另取对乙酰氨基酚对照品适量，用上述溶剂制成每 1ml 中含 7.5μg 的溶液，取上述溶液照分光光度法在 257nm 的波长处分别测定吸光度（A_i），计算累计溶出百分率。

3. 溶解度试验

称取对乙酰氨基酚 200 目细粉、对乙酰氨基酚-β-CD 包合物（1:1），将它们分别置锥形瓶中。加纯化水 100ml，置智能透皮仪上加搅拌子（转速 150～200r/min）。水温 30℃，于 1h、4h、8h、12h、24h、30h、36h 分别取上清液过滤，稀释后在 252nm 处测定吸光度（A），代入标准曲线方程，计算药物在纯化水中的溶解度（C_s）。

4. 数据处理

(1) 标准曲线 将浓度（C）对测得的吸光度（A）进行线性回归，得标准曲线方程。

(2) 累计释放百分率的计算

$$累计释放百分率（\%） = \frac{\sum_{i=1}^{n-1} C_i V_i + C_n V}{W \times D} \times 100\%$$

式中，C_i、C_n 为溶出介质中药物的浓度，V_i 为取出介质的体积，V 为溶出介质的总体积，W 为片重，D 为样品的百分含量。

(3) 体外溶出曲线的绘制 绘制乙酰氨基酚包合物和胶囊剂的累计溶出百分率（Q, %）-时间（t）曲线。

(4) 溶解度的计算 将前述方法测得吸光度（A）代入标准曲线方程，求出各条件下的溶解度（C_s）。

溶出度数据表中的 A_i 为 t 时刻样液的吸光度；A' 为根据下式计算的吸光度校正值。

$$A' = (W/W') \times A$$

式中，A 为按平均片重（W'）配置样液的吸收度；W 为样品片重。可得：

溶出量（%）＝$A_i/A'×100$% 　　　残留待溶出量（%）＝1－溶出量

（5）比较乙酰氨基酚包合物和胶囊剂的累计溶出百分率（Q,%)-时间（t）曲线和溶出量。

> **知识链接**
>
> ### 对乙酰氨基酚制备成 β-CD 包合物有何作用？
>
> 对乙酰氨基酚粒径大小影响其溶解度和溶出速率，通过球磨机微粉化后，减小粒径，制备成 β-CD 包合物，可明显提高该药物的溶出速率。β-CD 包合物的制备采用研磨法，尤其要控制研磨时间和加入的水体积。

？ 思考题

1. 简述包合技术、包合物、分子囊、微囊、微球、纳米粒及脂质体的概念。

2. 简述包合技术的原理。

3. 简述环糊精的结构。

4. 简述 β-环糊精包合物在药剂学上的应用。

5. 简述 β-环糊精包合物的制备方法。

6. 简述微囊制剂的质量评定。

7. 简述药物微囊化的目的。

8. 简述囊材的一般要求。

9. 简述囊材的分类。

10. 微囊的制备方法有哪些？

11. 简述影响微囊中药物释放速率的因素。

附　录

生产记录

品名		规格		包装		批号	
生产日期	年　月　日　时至　年　月　日　时				操作间名称		
操作依据							

工艺过程	标准操作及工艺要求	结果记录 (合格在□内打"√",不合格打"×")
一、生产前 检查	1. 操作人员按《人员进出洁净区更衣操作规程》更衣后进入洁净区。 2. 现场无与本批无关的指令及记录,无与本品无关的物料。 3. 清场合格证(副本)在有效期内,若超过有效期应进行"生产前清场"并填写清场记录。 4. 操作间:温度_____,相对湿度_____,对洁净走道压差呈相对负压。 5. 生产、设备、容器具状态标识符合《生产状态标识管理规程》要求。 6. 计量仪器应有校验合格证,并在校验有效期内。	1. □　2. □　3. □ 4. 温度:____℃　湿度:____% 　相对负压:____Pa 5. □　6. □ 计量仪器编号:_____ 检查人_____ 复核人(工序组长)_____
二、物料检查	1. 按《生产工序领发料操作规程》领取已配好的物料。 2. (称量)复核已配好的物料,记录复核结果,《工序产品标识卡》附记录。 3. 复核要求 3.1　物料称量后随即投料时,对照《批生产指令》中的投料量、称量配料记录第三项称量,逐袋复核物料标识卡,核对物料名称及物料编号(批号)是否正确、所标识数量是否一致。复核后,填写物料编号、复核结果、投料量。复核结果符合要求在复核结果栏打"√",不符合要求打"×"并按偏差处理。 3.2　物料称量后进中间站暂存待投料时,除按第1条复核外,需检查包装是否严密完好,并逐袋重新称量复核数量。复核后,填写记录。 3.2.1　称量复核误差在可接受范围按配料量投料生产,超过可接受范围按偏差处理。复核误差在允许误差范围内在复核结果栏打"√",不在打"×"。 3.2.2　复核误差＝复核合计－称量合计	

投料前 (称量) 复核记录	物料 名称	物料 编号	每次称量 净重/kg	复核合计 /kg	复核误差 /kg	允许 误差	复核 结果	投料量 /kg
	(称量)复核人					班长		

物料平衡	A:原料投入量,kg;B:混合后数量,kg; C:回收物料量,kg; 物料平衡率＝$(B+C)/A×100\%$ 产率＝$B/A×100\%$	物料平衡率＝_____% □ 符合;　　□ 不符合 产率＝_____% □ 符合;　　□ 不符合

310

续表

回收物料、不合格物料处理	物料名称	编号(批号)	数量	处理方式		处理人	
						班长	
						QA 质检员	

过程偏差	无□;有□,具体见偏差处理单。			偏差发现人	

工艺检查	项目	生产前检查	物料检查	物料处理	工艺员签字
	结果				

备注	填写说明:1. 在对应项□内打"√",其他□内划"—"。2. 工艺检查结果正常打"√";不正常打"×",并在备注栏或偏差记录中详述。

(记录检查)工序组长		(记录复核)班长		(记录审核)工艺员	

工序产品标识卡粘贴处

车间交接班记录

_____工序　　_____岗位

		交班内容					接班确认
物料	批生产结束	现场无遗留物料					
	批生产未结束 生产品名: 生产批号:	产出品	摆放到位 □		标识到位 □		
		剩余不合格物料	摆放到位 □		标识到位 □		
		损耗	摆放到位 □		标识到位 □		
		回收物料	摆放到位 □		标识到位 □		
		剩余合格物料	摆放到位 □		标识到位 □		
设备	正常 □　　异常 □						
	已清洁 □　　未清洁 □						
生产工具	已清洁 □　　未清洁 □						
场地	已清洁 □　　未清洁 □						
状态标识	完整、正确 □						
异常情况							
交班负责人		交班日期			交班时间		
接班负责人		接班日期			接班时间		
备注	交班人根据实际情况,在各项交班项目后"□"内打"√",设备异常在异常情况栏填写具体情况。对各项交班项目确认后,接班人在接班确认栏后"□"内打"√"。						

设备运行记录

部门：　　　　　　　　　　　　　　　　车间：　　　　　　　　　　　工序：

设备名称					设备编号		型号规格		
日　期		班次	运行时间/h		运行情况简述			操作人	检查人
年　月			正　常	异　常					
	日								
	日								
	日								
	日								
	日								
	日								
	日								
	日								
	日								
	日								
	日								
	日								
	日								
	日								
	日								
	日								
	日								
	日								
	日								
	日								
	日								
	日								
	日								
	日								
	日								
合计									

生物制品术语及名词解释

制造（Manufacturing）指生物制品生产过程中的全部操作步骤。

生产单位（Manufacturer）通指生产生物制品的企业。

生物制品（Biological Products）指以微生物、细胞、动物或人源组织和体液等为起始原材料，用生物学技术制成，用于预防、治疗和诊断人类疾病的制剂，如疫苗、血液制品、生物技术药物、微生态制剂、免疫调节剂、诊断制品等。

联合疫苗（Combined Vaccines）指两种或两种以上不同病原的抗原按特定比例混合，制成预防多种疾病的疫苗，如吸附百白破联合疫苗、麻腮风联合减毒活疫苗等。

双价疫苗及多价疫苗（Divalent Vaccines，Polyvalent Vaccines）指由同种病原的两个或两个以上群或型别的抗原成分组成的疫苗，分别称为双价疫苗或多价疫苗，如双价肾综合征出血热灭活疫苗、23 价肺炎球菌多糖疫苗等。

重组 DNA 蛋白制品（Recombinant DNA Protein Products，rDNA Protein Products）系采用遗传修饰，将所需制品的编码 DNA 通过一种质粒或病毒载体，引入适宜的宿主细胞表达的蛋白质，再经提取和纯化制得。

血液制品（Blood Products）指源自人类血液或血浆的治疗产品，如人血白蛋白、人免疫球蛋白、人凝血因子等。

生物制品标准物质（Standard Substances of Biologics）指用于生物制品效价、活性、含量测定或特性鉴别、检查的生物标准品和生物参考品。

原材料（Raw Materials，Source Materials）指生物制品生产过程中使用的所有生物材料和化学材料，不包括辅料。

辅料（Excipients）指生物制品在配制过程中所使用的辅助材料，如佐剂、稳定剂、赋形剂等。

包装材料（Packaging Materials）指成品内、外包装的物料、标签、防伪标志和药品说明书。

血液（或称全血）（Blood，Whole Blood）指采集于含有抗凝剂溶液中的血液。抗凝溶液中可含或不含营养物，如葡萄糖或腺嘌呤等。

血浆（Plasma）指血液采集于含有抗凝剂的接收容器中，分离血细胞后保留的液体部分；或在单采血浆过程中抗凝血液经连续过滤或离心分离后的液体部分。

单采血浆术（Plasmapheresis）指用物理学方法由全血分离出血浆，并将其余组分回输给供血浆者的操作技术。

载体蛋白（Carrier Protein）指用化学方法与细菌多糖抗原共价结合后，以增强抗原 T 细胞依赖性免疫应答的蛋白质，如破伤风类毒素、白喉类毒素等。

载体（Vector）系一种 DNA 片段，它可在宿主细胞内指导自主复制，其他 DNA 分子可与之连接从而获得扩增。很多载体是细菌质粒，在某些情况下，一种载体在导入细胞后可与宿主细胞染色体整合，并在宿主细胞生长和繁殖过程中保持其整合模式。

质粒（Plasmid）系一种能自主复制的环状额外染色体 DNA 元件。它通常携带一定数量的基因，其中有些基因可对不同抗生素产生抗性，该抗性常作为依据，以辨别是否含有此种质粒而识别生物体。

减毒株（Attenuated Strains）系一种细菌或病毒，其对特定宿主的毒力已被适当减弱或已消失。

种子批系统（Seed Lot System）系指特定菌株、病毒或表达疫苗抗原的工程细胞的贮存物，通常包括原始种子/细胞种子、主种子批/主细胞库和工作种子批/工作细胞库，建立种子批系统旨在保证疫苗生产的一致性。

原始种子（Original Seed）系指细菌、病毒分离株经适应性培养、传代后，经生物学特性、免疫原性和遗传稳定性等特性研究鉴定，可用于生物制品生产的种子。原始种子用于主种子批的制备。

主种子批（Master Seed Lot）系由原始种子传代扩增至特定代次，并经一次制备获得的同质和均一的悬液分装于容器制备而成。主种子批用于制备工作种子批。

工作种子批（Working Seed Lot）系由主种子批传代扩增至特定代次，并经一次制备获得的同质和均一的悬液分装于容器制备而成。

细胞基质（Cell Substrates）指用于生物制品生产的细胞。

原代细胞培养物（Primary Cell Culture）指直接取自一个或多个动物个体的组织或器官制备的细胞培养物。

细胞系（Cell Line）系由原代细胞群经系列传代培养获得的细胞群。该细胞群通常是非均质的，且具有明确的特性，可供建库用。

连续传代细胞系（Continuous Cell Lines，CCL）系在体外能无限倍增的细胞群，但不具有来源组织的细胞核型特征和细胞接触抑制特性。

二倍体细胞株（Diploid Cell Strains）系在体外具有有限生命周期的细胞群，在培养一定代次后细胞会进入衰老期；其染色体具有二倍性，且具有与来源物种一致的染色体核型特征，生长具有接触抑制性。

细胞库系统（Cell Bank System）系通过培养细胞用以连续生产多批制品的细胞系统，这些细胞来源于经充分鉴定并证明无外源因子的一个细胞种子和（或）一个主细胞库。从主细胞库中取一定数量容器的细胞制备工作细胞库。

细胞种子（Cell Seed）指来源于人或动物的单一组织或细胞、经过充分鉴定的一定数量的细胞。这些细胞是由一个原始细胞群体发展成传代稳定的细胞群体，或经过克隆培养而形成的均一细胞群体，通过检定证明适用于生物制品生产或检定。细胞种子用于主细胞库的制备。

主细胞库（Master Cell Bank，MCB）系由细胞种子培养至特定倍增水平或传代水平，并经一次制备获得的同质和均一的悬液分装于容器制备而成。主细胞库用于工作细胞库的制备。

工作细胞库（Working Cell Bank，WCB）系由主细胞库的细胞经培养至特定倍增水平或传代水平，并经一次制备获得的同质和均一的悬液分装于容器制备而成。

成瘤性（Tumorigenicity）系指细胞接种动物后在注射部位和（或）转移部位由接种细胞本身形成肿瘤的能力。

致瘤性（Oncogenicity）系指细胞裂解物中的化学物质、病毒、病毒核酸或基因以及细胞成分接种动物后，导致被接种动物的正常细胞形成肿瘤的能力。

外源因子（Adventitious Agents）系经无意中引入于接种物、细胞基质和（或）生产制品所用的原材料及制品中的、可复制或增殖的污染物，包括细菌、真菌、支原体和病毒等。

封闭群动物（Closed Colony Animals）也称远交群动物（Outbred Stock Animals），系以非近亲交配方式进行繁殖生产的一个实验动物种群，在不从外部引入新个体的条件下，至少连续繁殖 4 代以上的群体。

单次收获物（Single Harvest）指在单一轮生产或一个连续生产时段中，用同一病毒株或细菌株接种于基质（一组动物或一组鸡胚或细胞或一批培养基）并一起培养和收获的一定量病毒或细菌悬液。同一细胞批制备的病毒液经检定合格后合并为单次病毒收获液。

原液（Bulk）指用于制造最终配制物（Final Formulation）或半成品（Final Bulk）的均一物质。

半成品（Final Bulk）指由一批原液经稀释、配制成均一的用于分装至终容器的中间产物。

成品（Final Products）指半成品分装（或经冻干）、以适宜方式封闭于最终容器后，再经目检、贴签、包装后的制品。

批（Batch）指在同一生产周期中，用同一批原料、同一方法生产所得的一定数量、均一的一批制品。

亚批（Sub Lot）指一批均一的半成品分装于若干个中间容器中或通过多个分装机进行分装或使用不同的冻干机进行冻干，即形成为不同亚批。亚批是批的一部分。

规格（Strength）指每支（瓶）主要有效成分的效价（或含量及效价）或含量及装量（或冻干制剂复溶时加入溶剂的体积）。

有效期（Validity Period）指由国务院药品监督管理部门许可用以签发制品供临床使用的最大有效期限（天数、月数或年数）。该有效期是根据在产品开发过程中进行稳定性研究获得的贮存寿命而确定。

抗原性（Antigenicity）指在免疫学反应中抗原与特异性抗体或 T 淋巴细胞受体结合的能力。

免疫原性（Immunogenicity）指抗原诱导机体产生体液免疫和（或）细胞免疫应答的能力。疫苗生产用菌毒种免疫原性特指其诱导机体产生体液免疫和（或）细胞免疫应答使机体免受相应传染源感染的能力。

均一性（Homogeneity）指具有相同或相似的质量属性。

效价（效力）（Potency）指用适当的定量生物测定法确定的生物活性的量度。该生物量度是基于产品相关的生物学属性。

药品生产质量管理规范（Good Manufacture Practices，GMP）系质量管理体系的一部分，是药品生产管理和质量控制的基本要求，旨在最大限度地降低药品生产过程中污染、交叉污染以及混淆、差错等风险，确保持续稳定地生产出符合预定用途和注册要求的药品。

参 考 文 献

[1] 崔福德. 药剂学 [M]. 7版. 北京：人民卫生出版社，2015.

[2] 李玲玲. 微生物制药技术 [M]. 北京：化学工业出版社，2015.

[3] 张健泓. 药物制剂技术 [M]. 2版. 北京：人民卫生出版社，2013.

[4] 辛秀兰. 现代生物制药工艺学 [M]. 2版. 北京：化学工业出版社，2016.

[5] 杨明. 中药药剂学 [M]. 9版. 北京：中国中医药出版社，2012.

[6] 罗合春. 生物制药工程技术与设备 [M]. 北京：化学工业出版社，2017.

[7] 国家药典委员会. 中华人民共和国药典（2020年版）（四部）[M]. 北京：中国医药科技出版社，2020.

[8] 于文国. 发酵生产技术 [M]. 3版. 北京：化学工业出版社，2015.

[9] 杨瑞虹. 药物制剂技术与设备 [M]. 3版. 北京：化学工业出版社，2015.

[10] 王晓杰，胡红杰. 药品质量管理 [M]. 2版. 北京：化学工业出版社，2016.

[11] 丁立，邹玉繁. 药物制剂技术 [M]. 北京：化学工业出版社，2016.

[12] 朱国民. 药物制剂设备 [M]. 2版. 北京：化学工业出版社，2018.